C & C++
程式設計經典 | 第五版

五版序

隨著電腦硬體技術不斷地進步，軟體亦隨著日新月異。而指揮電腦運作的程式語言，由早期的機器語言、組合語言、FORTRAN、COBOL、BASIC、C、PHP、Java、C++ 和 C# 等程式語言，一直朝物件導向程式設計方向不斷演進。其中 C 語言是一個高效率且介於高階和低階之語言，適合開發各種系統或應用程式，可攜性及執行效率高，因此一直到現在都很受程式設計師的喜愛，尤其由 C 延伸出來的 C++ 是屬於物件導向程式語言，很適合用來開發大型應用程式。Unix 作業系統是利用 C 語言所發展出來，像 Java、PHP、C++以及 C# ... 等也都是由 C 語言演進而來。由此可知，C 語言與 C++的重要性。

由於 C++主要著重物件導向，因此將本書分成 C 和 C++兩大部分做介紹，C 部分以 ANSI C 為主，主要培養初學者程式設計的基本能力，C++主要介紹物件導向程式設計、樣版和 STL。C 語言部份頁數較多，章節採循序漸進方式，範例偏重科學、工程為主，以應用到相關課程，提高學習效果。

C & C++ 程式的開發環境種類很多，而 Dev C++5.1.1 是目前市面與教學使用率較高的操作環境，本書均可使用 C & C++程式語言在 Windows 10 環境下來上課教學或初學者自我學習。

本書這次做小幅度的改版，並新增與修正更適合的範例，主要是為方便能在 Dev C++5.1.1 開發環境下操作和學習 C & C++程式設計。至於本書目錄前面打★星號者，表示較進階的主題與範例，上課教師可依學生學習狀況及教學時數長短，彈性增刪調整教學進度。

本書承蒙全國知名補教業者採用，為使本書內容更加豐富、更容易教學，特更改書中筆誤，以及解說不詳實的地方加以修改，將範例程式碼變得更精簡，同時抽換更適合的教學範例，希望使得本書教學能更加順暢，提高學生學習效率，新版也同時注重程式設計觀念、著重演算法或流程圖的撰寫能力，以養成學生日後能獨立思考，養成具有獨立程式設計的能力。

本書主要是針對學習 C & C++程式設計初學者而編寫的，是一本適合資訊相關科系教授程式設計課程的教科書，較偏重程式設計能力，限於篇幅難免有遺珠之憾，實感抱歉。

為方便教學，本書另提供教學投影片、各章課後習題，採用本書授課教師可向碁峰業務索取或來信 E-Mail 至 itPCBook@gmail.com 信箱。

本書雖經多次精心校對，難免百密一疏，尚祈讀者先進不吝指正，以期再版時能更趨紮實。很感謝碁峯許多同仁的鼓勵與協助，使得本書得以順利出書。

僑光科技大學多媒體與遊戲設計系　蔡文龍、陳士傑
張力元、張志成、何嘉益、歐志信 編著
吳明哲 策劃
中華民國 110 年 10 月

下載說明

本書範例檔、附錄電子書請至以下碁峰網站下載
http://books.gotop.com.tw/download/AEL023500，其內容僅供合法持有本書的讀者使用，未經授權不得抄襲、轉載或任意散佈。

目錄

第 4 章 輸出入函式介紹

第 5 章 選擇結構

第 6 章 重複結構

第 7 章 陣列

第 8 章 函式

第 9 章 C 的前置處理器

第 10 章 變數的儲存類別

第 11 章 指標的活用

第 12 章 字串處理

第 13 章 結構自定資料型別

第 14 章 衍生資料型別

第 15 章 檔案處理

第 16 章 C++ 整合開發環境介紹

第 17 章 C++ 格式化輸出入

第 18 章 C 與 C++ 的差異

第 19 章 物件與類別

第 20 章 繼承與多型

第 21 章 樣版與例外處理

第 22 章 標準樣版函式庫(一) – 資料結構的使用

第 23 章 標準樣版函式庫(二) – 演算法的使用

說明：本書目錄標註★星號者，表示較進階的主題與範例，上課教師可依學生學習狀況及教學時數長短，彈性增刪。

CHAPTER 1

C 語言概觀

1.1 程式語言介紹

電腦是人類二十世紀最重要的發明之一，而一部電腦是由硬體與軟體兩部分構成。『硬體』(Hardware)主要負責執行解決問題所必須的基本運算和處理，是由中央處理單元、記憶裝置、輸出入裝置等所構成的有形設備，目前都朝輕、薄、短、小以及功能越來越強大的趨勢發展。至於『軟體』(Software)是由解決問題指令的集合，用來指揮硬體運作，我們將這些指令或稱敘述的集合稱為『程式』(Program)。一般將軟體分成『系統軟體』和『應用軟體』兩種。所謂『系統軟體』(System Software)是啟動電腦各單元運作必備的程式，主要擔任硬體與軟體間溝通的橋樑(介面)，負責系統資源的分配與管理，此類的軟體大都由電腦製造商研發，提供給用戶使用，以方便用戶在使用電腦時，能更有效率達到需求。譬如：作業系統(Operating System)、編譯器(Compiler)、直譯器(Interpreter)、編輯器(Editor)、連結器(Linker)、載入器(Loader)和除錯器(Debugger)和公用程式(Utility)等均屬之。至於『應用軟體』(Application Software)是指必須在系統軟體支援下才能執行的程式，是由用戶應需求而自行設計的程式，以解決特定問題，譬如：Office、Dreamweaver、PhotoShop、Visual Studio…等套裝軟體或專案開發的程式等均屬之。

1.1.1 程式語言的分類

人與人之間是透過雙方懂得的「語言」來溝通和傳達訊息。同樣地，我們和電腦溝通若使用電腦能辨識(看得懂)的程式語言(即機器語言)來撰寫「程式」，如此不用經過翻譯電腦便能執行，撰寫此種程式語言和機器有關(必須熟悉電腦硬體架構)屬於低階語言。若使用電腦無法辨識(看得懂)的程式語言來撰寫程式，此種程式語言和機器無關(不用熟悉電腦硬體架構)屬於高階語言，就必須經過一定的程序將撰寫的程式經轉換為電腦所能辨識的執行指令，方可在電腦上執行。我們將程式語言轉換的過程稱為『翻譯』，所以「程式語言」是使用者和電腦溝通的橋樑。程式語言依時代的演進可分為下列五個層次類別：

一. 第一代語言：機器語言(Machine Language)

- 以連續的 0、1 二進位碼來編寫程式，由於 0、1 是電腦內部電路唯一能直接辨識的語言，不需經過翻譯就能直接執行，因此執行速度最快。
- 是屬於機器導向語言。不同廠商所設計 CPU 的架構不同，使用的機器語言當然不同。所以，此種語言與機器相依度高，可攜性(不同平台之間程式移植)極低。
- 此種程式都是由連續的 0、1 組合而成，費時費力、實用性差且難維護。
- 表示方式：

記憶位址	內容(2 進制)	內容(16 進制)
1000	1010 0011 0000 0001	A301
1002	0000 0001 1011 0010	01B2
1004	0001 0011 1101 0101	13D5

二. 第二代語言：組合語言(Assembly Language)

- 亦稱低階語言是屬於一種符號式語言，由字母和數字組成助憶碼。譬如：sum = 10 + 20，使用 Intel CPU 所提供組合語言的寫法如下：

```
mov ax,10 ;
add ax,20;
mov sum,ax;
```

- 是屬於機器導向語言。編寫此種程式時必須先瞭解電腦 CPU 內部暫存器和記憶體的運作才能編寫，和電腦硬體的相依性高，不同 CPU，語法是不同的，因此可攜性低。
- 適用於電腦專業人員來編寫有關電腦系統或輸出入介面的驅動程式。
- 必須使用組譯器(Assembler)將程式逐行組譯成機器語言才能執行。

三. 第三代語言：高階語言(High-Level Language)

- 語法更接近人類語言與數學表示式，只要對程式稍加修改便可以在不同的電腦系統上執行，可攜性高。
- 屬於程序導向語言如：BASIC(交談式操作環境)、FORTRAN(工程)、COBOL(商業應用)、PASCAL、C 等程式語言均屬之，由於這些都是屬於傳統的高階語言，它們共同的特點就是按照指令的邏輯順序執行，是屬於程序導向語言(Procedure-Oriented Language)。
- 其中 BASIC 是最容易為初學者所接受也是最普及的一種高階語言。至於 C 語言則是理工科或專業程式設計人員用來學習程式設計的利器。

四. 第四代語言：查詢語言(Query Language)

- 是屬於非程序語言以問題為導向，它只描述問題不必敘述解決問題的步驟，可大大提高程式設計的生產力。
- 此種語言屬於查詢語言，只要經過短時間的學習和訓練，透過表格方式定義資料的格式後，不需專業程式設計師的協助，就可利用查詢語言很輕易且快速查詢所需要的資料。
- 此種語言必須事先透過前置處理器轉換成第三代的程序語言才能編譯成可執行碼。
- 按功能和應用可分為電子試算表-Excel、Lotus，整合性應用軟體-Office，資料庫管理查詢系統-Oracle、Informix、SQL(Structural Query Language) 、工程繪圖-AutoCAD 等。

五. 第五代語言：物件導向與自然語言

- 物件導向(Object Oriented Programming：OOP)語言，是一種比程序導向更進階的語言，如：C++語言是 C 的延伸，C++是在 C 中加入物件導向語法的程式語言。此種語言每個物件擁有自己的屬性和方法，由於物件具有程式再利用(Reused)、繼承(Inheritance)、封裝(Encapsulation)、多形(Polymorphism)等特性，使得物件有如積木一樣都具有某些小功能，物件與物件之間利用呼叫可以互傳資訊或組成一個大程式。

- 由於網際網路蓬勃發展、超媒體與網路資訊服務充斥全球資訊網、以及智慧型裝置(智慧型手機與平板電腦)硬體設備愈來愈進步，再加上大數據、物聯網與人工智慧應用愈來愈多。因此許多大廠紛紛提供能開發Web 應用程式(網頁程式設計)、智慧型裝置應用程式、物聯網、數據分析與人工智慧的程式語言，這類的程式語言有：Java、C#、Python...等物件導向程式語言。
- 自然語言(Natural Language)屬於人工智慧語言，近似人類的語言是程式語言的終極目標。如：LISP(LIST Processing)、PROLOG (PROgramming in LOGic language)，多用於專家系統。

電腦是一個工具，主要是用來協助我們處理複雜重複的計算、比較、搜尋和儲存等問題。使用電腦來解決問題時，首先要先想出解決問題的方法和步驟，使用自己熟悉的程式語言，再將每個步驟細分至都能使用該程式語言所提供的「敘述」(Statement)來取代，每個敘述都有一定的語法和符號。我們將這些解決問題的一連串敘述組合就構成一個「程式」(Program)。程式就好比是一齣戲的劇本，那麼電腦就好比是演員，程式(劇本)來指引電腦(演員)的每一個動作，如此，電腦才能正確地執行指定的工作。一般電腦執行程式的過程，是先透過輸入設備將已經撰寫好的程式載入到記憶體內儲存，程式經過編譯成執行檔才能在電腦中執行。

1.1.2 翻譯器的分類

隨著電腦硬體 CPU 速度的增快、記憶體容量的增大再配合作業系統的快速發展，程式的開發環境也跟著日新月異。高階語言的翻譯器，從早期的直譯式開發環境、演變成編譯式的開發環境，發展至今日的視覺化開發環境。由於開發環境朝人性化改進，使得程式設計人員能更有效率的開發程式。

高階的語言翻譯器(Language Translator)有編譯器和直譯器兩種類型。編譯器是電腦廠商提供的系統軟體之一，其功能是將高階語言所寫的程式碼轉換成能直接被機器接受之等效目的程式(Object Program)。其優點是程式經編譯過存成目的檔，下次執行時程式若未修改過便可馬上執行，節省編譯時間，缺點是編譯和連結時間較長，而且程式若有修改，則必須重新編譯。

直譯程式(Interpreter)亦是電腦廠商提供的系統程式之一，主要功能是將高階語言所編寫的程式碼，依其敘述的邏輯順序，將指令逐一轉為機器語言指令後執行。其優點是執行時所需要的記憶體空間和存檔時所需要的磁碟空間較小，而且程式較易除錯適合初學者。缺點是每次執行均需重新翻譯，執行所需的時間較長，程式若供多人使用時，效率較差。

由於視窗作業系統的普及，使得視覺化開發環境成為主流。在這種環境下，使用者只需要使用滑鼠，在螢幕上拉一拉、點一點、不用寫程式便可輕易的製作出輸出入介面，至於中間處理的過程就必須靠程式語言以及更改物件的屬性便可設計出需要的應用程式。因此視窗環境下撰寫的 Windows 視窗應用程式有些是自己編寫、有些是系統自動產生。所以，一個程式就有多個相關檔案組成。屬於視覺化開發環境這類的程式語言如：微軟的 Visual Studio 系列的 Visual Basic 2019、Visual C++ 2019、Visual C# 2019 等程式語言。

1.2 C 語言的特色

C 語言誕生的主要目的是為了開發 UNIX 作業系統，以替代部份由組合語言所編寫的工作，並讓 C 語言所編寫出的程式能在不同的環境上開發系統與執行。至於 C 語言的特色如下：

1. 程式具有區塊結構(Block Structure)，以及不嚴謹的資料型別檢查(Type-Checking)。由於 C 語言的編譯器大多由 C 語言所撰寫，因此具有自我編譯的特性。
2. 它是一種介於低階和高階語言的中階程式語言，表示 C 語言一方面能像低階語言一樣處理位元(Bit)、位元組(Byte)運算，這是一般高階語言無法做到的。所以，它可呼叫處理硬體的函式庫，或自行設計函式庫來直接控制硬體，以提升硬體的執行速度。譬如 C 語言像一般的高階語言一樣提供功能強大的函式庫，使得撰寫程式變得很容易，不但可讀性高、而且容易維護和除錯。所以 C 語言具有高階架構和低階功能。
3. 是一種可攜性的系統程式發展語言。由於 C 語言將和機器依存度高的輸出入部分獨立出來自成一個函式庫，所以，在撰寫 C 語言的程式時，只要語法符合美國國家標準局 ANSI 標準，並且所使用的函式都是

ANSI 的標準程式庫，再把 I/O 部分的程式碼稍加改寫，就可輕易將 C 的程式轉移到其他不同作業系統的電腦上執行。因此，C 語言具有移植性，很容易在不同的電腦上撰寫應用程式或作業系統。譬如：您可以很容易將 DOS 下撰寫的程式移植到 Windows 下執行。

4. 結構化程式設計流程的特色就是將程式碼和資料劃分，使用區域變數達成程式區塊化，並提供循序、選擇以及重複三種結構。透過這三種結構的組合由上而下便可撰寫出具有模組結構化的程式，再由許多小程式(模組)組合成大程式。
5. C 語言寫出來的程式都是由函式構成，將函式依性質存於不同函式庫中，程式需要時才連結到程式中。由於函式庫不內建於編譯器中，使得 C 語言顯得特別精簡。
6. 提供指標及位址運算能力。透過指標用來存取記憶體位址內的資料，若 CPU 採記憶體和 I/O 共用位址方式，可使用 C 語言撰寫硬體控制程式來控制週邊的 I/O 裝置。函式的引數傳遞亦可使用指標來做傳遞。
7. C 語言允許使用動態資料結構，程式需要使用到此種結構時才配置記憶體給它使用，透過指標可指到所配置的記憶體位址。

1.3 設計程式的步驟

電腦是協助人類解決問題的工具，因此程式設計者必須先充分瞭解問題，才能撰寫出合乎需要的應用程式。一般設計程式的步驟可分為以下五大階段：

一. 定義問題

對問題一定要有充分的研究與分析，以瞭解該問題是否適合電腦來處理，如此才能明確地定義出要解決問題的方法。描述問題時避免使用含糊不清的語句，以方便程式設計人員對問題的敘述有深入的了解。

二. 問題分析

先認清問題的癥結，對症下藥才能解決問題，對現有的資訊加以整理，再根據輸出格式的需求找出需要輸入哪些資料，並明確定出各種輸出入的限制。下圖是設計一個 C 語言程式步驟的流程圖。

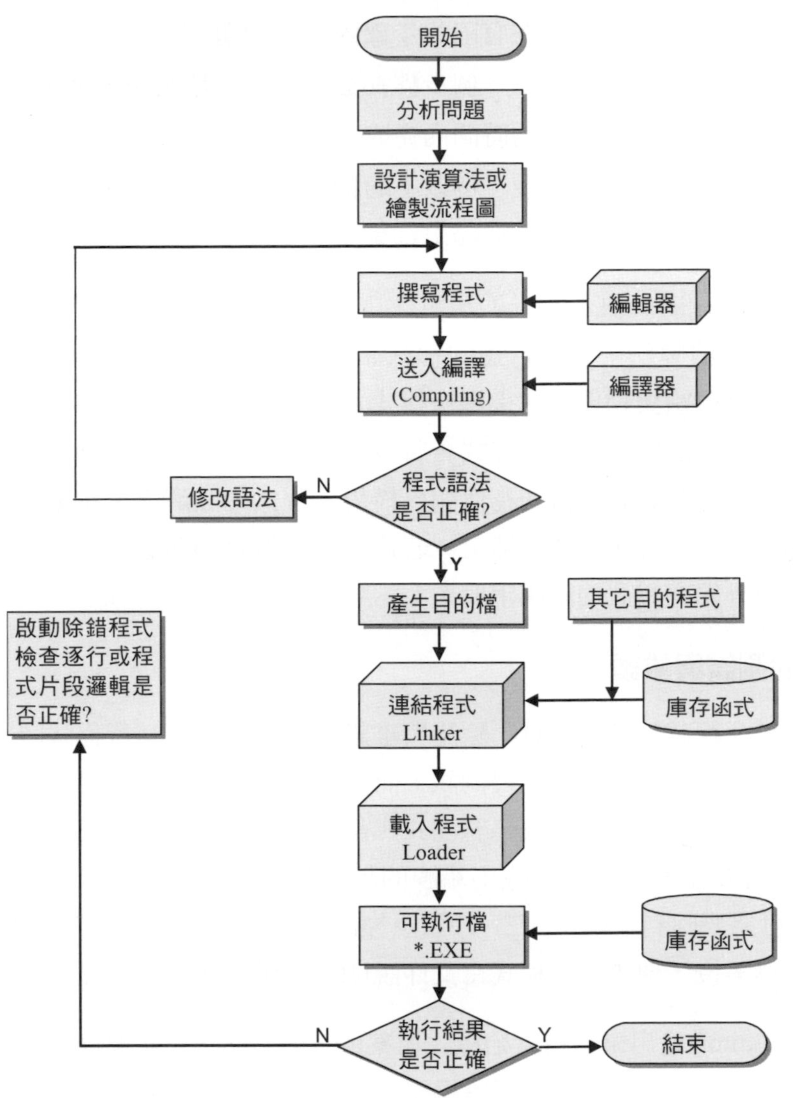

三. 設計演算法

根據問題的輸出入需求，詳細寫下解決問題的步驟。在這個階段，不需要考慮使用何種程式語言來撰寫。若是簡單的問題繪製流程圖即可，至於較複雜的問題則採用虛擬碼方式來描述。若能想出其他演算法將它寫下來，試著比較選出一個較佳的演算法。一個好的演算法應具備下列五大要件：

① 有限性：演算法必須在有限的步驟內解決問題。

② 明確性：演算法中的每一個步驟都必須很清楚地表達出來。

③ 有效性：必須在有限的時間內完成。

④ 輸入資料：包含零個或一個以上的輸入資料。

⑤ 輸出資料：至少產生一個輸出結果。

四. 撰寫程式

根據選定的演算法，選擇合適的程式語言，再依照演算法步驟來撰寫程式，同時儘量以模組與物件方式來編寫程式；在寫程式的過程中，不要忘了在程式中加上註解。因為一個複雜程式，若沒有註解不但別人看不懂，日子久了就算是自己，也可能會忘了當初為何如此構思。程式的註解必須在編寫程式時一併寫入、不宜在寫完後許久才補上。若遇到過於複雜的演算法，需詳細說明時，就必須另外編寫程式的說明手冊。

五. 程式的測試與維護

此步驟包含程式驗證、測試、除錯與維護四大部份。在執行程式時應試著去驗證是否正確？每一個條件都要測試，而且要使每一條件成立與不成立都要執行，以驗證程式是否正確無誤。若程式無法正確的執行，表示程式可能有語法(Syntax)或邏輯上錯誤，必須找出錯誤的地方加以修改，也有可能是演算法錯誤，這時可能要回到階段二、三、四做重複的處理，直到程式驗證無誤為止。當程式正確無誤後，便需要對程式寫文件說明，以供日後方便維護和閱讀。

編輯器(Editor)是用來編輯原始程式檔案的工具程式，一般編輯程式都由提供 C 語言的廠商提供。當使用 C 語言編輯完畢的程式存檔後即稱為原始程式檔(Source Program)。由於 C 語言所編寫出的程式是屬於高階語言(High-Level Language)，因此必須透過「編譯器」(Compiler)，將它變成「目的碼」(Object Code)。在編譯的過程中會將原始程式做字彙分析(Lexical Analysis)、語法分析(Parsing)、語意分析(Semantic Analysis)、產生中間碼(Intermediate Code Generation)、程式碼最佳化(Optimization)、產生組合語言程式碼(Code Generation) 六大步驟。前三步驟若有發生錯誤，編譯器會停止編譯，此時必須將發生錯誤的地方更正，再重新編譯直到無錯誤為止，此時編譯器會進行第 4~6

步驟，將程式中所有敘述透過「產生中間碼」轉成更低階的「組合語言」。至於字彙分析是將程式中所有敘述拆成有意義的字串，我們將這些獨立字串稱為「Token」。譬如：

```
perimeter = 2 * PI * radius;
```

分成 "perimeter"、"="、"2"、"*"、"PI"、"*"、"radius"、";" 共 8 個 Tokens。語法分析就是檢查這些 Token 是否符合 C 語言的文法規則，譬如：是否漏打符號、括號、或括號不成對等錯誤發生。至於語意分析是檢查是否有拼錯字、變數是否未宣告等錯誤發生。

所謂「函式庫」或稱「庫存函式」是指一些事先已經編譯好而且具有能執行某特定功能的集合。一般程式語言都將這些功能直接建立在程式語言定義上，變成敘述來使用。但 C 語言卻將這些經過編譯過的特定功能採庫存函式處理，這些庫存函式依性質放在不同的庫存函式檔，只要經由「連結程式」(Linker)連結，便可自動將程式中使用到的庫存函式連結到可執行檔中，至於沒用到的庫存函式是不會連結到程式中。連結程式是將剛編譯過的程式、事先已經編譯過的目的檔以及程式中將用到的庫存函式連結起來成為一個可執行檔，再透「載入程式」(Loader)載入到記憶體中去執行。

除錯程式(Debugger)是用來協助偵測程式發生錯誤地方的程式，程式經過編譯時若語法沒有發生錯誤，但是程式執行的結果卻發生不符合預期的結果，就表示程式邏輯上有錯誤，此時便需透過除錯程式來逐行偵測或執行一個程式片段後，檢查是否符合預期結果，便可找出發生錯誤的地方。

一. 一個設計良好的程式所具備的條件

1. 程式具可讀性，且程式中重要部分都有詳細的註解說明。
2. 程式的執行結果符合預期且正確。
3. 程式具模組化或結構化，以利程式修改或更新時更便捷。
4. 程式的架構有完整的說明。
5. 程式的執行效率和相容性要高，不會因更換設備而造成錯誤或執行速度變慢。

二. 選擇程式語言時應考慮的因素

1. 根據該程式是應用在科學、商業、Web 應用程式、智慧型行動裝置應用程式、物聯網、數據分析與人工智慧應用...等環境，來選擇合適且自己熟悉的程式語言。
2. 該程式語言最好和其他高階語言的語法相容性高，讓日後更換程式語言時更加容易。
3. 該程式語言提供的開發環境(包括編輯器、編譯器、除錯程式)是否親和力高，以及功能強大。
4. 該程式語言是否提供完整的參考手冊。
5. 該程式語言是否普及，價位是否合理，廠商研發能力是否堅強。
6. 未來更換機種，是否會影響該程式語言所設計出來的程式。

1.4 流程圖

所謂的「流程圖」即是使用各種不同的圖形、線條及箭頭來描述問題的解決步驟，以及進行的順序。流程圖中所使用各種流程圖符號，為了便於流通閱讀，目前共同採用的是美國國家標準學會(ANSI)於 1970 年公佈的流程圖符號。

下表為流程圖符號的意義(摘錄自微軟 Word 所提供的流程圖符號)：

符號	功能
(圓角矩形)	開始/結束
(矩形)	程序處理
(平行四邊形)	輸入或輸出
(圓形)	連結符號
(儲存資料圖形)	儲存資料
(六邊形)	準備作業

符號	功能
(菱形)	判斷比較
(五邊形)	隔頁連結
(雙邊矩形)	預設處理作業
↓ →	工作流向符號
(文件圖形)	文件
(多重文件圖形)	多重文件

符號	功能
	內部儲存裝置
	卡片
	匯合連接點
	自動分頁
	抽選
	合併
	磁碟
	顯示

符號	功能
	人工輸入
	打孔紙帶
	或
	排序
	延遲
	循序存取儲存裝置
	直接存取儲存裝置

流程圖簡例

有一個問題為「由鍵盤輸入一個整數 n，求出 sum = 1 + 2 + 3 + … + n 的結果」，請運用流程圖來描述計算累加總和的過程。

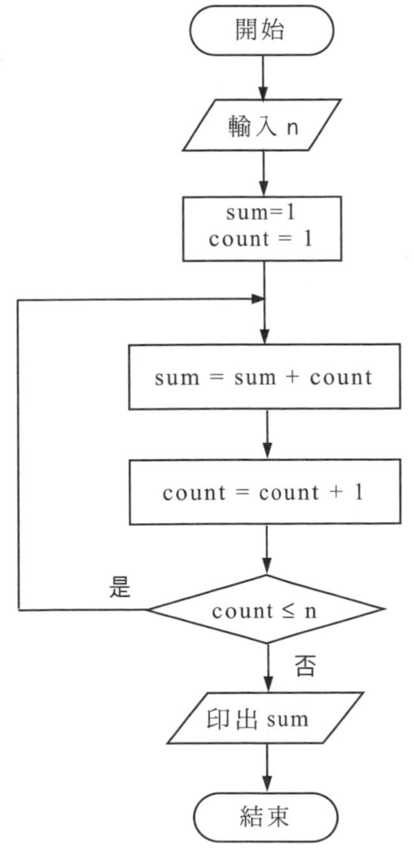

1.5 虛擬碼

所謂的「虛擬碼」(Pseudo Code)是一種類似自然語言的程序語言，它是以文字方式來描述電腦處理問題的步驟，所發展出一套簡化且具結構化的描述語言，可以很方便地轉換成各種程式語言。譬如上節使用流程圖計算累加總和，若改用「虛擬碼」描述，其寫法如下：

Step 01　輸入一個正數 n。

Step 02　令 sum = 1，用來存放總和。

Step 03　令 count = 1，用來當作累加的初始值。

Step 04　令 sum = sum + i。

Step 05　令 count = count + 1。

Step 06　若 count <= n，則跳回步驟 4 繼續執行；否則執行步驟 7。

Step 07　印出 sum。

Step 08　結束程式執行。

程式架構與整合開發環境介紹

CHAPTER 2

2.1 C 語言的程式架構

2.1.1 一個簡單的 C 語言程式架構

每種高階程式語言在撰寫其原始程式時都有其特定的編寫方式，使用者必須遵循其程式語言的語法，以免在編譯時發生錯誤而無法執行。學習 C 語言，首先要知道 C 的程式都是由一個或一個以上的函式組合而成。所謂「函式」(Function)是具有特定功能的程式片段，呼叫時可同時傳入參數，經過函式內的敘述處理完畢，會將處理的結果回傳。一個函式的架構是由一個函式名稱其後跟著一對小括號，小括號內的參數可有可無，參數是用來接收傳入的值，接著在小括號後面再使用左右大括號將該函式所有的宣告和敘述括住就構成一個函式。一個 C 語言的程式架構主要由下列五大部分組成：

1. 前置處理指令區
2. 全域變數宣告區
3. 自定函式原型宣告區
4. 主函式區
5. 定義自定函式主體區

下面以一個簡單的 C 語言程式，由 main()主函式的「area = get_area();」敘述，呼叫計算圓面積的函式 get_area()，將計算出的圓面積傳回主函式，再將圓面積結果顯示在螢幕上。此程式寫法已含概 C 語言程式基本架構：

程式碼（**檔名**：CH02\sample\sample.c）

前置處理指令區

```
#include<stdio.h>
#include<stdlib.h>                  /* 輸出入函式標頭檔 */
#define MSG1 " 圓半徑 ："          /* 程式中 "圓半徑:" 以 MSG1 符號取代 */
#define MSG2 " 圓周長 ："          /* 程式中 "圓周長:" 以 MSG2 符號取代 */
#define MSG3 " 圓面積 ："          /* 程式中 "圓面積:" 以 MSG3 符號取代 */
#define PI 3.14159                  /* 程式中 圓周率 3.14159 以 PI 符號取代 */
```

全域變數宣告區

```
int radius = 100;    /* 宣告 radius 售價為全域整數變數並設定初值 */
```

自定函式原型宣告區

```
float get_area(void);        /* 宣告 get_area()為自訂函式 */
```

主函式區

```
int main(int argc, char *argv[]) {          /* 程式進入點 */
    float perimeter;         /* 宣告 perimeter 圓周長為區域變數,資料型別為浮點數 */
    printf(" %s %d \n\n" , MSG1, radius);      /* 顯示圓半徑數值 */
    perimeter = 2 * PI * radius;               /* 計算圓周長 perimeter*/
    printf(" %s %.2f \n\n" , MSG2, perimeter);       /* 顯示圓周長的計算結果 */
    /* 呼叫 get_area()函式,取得圓面積計算後傳回主函式的值,再顯示圓面積的結果 */
    printf(" %s %.2f \n\n" , MSG3, get_area());
    system("PAUSE");                                 /* 暫停執行以觀看執行結果 */
    return 0;                                        /* 結束程式執行 */
}
```

定義自定函式主體區

```
float get_area(void) {      /* 計算圓面積自定函式 */
      float area;             /* 宣告 area 圓面積為區域變數，資料型別為浮點數 */
      area = PI * radius * radius;                /* 計算圓面積 area */
      return(area);           /* 將計算後圓面積 area 傳回 main()主函式呼叫處 */
}
```

【注意】以上每行敘述前面的行號是為解說方便而加入，編寫時勿加入行號。

執行結果

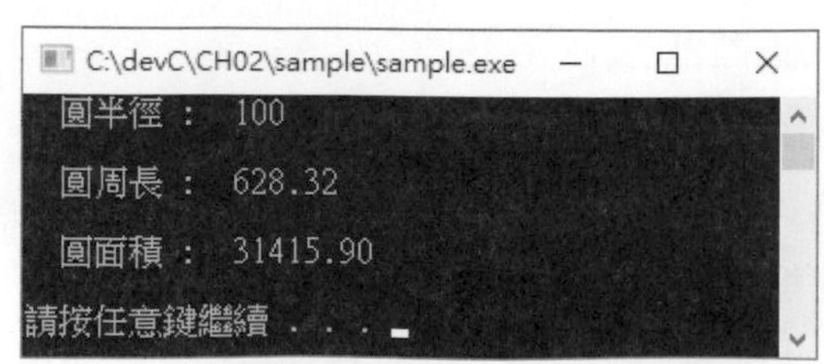

2.1.2 前置處理指令

C 和 C++ 語言都有一個前置處理器(Preprocessor)，它是在編譯器(Compiler)進行程式編譯前會先自動啟動的前置處理器，將程式中含有「#」符號開頭的敘述予以事先處理後，再交給編譯器進行程式的編譯工作，我們將這些「#」字號開頭的敘述稱為「前置處理指令」(Preprocessor Directive)。前置處理指令又稱假指令，因為這些前置處理指令會在程式進行編譯之前，先被前置處理器(Preprocessor)置換成某些程式碼，它並非是 C 語言的指令。譬如上面程式開頭先含入下面兩行敘述：

```
01 #include<stdio.h>
02 #include<stdlib.h>
```

由於上一小節程式中有用到輸出入函式和標準函式庫中某些基本函式，而這些函式的原型宣告分別置於 stdio.h 和 stdlib.h 兩個標頭檔(Header File)。在 Dev C++的整合環境中在編輯程式碼時會自動加入第 1~2 行標頭檔，雖然在 Dev C++中可省略不寫，但為提高程式的可攜性建議保留。

至於上一小節程式中，緊接其後的第 3~6 行 #define 假指令，是用來定義一些符號常數，以方便在程式中使用，如此方便在閱讀程式碼時提高可讀性。譬如上一小節使用到下面四個敘述，表示程式中碰到 MSG1、MSG2、MSG3 分別表示 "圓半徑："、"圓周長："、"圓面積：" 的字串常數取代，PI 表示 3.14159。

```
03 #define MSG1 " 圓半徑 ：" /* 程式中 "圓半徑:" 以 MSG1 符號取代 */
04 #define MSG2 " 圓周長 ：" /* 程式中 "圓周長:" 以 MSG2 符號取代 */
05 #define MSG3 " 圓面積 ：" /* 程式中 "圓面積:" 以 MSG3 符號取代 */
06 #define PI 3.14159        /* 程式中 圓周率 3.14159 以 PI 符號取代 */
```

使用此種符號常數的好處是當資料內容變更時，只要在 #define 處更改，而不必在程式中逐一修改，避免牽一髮動全身。#define 和 #include 一樣，在程式未編譯前，都先經過前置處理器，將程式中所有符號常數以對應值取代，雖然會增加程式的長度，但是編譯完成後的執行速度加快不少。前置處理器將於第九章會做更進一步地探討。

2.1.3 全域變數與自定函式原型宣告

一. 全域變數宣告區

所謂「變數」(Variable)是指程式中欲處理的資料會隨程式的執行而改變其值。變數在使用前必須先經過宣告，變數經過宣告後，系統才知道該變數是屬於哪種資料型別，系統才會配置適當的記憶體空間來存放該資料；程式中的變數可以宣告在函式的外面，以供程式中所有的函式共同參用，此類變數稱為「全域變數」(Global variable)。譬如：上一小節第 7 行敘述：

```
int radius = 100;
```

敘述中的 radius(半徑)被宣告為整數變數，是屬於全域變數。在第 9 行 main()主函式和第 19 行 get_area()自定函式都會參用到 radius 全域變數。

若將變數宣告在一個函式裡面，該變數僅供該函式使用，其他函式無法參用到，此類變數稱為「區域變數」(Local variable)。譬如：main()主函式內第 10 行「float perimeter;」敘述的 perimeter(圓周長)變數和 get_area()函式內第 20 行「float area;」敘述的 area(圓面積)變數都是屬於區域變數，其有效範圍僅限該函式內，一離開該函式該變數便從記憶體中釋放掉，將占用記憶體歸還給系統。亦即每一次呼叫 get_area()函式時，都會重新配置記憶體給 area 區域變數。

二. 自定函式原型宣告區

撰寫程式時因需求必須使用到不是 C 語言本身所提供的系統函式，而是自己撰寫的函式稱為「使用者自定函式」(User Defined function)，如 2.1.1 小節程式中若將 get_area()自定函式的主體寫在 main()主函式的後面，若在 main()主函式的前面未事先宣告此函式的原型，編譯器由上而下逐行編譯時，會先編譯 main()主函式，當編譯到 main()主函式中的 get_area()函式時，因找不到自定函式而發生編譯上的錯誤，此時必須在程式開頭先對自定函式做原型宣告。若將自定函式的主體寫在 main()主函式的前面，自定函式的原型宣告就可省略。

由於 2.1.1 小節程式中是將 get_area()自定函式的主體寫在 main()主函式的後面，因此必須在自定函式原型宣告區寫上下面敘述，告知編譯器此自定函式的主體是寫在 main()主函式的後面，如此編譯時才不會發生錯誤。在第 19 行

get_area()函式小括號內設為 void 表示呼叫此函式時不必傳入值，void 也可以省略不寫；若函式名稱前面設為 float，即表示該函式會傳回浮點數資料型別的資料。其寫法：

```
float get_area(void);     ⇨可改寫為   float get_area();
```

2.1.4 main()主函式

每個 C 程式都有 main()這個函式，它是程式開始執行的進入點，也就是說程式一開始就先進入此函式執行。此函式可置於程式的任何處，編譯器會自動找到此函式，當作該程式開始執行的進入點，當在 main()主函式中執行到 return 敘述或碰到 main()主函式對應的右大括號時，便結束程式的執行。

main()主函式裡面是由註解、變數宣告、相關的敘述、以及 return 敘述等構成。其中註解是用來供程式撰寫者標註該敘述或程式區段的意義以供日後方便閱讀，它是以「/*」為開頭，以「*/」做結束，它可寫在每行敘述的後面或是每行的最開頭，在 /* …… */ 之間括住的文字敘述可為單行或多行，程式在編譯時，編譯器會略過而不予編譯。至於 2.1.1 小節程式中 main()主函式內的程式碼如下：

```
09 int main(int argc, char *argv[]) {                /* 程式進入點 */
10     float perimeter;
11     printf(" %s %d \n\n" , MSG1, radius);
12     perimeter = 2 * PI * radius;
13     printf(" %s %.2f \n\n" , MSG2, perimeter);
14     /* 呼叫 get_area()函式,取得圓面積計算後傳回主函式的值.......... */
15     printf(" %s %.2f \n\n" , MSG3, get_area());
16     system("PAUSE");                         /* 暫停執行以觀看執行結果 */
17     return 0;                                /* 結束程式執行 */
18 }
```

首先，main()主函式內第 10 行宣告 perimeter 是一個浮點數變數，用來存放含有小數位數的圓周長，是屬於區域變數，有效範圍自宣告處開始一直到離開該 main()主函式為止。

接著繼續執行第 11 行 printf()輸出函式：

```
printf(" %s %d \n\n" , MSG1, radius);
```

此行敘述會將 MSG1 符號常數和 radius 變數的內容分別以 %s 字串格式和 %d 十進整數格式顯示在螢幕目前游標處後，\n 會將游標移到下一行的最前面，而 \n\n 會將游標移到下兩行的最前面。輸出結果如下：

```
圓半徑： 100
```

接著繼續執行下一行即第 12 行敘述：

```
perimeter = 2 * PI * radius;
```

執行此敘述時會先計算等號右邊的 2 * PI * radius 運算式，即 2*3.14159*100，運算結果為 628.32。將運算結果 628.32 指定給 perimeter 變數。接著繼續執行下一行即第 13 行敘述：

```
printf(" %s %.2f \n\n" , MSG2, perimeter);
```

此行敘述會將 MSG2 符號常數和 perimeter 變數的內容分別以 %s 字串格式和 %.2f 含小數位數兩位浮點數格式顯示在螢幕目前游標處後，\n\n 會將游標移到下兩行的最前面。輸出結果如下：

```
圓周長： 628.32
```

接著繼續執行下一行即第 14 行敘述：

```
/* 呼叫 get_area()函式,取得圓面積計算後傳回主函式的值........ */
```

此行敘述是以「/*」為開頭且以「*/」做結束的註解，寫在該行的最開頭，表示為下一行敘述標註內容。註解敘述在程式編譯時，編譯器會略過而不予編譯。

接著繼續執行下一行即第 15 行敘述：

```
printf(" %s %.2f \n\n" , MSG3, get_area());
```

執行此敘述時會先呼叫括號內右邊的 get_area()自定函式。即跳至第 19 行往下執行至第 22 行的「return(area);」敘述，將 area 變數值 31415.90 傳回給第 15 行的 get_area()自定函式。第 15 行的敘述用 printf()函式將 MSG3 符號常數和 get_area()函式傳回值的內容分別以「%s」字串格式和「%.2f」含小數位數兩位浮點數格式顯示在螢幕目前游標處後，「\n\n」會將游標移到下兩行的最前面。輸出結果如下：

```
圓面積： 31415.90
```

接著繼續執行下一行即第 16 行敘述：

```
system("PAUSE");   /* 暫停執行以觀看執行結果 */
```

執行此行會在螢幕上顯示 "請按任意鍵繼續 ..."，以方便觀看執行結果。當在鍵盤上按下任意鍵，會繼續執行下一敘述「return 0;」，馬上結束程式執行，回到 Dev C++整合開發編輯環境。

2.1.5 定義自定函式主體區

至於上一小節程式中接在 main()主函式後面的 float get_area(void) 函式為自定函式的主體(Body)；當 main()主函式執行到第 15 行敘述時，會先呼叫括號內右邊的 get_area()自定函式。由於在 main()前面第 8 行事先有做函式的原型宣告，告知編譯器此函式在本程式中有定義，因此執行時會到程式中去找該函式執行第 19 行，該函式內的相關變數宣告和敘述如下，至於有關自定函式的詳細介紹將於第八章再做詳細介紹。

```
19 float get_area(void) {      /* 計算圓面積自定函式 */
20         float area;   /* 宣告 area 圓面積為區域變數，資料型別為浮點數 */
21         area = PI * radius * radius;             /* 計算圓面積 area */
22         return(area);   /* 將計算後圓面積 area 傳回 main()主函式呼叫處*/
23 }
```

首先，第 20 行宣告 area 是一個浮點數變數，用來存放含有小數位數的圓面積，是屬於區域變數，有效範圍自宣告處開始一直到第 22 行執行「return(area);」敘述後才消失。執行第 20 行完緊接執行下一行即第 21 行的敘述：

```
area = PI * radius * radius;
```

執行第 21 行敘述，會將等號右邊符號常數 PI 的值 3.14159 和全域變數 radius 的值 100 相乘再相乘的結果 31415.90，指定給等號左邊的 area 浮點數變數。

接著繼續執行下一行即第 22 行敘述：

```
return(area);
```

此行會將 area 傳回給主函式中即第 15 行的 get_area()函式，此時程式執行的控制權又交回給主函式的第 15 行敘述，用 printf()函式將 MSG3 符號常數和 get_area()函式傳回值的內容顯示在螢幕後，接著繼續執行下一行第 16 行敘述。

注意

1. 單行註解

   /* 註解 */

   // 註解

2. 多行註解

   /*

   　　第 1 行註解

   　　第 2 行註解

   　　.......

   　　第 N 行註解

   */

3. 註解可寫在每行敘述的後面或是每行的最開頭。

2.2 Dev C++ 整合開發環境介紹

市面上有很多的電腦軟體廠商都有提供 C 語言來設計程式，為提高程式的可攜性，大部分廠商大都遵循 ANSI C 的標準，但由於電腦廠牌的不同所使用的編譯器亦不相同，因此在程式的編輯器(Editor)會有些微的差異，為使得所撰寫的程式能在不同電腦下執行，撰寫程式最好儘量使用 ANSI C 標準寫法，如此程式的相容性才會提高。

本章將介紹使用者眾多且免費的的 Dev C++整合開發環境來撰寫 C 語言程式，為方便讀者學習，筆者將範例程式檔，放置於碁峰網站下列網址：

http://books.gotop.com.tw/download/AEL023500

本書撰寫時採用 Dev C++ 5.1.1 版撰寫 C 語言程式，您可到以下網址下載 Dev C++的安裝程式。下載與安裝步驟請參閱附錄 B，安裝時最好選擇『繁體中文』環境下操作。

https://sourceforge.net/projects/orwelldevcpp/files/latest/download

2.2.1 新增專案

Step 01 請執行工作列【開始/ Bloodshed Dev-C++ / Dev-C++】，進入如下圖的 Dev-C++ 整合開發環境。

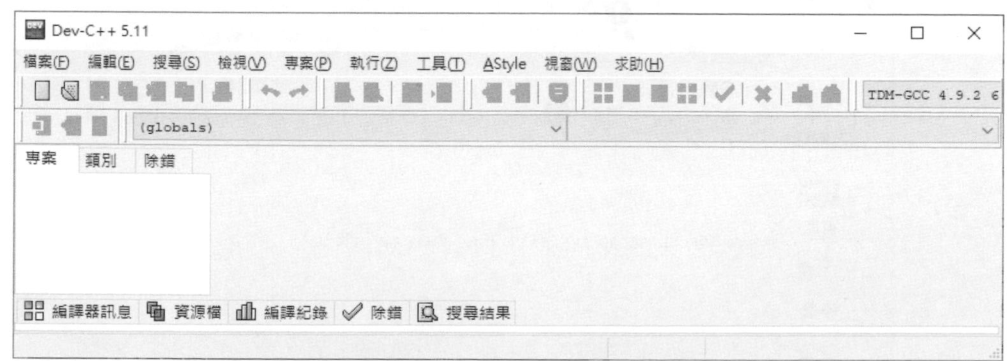

Step 02 請依下圖步驟指示，新增 Console Application 類型的專案，並設定該專案使用 C 語言來開發：

1. 請依序點選功能表的【檔案(F)/開新檔案(N)/專案(P)...】項目，開啟下圖「建立新專案」的對話方塊。

2. 在「建立新專案」對話方塊中切換到「Basic」標籤頁，然後選擇要新增專案的類型為「Console Application」，再選取「C 專案」，將專案名稱由預設值「專案 1」改為「first」，最後按 確定(O) 鈕。

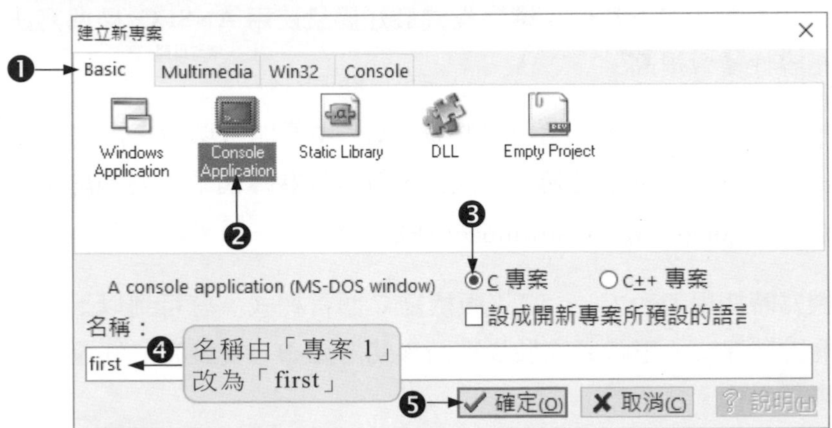

3. 接著出現下圖「另存新檔」對話方塊，請指定專案欲存檔的路徑，本例指定將 first 專案儲存在「C:\DevC\CH02\first」資料夾下。若事先建立的資料夾路徑只建立到「C:\DevC\CH02」，則必須在「CH02」檔案視窗點按 「建立新資料夾」圖示，再將新資料夾名稱命名為「first」。

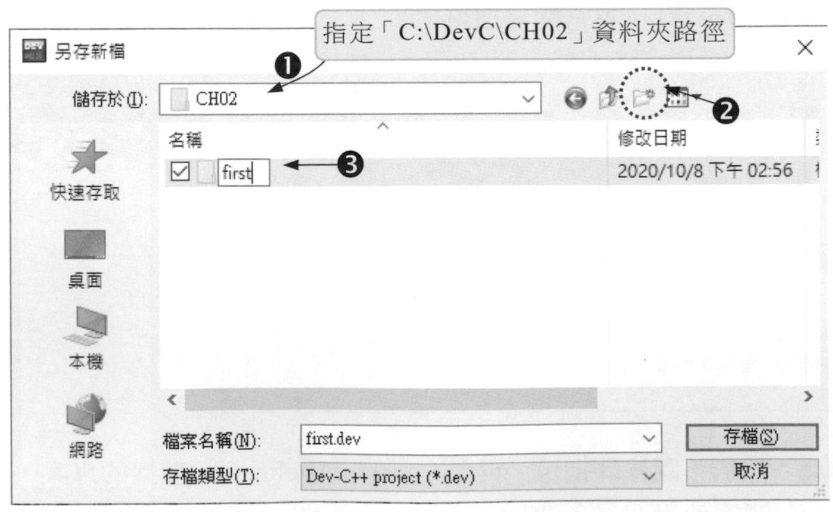

4. 在新建立的「first」資料夾名稱上快按兩下，指定 first 專案為存檔的路徑，最後再按 存檔(S) 鈕將此 first 專案置於 first 資料夾內。由於 Dev C++ 在編譯時會產生多個相關檔案，因此建議一個專案建立一個專屬的資料夾，以方便日後拷貝和維護。

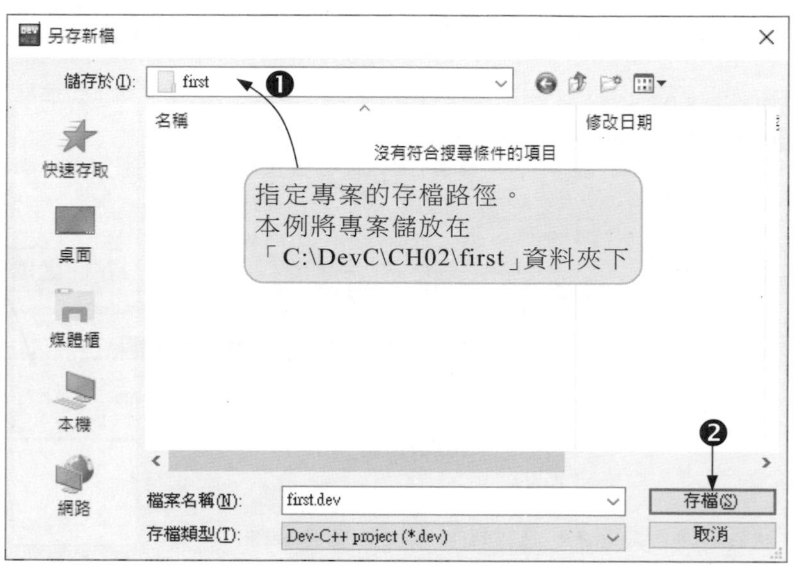

5. 新增專案後，預設會有一個尚未存檔的 main.c 程式。

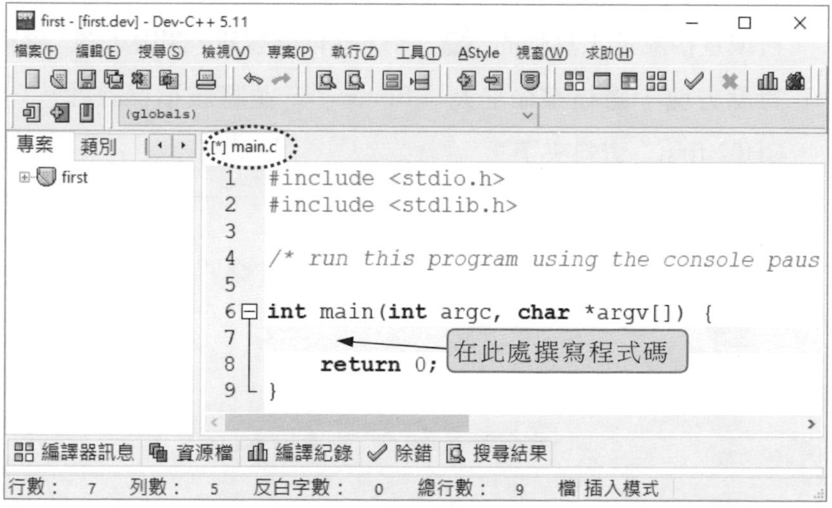

2.2.2 程式的撰寫、儲存與執行

延續上節所建立的專案檔，開始在此專案下學習如何編輯程式碼、儲存專案以及與如何執行程式：

Step 01 延續上面步驟。在下圖虛框處撰寫下面三行程式碼：

Step 02 依序點選功能表的【檔案(F)/儲存(S)】或【檔案(F)/另存新檔(A)】項目或直接點選工具列的 儲存所有檔案鈕，開啟下圖「儲存檔案」對話方塊，將檔案命名為「first.c」，並將該檔儲存在「C:\DevC\CH02\first」資料夾下。

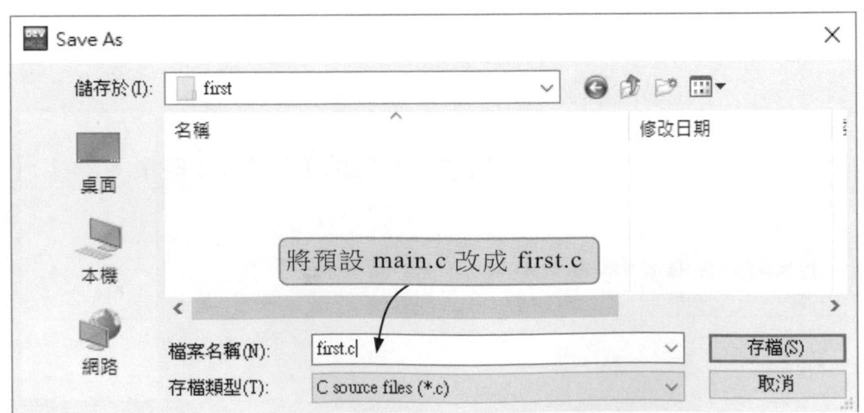

為方便記憶將「檔名(N)」預設值 main.c 改成 first.c，按 存檔(S) 鈕，此時整合開發編輯畫面會如下圖由 main.c 標籤頁變成 first.c 標籤頁：

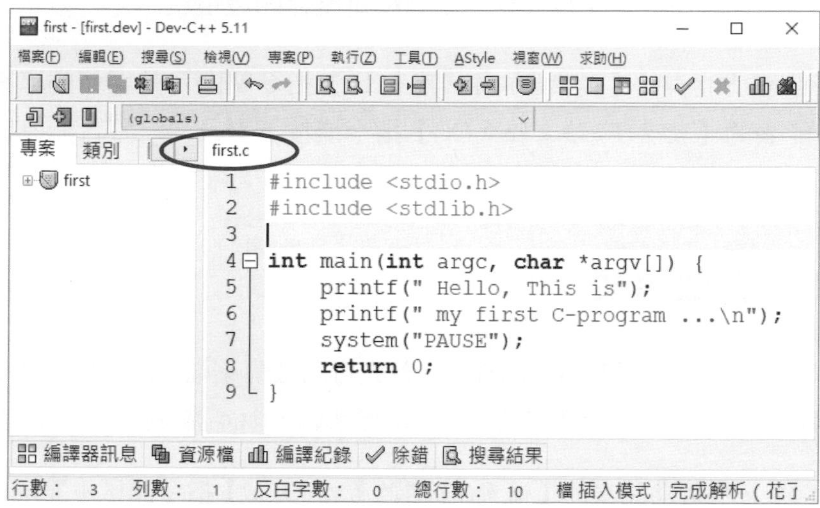

Step 03 接著如下圖依序點選功能表的【執行(Z)/編譯並執行(O)】指令或按 F11 快速鍵，編譯並執行程式，觀看程式執行結果。

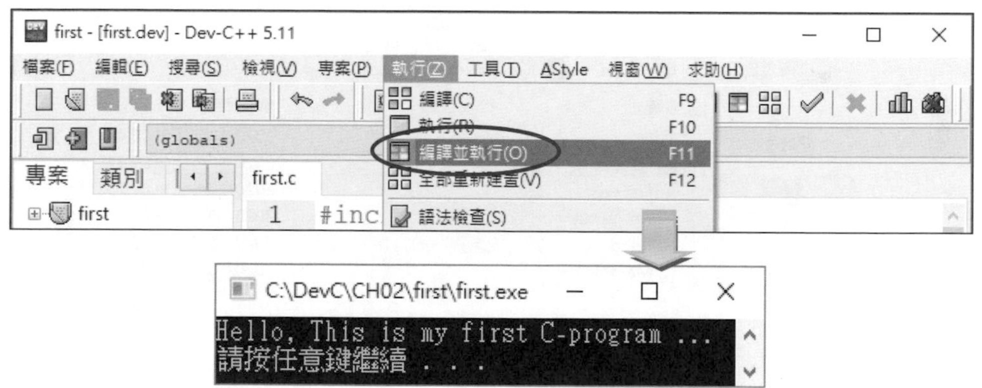

Step 04 接著關閉專案檔，依序點選功能表的【檔案(F)/關閉專案(L)】指令關閉目前專案。若程式碼有修改，未做儲存動作，會出現下圖：

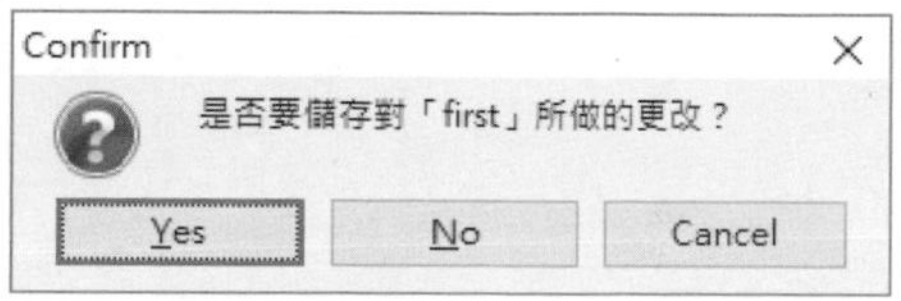

Yes ：按此鈕，舊程式碼被新程式碼覆蓋後關閉。

No ：按此鈕，保留未修改過的程式碼並關閉。

Cancel ：按此鈕，回到編輯整合開發環境。

點選功能表的【檔案(F)/關閉專案(L)】指令關閉目前編輯的專案，接著點選功能表的【檔案(F)/結束程式(X)】指令或按下 Dev C++整合開發環境的 × 鈕，即可以離開 Dev C++的整合開發環境。

2.2.3 開啟專案

若想繼續編輯已存檔過的程式，首先可開啟專案檔，接著再開啟欲編輯的原始程式檔。以開啟上節建立的 first.dev 專案和 first.c 檔為例。其操作步驟如下：

Step 01 執行功能表的【檔案(F)/開啟舊檔(O)...】指令開啟「開啟檔案」對話方塊。

Step 02 選取欲開啟的 first.dev 專案檔，最後再按 開啟(O) 鈕即可。

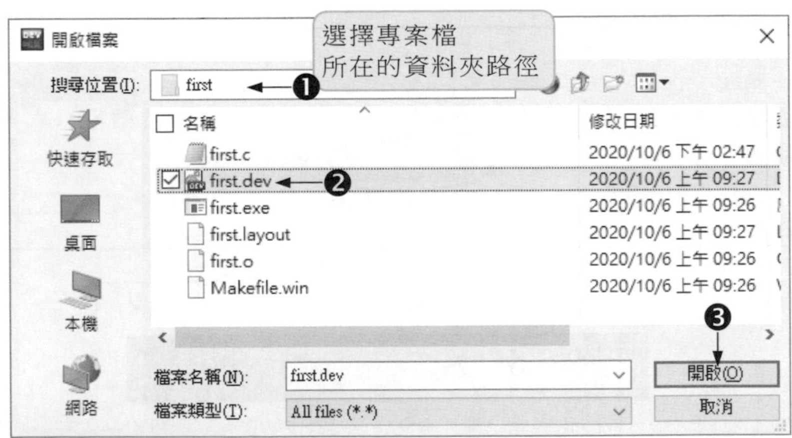

你也可以在「開啟檔案」對話方塊中，直接選取 first.c 程式檔快按兩下或按 開啟(O) 鈕即可。

CHAPTER 3

變數與基本資料型別

3.1 識別字與保留字

3.1.1 識別字

在真實的世界裡所看到的每個人、事、物，我們都會給予一個名稱作為識別之用。同樣地在程式設計時，對程式中所用到的每一個變數、常數、函式等等也是如此，我們將這些程式中用到的名稱統稱為「識別字」或稱「識別項」(Identifier)。識別字在程式中是唯一的名稱，不允許重複。至於識別字命名規則如下：

1. 識別字是由大小寫英文字母、阿拉伯數字、底線(_)所組成。但識別字的第一個字元限用大寫或小寫字母或底線(_)當開頭，第二個字元以後限大小寫字母、數字或底線(_)，至於空白字元或其他特殊字元是不被允許的。
2. C 語言將大小寫字母視為不相同的字元，各字元中間不允許有空白。
3. 請勿選取以兩條底線或一條底線開頭加上一個大寫字母開頭的識別項名稱。ANSI C 允許保留以這些字元組合開頭的識別項名稱，如：__asm、__inline 等為系統保留字，以供編譯器(Compiler)使用。還有為識別是使用者或是系統所使用的識別字，將以底線開頭者視為系統使用的識別字，編寫程式時避免使用。

4. 識別字可為任意長度，但 C 編譯器只認得最前面 31 個字元，不過外部識別項(在全域範圍中宣告或以儲存類別 extern 宣告的識別項)名稱可能只能保證前六個字元有效。
5. 程式中不允許關鍵字(或稱保留字)當作識別字。

3.1.2 保留字

保留字(Reserved Word)又稱關鍵字(Keyword)，是 C 語言製造商事先賦予某個識別字特別的用途，以供程式設計時按照其指定的意義使用，撰寫程式時不允許重複定義這些保留的識別字。譬如：下表為 ANSI C 所提供的保留字，透過這些保留字、配合運算子(Operator)和分隔符號(Seperator)定義出 C 語言所提供的各種敘述(Statement)：

auto	break	case	char	const
continue	default	do	double	else
enum	extern	float	for	goto
if	int	long	register	return
short	signed	sizeof	static	struct
switch	typedef	union	unsigned	void
volatile	while			

3.2 資料型別

程式中使用到的資料為方便快速存取都會占用記憶體空間，因此設定相關資料時，若能按照資料的型別和大小配置合適的記憶體空間，如此才不會浪費記憶體。各種程式語言的編譯器對資料的大小均有某種程度的限制。下面介紹 Dev C++ 所提供的各資料型別以及各資料型別的有效範圍。

3.2.1 基本資料型別

1. char 字元資料型別

   使用 8 位元(1 Byte)來存放字元資料。它代表電腦所能表示的字元，包括 A~Z、~、+、-、*、/ ...等特殊符號。電腦在處理這些字元都以一個正整數(0~255)存入電腦內部，它是以 ASCII 碼來代表這些字元存入電腦記憶體。

2. int 整數資料型別

   使用 32 位元(4 Bytes)來存放整數資料。整數資料的有效範圍 $-(2^{31})$ ~ $+(2^{31}-1)$，若資料超過此範圍就必須改成以浮點數方式來存放，即使用 float 或 double 資料型別來存放。

3. float 單精確度資料型別

   用來存放帶有小數位數的資料即一般的實數，長度為 4 Bytes。有效範圍 $-3.4\text{x}10^{-38}$ ~ $3.4\text{x}10^{38}$，有效位數 7 位數(10 進制)。若資料超過此範圍就必須改用 double 資料型別來存放。

4. double 倍精確度資料型別

   用來存放帶有小數位數的資料，即一般的實數。長度為 8 Bytes，適用處理較大的實數。有效範圍 $1.7\text{x}10^{-308}$ ~ $1.7\text{x}10^{308}$，有效位數 15 位數(10 進制)。

由於資料型別都有其規定的大小範圍便有其固定的長度，譬如：C 使用 4 Bytes 來存放整數值，因此一個整數資料的有效範圍：$-(2^{31})$ ~ $+(2^{31}-1)$，若整數資料超過最大值$+(2^{31}-1)$ = +2,147,483,647，必須使用 33 Bits 來存放該整數值，此時就會發生資料溢位(Overflow)的現象。反之，若整數小於 $-(2^{31})$ = -2,147,483,648 則會發生資料不足位(Underflow)的現象。因此，程式中變數的資料型別應以該資料在程式執行時可能會發生最大值和最小值來決定。

3.2.2 延伸資料型別

為了要增加或降低變數的精確度和所占用記憶體的空間，C 語言的延伸資料型別允許您在上面基本資料型別的前面加上下面三種修飾詞：

1. short
2 long
3 unsigned

譬如：欲處理的資料介於 -32,768 ~ +32,677 之間，若使用長度為 4 Bytes 的 int 整數資料型別來儲存太浪費記憶體空間，可改用 short int 長度為 2 Bytes 較節省記憶空間。至於 long int 在編譯器為 32 位元的環境下，其長度與 int 都為 4 Bytes。unsigned 是用來存放沒有正負號的整數，所以其整數值是由 0 開始的正整數。有關 short、long、unsigned 的用法和長度、有效範圍請參閱下表，我們可以按照程式中欲處理該資料時所允許最大和最小值，來選擇合適的資料型別：

資料型別	常值種類	長　度	有效範圍
char	字元	1 Byte(8 Bits)	0~255
short	短整數	2 Bytes(16 Bits)	-32768~+32677
int	整數	4 Bytes(32 Bits)	-23147483648 ~ 2147483647
long int	長整數	4 Bytes(32 Bits)	-23147483648 ~ 2147483647
unsigned char	無正負號字元	1 Byte(8 Bits)	0~255
unsigned short	無正負號整數	2 Bytes(16 Bits)	0 ~ 65535
unsigned int	無正負號整數	4 Bytes(32 Bits)	0 ~ 4294967295
unsigned long int	無正負號整數	4 Bytes(32 Bits)	0 ~ 4294967295
float	單精確實數	4 Bytes(32 Bits)	$-3.4 \times 10^{-38} \sim 3.4 \times 10^{38}$
double	倍精確實數	8 Bytes(64 Bits)	$-1.7 \times 10^{-308} \sim 1.7 \times 10^{308}$
long double	長倍精確實數	12 Bytes(96 Bits)	$-17 \times 10^{-4932} \sim 1.7 \times 10^{4932}$

【註】

1. 在 int 前面有加上 short 或 long 延伸字元時，int 可省略。譬如宣告 a 是一個長整數變數，其寫法如下：

   long int a;　可寫成　long a;

2. 欲驗證上表各資料型別的長度，可用 sizeof()函式來查詢，如下面敘述用來查詢長整數和整數資料型別占用記憶體大小：

① printf("The size of long int is : %d \n", sizeof(long));
[結果] The size of long int is : 4

② printf("The size of int is : %d\n", sizeof(int));
[結果] The size of int is 4

C 語言另外提供結構資料型別用來處理陣列、字串、結構，至於指標資料型別是用來存取記憶體某個位址的內容，這些較特殊的資料型別將在後面章節陸續介紹。

3.3 常數

在 C 語言程式中的敘述，除了由保留字、運算子、分隔字元組成外，還有常數和變數，所謂「常數」(Constant) 或稱「常值」(Literal)是無需經過宣告，直接以電腦所能量化處理的數值或字元方式存在敘述中，該值不會隨著程式執行時而改變。C 語言提供的常數有：

1. 字元常數是用來顯示單一字元。
2. 字串常數是用來顯示連續的字元。
3. 整數常數用來顯示整數。
4. 浮點數常數是用來顯示帶有小數點數字的資料。
5. 符號常數是在程式中以名稱來代替數值或字串。

3.3.1 字元常數

1. 以單引號框住字元
   必須是可顯示或可印出的字元，使用單引號將字元頭尾括起來，譬如：'A' ~'Z'、'a'~'z'、'0'~'9' ...等。
2. 以十六進制來顯示字元
   將該字元的 ASCII 碼以十六進制表之。如 'A' 的 ASCII 碼為 $65_{10} = 41_{16}$，在其數值前面加 x 來表示該數值為十六進制。若在程式中使用

printf("A"); 便可在螢幕上顯示大寫的字母 A，當然也可使用 printf("\x41"); 敘述在螢幕上顯示大寫字母 'A'。

3. 以八進制來表示字元

   將該字元的 ASCII 碼以八進制表之。如 'A' 的 ASCII 碼為 $65_{10}=101_8$，其寫法為 '101'，以三個位數(Digits)表示。在程式中使用 printf("\101"); 敘述在螢幕上顯示大寫字母 'A'。

4. 逸出字元(Escape Sequence)

   有些字元像是單引號（' '）、雙引號（" "）及反斜線（\）均已事先定義其功能，當做程式中的控制字元，我們將這些字元稱為「逸出字元」(Escape Character)。這些字元在程式中使用時，必須在該字元的前面加上一個 '\' 倒斜線構成逸出序列(Escape Sequence)，以供 printf()函式顯示訊息用，當編譯器掃描到這些特殊逸出字元時，會將接在倒斜線後面的字元，當成某種特殊意義來處理。下表即是逸出字元表：

逸出字元	功能
\'	顯示單引號，不當做字元控制符號 [例] printf("It\'s a C program."); 結果：It’s a C program.
\"	顯示雙引號，不當做字串控制符號 [例] printf(" \'4\" is Four."); 結果：'4" is Four.
\\	顯示一個倒斜線
\b	使插入點游標倒退一格
\f	插入點游標移到下一頁
\n	插入點游標移到下一行
\r	插入點游標移到本行的最前面
\t	插入點游標移到下一個水平定位點
\0	空字元(以數字零當字元碼)
\ddd	顯示八進制字元碼 \101 $=101_8=65_{10}$ 顯示 'A' [例] printf("八進制 101 的字元為：\101"); 結果：八進制 101 的字元為：A
\xdd	顯示十六進制字元碼

【註】

① '\0' 表示空字元，其 ASCII 碼為 0。

② '0' 表示數值字元 0，其 ASCII 碼為 48。

③ '△' 表示空白字元，其 ASCII 為 32。

3.3.2 字串常數

字串常數(String Constant)是由兩個或兩個以上的字元彼此連接在一起頭尾使用雙引號「"」將字串括住，此點與字元常數使用單引號括住而有所不同，'a' 和 "a" 兩者是不一樣的，前者為字元常數，後者為字串常數。譬如："GoodDay"、"1234" 在程式中均視為字串常數。

3.3.3 整數常數

整數常數是指沒有帶小數點和小數的常數值。C 語言提供十進位制(Decimal)、八進位制(Octal)及十六進位制(Hexadecimal)三種計數方式來處理整數常數。其中八進制是由數字 0~7 構成。十六進制是由數字 0~9 和字母 A~F 構成。在日常生活中，大都使用十進制做計數的工作，程式中十進制數值的表示方式維持和一般手寫方式相同。至於八進位制就必須以數字 0(非字母 O)開頭；十六進制以 0x 或 0X 開頭(為數字 0 開頭非字母 O)，以方便在程式中能區分出該整數常數是屬於幾進制。譬如在程式中出現一連串的十進數字 123 視為十進整數資料；若其後跟著 ℓ 或 L 表示該值以長整數表示：123ℓ 或 123L；若其後跟著 u 或 U 表示該值以無號整數表示：123u 或 123U；若改以八進制表示(以 0 零開頭)：0173；若改以十六進制表示：0x7b 或 0X7B。

3.3.4 浮點數常數

浮點數常數又稱為實數常數，當我們需要用到帶小數點的數字或科學符號來做運算時，就需使用到它。像數學開根號、正、餘弦及指數等等。浮點數的表示方式在 C 語言中可使用兩種方式，一種是我們常用的小數點表示法，如 3.14159；另一種則可以使用標準 IEEE-754 科學符號來表示，如 1.23e+4 即是科學符號表示法。在 C 語言所提供的浮點數資料型別有 32 位元的 float 及 64

位元的 double，前者是單精準度數值，而後者是倍精確度數值。基本上兩者並沒有什麼不同，其差異處在於 double 所能顯示的位數較多，精確度較高。譬如：123000000.0 數學表示為 1.23×10^8，但這不是 C 語言表示方式。C 語言的浮點常數在程式中表示方式可為：1.23e8 或 123000000.0。

當您在程式中直接使用帶有小數點的數字，數字最後面未加任何字元，如：12.345，預設為倍精確度資料。若在帶有小數點的數字後面緊跟 f 或 F，如：12.345f 或 12.345F 則視為單精確度資料。

3.3.5 符號常數

符號常數是寫在程式開頭用來定義一些字串、常數或公式以供程式中多處使用，程式中使用符號常數可增加程式的可讀性和方便維護。常數命名一律用大寫，單字之間以底線(_)連接。譬如：

```
#define MSG "Please enter your name :"
#define PI 3.14159
```

上面範例使用前置處理命令 #define 來定義符號常數。在程式中可以使用 const 來定義，const 的寫法如下：

```
const char MSG = "Please enter your name :";
const double PI = 3.14159;
```

3.4 變數

在上節已經介紹過常數，常數是不必經過宣告就可直接在程式中使用。至於變數(Variable)它的內容會隨程式執行而改變，是以一個英文名稱出現在敘述中代表某個數值或文字。變數在使用前必須經過宣告，系統就會配置記憶體空間給它使用，這塊記憶體空間中原先可能就有資料，為避免變數在宣告後其值是為不可預期，儘量在變數宣告後馬上給予初值。變數和常數兩者的差異可由下面敘述分辨出：

```
y = x + 20;
```

其中 x、y 為變數，20 為常數。至於程式中若使用的資料會隨著程式的執行而改變，一般高階語言都會給予一個變數名稱來存放該內容。變數必須事先宣告(Declare)，在宣告變數的同時，賦予該變數一個名稱，並設定該變數是屬於哪種資料型別，待程式經過編譯後，便可配置需要的記憶體空間來存放該變數的內容。至於變數名稱(Variable Name)的命名方式除要遵循識別字的命名規則外，切勿使用一些簡單無意義的字母當做變數名稱，會造成日後維護程式上的困擾，應朝名稱易懂且可讀性高的方向命名。

宣告變數時，記得要慎選變數的資料型別，才不會占用太大的記憶空間。譬如：欲將數值 3.14159 存入到一個變數中，若使用 int 或 char 這兩種資料型別來儲存是錯誤的，因為 3.1459 是一個浮點數常數，應使用 float 或 double 資料型別才對，但 3.1459 數值並不大，使用 32 位元的 float 來儲存便已足夠，使用 double 資料型別並非不可以，只是白白浪費記憶體空間。

變數可如 <方法 1> 事先宣告，C 自動在記憶體中先配置該資料型別大小的記憶空間，當執行到變數初值設定位置時，才將初值置入對應的記憶體位址內。當然也可以如 <方法 2>，在宣告的同時設定初值。宣告變數時，若有兩個(含)以上資料型別一樣的變數需要宣告時，允許在同一行敘述中同時宣告，兩個變數間以「,」逗號加以區隔。宣告方式如下：

方法1 僅宣告未設定初值

```
資料型別 變數名稱 1 [, 變數名稱 2] …  ;
```

方法2 宣告並設定初值

```
資料型別 變數名稱 1 [=初值 1] [, 變數名稱 2 [=初值 2]…]；
```

簡例

```
char pass;            /* 宣告 pass 為字元變數 */
char yn = 'y';        /* 宣告 yn 為字元變數並設定初值 'y' */
int year;             /* 宣告 year 為整數變數 */
int price , qty;      /* 宣告 price 和 qty 為整數變數 */
int x = 10 , y;       /* 宣告 x 和 y 為整數變數，並設定 x 的初值為 10 */
```

```
float height , weight;   /* 宣告 height、weight 為浮點數變數 */
float rate = 0.05;       /* 宣告 rate 為浮點數變數，並給予初值為 0.05 */
float var1 = 2.985E+6; /* 宣告 var1 為浮點數變數，並給予初值為 2.985x10^6 */
double time;             /* 宣告 time 為倍精確度變數 */
```

至於變數命名方式依個人習慣採用下列方式來命名：

1. 匈牙利命名法

   就是在變數名稱字首加上資料型別的縮寫，接在字首後面的是變數名稱，也必須要有意義。譬如：chrIsQuit(字元變數)、intNum(整數變數)，fltPrice(浮點數變數)。還有微軟的 Win32 中採用的是 "匈牙利命名法"，已成為 Win32 中通用的編碼慣例。

2. 駱駝命名法

   以連續助憶單字連貫起來，一般會以小寫字母開頭，並在第二個單字以後每個單字的第一個字母改用大寫表示。若變數名稱是單一單字，譬如：「成績」，使用 score 變數。若是複合單字如:「數學成績」則使用 mathScore 變數名稱：

   ```
   int score, mathScore ;
   ```

3. 加底線

   變數名稱也可使用底線作為開始，通常用來代表系統使用的識別字或是代表該變數是私有的(private)，限用在程式中某個範圍使用，外界並不需要知道有這個變數的存在，通常這樣的變數名稱常用於物件導向中類別的私有成員，待本書第十九章介紹 C++ 物件導向時才使用 private 私有成員。

   ```
   int _price;
   float _qty;
   ```

3.5 運算子

所謂「運算子」(Operator)是指可以對運算元做特定運算的符號(像+、-、*、/)。「運算元」(Operand)是指執行的對象，運算元可以為變數、常數或是運算式構成。結合運算元與運算子所形成的計算式就構成一個「運算式」(Expression)。運算子若按照運算時，所需要的運算元數目來分類，可分成：

1. 一元運算子 (Unary Operator)　　如：-10、++k。
2. 二元運算子 (Binary Operator)　　如：a + b
3. 三元運算子 (Tenary Operator)　　如：max = a > b ? a : b ;

C 語言所提供的運算子，按照運算子的性質可分為下面七大類：

1. 指定運算子 (Assignment Operator)
2. 算術運算子 (Arithmetic Operator)
3. 複合指定運算子 (Shorthand Assignment Operator)
4. 關係運算子 (Relational Operator)
5. 邏輯運算子 (Boolean Logical Operator)
6. 遞增運算子 (Increment Operator)
7. 遞減運算子 (Decrement Operator)

3.5.1 指定運算子

當您需要將一個常數、變數或運算式的結果指定給某個變數時，就需要使用到指定運算子「=」，將等號右邊運算結果指定給等號左邊的變數。其語法為：

語法

```
變數名稱 = [運算式|變數|常數] ;
```

例如：有兩個變數 a 與 b，其值分別為 1 及 2，欲將變數 a、b 兩者相加的結果指定給等號左邊的變數 c，其寫法為：

```
c = a + b ;
```

a + b 是一個運算式，其中 "+" 號為運算子，a 和 b 為運算元。會將等號右邊運算式 a + b 的結果存入變數 c 中。使用指定運算子時要注意等號的左邊僅能使用變數名稱，不可以為常數或運算式。若欲將整數變數 a、b 和 c 同時設定初值為 10，也可以使用指定運算子來完成，其寫法如下：

```
a = b = c = 10 ;
```

若指定運算式在等號的兩邊都含有相同的變數，如 c = c + b；可改成 c += b；複合指定運算式來表示。下面指定運算子左右兩個運算式均成立：

```
a = a + b ;   ⇨   a += b ;
a = a - b ;   ⇨   a -= b ;
a = a * b ;   ⇨   a *= b ;
a = a / b ;   ⇨   a /= b;
```

3.5.2 算術運算子

算術運算子是用來執行一般的數學運算，包括加法、減法、乘法、除法、負數、取餘數等，主要的算術運算子如下表所示：

運算子	功能說明	假設執行前 a = 10，觀察各運算子運算後結果
+	加法	a = a + 5;　　結果：a⇦15
-	減法	a = a - 5;　　結果：a⇦5
*	乘法	a = a * 5;　　結果：a⇦50
/	除法	a = a / 5;　　結果：a⇦2
%	取餘數	a = a % 3;　　結果：a⇦1

3.5.3 複合指定運算子

一般程式中需要將 x 變數的值加 3 再存回 x 變數，其寫法為 x = x + 3;。由於緊鄰指定運算子(=等號)左右邊都有相同的變數 x，C 語言允許使用複合指定運算子來簡化為 x += 3; 來表示，此種方法適用於二元運算子，語法如下：

語法

```
變數 = 變數 運算子 運算式;        (x = x + 3;)
變數 運算子= 運算式 ;             (x += 3;)
```

下表是與數值運算有關的複合運算子表示方式：

運算子	功能	實例(假設每列 x 初值為 5)	結果
=	指定	x = 5	x ⇦ 5
+=	相加後再指定	x += 4 相當於 x = x + 4	x ⇦ 5 + 4 = 9
-=	相減後再指定	x -= 2 相當於 x = x - 2	x ⇦ 5 – 2 = 3
*=	相乘後再指定	x *= 3 相當於 x = x * 3	x ⇦ 5 * 3 = 15
/=	相除後再指定	x /= 2 相當於 x = x / 2	x ⇦ 5 / 2 = 2
%=	相除取餘數後再指定	x %= 2 相當於 x = x % 2	x ⇦ 5 % 2 = 1

3.5.4 遞增和遞減運算子

++遞增運算子(Increment Operator)和--遞減運算子(Decrement Operator)都是屬於一元運算子。主要是用來對目前的變數值作加 1 或減 1。若將此種運算子放在變數之前稱為「前置式」如：++a 或 --a。反之，若將運算子放在變數之後稱為「後置式」如：a++ 或 a--。譬如：下面敘述第一欄的一行運算式，可改成第二欄以兩行敘述書寫，兩者執行結果都一樣。

假設執行前 a 的初值為 10：

遞增運算式	一般運算式	結果
b = ++a ;	a = a + 1 ; b = a ;	a = 11 , b = 11
b = a++ ;	b = a ; a = a + 1 ;	a = 11 , b = 10
b = --a ;	a = a -1 ; b = a ;	a = 9 , b = 9
b = a-- ;	b = a ; a = a - 1 ;	a = 9 , b = 10

3.5.5 關係運算子

關係運算子(Relational Operator)又稱為「比較運算子」，可以對兩個運算元做比較。若比較結果成立，表示結果為真，以 1 表之；若不成立，表示結果為假，以 0 表之。下表是 C 語言中所能使用的關係運算子：

關係運算子	說明	數學表示式	C 書寫方式
==	等於	$a = b$	a == b
!=	不等於	$a \neq b$	a != b
>=	大於等於	$a \geq b$	a >= b
<=	小於等於	$a \leq b$	a <= b
>	大於	$a > b$	a > b
<	小於	$a < b$	a < b

下面範例示範關係運算子的使用方式：

程式碼 FileName：relation.c

```c
#include <stdio.h>
#include <stdlib.h>

int main(int argc, char *argv[]) {
    int a=10, b=5;
    printf(" %d \n", a == b);        /* 印出 0，0 表示 false */
    printf(" %d \n", a != b);        /* 印出 1，1 表示 true */
    printf(" %d \n", a > b);         /* 印出 1，1 表示 true */
    printf(" %d \n", a <= b);        /* 印出 0，0 表示 false */

    system("PAUSE");
    return 0;
}
```

3.5.6 邏輯運算子

當程式做條件判斷時必須使用兩個以上的關係運算子，就必須透過邏輯運算子(Logical Operator)來連接。C 語言提供下列邏輯運算子供您在程式中使用：

<table>
<tr><th>運算子</th><th>功能說明</th><th>結果</th></tr>
<tr><td>&&</td><td>AND(且)</td><td>
<table>
<tr><th>a</th><th>b</th><th>a && b</th></tr>
<tr><td>0</td><td>0</td><td>0</td></tr>
<tr><td>0</td><td>≠ 0</td><td>0</td></tr>
<tr><td>≠0</td><td>0</td><td>0</td></tr>
<tr><td>≠0</td><td>≠ 0</td><td>≠ 0</td></tr>
</table>
</td></tr>
<tr><td>||</td><td>OR(或)</td><td>
<table>
<tr><th>a</th><th>b</th><th>a || b</th></tr>
<tr><td>0</td><td>0</td><td>0</td></tr>
<tr><td>0</td><td>≠ 0</td><td>≠ 0</td></tr>
<tr><td>≠ 0</td><td>0</td><td>≠ 0</td></tr>
<tr><td>≠ 0</td><td>≠ 0</td><td>≠ 0</td></tr>
</table>
</td></tr>
<tr><td>!</td><td>NOT(反向)</td><td>
<table>
<tr><th>a</th><th>!a</th></tr>
<tr><td>0</td><td>≠ 0</td></tr>
<tr><td>≠ 0</td><td>0</td></tr>
</table>
</td></tr>
</table>

下面範例示範邏輯運算子的使用方式：

程式碼 FileName：logical.c

```
#include <stdio.h>
#include <stdlib.h>

int main(int argc, char *argv[]) {
    int a=30,b=20,c=10;
    printf(" %d \n", a>b || a<c);        /*  印出1，1表示true */
    printf(" %d \n", a>b && a<c);        /*  印出0，0表示false */
    printf(" %d \n", !(a>b));            /*  印出0，0表示false */

    system("PAUSE");
    return 0;
}
```

下表為各種運算子在運算式中優先執行順序：

優先次序	運算子(Operator)	運算次序
1	.(成員存取運算子)、f(x)、a[x]、x++、x--、()	由左至右
2	! 、~、(cast)、+(正號)、-(負號)、++x、--x	由右至左
3	* (依址取值)　&a (變數 a 的位址)	由左至右
4	*(乘)、 / (除)、 %(取餘數)	由左至右
5	+(加)、 -(減)	由左至右
6	<< (左移) 、 >> (右移)	由左至右
7	< 、 <=、 >、 >= (關係運算子)、	由左至右
8	== (相等) 、 != (不等於)	由左至右
9	& (位元 AND)	由左至右
10	^ (位元 XOR)	由左至右
11	| (位元 OR)	由左至右
12	&& (條件式 AND)	由左至右
13	|| (條件式 OR)	由左至右
14	？： (條件運算子)	由右至左
15	=、 += 、 -= 、 *= 、 /= 、 %=、<<=、>==、&=、^=、!=	由右而左
16	, (逗號)	由左至右

【例】求下例各運算式變數值

```
int a = 20, b = 10, c, d, e, f, g ;
c = a-- - 5;             /* c=20-5=15, a=19 */
d = a + --b;             /* b=9, d=19+9=28 */
e = (g=d)+2 ;            /* g=28, e=28+2=30 */
f = (20==20)+4;          /* (20==20) true 其值為 1, f=1+4=5 */
g += ++a + b--;          /* a=20, g=28+20+9 =57, b=8 */
```

3.6 資料型別轉換

當運算式中發生兩個資料型別不同的數值需要一起做運算時，除非您在程式中強迫資料轉型(Cast)，否則 C 語言會做「自動型別轉換」(Automatic Type Conversion)，將資料型別轉成一致後再進行運算。前者是採外顯方式(Explicit)方式，後者採隱含方式(Implicit)。譬如：

1. 5 和 3 兩數相除時，由於兩者資料型別相同，結果為 1 仍以整數資料型別表示。假設 x 為 float 資料型別，若將結果指定給 x = 5/3;，結果 x 值為 1.000000。
2. 5.5 和 3 兩數相除時，由於兩者資料型別不同，會自動先將整數 3 轉換成 double 資料型別，再和 5.5 做相除，結果為 1.833333。假設 k 為 int 資料型別，若將 5.5/3 的結果指定給 k = 5.5/3，將等號右邊的結果 1.833333 小數部分刪除，結果 k 值為 1。

資料型別轉換若採隱含方式，若兩者不同資料型別的資料需要做運算時，其規則如下，是將資料型別長度較小者的資料先轉成和資料型別長度較大者相同的資料型別再做運算。其規則如下：

char ⇨ int ⇨ long ⇨ float ⇨ double

低階等級 ⟶ 高階等級

要注意，由低階變數轉換成高階的資料型別一般不會發生問題，如長整數轉換成浮點數時，若長整數位數很大轉成帶有小數點的浮點數，轉換時由於位數減少精確度可能會降低。但反過來由高階轉換成低階資料型別，由於占用空間縮小，也可能會降低該變數的精確度，若發生資料大小容納不下時，會造成資料錯誤。

至於強迫型別轉換是採外顯方式，直接在變數名稱前面加上小括號，小括號內插入欲轉換的資料型別。譬如：假設 i 為整數變數、k 為 float 單精確度變數、x 為倍精確度變數，運算式 x = i + k；以外顯方式做型別轉換，其寫法如下：

```
x = (double)((float)i+k);
```

程式碼 FileName : typeconvert.c

```
#include <stdio.h>
#include <stdlib.h>

int main(int argc, char *argv[]) {
    int i=5,j,k=3;
    float x=5.5,y;
    j=i/k;
    y=i/k;
    printf(" %d \n",j);                 /*  j=1            */
    printf(" %d \n",i/k);               /*  i/k=1          */
    printf(" %f \n",y);                 /*  y=1.000000     */
    printf(" %f \n",(float)i/k);        /*  i/k=1.666667   */
    y=x/k;
    printf(" %f \n",y);                 /*  y=1.833333     */
    printf(" %f \n",x/k);               /*  x/k=1.833333   */
    printf(" %f \n",(float)x/k);        /*  x/k=1.833333   */
    j=x/k;
    printf(" %d \n",j);                 /*  j=1            */
    printf(" %f \n",j);                 /*  j=0.000000     */
    printf(" %f \n",x/k);               /*  x/k=1.833333   */

    system("PAUSE");
    return 0;
}
```

CHAPTER 4

輸出入函式介紹

4.1 輸出入函式介紹

當您設計一個程式時，首先要由問題所給予的已知條件和所要求的輸出結果來決定輸入和輸出畫面，接著再想出一個好的演算法，設計出如何由輸入來得到所要求的輸出結果，最後再透過程式語言來完成。由於輸出入介面是使用者和電腦溝通的橋樑，本章的主要課題是學習如何使用 C 語言的輸入函式來取得使用者輸入的資料，最後再使用 C 語言的輸出函式將計算後結果顯示出來。

下表為於 Dev C 所提供的標準輸出入函式：

類型	函式名稱	功能	資料型別	標頭檔
標準輸出函式	printf	格式化輸出函式	不拘型別	stdio.h
	putchar	字元顯示函式	字元	stdio.h
	putch	字元顯示函式	字元	conio.h
	puts	字串顯示函式	字元	stdio.h
標準輸入函式	scanf	格式化輸入函式	不拘型別	stdio.h
	getchar	單一字元輸入函式	字元	stdio.h
	getche	單一字元輸入函式	字元	conio.h
	getch	單一字元輸入函式	字元	conio.h
	gets	字串輸入函式	字元	stdio.h

4.2 printf() 輸出函式

4.2.1 printf() 函式

由於 C 語言本身未提供輸入和輸出敘述，輸入和輸出的工作交由標準函式庫中的 scanf() 和 printf() 函式來實現。printf() 是格式化輸出函式，主要用來將資料做格式化，按照所指定的格式，將資料由系統預設的標準輸出裝置(螢幕)顯示出來。由於該函式的原型宣告放在 stdio.h 標頭檔內，因此，程式中若有使用到 printf() 函式時，必須在程式的開頭先使用 #include 含入 stdio.h 標頭檔。有些 C 語言的整合環境在編輯程式碼時，如：Dev C++ 都會自動將 stdio.h 標頭檔含入到程式中，所以含入 stdio.h 標頭檔的敘述可以省略不寫。但是本書為了使得所有範例能相容於其他各類 C 語言的開發環境，建議在程式開頭還是使用 #include<stdio.h> 敘述來含入 stdio.h 標頭檔。

在第二章我們學會如何簡單使用 printf() 函式來輸出字串常數，它會如下面敘述將緊接在 printf 後面小括號內引數用雙引號括住的 "Please input a value :" 字串常數，會原封不動地顯示在螢幕的目前游標上：

```
printf ("Please input a value : ");     /* 印出 Please input a value：*/
```

printf() 函式是一個格式化輸出的函式，也就是說在輸出字串常數的中間允許插入一些變數，使得輸出更具彈性。譬如下面敘述，在字串常數內欲顯示變數的地方插入「轉換字串」。所謂「轉換字串」是以 % 百分比符號開頭其後緊跟著「資料型別字元」，如 d、f、c、s 等字元。當程式執行 printf() 函式時，在字串常值中碰到 % 符號會將「輸出引數串列」中對應引數的內容以「資料型別字元」指定的型別取代。如下列敘述：「引數 1」會以十進位方式取代轉換字串%d，「引數 2」會以浮點數方式取代轉換字串%f：

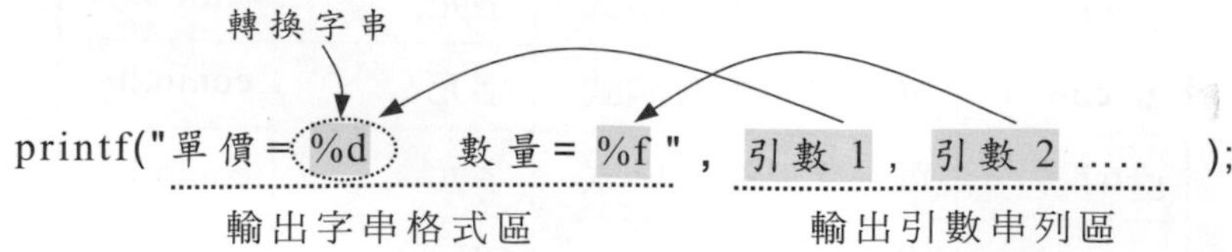

緊接在 printf() 後面小括號內的引數，可以分成「輸出字串格式區」和「輸出引數串列區」兩個區域。其語法如下：

語法

```
printf(format_string, arg1, arg2, ... ,argn);
```

輸出字串格式區　輸出引數串列區

說明

1. format_string：

   輸出格式字串區是由一般字串、轉換字串和逸出序列三部分組成。說明如下：

   ① 一般字串

   語法中，在字串常數內除了轉換字元部份外，都會原封不動地顯示在螢幕上。

   ② 轉換字串

   我們將字串常數中，由 % 百分比符號開頭，而以 c、s、d、u、l、x、f、e 或 g 型態字元結束，中間依需求可參雜 +、-、數字以及小數點等修飾字元所成的集合稱為「轉換字串」。轉換字串是當 printf() 函式將雙引號內資料顯示時，碰到轉換字串時，會由接在後面輸出引數串列區中依序將對應的引數，以轉換字串所指定的資料格式在此處顯示其值。下列即為 C 語言所提供資料型別的轉換字串樣式：

   ❶ 字元：%[-] [寬度]c

   ❷ 字串：%[-] [+] [寬度][.小數位數]s

   ❸ 有號整數：%[+] [-] [寬度] [l] d

   ❹ 無號整數：%[-] [#] [寬度] [l] [u|o|x]

   ❺ 浮點數：%[+] [-] [寬度] [.小數位數] [f|e|g]

資料型別	% 型別字元	對應引數傳入型別	指定輸出格式
字元	%c	char	字元顯示。
字串	%s	char *	字串顯示。
整數	%d	int	以 10 進位整數顯示 signed int
	%o	int	以無正負號八進位整數顯示。
	%x	int	以小寫無正負號 16 進位整數顯示。 宜配合修飾字元 #，方便識別十進制、十六進制。(註 1)
	%X	int	以大寫無正負號 16 進位整數顯示。
	%u	int	以無正負號 10 進位整數表示(unsigned int)
	%l		以長整數顯示，可以%ld、%lu、%lo、%lx 四種方式表示。
浮點數	%f	float double	以[-]mmm.nnnnnn 含小數來顯示。 n 是精確度預設小數位數有 6 位。
	%e	float double	以[-]m.nnnnnne[+] 指數型式來表示 float 或 double 的資料。n 是精確度預設 6 位。
	%E	float double	以[-]m.nnnnnnE[+] 指數型式來表示 float 或 double 的資料。n 是精確度預設 6 位。
	%g	float double	以輸入值的精確度自動決定使用%f 或%e 來輸出數值。小數後多餘的 0 去掉。
	%G	float double	以輸入值的精確度自動決定使用%f 或%E 來輸出數值。小數後多餘的 0 去掉。

簡例

❶ 輸出「阿里巴巴在花蓮進行街頭才藝表演活動」

```
printf("%s 在%s 進行%s 活動 \n", "阿里巴巴","花蓮","街頭才藝表演" );
```

❷ 輸出「半徑 10 公分,圓面積為 314.16 平方公分」

```
int radius = 10;
float pi = 3.1415926;
printf("半徑%d 公分,圓面積為%f 平方公分\n", radius, pi*radius*radius);
```

下表為轉換字串中允許使用的修飾字元(Modifier)：

修飾字元	說明	範例
+ (正號)	若為正數，在數值最前面加正號。一般數值預設正數前不加正號，負數前面加上負號。若設定寬度比實際寬度大，資料向右靠齊。	%+6d %+8.2f
– (負號)	一般數值資料預設是靠右對齊，若欲將數值設成靠左對齊，必須在轉換字元中加上負號。要記得總寬度必須比實際寬度大才有效。	%-6d %-8.2f
寬度	用來設定資料顯示的寬度。若寬度比數值本身寬度小，則以實際寬度顯示。若輸出含有小數部分，此寬度包括整數部分、小數點、小數點後面的位數、正負號。 簡例：printf("%6d", -34);　　/* 6 個字元寬度 */ 輸出：ΔΔΔ-34　　/* Δ為空白格 */ 簡例：printf("%8.2f", -34.2);　　/* 8 個字元寬度 */ 輸出：ΔΔ-34.20　　/* 含兩位小數 */	%6d %8.2f
.小數位數	如果資料是浮點數用來設定小數位數。如果是字串資料則用來設定顯示字元數。 簡例：printf("%8.2f", 34.567);　　/* 8 個字元寬度 */ 輸出：ΔΔΔ34.57　　/* 向右靠齊 */ 簡例：printf("%-8.3s", “3.4678”);　　/* 8 個字元寬度 */ 輸出：3.4ΔΔΔΔΔ　　/* 只顯示 3 個字元,左靠 */	%8.2f %-8.3s
0(零)	數值前面欄位若有空白補零。	%06d %-08.2f
空白	正數前面留一個空白，負數仍顯示負數，負數時此空白為負號所取代；若未加空白，一般正數顯示時不留空白，負數前加負號。	%Δ6d
#	① %#o：以 8 進制輸出，前面補零。 ② %#x：以 16 進制輸出，前面加 0x。[註 1]	%#o %#x
%	印出 % 百分比字元。 簡例：printf("%d%%", 60); 輸出：60%	%%

[註 1] 下面敘述❶其輸出結果為「a」。使用者不易理解執行結果是顯示字元或是數值。如敘述❷和❸加上修飾字元「#」便可清楚知道輸出結果是數值以及 16 或 8 進制。

❶ printf("%x\n", 10);　　/* 輸出結果為「a」*/

❷ printf("%#x\n", 10);　 /* 輸出結果為「0xa」*/

❸ printf("%#o\n", 10);　 /* 輸出結果為「012」*/

③ 逸出序列(Escape sequence)

主要用來控制游標的位置或在輸出字串中印出一些特殊的符號字元。由於 C 語言輸出字串常數是採用一對雙引號括住字串，欲輸出字串中含有雙引號的字串，如『C# 唸做 "C Sharp "』，其寫法如下：

```
printf(" C#  唸做  \"C Sharp\" ") ;
```

上面敘述若未在字串中欲出現雙引號的前面加上 \ 倒斜線，執行時會發生錯誤，因為字串頭尾都是使用雙引號括住，將雙引號視為控制字元處理。因此，欲顯示字串內的雙引號必須在其前面加上倒斜線，執行時會將跟在倒斜線後面的雙引號視為一般字元處理。所以上面敘述在字串中顯示雙引號就不發生錯誤。我們將「\」倒斜線稱為「逸出字元」，將倒斜線和接在其後的字元一起稱為「逸出序列」。C 語言提供的逸出序列如下表：

逸出字元	16 進制	說明
\a	07	警告聲(Alarm or Beep)
\b	08	倒退鍵(Backspace)
\f	0C	換頁(Form Feed)
\n	0A	換行(New Line)
\r	0D	回該行第一格(Carriage Return)
\t	09	水平跳格與 Tab (Horizontal)同
\v	0B	垂直跳格(Vertical Tab)
\\	5C	倒斜線(Backslash)
\'	27	單引號(Single Quote)

逸出字元	16 進制	說明
\"	22	雙引號(Double Quote)
\?	3F	問號(Question Mark)
\nnn \ooo	any	8 進制數字(octal number)
\xhh	any	16 進制數字 hexadecimal number)
\0(零)		空字元(Null) 代表字串結尾

2. arg1, arg2, ..., argn 為輸出引數串列區

   ① 可為變數名稱、運算式、常數、陣列元素、字串、字元等

   ② 每個引數依序對應前面輸出格式字串轉換字串。

   ③ 引數個數必須和輸出格式字串的轉換字串的個數相同，且兩者資料型別要一致。

下面範例程式驗證如何使用上表逸出序列來控制輸出格式。

程式碼 FileName：printf1.c

```
#include <stdio.h>
#include <stdlib.h>

int main(int argc, char *argv[]) {
    printf("\t =====  The C's Family  ===== \n\n");
    printf("\t 1. ANSI C \n");
    printf("\t 2. Visual C++ 2019 \n");
    printf("\n\t 3. C# 唸做 \"C Sharp\" \n");
    printf("\t 4. BCB \\ Turbo C");
    printf("\n\n\t 5. Dev C++ 5 \n\n\t");
    system("PAUSE");
    return 0;
}
```

執行結果

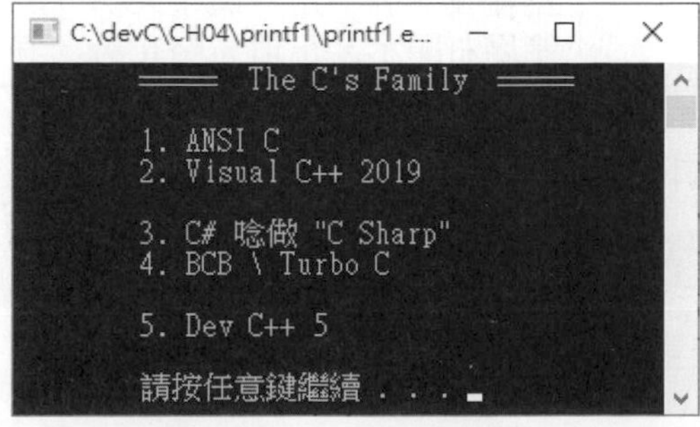

4.2.2 字元的輸出

使用時機是當程式中需要將資料以單一字元顯示在螢幕上，若以%d 輸出字元變數或字元常數時，會輸出對應的 ASCII 碼。以%0 或 %x 可將十進制整數轉換成八進制或十六進制。其轉換字串語法如下：

語法

```
%[-] [寬度]c
```

下表以 char ch='A'; 為例，觀察各設定字元輸出格式的輸出結果，如：

printf("%c", ch) ;　　　　/* 輸出結果：A */

格式	輸出結果	說明 (Δ：表示空白字元)
1. %c	A	寬度未設，預設為 1。
2. %5c	ΔΔΔΔA	寬度設 5 個字元，預設靠右。
3. %-c	A	寬度未設，預設為 1，靠左。
4. %-5c	AΔΔΔΔ	寬度設 5 個字元，A 靠左其餘補空白。
5. %+5c	ΔΔΔΔA	寬度設 5 個字元，A 靠右其餘補空白。
6. %+5d	ΔΔ+65	寬度設 5 個字元，將字元 A 以 ASCII 碼以十進制靠右顯示，正值顯示正號，其餘補空白。
7.%-5d	65ΔΔΔ	寬度設 5 個字元，將字元 A 的 ASCII 碼以十進制靠左顯示，正值省略正號，其餘補空白。
8.%5d	ΔΔΔ65	寬度設 5 個字元，將字元 A 的 ASCII 碼以十進制靠右顯示，正值省略正號，其餘補空白。
9.%-5x	41ΔΔΔ	寬度設 5 個字元， 將字元 A 的 ASCII 碼以十六進制靠左顯示，正值省略正號，其餘補空白。
10.%5o	ΔΔ101	寬度設 5 個字元， 將字元 A 的 ASCII 碼以八進制靠右顯示，正值省略正號，其餘補空白。

下面程式範例驗證使用上表字元轉換字串來輸出字元。

程式碼 FileName : printf2.c

```
#include <stdio.h>
#include <stdlib.h>
```

```
int main(int argc, char *argv[]) {
    char ch1='A';
    printf("   ====1234567890\n");
    printf(" 1.ch1=%c \n",ch1);
    printf(" 2.ch1=%5c \n",ch1);
    printf(" 3.ch1=%-c \n",ch1);
    printf(" 4.ch1=%-5c \n",ch1);
    printf(" 5.ch1=%+5c \n",ch1);
    printf(" 6.ch1=%+5d \n",ch1);
    printf(" 7.ch1=%-5d \n",ch1);
    printf(" 8.ch1=%5d \n",ch1);
    printf(" 9.ch1=%-5x \n",ch1);
    printf("10.ch1=%5o \n\n",ch1);
    system("PAUSE");
    return 0;
}
```

```
C:\devC\CH04\printf2\printf2.exe
   ====1234567890
 1.ch1=A
 2.ch1=    A
 3.ch1=A
 4.ch1=A
 5.ch1=    A
 6.ch1=  +65
 7.ch1=65
 8.ch1=   65
 9.ch1=41
10.ch1=  101

請按任意鍵繼續 . . .
```

4.2.3 整數的輸出

使用時機是當程式中需要將資料以有正負值的十進制整數方式顯示在螢幕上，若以%d 格式來輸出浮點數是無意義的。其轉換字串語法如下：

語法

```
%[+] [-] [寬度] [h|l] [d|o|x|u]
```

說明

1. d：指定輸出的資料以十進制資料顯示。
2. *h*d：指定輸出的資料以 short 短整數資料型別顯示。
3. ℓd：指定輸出的資料以 long 長整數資料型別顯示。
4. o：指定輸出的資料以八進制顯示(限正整數)。
5. x：指定輸出的資料以十六進制顯示(限正整數)。
6. u：指定輸出的資料以無符號整數顯示(限正整數)。

下面程式範例分別使用上表整數轉換字串格式來驗證整數的輸出結果。

程式碼 FileName : printf3.c

```c
#include <stdio.h>
#include <stdlib.h>

int main(int argc, char *argv[]) {
    printf("== 1234567890\n");
    printf("1. %9d \n",456);
    printf("2. %9d \n",-456);
    printf("3. %-9d \n",456);
    printf("4. % -9d \n",456);
    printf("5. %-9d \n",-456);
    printf("6. %+9d \n",456);
    printf("7. %+9d \n",-456);
    printf("8. %-+9d \n",456);
    printf("9. %-+9d \n",-456);
    printf("10 %09d \n",456);
    printf("11 %09d \n",-456);
    printf("12 %-09d \n",456);
    printf("13 %-09d \n",-456);
    printf("14 %+09d \n",-456);
    printf("15 %-+09d \n",-456);
    printf("16 % -9d \n",456);
    printf("17 % -2d \n",-456);
    system("PAUSE");
    return 0;
}
```

執行結果

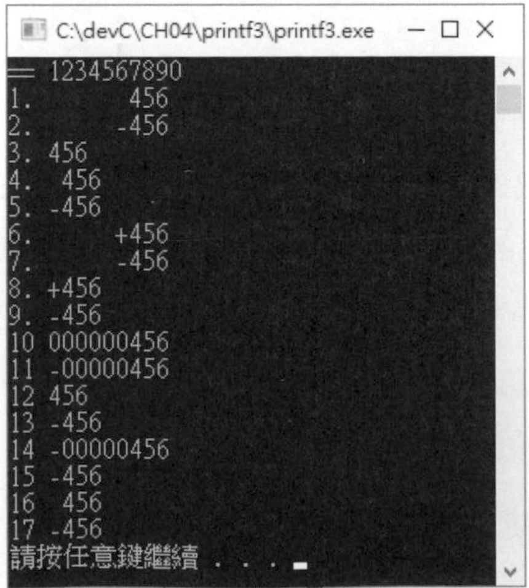

使用時機是當程式中需要將資料以無正負號(unsigned)十進制、八進制或十六進制的正整數方式顯示在螢幕上。其轉換字串語法如下：

語法

```
%[-] [#] [寬度] [l] [u|o|x]
```

下面程式範例介紹使用上表 8 進制、16 進制轉換字元來驗證輸出結果。

程式碼 FileName : printf4.c

```c
#include <stdio.h>
#include <stdlib.h>
int main(int argc, char *argv[]) {
    printf("== 1234567890\n");
    printf("1. %c \n",65);     /* 顯示 A 字元,A 字元的 ASCII 碼為 65 */
    printf("2. %#6o \n",65);   /* 8 進制 */
    printf("3. %#6x \n",65);   /* 16 進制 */
    printf("4. %6x \n",65);
    printf("5. %-6x \n",65);
    printf("6. %06x \n",65);
    printf("7. ASCII Code of 35(Hex): \x35 \n");
    printf("8. ASCII Code of 65(Oct): \065 \n\n");
    system("PAUSE");
    return 0;
}
```

執行結果

```
C:\devC\CH04\printf4\printf4.exe
== 1234567890
1. A
2.   0101
3.   0x41
4.     41
5. 41
6. 000041
7. ASCII Code of 35(Hex): 5
8. ASCII Code of 65(Oct): 5

請按任意鍵繼續 . . .
```

4.2.4 浮點數的輸出

使用時機是當程式中需要將輸出的資料以含有小數位數或科學記號的有號數表示時使用。語法：

語法

```
%[+] [-] [寬度] [.小數位數] [f|e|E|g|G]]
```

觀察下表以設定浮點數輸出格式將輸出的情形顯示在輸出結果欄位中。

輸出格式	浮點數	輸出結果	說明 (Δ：表示空白字元)
1. %f	1.2345	1.234500	寬度未設無左右靠齊問題。小數未設預設 6 位，最後補兩個零。
2. %-f	-1.2345	-1.234500	寬度未設無左右靠齊問題。小數未設預設 6 位，補兩個零。負號符號置放數值左側。
3. %.1f	12.345	12.3	寬度未設；小數佔 1 位，小數第 2 位四捨五入。
4. %4.3f	123.45	123.450	總寬度設 4 位比實際寬度小，採實際寬度，小數設 3 位。
5. %10.1f	12.345	ΔΔΔΔΔΔ12.3	寬度設 10 位，小數 1 位，只用 4 位，靠右，前面補 6 個空白。
6.%10.2f	-12.345	ΔΔΔ-12.35	寬度設 10 位，小數 2 位，只用 6 位，靠右，前面補 4 個空白。
7. %010.1f	12.345	00000012.3	寬度設 10 位，小數 1 位，靠右，%後加 0 表示空白處補 0。
8. %+10.1f	12.345	ΔΔΔΔΔ+12.3	寬度設 10 位，小數 1 位，靠右，%後加+表示數值前加+/-符號，+/-符號前為空白。
9. %+10.1f	-12.345	ΔΔΔΔΔ-12.3	寬度設 10 位，小數 1 位，靠右，%後加+表示數值前加+/-符號，+/-符號前為空白。
10.%-10.1f	12.345	12.3ΔΔΔΔΔΔ	總寬度設 10，小數 1 位，小數第二位四捨五入，靠左，只用 4 位，後補 6 個Δ(空白)。
11. %-10.2f	-12.3456	-12.35ΔΔΔΔ	總寬度設 10，小數 2 位，靠左，未用處補 4 個空白。

輸出格式	浮點數	輸出結果	說明 (Δ：表示空白字元)
12. % f	12.3456789	12.345679	總寬度未設，小數未設預設為 6 位，小數第 7 位作四捨五入，整數部份以實際大小顯示。
13. %g	12.3456789	12.3457	由整數開始往右取 7 位含小數點在內，第 8 位四捨五入。
14. %g	123456.789	123457	取 7 位含小數點在內，若最後一位為小數點，則小數點不顯示。
15. %g	12340.00567	12340	取 7 位含小數點在內，得到 12340.0，由於數值最後一位為小數點或 0，兩者均不顯示。
16. %G	12.3456789	12.3457	由整數開始往右取 7 位含小數點在內，第 8 位四捨五入。
17. %10.2e	1234.5678	Δ1.23e+003	指數部份大於 10^{-4}，以小寫科學符號表示，小數占 2 位。
18. %10.6e	1234.5678	1.234568e+003	指數部份大於 10^{-4}，以小寫科學符號表示，小數占 6 位。
19. %10.2E	1234.5678	Δ1.23E+003	指數部份大於 10^{-4}，以大寫科學符號表示，小數占 6 位。
20. %10.2g	1234.567	ΔΔ1.2e+003	總寬度占 10 位，採科學符號表示時 1.234567×10^3，指數部份大於 10^{-4} 以科學符號表示，小數 2 位表示只顯示最前面 2 個數字。
21. %10.2G	123.4567	ΔΔ1.2E+002	總寬度占 10 位，採大寫科學符號表示 1.234567×10^2 時，指數部份大於 10^{-4}，以科學符號表示，小數 2 位只顯示最前 2 個數字。
22. %10.2G	12.34567	ΔΔΔΔΔΔΔΔ12	總寬度占 10 位，採大寫科學符號表示 1.234567×10^1，改以%f 表示，即 12.34567，小數 2 位，表示只顯示最前 2 個數字，即 12。
23. %10.2G	1.234567	ΔΔΔΔΔΔΔ1.2	總寬度占 10 位，科學符號表示 1.234567×10^0，改以%f 表示，即 1.234567，小數 2 位，表示只顯示最前 2 個數字，即 1.2。

輸出格式	浮點數	輸出結果	說明 (Δ：表示空白字元)
24. %10.3g	0.00001234	Δ1.23e-005	總寬度 10 位，以科學符號表示為 $1.234\text{x}10^{-5}$，指數部份小於 10^{-4}，以 %e 表示，只取有效位數前三位，第四位 4 做四捨五入。
25. %10.2G	0.00001234	ΔΔ1.2E-005	總寬度 10 位，以科學符號表示時為 $1.234\text{x}10^{-5}$，指數部份小於 10^{-4}，以%E 表示，只取有效位數前兩位，第三位 3 做四捨五入。
26. %10.4G	0.000123456	Δ0.0001235	總寬度 10 位，以科學符號表示時為 $1.23456\text{x}10^{-4}$，指數部份大於 10^{-4}，改以 %f 浮點數表示，只取有效位數前四位，第五位置 5 四捨五入。
27. %10.3G	0.000123456	ΔΔ0.000123	總寬度 10 位，以科學符號表示時為 $1.23456\text{x}10^{-4}$，指數部份沒有小於 10^{-4}，改以 %f 浮點數表示，只取有效位數前三位，第四位置 4 做四捨五入。
28.%10G	0.000123456	0.000123456	寬度設定 10 位，$1.23456\text{x}10^{-4}$，指數部份大於 10^{-4}，改以 %f 浮點數表示，結果實際寬度大於設定寬度，採實際寬度。
29. %.6g	0.00001234	1.234e-005	總寬度未設，以科學符號表示時為 $1.234\text{x}10^{-5}$，指數部份小於 10^{-4}，以 %e 表示，取有效位數前 6 位，即 1.23400，尾部兩個 0 省略。
30. %.6g	0.00001234567	1.23457e-005	總寬度未設，以科學符號表示時為 $1.234567\text{x}10^{-5}$，指數部份小於 10^{-4}，以 %e 表示，取有效位數前六位 1.234567，第七位置為 7 做四捨五入。
31. %10.5G	1230.764567	ΔΔΔ1230.8	總寬度 10 位，以科學符號表示時為 $1.230764567\text{x}10^{3}$，指數部份大於 10^{-4}，改以 %f 表示，即 1230.764567，只取有效位數前五位 1230.7，第六位置為 6 做四捨五入，得 1230.8。

下面程式範例使用上表各浮點數轉換字串來驗證輸出結果。

程式碼 FileName：printf5.c

```c
#include <stdio.h>
#include <stdlib.h>
int main(int argc, char *argv[]) {
    printf("===123456789012345 \n");
    printf("1. %f \n", 1.2345);
    printf("2. %-f \n", -1.2345);
    printf("3. %.1f \n", 12.345);
    printf("4. %4.3f \n", 123.45);
    printf("5. %10.1f \n", 12.345);
    printf("6. %10.2f \n", -12.345);
    printf("7. %010.1f \n", 12.345);
    printf("8. %+10.1f \n", 12.345);
    printf("9. %+10.1f \n", -12.345);
    printf("10 %-10.1f \n", 12.345);
    printf("11 %-10.2f \n", -12.3456);
    printf("12 %f \n", 12.3456789);
    printf("13 %g \n", 12.3456789);
    printf("14 %g \n", 123456.789);
    printf("15 %g \n", 12340.00567);
    printf("16 %G \n", 12.3456789);
    printf("17 %10.2e \n", 1234.5678);
    printf("18 %10.6e \n", 1234.5678);
    printf("19 %10.2E \n", 1234.5678);
    printf("20 %10.2g \n", 1234.567);
    printf("21 %10.2G \n", 123.4567);
    printf("22 %10.2G \n", 12.34567);
    printf("23 %10.2G \n", 1.234567);
    printf("24 %10.3g \n", 0.00001234);
    printf("25 %10.2G \n", 0.00001234);
    printf("26 %10.4G \n", 0.000123456);
    printf("27 %10.3G \n", 0.000123456);
    printf("28 %10G \n", 0.000123456);
    printf("29 %.6g \n", 0.00001234);
    printf("30 %.6g \n", 0.00001234567);
    printf("31 %10.5G \n", 1230.764567);
    system("PAUSE");
```

C:\devC\CH04\printf5\printf5.exe

```
===123456789012345
1. 1.234500
2. -1.234500
3. 12.3
4. 123.450
5.       12.3
6.     -12.35
7. 00000012.3
8.      +12.3
9.      -12.3
10 12.3
11 -12.35
12 12.345679
13 12.3457
14 123457
15 12340
16 12.3457
17   1.23e+003
18 1.234568e+003
19   1.23E+003
20    1.2e+003
21    1.2E+002
22          12
23         1.2
24   1.23e-005
25    1.2E-005
26   0.0001235
27    0.000123
28 0.000123456
29 1.234e-005
30 1.23457e-005
31      1230.8
請按任意鍵繼續 . . .
```

```
    return 0;
}
```

4.2.5 字串的輸出

所謂「字串」就是由一個以上的字元，最後加上結束字元(\0)所成的集合。欲顯示字串必須先將字串置入字元陣列，再透過 %s 格式字元來完成，其語法：

語法

```
%[-] [寬度][.小數位數]s
```

下表是字串輸出格式與輸出結果對照表：

輸出格式	字串	輸出結果 |123456789012345|	說明 (Δ：表示空白字元)
1. %s	Hello!您好	|Hello!您好|	未設寬度，以實際長度顯示。
2. %5s	Hello!您好	|Hello!您好|	設定長度比實際長度短，以實際長度顯示。
3. %15s	Hello!您好	|ΔΔΔΔΔHello!您好|	設定長度比實際長度長，靠右顯示剩下空位補空白。
4. %-15s	Hello!您好	|Hello!您好ΔΔΔΔΔ|	設定長度比實際長度長，加負號採靠左顯示，空位處補空白。
5. %10.2s	Hello!您好	|ΔΔΔΔΔΔΔΔHe|	保留十個位置，小數兩位表示只顯示兩個字元，靠右顯示。
6. %-10.2s	Hello!您好	|HeΔΔΔΔΔΔΔΔ|	保留十個位置，小數兩位表示只顯示兩個字元，靠左顯示。

下面程式範例是使用上表字串的轉換字串來驗證輸出結果。

程式碼 FileName：printf6.c

```
#include <stdio.h>
#include <stdlib.h>

int main(int argc, char *argv[]) {
    char str[15]="Hello!您好";      /* 宣告字元陣列用來存放字串 */
    printf(" ==|123456789012345|== \n");
    printf("1. |%s| \n",str);
```

```
08      printf("2. |%5s| \n",str);
09      printf("3. |%15s| \n",str);
10      printf("4. |%-15s| \n",str);
11      printf("5. |%10.2s| \n",str);
12      printf("6. |%-10.2s| \n\n",str);
13      system("PAUSE");
14      return 0;
15 }
```

執行結果

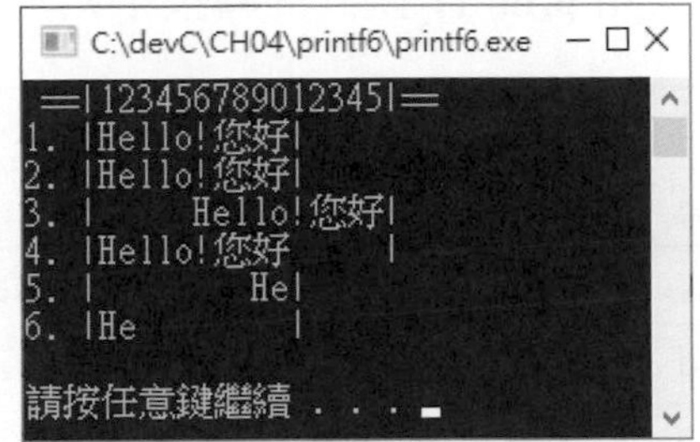

說明

1. 第 5 行使用 char str[15]="Hello!您好"; 敘述宣告 str 字元陣列用來存放 "Hello!您好" 字串。str 字元陣列(字串)可存放 15 個字元，但是字串本身後面字元必須放置 '\0' 空字元才能成為字串，因此 str 字元陣列實際所能容納的字元個數為 14 個。
2. 一個英文字可用一個字元表示，一個中文字必須使用 2 個字元表示。(關於字元陣列與字串的宣告方式請參考第十二章)

4.3 scanf() 輸入函式

scanf()函式是最常用的鍵盤輸入函式，其功能是用來由預設標準輸入裝置-鍵盤，以指定的資料型別和格式置入對應的變數內，它可配合各種輸入格式控制字串，讀取任何型別的資料。當程式執行到此函式時，會暫時停止程式的執行，等待您由鍵盤鍵入資料完畢再按 Enter↵ 鍵後才繼續執行下一行敘述，scanf()函式會將鍵入的資料放入對應的變數中。由於 scanf() 函式和 printf() 函式的原型宣告都放在 stdio.h，使用前在程式開頭要記得含入此標頭檔。其語法和 printf()很相似，主要差異在變數名稱前面必須加上「&」取址運算子：

語法

```
scanf("輸入格式控制字串", 位址參數列);
```

說明

1. 輸入格式控制字串即使用 printf() 函式的轉換字元，如下表所示：

資料型別	轉換字元	說明
字元	%c	例：scanf("%c", &char1);　(限字元)
字串	%s	例：scanf("%s", &myname); (限字元陣列)
整數	%d	例：scanf("%d　%d", &var1, &var2);
	%o	例：scanf("%o", &oct1); (限八進制正整數)
	%x	例：scanf("%x", &hex1); (限 16 進制正整數)
	%u	例：scanf("%u", &unint1); (限無號整數)
浮點數	%f	例：scanf("%f", &real1);
	%e	例：scanf("%e", &exp1);

2. 位址參數列

   將由鍵盤輸入的資料存入指定變數的記憶體位址中，變數的記憶體位址以『&變數名稱』表示。

3. 轉換字元的個數必須要和位址參數列中變數的個數要一樣，而且資料型別要一致。

4. 輸入資料加提示字元

   一般輸入資料時為方便使用者知道到底要輸入什麼資料，以免發生資料輸入錯誤，大都在輸入資料的前面加上一行提示字元，如下面敘述在輸入資料游標前面插入 "請輸入年齡：" 提示訊息，其寫法如下：

```
int age;
printf("請輸入年齡：");
scanf("%d", &age);
```

【結果】

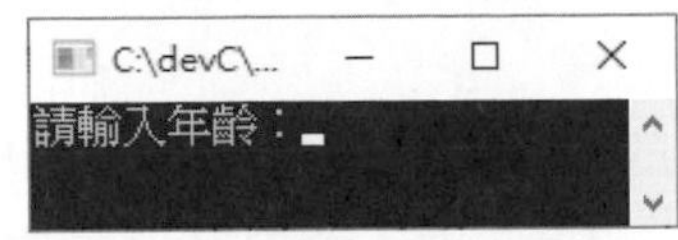

若將提示訊息寫在 scanf() 的「輸入格式控制字串」參數內，執行時不會事先顯示提示訊息，必須將提示訊息和輸入資料一起由鍵盤輸入：

```
int age;
scanf("請輸入年齡：%d", &age);
printf("你的年齡是：%d \n\n", age);
```

輸入格式：請輸入年齡：18 Enter←

【結果】

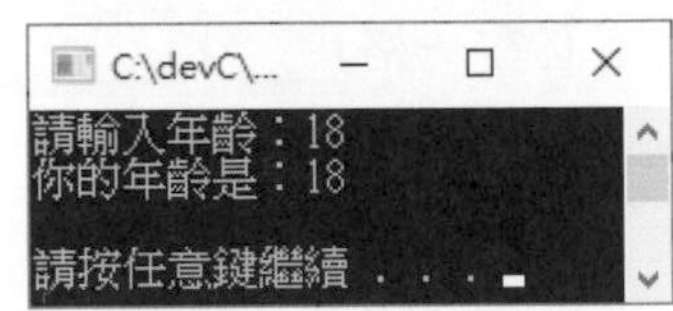

5. scanf() 函式允許一次連續輸入多個不同資料型別的資料，轉換字元間可用一個或多個空白隔開，所以當你由鍵盤輸入資料時，亦需使用空白字元隔開或分行輸入。所謂空白字元(white space characters)即鍵盤的空白鍵、<Tab>鍵、<Enter>鍵等，scanf() 函式在讀取鍵盤鍵入的資料時，會跳過這些空白字元不予處理

   譬如：連續由鍵盤輸入三個十進制資料：

```
scanf("%d%d%d", &a, &b, &c);
```

   允許下列三種方式輸入：(Δ：表示空白鍵)

   ① 輸入格式 1：10Δ20Δ30 Enter← (一個空白鍵)

   ② 輸入格式 2：10ΔΔ20ΔΔΔ30 Enter← (一個以上空白鍵)

   ③ 輸入格式 3：10 Enter← (分行輸入)
   20 Enter←
   30 Enter←

   上面三種輸入方式都正確，會將鍵入的資料 10、20、30 分別存入整數變數 a、b、c 中。

6. 資料和樣版一起輸入

printf() 會將雙引號內的一般字元原封不動的印出，但 scanf() 函式中的雙引號內若含有一般字串時，鍵入資料時必須跟著一起鍵入才不會發生錯誤。

[例 1] 使用逗號當分隔資料字元，由鍵盤輸入時，數值後面要加逗號：

```
scanf("%d,%d", &a, &b);
```

輸入格式：3,8 Enter←　　　(結果：a ⇦ 3 , b ⇦ 8)

[例 2] 連續輸入字元，轉換字元間未留空白。
(由於是字元輸入不必空一格)

```
scanf("%c%c%c", &ch1,&ch2,&ch3);
```

輸入格式：abc Enter←　　　(結果：ch1 ⇦ 'a' , ch2 ⇦ 'b' , ch3 ⇦ 'c')

[例 3] 連續輸入字元，轉換字元間使用逗號：

```
scanf("%c,%c,%c",&ch1,&ch2,&ch3);
```

輸入格式：a,b,c Enter←　　　(結果：ch1 ⇦ 'a' , ch2 ⇦ 'b' , ch3 ⇦ 'c')

由於 scanf() 雙引號內的轉換字串後面有加逗號，所以鍵入字元後面必須跟著鍵入逗號，但是這些逗號 scanf() 函式會跳過不予處理，將 'a'、'b'、'c' 字元分別存入 ch1、ch2、ch3 字元變數中。

[例 4] 如提示以『yyyy-mm-dd』格式輸入今天日期『2020-10-23』，將鍵入的年、月、日分別存入 yy、mm、dd 整數變數內，再顯示 "今天日期:2020/10/23"。其寫法如下：(FileName：scanf1.c)

```
int yy,mm,dd;
printf("Date：(yyyy-mm-dd) : ");
scanf("%d-%d-%d",&yy ,&mm,&dd);
printf("\n 今天日期：%d/%d/%d \n\n",yy,mm,dd);
```

【結果】

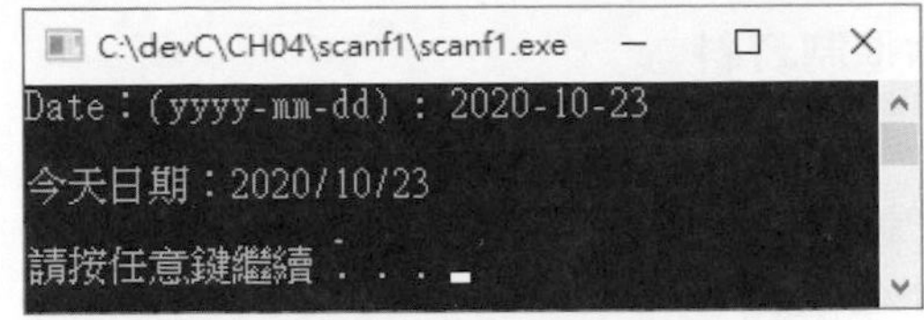

輸入格式：2020-10-23 Enter

7. 限制輸入資料的長度

[例 1]

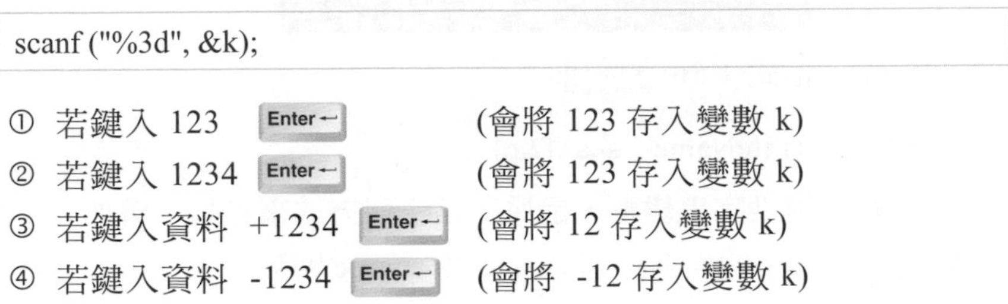

```
scanf ("%3d", &k);
```

① 若鍵入 123 Enter　(會將 123 存入變數 k)

② 若鍵入 1234 Enter　(會將 123 存入變數 k)

③ 若鍵入資料 +1234 Enter　(會將 12 存入變數 k)

④ 若鍵入資料 -1234 Enter　(會將 -12 存入變數 k)

[例 2] 使用 %f 和 %d 轉換字元混合輸入：(Δ為空白字元)

```
scanf("%3dΔ%fΔ%4f", &a, &x, &y);
printf("%dΔΔ%8.3fΔΔ%8.3f \n", a, x, y);
```

【結果】

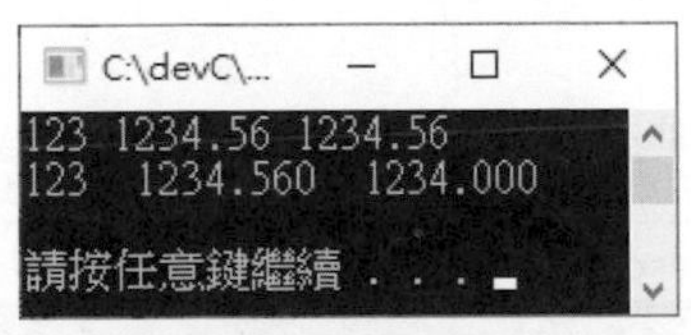

輸入格式：123Δ1234.56Δ1234.56 Enter

輸出結果：a ⇦ 123 , x ⇦ 1234.560 , y ⇦ 1234.000

[例 3] 輸入資料時，控制字串內部不允許使用精確度即含有小數點和小數位數。

① scanf("%7.2f", &x);　(不合法)

② scanf("%7f", &x);　(合法)

8. 輸入十六進制資料

```
int i;
printf("請輸入十六進制整數 = ");
scanf("%x", &i) ;
printf("十六進制的 %#x 相當於 十進制的 %d \n\n",i, i);
```

【結果】

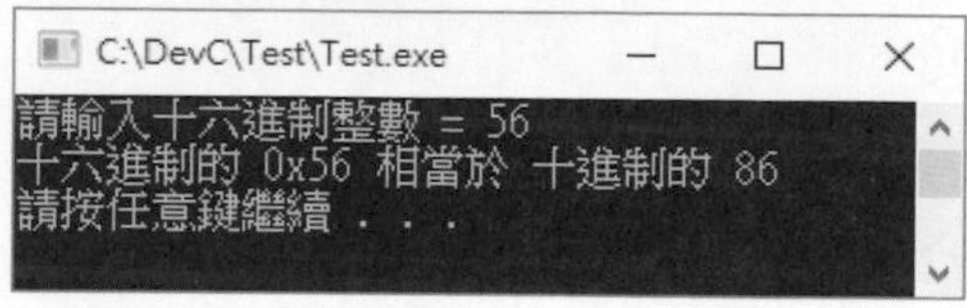

輸入格式：56 Enter

9. 輸入字串 (FileName：scanf2.c)

由於 C 未提供字串變數，是採字元陣列方式來存放，譬如：由鍵盤輸入姓名，將輸入的姓名存到 cname 及 ename 陣列：

```
char cname[20], ename[20];
printf("請輸入中文姓名:" );
scanf("%s", &cname);
printf("你的名字： %s \n\n", cname);
printf("Please input your English name：");
scanf("%s", &ename);
printf("Your English name : %s \n\n", ename);
```

【結果】

輸入格式：張三 Enter

輸入格式：Chang Three Enter

注意

使用 scanf() 函式輸入的字串中間是不允許有空白，否則會發生無法取得空白字元和後面的字串。如本例輸入 "Chang△Three" 字串，只

取得 "Chang"，而空白和後面的字元無法取得。若要取得含有空白字元的字串必須用 gets()函式，有關 gets()函式參閱本章第 4.5 節。

若限制只允許輸入六個字元，scanf() 應改為：

```
scanf ("%6s", &cname);
```

若輸入的字串超過 6 個字元時，只會取最前面六個字元。

4.4 字元輸入與輸出函式

4.4.1 getchar() 字元輸入函式

getchar() 函式是當您希望由鍵盤輸入一個字元後馬上按 Enter← 鍵確認，此動作除了將輸入的字元顯示在螢幕目前插入點游標處外，並將輸入的字元存入指定的字元變數中。若連續由鍵盤輸入多個字元後才按下 Enter← 鍵時，系統只抓取第一個輸入的字元，其他字元被捨棄。其語法如下：

語法

```
ch = getchar();
```

說明

其中 ch 為字元變數，使用此函式必須含入 stdio.h 標頭檔。

4.4.2 getche() 字元輸入函式

getche()函式和 getchar()函式一樣，都是用來由鍵盤輸入一個字元。兩者差異處在於 getche()函式不必等待按 Enter← 鍵，便將輸入的字元存入至指定的字元變數中，並將輸入的字元顯示在螢幕目前插入點游標處。一般將此函式插在欲檢查資料的後面，暫停程式的執行來查驗目前執行的結果是否正確？也可應用在電動玩具按空白鍵便發射子彈等。語法如下：

語法

```
ch = getche();
```

說明

其中 ch 為字元變數，使用 getche()函式必須含入 conio.h 標頭檔。

4.4.3 getch() 字元輸入函式

getchar() 和 getche() 函式輸入字元時都會將輸入的字元顯示在螢幕上，若不希望鍵入的字元顯示在螢幕上，便可使用此函式。getch() 函式和 getche() 函式一樣，都是不必按 Enter← 鍵便接受輸入的字元，此函式的原型宣告置於 conio.h 標頭檔，使用前必須先將此標頭檔含入到程式的開頭。語法如下：

語法

```
ch = getch();
```

說明

ch 為字元變數。

下表為此三種輸入函式的比較表：

字元輸入函式	<Enter>鍵	螢幕上該字元	標頭檔
getchar()	需要	會顯示	stdio.h
getche()	不用	會顯示	conio.h
getch()	不用	不顯示	conio.h

4.4.4 putchar() 字元輸出函式

putchar() 函式是用來將指定的字元變數，顯示到目前游標所在處。其語法：

語法

```
putchar(ch) ;
```

說明

其中 ch 為字元變數。使用此函式必須含入 stdio.h 標頭檔。

4.4.5 putch() 字元輸出函式

putch() 函式是用來將指定的字元變數，顯示到目前游標所在處。語法如下：

語法

```
putch(ch) ;
```

說明

其中 ch 為字元變數。

4.5 字串輸入與輸出函式

4.5.1 gets() 字串輸入函式

gets()函式允許您由鍵盤連續讀取由鍵盤鍵入的任何字元，一直到按 Enter← 鍵為止，系統自動在所讀取一連串字元的最後面加上一個字串結束字元(\0 空字元)，形成一個字串(String)，放入指定的字元陣列中。雖然 scanf() 也可用來輸入字串，但是輸入的字串中間若有空白字元，馬上停止讀取的動作，此時接在空白字元後面的字串必須另外再設一個字元陣列來讀取。gets() 函式允許讀取任何字元一直碰到 Enter← 鍵為止。譬如：下面敘述將輸入的字串放入的 aryName 的字元陣列中，其語法如下：

語法

```
gets(aryName);
```

說明

其中 aryName 為字元陣列名稱，最多可存放 19 個字元。要注意宣告陣列的大小時，必須比實際輸入字串的長度減 1，以便在字串最後面加入一個空字元(\0)當做字串結束字元。使用 gets() 函式必須含入 stdio.h 標頭檔。

4.5.2 puts() 字串輸出函式

puts() 函式是用來將字串顯示在螢幕上，它會將 puts() 函式小括號內指定的字元陣列 aryName 或字串常數 strConst 顯示到螢幕上，使用此函式必須含入 stdio.h 標頭檔。其語法如下：

語法

```
puts(aryName|strConst);
```

說明

1. 顯示 usrname 字元陣列：puts(usrname);
2. 顯示字串常值：puts("Please enter password：");

範例：getsputs.c

由鍵盤輸入使用者名稱(usrname 字串變數)和密碼(passwd 整數變數)密碼限四位正整數，接著將輸入的資料顯示在螢幕，供您確認資料是否正確？若正確，顯示『進入系統 ..請稍待 ！』訊息；若不正確，顯示『離開本系統 ！...』訊息。

執行結果

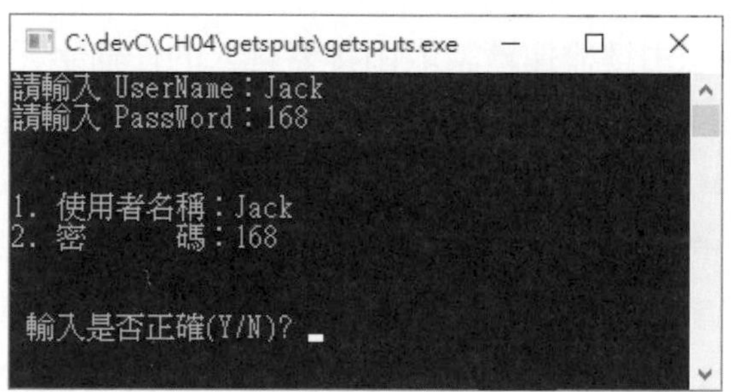

程式碼 FileName：getsputs.c

```
#include <stdio.h>
#include <stdlib.h>
#include <ctype.h>
#include <conio.h>

int main(int argc, char *argv[]) {
    char yn, usrname[10];
    int passwd;
```

```
09      printf("請輸入 UserName：");
10      gets(usrname);
11      printf("請輸入 PassWord：");
12      scanf("%4d", &passwd);
13      printf("\n\n");
14      printf("1. 使用者名稱：%s \n", usrname);
15      printf("2. 密      碼：%d \n", passwd);
16      printf("\n\n");
17      printf(" 輸入是否正確(Y/N)? ");
18      yn=toupper(getche());       /* 將輸入字元轉成大寫，放入 yn 字元變數中 */
19
20      if(yn=='Y') {               /* 檢查 yn 變數是否為'Y' */
21          puts("\n\n 進入系統.. 請稍待 ! \n");   /* 滿足條件執行此敘述 */
22      } else {
23          puts("\n\n 離開本系統 ! ...\n");       /* 不滿足條件執行此敘述 */
24      }
25
26      system("PAUSE");
27      return 0;
28  }
```

說明

1. 第 7 行：宣告字元變數 yn；宣告可存放 10 個字元的 usrname 字元陣列。
2. 第 8 行：宣告可存放密碼的整數變數 passwd。
3. 第 10 行：使用 gets()函式取得所輸入的字串，並將輸入的字串存放到 usrname 字元陣列中。
4. 第 12 行：使用 scanf()函式取得四位的密碼整數。
5. 第 18 行：使用 getche() 函式取得輸入的字元，再使用 toupper() 函式將取得的字元轉成大寫英文字，最後再存放到 yn 字元變數內。toupper() 函式宣告於 ctype.h 標頭檔內，因此本例第 3 行須含入 ctype.h 標頭檔。
6. 第 20~24 行：若 yn 字元變數等於 'Y ' 即執行第 21 行；否則執行第 23 行。(關於 if…else 選擇敘述請參閱第五章)

CHAPTER 5

選擇結構

5.1 選擇結構簡介

在前一章所撰寫的程式其流程都如右圖是一行接一行由上而下逐行執行，即使再執行一次其流程仍不改變，我們將此種程式架構稱為「循序結構」。

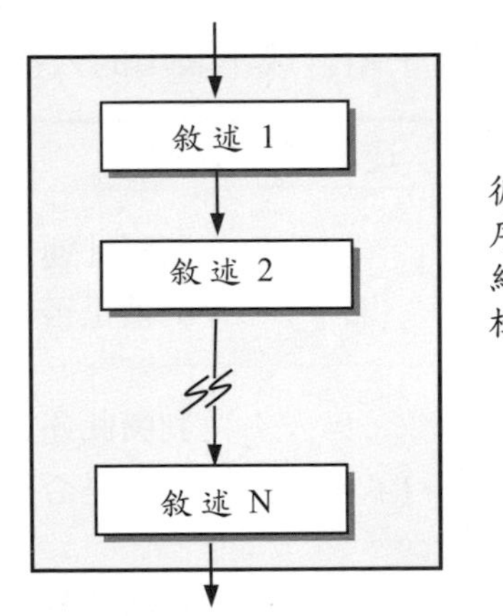

在撰寫程式的過程中，可能因需要而改變不同的執行流程，此時就必須使用「選擇結構」來達成。舉一個日常生活的例子：如果今天天氣好就去 "血拼" (Shopping)，天氣不好就待在家裡睡大頭覺。其流程圖表示如下：

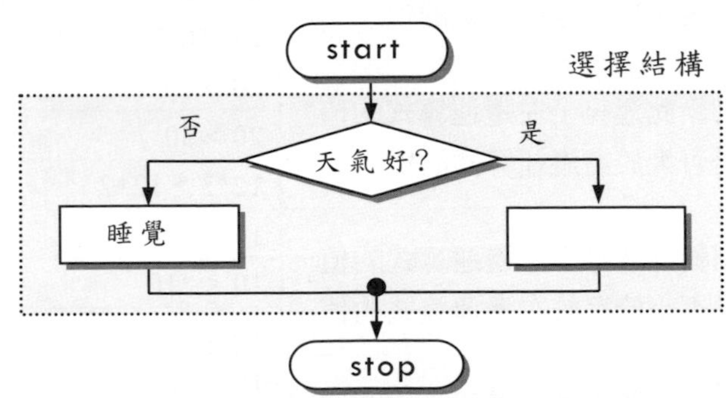

由上可知，天氣好不好是一個條件，因條件不同而選擇不同的流程，不管條件與否最後都會回到同一終點，繼續往下執行，這就是「選擇結構」。在程

式語言中的條件就是透過運算式來設定，C 語言中能產生條件的運算式有「關係運算式」和「邏輯運算式」，C 語言將這些運算式的結果進行判斷，若結果不為零，視為真；若結果為零值，視為假。本章在 5.2 節將介紹關係運算子，5.3 節介紹邏輯運算子，然後再以簡單的範例來說明不同的選擇結構。

5.2 關係運算子

「關係運算子」(Relational Operator)是用來比較關係運算子左右兩邊的運算式，並將比較的結果傳回，若比較的結果為真，傳回值為 1；比較結果不成立時傳回值為 0(代表假)。在 C 語言中的關係運算子是透過大於、小於或等於運算子組合成下表中的六種狀態，供您在設計程式時使用。

運算子	說明	使用例	結果
== (相等)	判斷此運算子左右兩邊運算式的值是否相等。	15 == 15	1(真)
		15 == 25	0(假)
		3+2 == 1+4	1(真)
!= (不相等)	判斷此運算子左右兩邊運算式的值是否不相等。	17 != 18	1(真)
		56 != 56	0(假)
		12*3 != 3*12	0(假)
< (小於)	判斷此運算子左邊運算式的值是否小於右邊運算式的值。	10 < 20	1(真)
		40 < 30	0(假)
		2 < 10-7	1(真)
> (大於)	判斷此運算子左邊運算式的值是否大於右邊運算式的值。	20 > 10	1(真)
		20 > 30	0(假)
		12*3 > 12*2	1(真)
<= (小於等於)	判斷此運算子左邊運算式的值是否小於等於右邊運算式的值。	10 <= 20	1(真)
		10 <= 10	1(真)
		10+3 <= 12	0(假)
>= (大於等於)	判斷此運算子左邊運算式的值是否大於等於右邊運算式的值。	10 >= 20	0(假)
		10 >= 10	1(真)
		12*3 >= 35	1(真)

5.3 邏輯運算子

當一個條件中有兩個以上關係運算式需要一起做判斷時，就必須使用到邏輯運算子來連接，也就是說邏輯運算子是用來判斷兩個以上關係運算式之間的關係，這在程式設計的流程中是很常用的，至於邏輯運算式的表示語法如下：

語法

```
結果 = [ 運算式１ ]  邏輯運算子  運算式２ ;
```

下表列出常用的邏輯運算子說明：

<table>
<tr><th>邏輯運算子</th><th>說明</th><th>真值表</th></tr>
<tr><td>&&
(AND,且)</td><td>此運算子左右兩邊的運算式結果皆不為零值，結果為1(真)；否則為零值(假)。</td><td>
<table>
<tr><th>運算式 1</th><th>運算式 2</th><th>結果</th></tr>
<tr><td>非 0</td><td>非 0</td><td>1</td></tr>
<tr><td>非 0</td><td>0</td><td>0</td></tr>
<tr><td>0</td><td>非 0</td><td>0</td></tr>
<tr><td>0</td><td>0</td><td>0</td></tr>
</table>
</td></tr>
<tr><td>||
(OR,或)</td><td>此運算子左右兩邊的運算式結果只要其中有一個不為零值，結果就是 1；兩個都為零結果才是零值。</td><td>
<table>
<tr><th>運算式 1</th><th>運算式 2</th><th>結果</th></tr>
<tr><td>非 0</td><td>非 0</td><td>1</td></tr>
<tr><td>非 0</td><td>0</td><td>1</td></tr>
<tr><td>0</td><td>非 0</td><td>1</td></tr>
<tr><td>0</td><td>0</td><td>0</td></tr>
</table>
</td></tr>
<tr><td>!
(NOT)</td><td>此運算子是單一的運算，主要是將敘述結果相反，即1⇨0，0⇨1。</td><td>
<table>
<tr><th>運算式</th><th>結果</th></tr>
<tr><td>非 0</td><td>0</td></tr>
<tr><td>0</td><td>1</td></tr>
</table>
</td></tr>
</table>

[例 1] $10 \le x < 20$， 條件式為：(x >= 10 && x <20)

[例 2] $x \le 10$ 或 $x > 20$ 條件式為：(x <= 10 || x >20)

5.4 選擇敘述

5.4.1 if-else 敘述

程式中的選擇結構有如口語中的「如果.....就......否則....」，在 C 語言中是使用 if-else 敘述來達成，如下面語法，若 <條件式> 成立時，則執行接在 if 後面的 [敘述區段 1]，否則(條件不成立)執行接在 else 後面的 [敘述區段 2]。

語法1 單一敘述

```
if (條件式)
    敘述區段 1;
[else
    敘述區段 2; ]
```

語法2 多行敘述

```
if (條件式) {
  ⋮ 敘述區段 1
}
[else {
  ⋮ 敘述區段 2
} ]
```

說明

1. 如果 if-else 的選擇敘述所要執行的敘述只有一行時，可以使用語法 1，省略左大括號{ 及 右大括號}。
2. 若敘述超過一行以上時，就必須使用語法 2。
3. 上面語法中的 [...] 中括號內的敘述是當不滿足條件且不執行任何敘述時，此部份可省略。
4. 譬如：由分數 score 來判斷是否 Pass(及格)或 Down(不及格)？若 score≥60 顯示 "Pass"；如果 score<60 顯示 "Down"，有下列兩種撰寫方式：

使用單一選擇(省略 else 敘述)

```
grade = "Down" ;
if (score >= 60)
    grade = "Pass" ;
```

使用 if...else 敘述：

```
if (score >= 60)
    grade = "Pass" ;
else
    grade = "Down";
```

流程圖

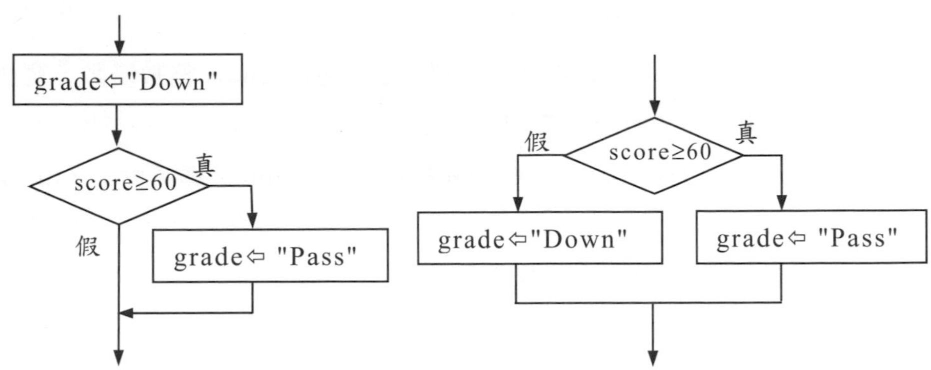

範例：ifelse1.c

製作簡易的猜數字遊戲。程式執行時電腦自動產生 1~5 之間的亂數，接著等待您由鍵盤鍵入您猜的數字。若猜對，則顯示「猜對了」相關訊息；若猜錯，則顯示「猜錯了」相關訊息。

執行結果

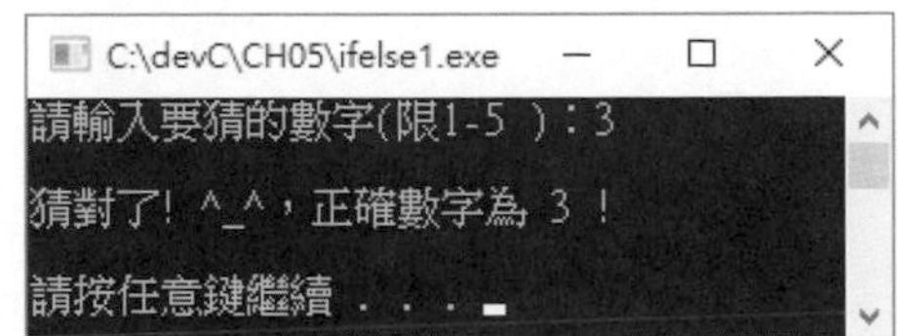

猜對畫面

```
C:\devC\CH05\ifelse1.exe
請輸入要猜的數字(限1-5 )：4
猜錯了! #_#，正確數字為 3 !
請按任意鍵繼續 . . .
```

猜錯畫面

問題分析

1. 若在程式中直接設定被猜數字，導致每次執行所猜的數字都一樣，此種作法程式不具彈性。C 語言提供 srand()函式，配合 rand()函式可產生介於 0~32,767 間的亂數。若要使每次執行時，所產生被猜的數字會不一樣，可用時間當做亂數產生器的種子。寫法如下：

   ```
   srand((unsigned)time(NULL));
   ```

   上面得到的時間亂數當種子所產生 0~32,767 的整數，若要存入 guess 整數變數，寫法為：

   ```
   guess = rand();
   ```

2. 將產生介於 0~32,767 的亂數除以 5 取其餘數，結果所產生的餘數會介於 0~4 之間。寫法：rand() % 5

3. 產生介於 1~5 之間的整數亂數，並指定給 guess 整數變數，寫法如下：

   guess = rand() % 5 + 1;

   由於 srand()和 rand()兩個函式都宣告在 stdlib.h 標頭檔中，time()函式宣告在 time.h 標頭檔，因此，在程式開頭要記得含入 #include <stdlib.h> 和 include <time.h> 兩個敘述。

流程圖

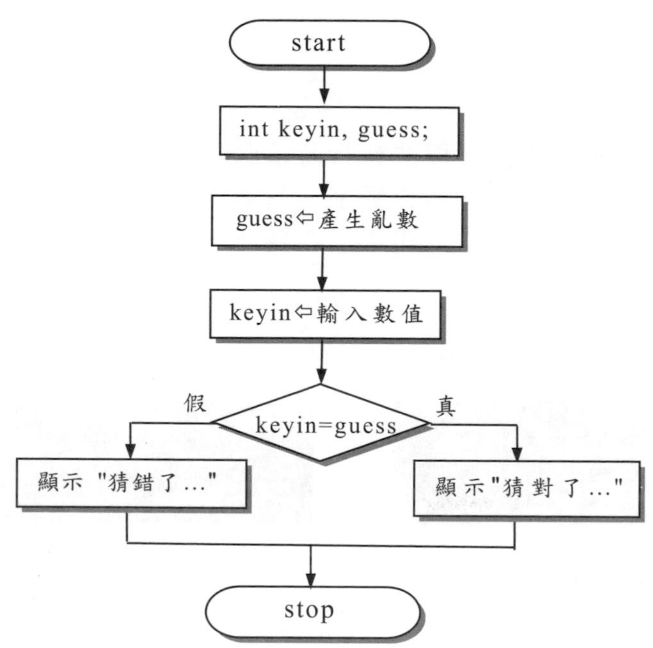

程式碼 FileName : ifelse1.c

```
#include <stdio.h>
#include <stdlib.h>
#include <time.h>

int main(int argc, char *argv[]) {
    int keyin, guess;
    srand((unsigned)time(NULL));
    guess=rand()%5+1;
    printf("請輸入要猜的數字(限1-5 ):");
```

```
10     scanf("%d", &keyin);
11     if(keyin==guess)
12        printf("\n 猜對了! ^_^，正確數字為 %d !\n", guess);
13     else
14        printf("\n 猜錯了! #_#，正確數字為 %d !\n", guess);
15
16     printf("\n");
17     system("PAUSE");
18     return 0;
19 }
```

說明

1. 第 6 行：宣告 keyin 及 guess 整數變數。keyin 表示由鍵盤所輸入的數字，guess 用來存放程式所產生要猜的整數亂數。
2. 第 7,8 行：產生介於 1~5 之間的亂數並指定給 guess 整數變數。
3. 第 10 行：輸入一個整數，並指定給 keyin 整數變數。
4. 第 11~14 行：判斷 keyin 是否等於 guess，若相等則執行第 12 行顯示猜對相關訊息：否則執行第 14 行顯示猜錯相關訊息。

範例：ifelse2.c

試寫一個帳號與密碼檢查程式。若輸入正確的帳號 "mebest" 及密碼 "1688"，出現左下圖畫面；若帳號或密碼輸入錯誤出現右下圖畫面。

執行結果

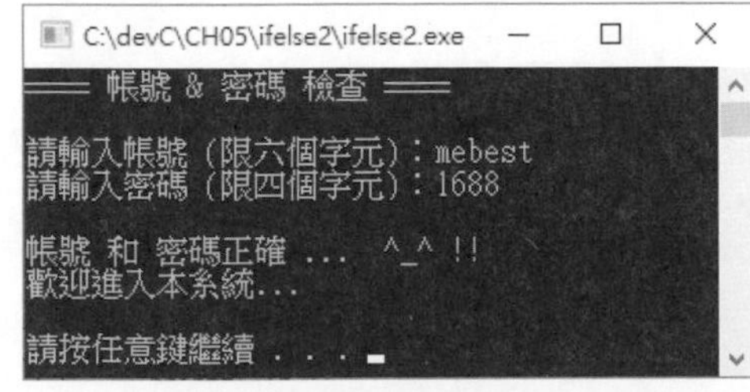

帳號、密碼正確

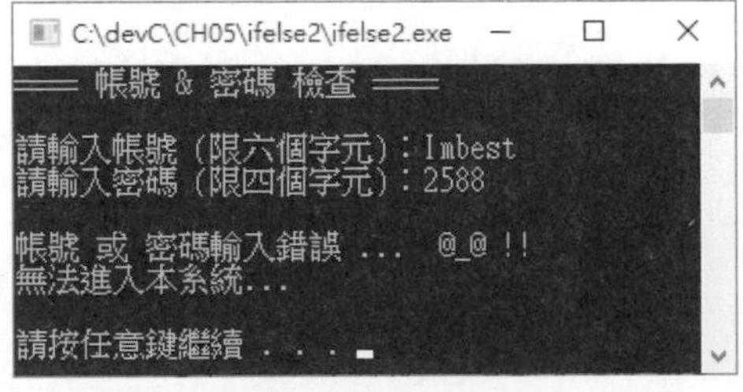

帳號或密碼錯誤

問題分析

1. 本例所輸入的帳號與密碼都需要連續的字元(字串)，因此必須宣告字元陣列用來存放連續字元。字元陣列的宣告方式如下：(關於字元陣列與字串的宣告方式請參考第十二章)

```
char usr_id[7] ;     /* 宣告一個字元陣列 usr_id 用來存放 6 個字元的帳號 */
char pwd[5] ;        /* 宣告一個字元陣列 pwd 用來存放 4 個字元的密碼 */
```

宣告字元陣列 usr_id(字串)可存放 7 個字元，但是字串本身後面必須放置 '\0' 空字元當結束字元才能成為字串，因此字元陣列 usr_id 實際所能容納的字元個數為 6 個；pwd[5] 字元陣列可容納 4 個字元。

2. 由於程式中需要使用 strcmp()函式來比較兩個字串是否相等？由於此函式原型宣告在 string.h，因此必須在程式的最開頭撰寫 #include <string.h> 敘述。在呼叫 strcmp()函式時，會將比較的結果以零、負值或正值傳回，此處以 s1="Tax " ; s2="Tax" ; s3="Tom" ; s4="Tank" 為例：

```
① strcmp(s1, s2);     /*由於 s1 字串與 s2 字串相等，傳回值為 0*/
② strcmp(s1, s3);     /*由於 s1 字串小於 s3 字串，傳回值小於 0*/
③ strcmp(s1, s4);     /*由於 s1 字串大於 s4 字串，傳回值大於 0*/
```

3. 輸入帳號時，必須使用 scanf("%s", usr_id);，將由鍵盤鍵入的字串存到 usr_id 字元陣列中。其中使用%s 表示輸入的資料是字串，usr_id 是陣列名稱本身就代表陣列在記憶體中的起始位址，所以在 scanf()函式內 usr_id 前面不用再加上&位址符號，至於一般變數名稱欲代表該記憶體位址時，必須在變數名稱前面加上&位址符號來代表該變數的記憶體位址。同樣方式應用到輸入密碼上面 scanf("%s", pwd);。

【註】字串是以 ASCII 內碼來比較大小，a 的 ASCII 碼是 97，比 b 的 ASCII 碼 98 小，所以 b 比 a 大。字串中若第一個字元的 ASCII 碼相同，接著比第二個字元的 ASCII 碼大小，依此類推。

流程圖

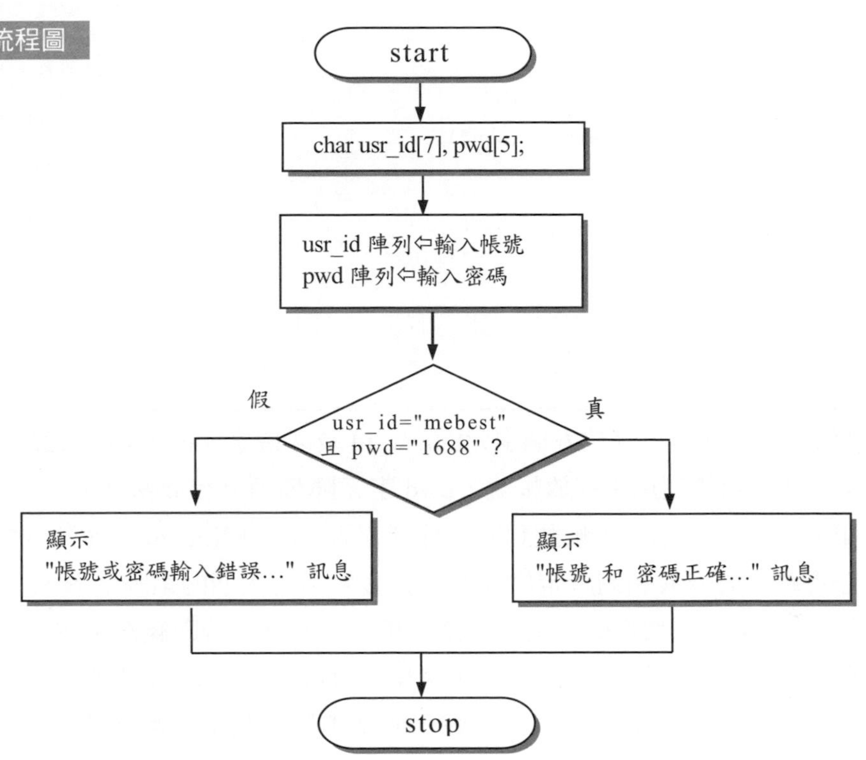

程式碼 FileName : ifelse2.c

```
#include <stdio.h>
#include <stdlib.h>
#include <string.h>

int main(int argc, char *argv[]) {
    char usr_id[7];     /* 宣告一個字元陣列 usr_id 用來存放 6 個字元的帳號 */
    char pwd[5];        /* 宣告一個字元陣列 pwd 用來存放 4 個字元的密碼 */
    printf("==== 帳號 & 密碼 檢查 ====\n\n");
    printf("請輸入帳號 (限六個字元)：");
    scanf("%s", usr_id);
    printf("請輸入密碼 (限四個字元)：");
    scanf("%s", pwd);
    printf("\n");
    if(strcmp(usr_id, "mebest")==0 && strcmp(pwd,"1688")==0) {
        printf("帳號 和 密碼正確 ...  ^_^ !!\n");
        printf("歡迎進入本系統...\n\n");
```

```
17     }
18     else {
19         printf("帳號 或 密碼輸入錯誤 ...  @_@ !!\n");
20         printf("無法進入本系統...\n\n");
21     }
22
23     system("PAUSE");
24     return 0;
25 }
```

說明

1. 第 6~7 行：宣告可存放 6 個字元的 usr_id 及 4 個字元的 pwd 字元陣列。usr_id 字元陣列用來存放帳號，pwd 字元陣列用來存放密碼。
2. 第 9,11 行：提示輸入帳號和密碼分別存入 usr_id 和 pwd 字元陣列中。若您輸入的字元超過設定的長度，會發生不可預期的錯誤情形。
3. 第 14 行：帳號和密碼必須都正確，條件才成立，否則條件不成立。因此兩個條件式中間必須使用 &&(AND、且) 邏輯運算子來連接。
4. 第 14~21 行：strcmp()函式可比較兩個字串是否相等，若兩個字串相等則會傳回 0。在第 14 行判斷輸入的 usr_id(帳號)是否等於 "mebest" 字串，且 pwd(密碼)是否等於 "1688" 字串，若成立會執行第 15~16 行印出 "帳號和密碼正確..." 訊息；否則執行第 19~20 行印出 "帳號或密碼錯誤..." 訊息。

範例：ifelse3.c

輸入一個三角形的三個邊長 A、B、C，若任兩邊長的平方和等於第三邊長的平方即是直角三角形，否則不是直角三角形。

執行結果

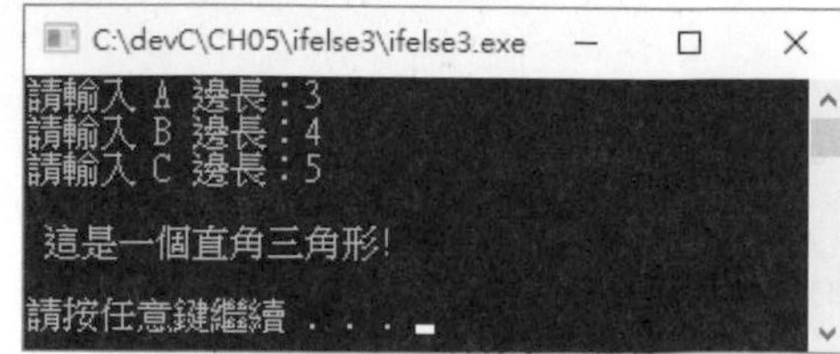

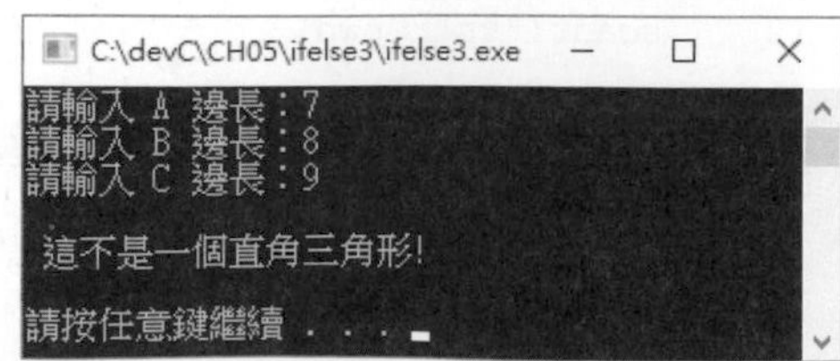

問題分析

假設 A、B、C 為三角形三邊的邊長，

$A^2 + B^2 = C^2$ 或

$A^2 + C^2 = B^2$ 或

$B^2 + C^2 = A^2$

只要上面三個條件式其中之一成立即為真時，三個條件式中間必須使用 邏輯 OR 運算子(||) 來連接。寫法如下：

```
if((pow(A,2)+pow(B,2)) == pow(C,2) || (pow(A,2)+pow(C,2)) == pow(B,2)
          || (pow(B,2)+pow(C,2) == pow(A,2))) {
    ⋮
}
else {
    ⋮
}
```

上面條件式中，pow(a,b)函式可傳回 a^b 值(a 的 b 次方)，此函式宣告在 math.h 標頭檔內，因此在程式最開頭要插入 #include <math.h> 標頭檔。

流程圖

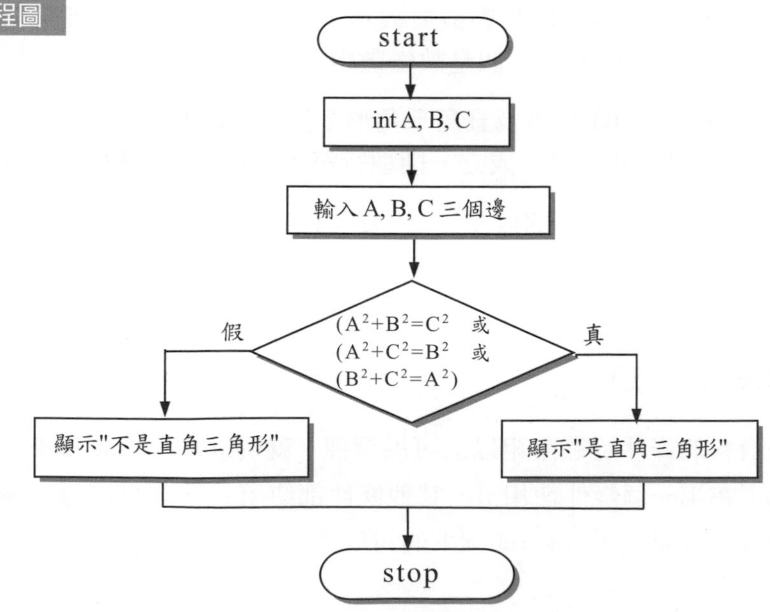

程式碼 FileName : ifelse3.c

```
01 #include <stdio.h>
02 #include <stdlib.h>
03 #include <math.h>
04
05 int main(int argc, char *argv[]) {
06     float a, b, c;
07     printf("請輸入 A 邊長：");
08     scanf("%f", &a);
09     printf("請輸入 B 邊長：");
10     scanf("%f", &b);
11     printf("請輸入 C 邊長：");
12     scanf("%f", &c);
13     if((pow(a,2)+pow(b,2))==pow(c,2)||(pow(a,2)+pow(c,2))==pow(b,2)
                    ||(pow(b,2)+pow(c,2))==pow(a,2))
14         printf("\n 這是一個直角三角形!" );
15     else
16         printf("\n 這不是一個直角三角形!");
17     printf("\n\n");
18     system("PAUSE");
19     return 0;
20 }
```

說明

1. 第 6~12 行：宣告 A, B, C 整數變數為三角形的三邊，由鍵盤輸入三個整數依序存入 A, B, C 三個整數變數中。
2. 第 13~16 行：判斷是否為直角三角形？只要 $A^2+B^2= C^2$、$A^2+C^2= B^2$ 或 $B^2+C^2= A^2$ 其中之一成立，則執行第 14 行，否則執行第 16 行。
3. pow(a, b)函式可用來取得 a^b 值。要注意 a 與 b 引數必須宣告為 float 或 double 資料型別。

5.4.2 if-else if 敘述

如果判斷資料的條件超過兩組以上可供選擇，就可以加上 else if 來做其他條件判斷，除了在第一個條件使用 if，其他條件都使用 else if 來描述，最後再以 else 來處理都不滿足以上條件(即剩下的可能性)。其語法如下：

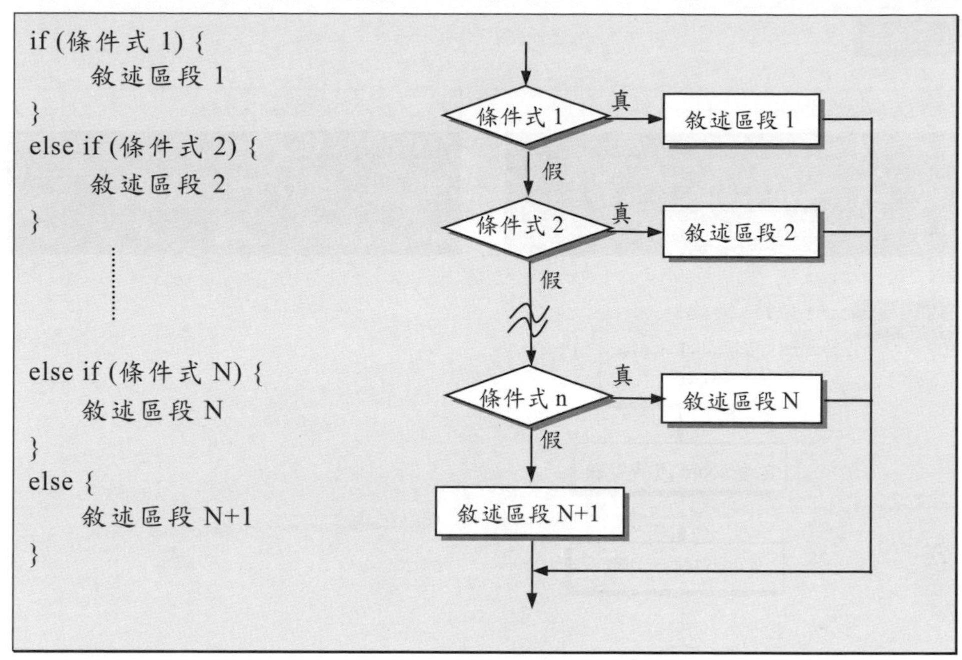

下面範例，依使用者輸入的分數來做不同程度的分類，先判斷分數是否為 80~100，再判斷是否為 70~79，再判斷是否為 60~69...，以此類推。

由於程式執行是由上而下，當符合了某一個條件，則執行緊接在其後的敘述區段，執行完畢馬上離開選擇結構敘述，不會再執行其他的條件判斷。因此我們在撰寫條件式時，必須依條件的大小順序撰寫，使得輸入的分數只允許落在一種可能的條件上，而只執行該條件相對應的敘述。

範例：elseif.c

輸入分數，依不同的分數給予不同的等級。條件與對應的等級如下：

① 80~100：Excellent, 等級為 A
② 70~79：Good, 等級為 B
③ 60~69：Fair, 等級為 C
④ 0~59：Bad, 等級為 D
⑤ 其他：輸入成績有誤! 分數限 0~100 ...

執行結果

C:\devC\CH05\elseif\elseif.exe
請輸入您的分數：73
Good! 等級為 B.
請按任意鍵繼續 . . .

C:\devC\CH05\elseif\elseif.exe
請輸入您的分數：120
輸入成績錯誤! 分數限 0~100 ...
請按任意鍵繼續 . . .

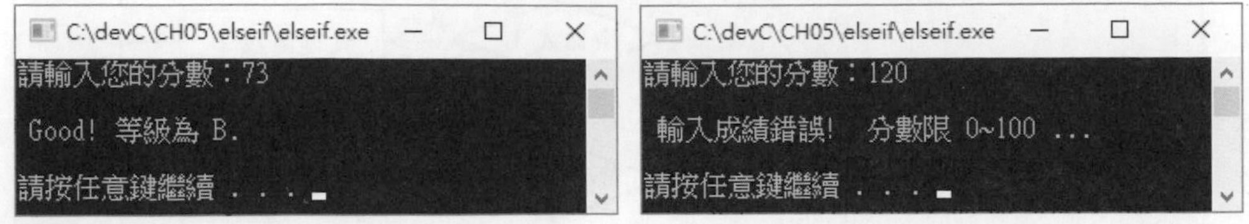

流程圖

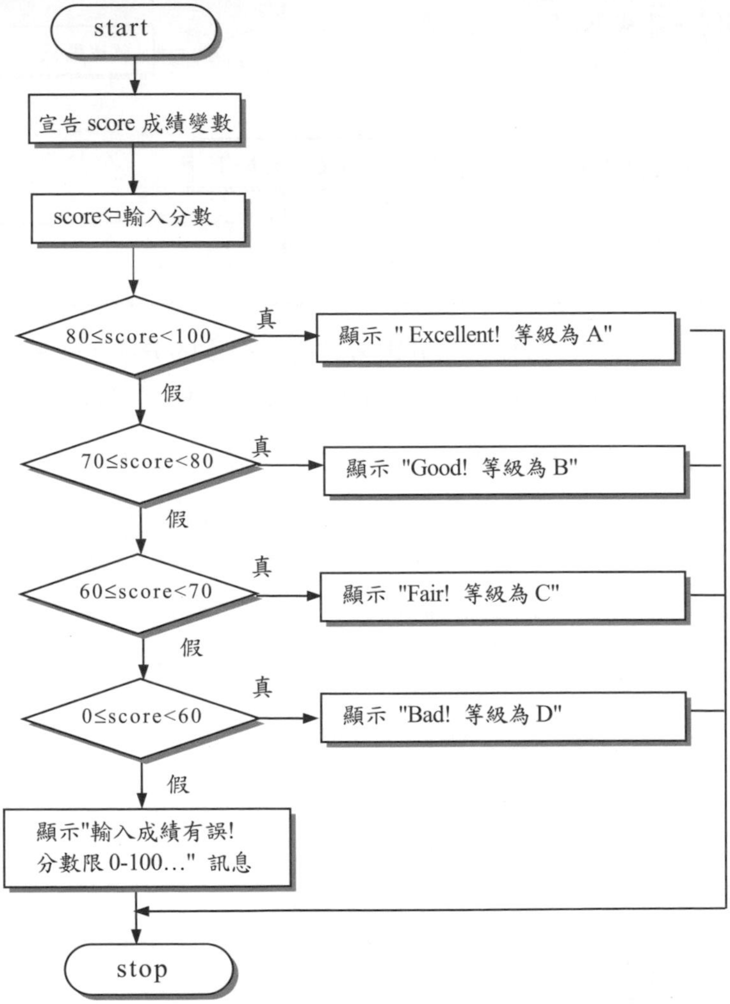

start
宣告 score 成績變數
score⇦輸入分數
80≤score<100
真
顯示 " Excellent! 等級為 A"
假
70≤score<80
真
顯示 "Good! 等級為 B"
假
60≤score<70
真
顯示 "Fair! 等級為 C"
假
0≤score<60
真
顯示 "Bad! 等級為 D"
假
顯示"輸入成績有誤!
分數限 0-100..." 訊息
stop

程式碼 FileName : elseif.c

```
01 #include <stdio.h>
02 #include <stdlib.h>
03
04 int main(int argc, char *argv[]) {
05     int score;
06     printf("請輸入您的分數：");
07     scanf("%d", &score);
08     if(score>=80 && score<=100 )
09         printf("\n Excellent! 等級為 A .");
10     else if(score>=70 && score<80 )
11         printf("\n Good! 等級為 B.");
12     else if(score>=60 && score<70 )
13         printf("\n Fair! 等級為 C.");
14     else if(score>=0 && score<60 )
15         printf("\n Bad! 等級為 D.");
16     else
17         printf("\n 輸入成績錯誤!  分數限 0~100 ... ");
18
19     printf("\n\n");
20     system("PAUSE");
21     return 0;
22 }
```

說明

1. 第 5~7 行：宣告 score 整數變數用來存放使用者所輸入的分數。
2. 第 8~9 行：若 80≤score≤100 成立，則顯示 "Excellent! 等級為 A."。
3. 第 10~11 行：若 70≤score<80 成立，則顯示 "Good! 等級為 B."。
4. 第 12~13 行：若 60≤score<70 成立，則顯示 "Fair! 等級為 C."。
5. 第 14~15 行：若 0≤score<60 成立，則顯示 "Bad! 等級為 D."。
6. 第 16~17 行：若 score 沒有介於 0~100 之間，則顯示 "輸入成績有誤! 分數限 0~100 ..."。

5.4.3 巢狀選擇結構

如果在 if 的敘述區段或 else 敘述區段內還有另一組的 if-else 敘述，就構成一個「巢狀選擇結構」。譬如下面流程圖是找出三數中的最大值就是使用巢狀選擇結構所構成。

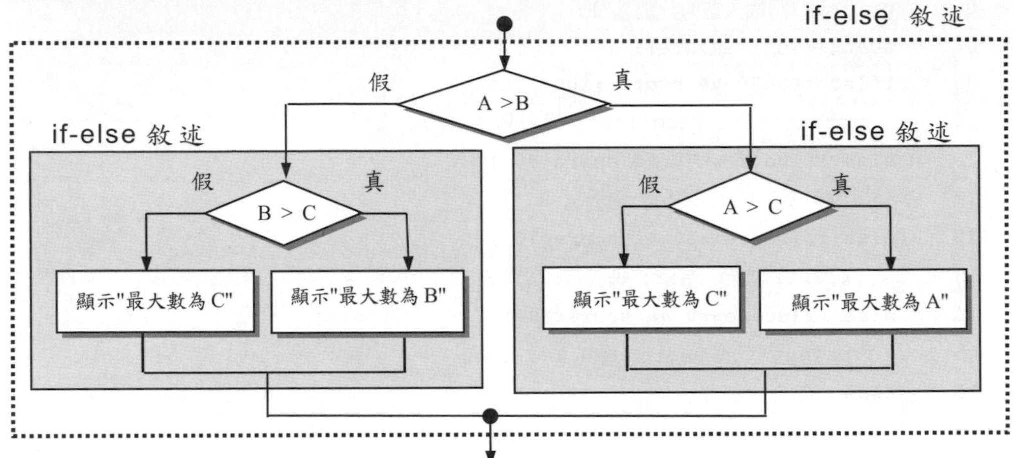

範例：getmax.c

試寫一個找出三數中最大值的程式。首先由鍵盤連續輸入三個整數，然後使用上面流程圖的巢狀選擇結構來找出三個整數中的最大數。

執行結果

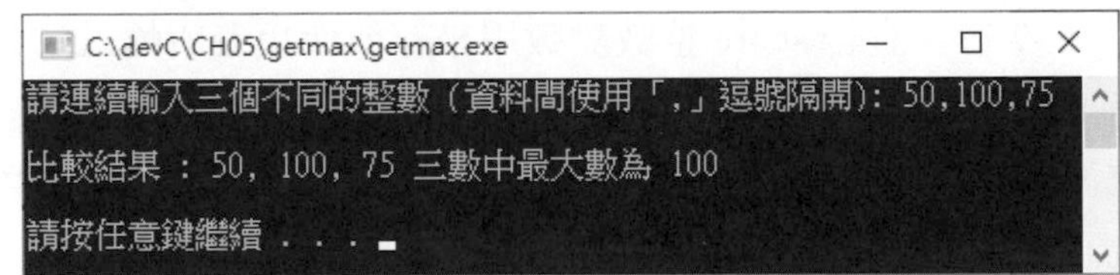

程式碼 FileName : getmax.c

```
#include <stdio.h>
#include <stdlib.h>

int main(int argc, char *argv[]) {
    int a, b, c, max;
    printf("請連續輸入三個不同的整數 (資料間使用「,」逗號隔開): ");
```

```
07     scanf("%d,%d,%d", &a, &b, &c);
08     if(a>b) {              /* 判斷 a 是否大於 b*/
09         if(a>c)            /* 判斷 a 是否大於 c*/
10             max = a;
11         else
12             max = c;
13     }
14     else {
15         if(b>c)            /* 判斷 b 是否大於 c*/
16             max = b;
17         else
18             max = c;
19     }
20     printf("\n比較結果 : %d, %d, %d 三數中最大數為 %d \n\n", a,b,c,max);
21     system("PAUSE");
22     return 0;
23 }
```

說明

1. 第 5~7 行：連續輸入三個整數，每個輸入值之間使用「,」號隔開，然後依序逐一指定給 a, b, c 三個整數變數。
2. 第 8~13 行：若 a>b 且 a>c，則執行第 10 行，將 a 值置入 max 變數中；若 a>b 且 a<c，則執行第 12 行，將 b 值置入 max 變數中。兩者執行完畢跳到第 20 行。
3. 第 14~19 行：若 a<b 且 b>c，執行第 16 行，將 b 值置入 max 變數中；若 a<b 且 b<c，則執行第 18 行，將 c 值置入 max 變數中。兩者執行完畢跳到第 20 行。

5.4.4 條件運算子

C 語言提供「條件運算子」或稱「三元運算子」，讓您能在程式中，經由條件式運算的結果(真或假)來決定傳回哪個指定值，該敘述只寫一行即可，不像 if-else 要寫成多行。其語法如下：

語法

```
變數 = 條件式 ? 運算式1 : 運算式2 ;
```

說明

上述語法若 <條件式> 為真(不為零)時，會將 <運算式 1> 的結果指定給等號(=)左邊的變數；若 <條件式> 結果為假(零)時，則會將 <運算式 2> 的結果指定給等號左邊的變數，其傳回值可以是數值、字元、字串等資料型別，等號左邊的變數必須和傳回值同一資料型別。要注意條件運算子 ?... : ... 的 <條件式>、<運算式 1>、<運算式 2> 三者都不可以省略。

【例 1】求 a、b 的最大值

max = a > b ? a : b ;

用來取得 a, b 兩數的最大數。若 a 大於 b，會將 a 指定給 max，否則將 b 指定給 max。

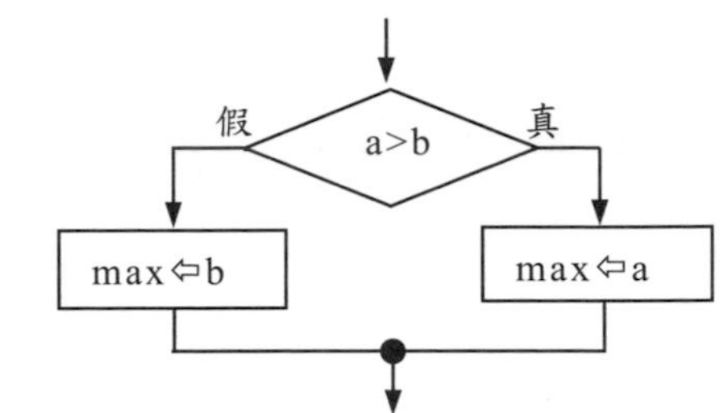

【例 2】? ... : ... 條件運算子也可以是巢狀的。巢狀條件運算子運算方式是由左而右運算。譬如：金額(total)超過 5 萬元打八折，超過 1 萬元打九折，低於一萬元不打折，就需要使用到巢狀的條件運算子得到折扣(discount)，其寫法如下：

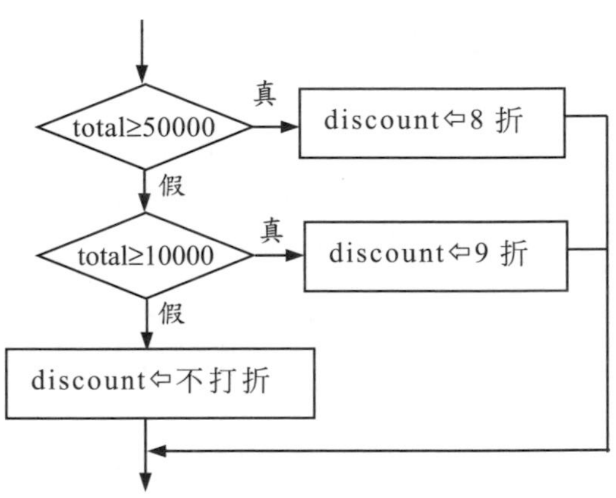


```
discount = ( total >= 50000 ? 0.8 : (total >= 10000 ? 0.9 : 1 ) );
```

範例：ternary.c

請使用巢狀條件運算子，先由鍵盤鍵入你的期中考分數，程式會自動告知你期中考的成績評比：

① 期中考分數大於等於 80：表現優異

② 期中考分數大於等於 60 且小於 80：差強人意

③ 期中考分數小於 60：有待加強"

執行結果

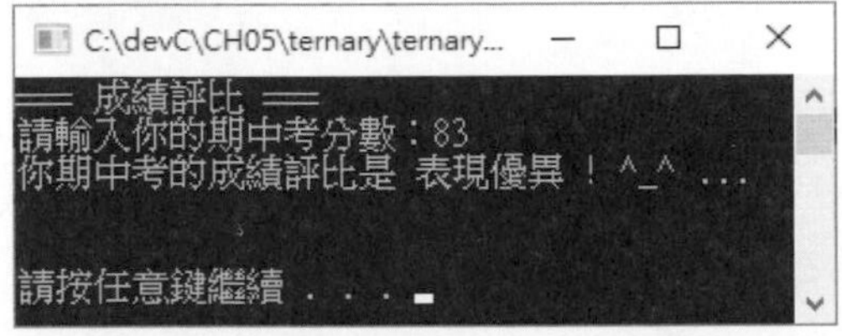

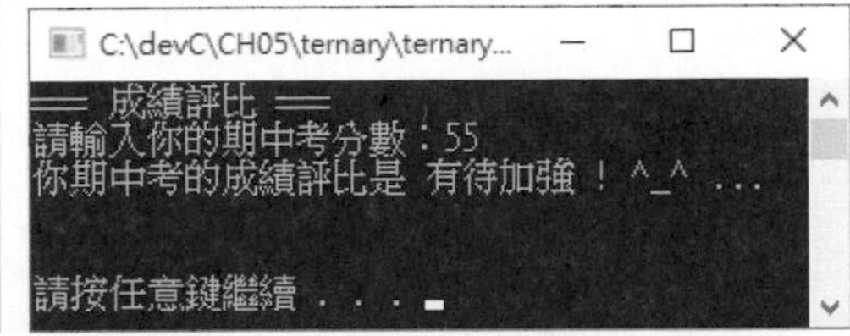

程式碼 FileName：ternary.c

```
01 #include <stdio.h>
02 #include <stdlib.h>
03
04 int main(int argc, char *argv[]) {
05     int score;
06     printf("=== 成績評比 ===\n");
07     printf("請輸入你的期中考分數：");
08     scanf("%d", &score);
09     printf("你期中考的成績評比是 %s ! ^_^ ... \n", score>=80? "表現優異":
                (60<=score && score<80 ? "差強人意" : "有待加強"));
10     printf("\n\n");
11     system("PAUSE");
12     return 0;
13 }
```

說明

1. 第 5~8 行：宣告 score 整數變數，使用者所輸入的分數會指定給 score。
2. 第 9 行：若 score≥80 會印出「表現優異」；若 60≤score<80 會印出「差強人意」；若都不滿足上述條件(即 score<60)會印出「有待加強」。

5.5 多重條件選擇 - switch 敘述

如果有一個資料，有兩組以上不同的條件需要做判斷，依不同條件給予不同的執行結果，若使用太多的 else if 可讀性不高，這時候使用 switch 最為適當。其語法如下：

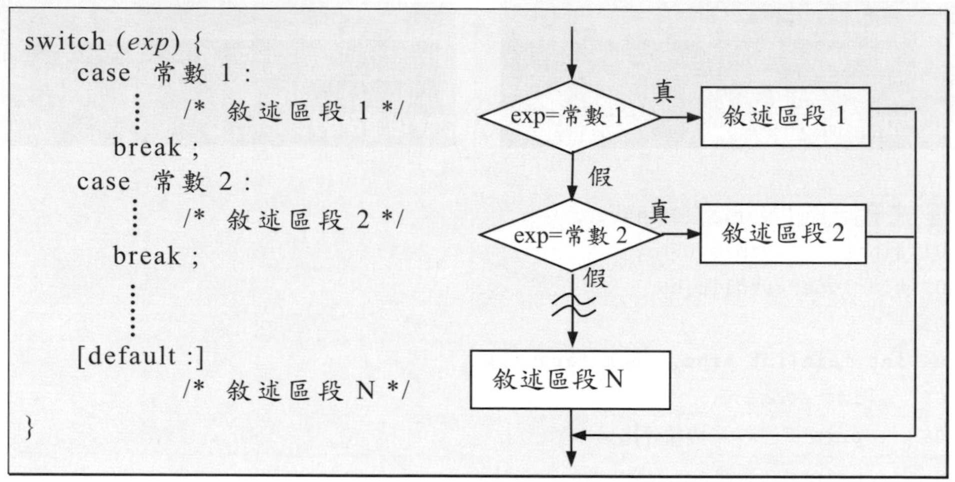

說明

1. *exp* 運算式運算的結果必須為整數或字元。
2. 當被判斷的運算式符合其中某個 case 條件的常數後，會執行所符合 case 內的敘述區段，接著會繼續往下執行其他 case 內的敘述，並不會離開 switch 敘述區塊。因此必須在 case 敘述最後加上 break 敘述，讓程式流程能夠離開 switch 敘述區塊。
3. 如果所有的條件都不符合，就會執行 default 後的敘述，因此 default 要放在所有的 case 敘述的最後面。雖然 default 敘述可以省略，但是建議在程式中最好還是加上 default 敘述，以避免發生無法預知的結果。

範例：switch1.c

製作一個簡易的功能表選單。根據下列按鍵顯示對應的訊息：

① 按下鍵盤 A 鍵顯示：" 進入新增功能..."。

② 按下鍵盤 D 鍵顯示：" 進入刪除功能..."。

③ 按下鍵盤 U 鍵顯示：" 進入修改功能..."。

④ 按下鍵盤 Q 鍵顯示："離開系統^_^...Bye Bye!"。

⑤ 按其他鍵顯示： " 沒有這個選項 $#%^&*? "。

執行結果

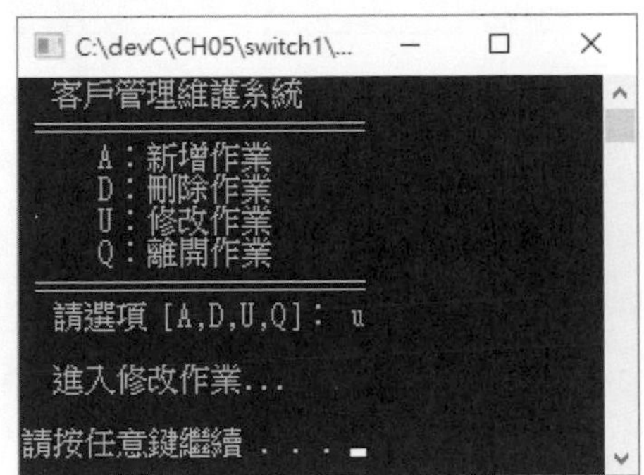

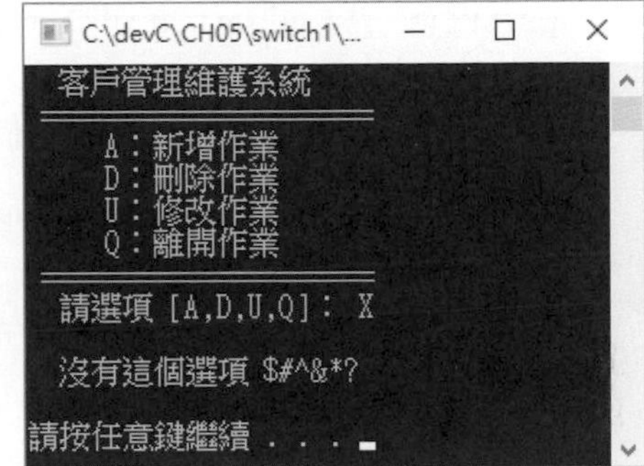

問題分析

1. 本範例選項只允許按 A 、 D 、 U 、 Q 四個按鍵的大小寫字母，若使用 (ch=='A' && ch=='a') 邏輯運算式必須使用 if-elseif 敘述，但為了配合使用 switch 敘述，必須先使用 toupper() 或 tolower() 函式，先將輸入的字元 ch 一律改成大寫或小寫才能放入 switch 敘述中的 case 子句，否則大小寫都要使用一個 case 來進行比對，如此會增加程式的長度。

2. toupper() 和 tolower() 函式宣告在 ctype.h 標頭檔，因此此標頭檔必須在程式開頭先含入。若欲將輸入的字元轉成大寫，其寫法如下：

```
ch = getchar();
ch = toupper(ch);    /* 將 ch 字元轉成大寫英文字母 */
```

程式碼 FileName：switch1.c

```
#include <stdio.h>
#include <stdlib.h>
#include <ctype.h>        /* 含入 ctype.h 標頭檔 */
#include <conio.h>

int main(int argc, char *argv[]) {
    char ch;
```

```
08     printf("  客戶管理維護系統 \n");
09     printf(" ====================\n");
10     printf("     A：新增作業\n");
11     printf("     D：刪除作業\n");
12     printf("     U：修改作業\n");
13     printf("     Q：離開作業\n");
14     printf(" ====================\n");
15     printf("  請選項 [A,D,U,Q]： ");
16     ch = getchar();
17     ch = toupper(ch);   /* 將 ch 的值轉成大寫英文字，然後再指定給 ch */
18     switch(ch) {
19        case 'A':
20           printf("\n 進入新增作業...\n");
21           break ;
22        case 'D':
23           printf("\n  進入刪除作業...\n");
24           break ;
25        case 'U':
26           printf("\n  進入修改作業...\n");
27           break ;
28        case 'Q':
29           printf("\n  離開系統 ! ^_^ ... Bye Bye!\n");
30           break ;
31        default :
32           printf("\n  沒有這個選項 $#%^&*?\n");
33     }
34     printf("\n");
35     system("PAUSE");
36     return 0;
37 }
```

說明

1. 第 3 行：含入 ctype.h 標頭檔，方可使用 toupper()與 tolower()函式。
2. 第 8~15 行：顯示功能表選單畫面。
3. 第 17 行：將 ch 字元變數的值轉成大寫英文字母，再回傳給 ch 字元變數。
4. 第 18 行：依據 ch 字元變數的值來決定要執行哪個 case。

5. 第 19~21 行：第 19 行比對 ch 字元變數是否為 'A'；若成立時會執行第 20 行印出「進入新增作業...」訊息，接著再執行第 21 行執行 break; 敘述離開 switch。
6. 第 22~30 行：執行方式同第 19~21 行。
7. 第 31~32 行：若 ch 字元變數不是 'A', 'D', 'U', 'Q'，此時會執行第 32 行並顯示「沒有這個選項 $#%^&*?」訊息。

5.6 實例 - 綜合所得稅試算

範例：tax.c

請根據下表的綜合所得稅速算公式表，求出使用者輸入綜合所得淨額後，即印出稅率、稅金、累進差額還有今年應納稅額。

綜合所得稅速算公式：

級別	綜合所得淨額	乘	稅額	減	累進差額	等於	全年應納稅額
1	0~540,000	×	5%	–	0	=	?
2	540,001~1,200,000	×	10%	–	36,400	=	?
3	1,200,001~2,420,000	×	20%	–	130,000	=	?
4	2,420,001~4,530,000	×	30%	–	365,000	=	?
5	4,530,001 以上	×	40%	–	805,000	=	?

執行結果

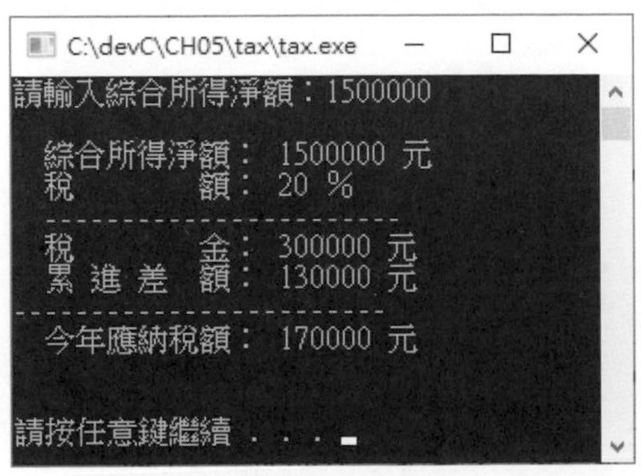

程式碼 FileName : tax.c

```
#include <stdio.h>
#include <stdlib.h>

int main(int argc, char *argv[]) {
    int income, tax, discount=0;
    double taxrate=0.0;
    printf("請輸入綜合所得淨額：");
    scanf("%d", &income);
    if(income >= 0 && income<=540000) {
        discount=0;
        taxrate=0.05;
    }
    else if(income>540000 && income<=1200000) {
        discount=36400;
        taxrate=0.1;
    }
    else if(income>1200000 && income<=2420000) {
        discount=130000;
        taxrate=0.20;
    }
    else if(income>2420000 && income<=4530000) {
        discount=365000;
        taxrate=0.3;
    }
    else if(income>453000) {
        discount=805000;
        taxrate=0.4;
    }
    else {
        printf(" 請輸入大於等於 0 的數值!!\n\n");
        system("PAUSE");
        exit(0);
    }
    tax = income * taxrate ;
    printf("\n");
    printf(" 綜合所得淨額： %d 元\n", income);
    printf(" 稅      額： %2.0f %\n", taxrate*100 );
    printf(" ----------------------\n");
```

```
39     printf("  稅      金: %d 元\n", tax);
40     printf("  累 進 差  額: %d 元\n", discount);
41     printf("------------------------\n");
42     printf("  今年應納稅額: %d 元\n", tax-discount);
43     printf("\n\n");
44     system("PAUSE");
45     return 0;
46 }
```

說明

1. 第 5 行：宣告 income, tax, discount 整數變數，income 表示使用者所輸入的綜合所得淨額；tax 表示稅金；discount 表示累進差額。
2. 第 6 行：宣告 taxrate 浮點數變數，用來表示稅率。
3. 第 8 行：使用者輸入綜合所得淨額指定給 income。
4. 第 9~12 行：判斷 income 是否介於 0~540000，若成立則執行第 10~11 行，設定 taxrate 等於 0.05，discount 等於 0。
5. 第 13~28 行：執行方式同第 9~12 行。
6. 第 29~33 行：若不滿足上述條件，則執行第 30 行印出「請輸入大於等於 0 的數值!!」訊息，接著執行第 31 行 system("PAUSE"); 敘述暫停程式以方便觀看執行結果，最後再執行第 32 行 exit(0); 敘述結束程式，exit() 函式宣告於 stdlib.h 標頭標中。
7. 第 34 行：計算稅金。
8. 第 36~42 行：印出綜合所得稅淨額、稅率、累進差額、今年應納稅額。

CHAPTER

6 重複結構

6.1 重複結構簡介

在撰寫程式時，程式中的流程難免會碰到某些敘述區段需要重複執行多次，C 語言允許將需要重複執行的敘述區段使用「迴圈敘述」，此種程式架構稱為「重複結構」或「迴圈」(Loop)。迴圈不但可縮短程式的長度，而且程式易維護及增加程式可讀性。譬如要設計累加多個數值、九九乘法表、矩陣的相加或相乘、密碼輸入檢查...等程式，這些都是重複一樣的計算或判斷，所以可以透過迴圈來完成。例如：下圖是密碼檢查的流程圖，若密碼正確，則進入系統繼續往下執行；反之，密碼輸入錯誤，重新輸入密碼，一直執行到輸入的密碼正確為止。

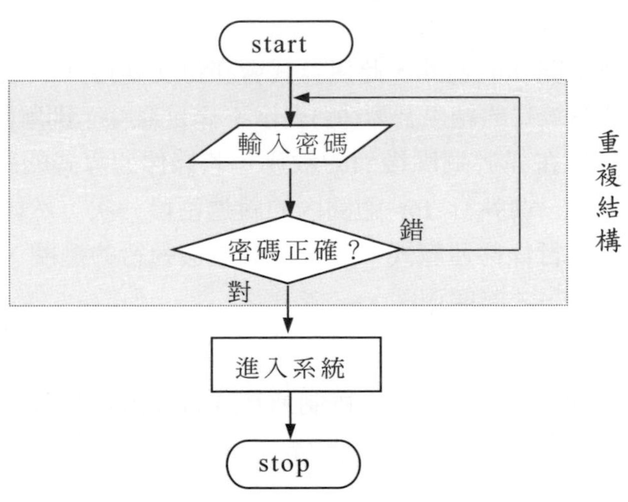

6.2 for 迴圈敘述

C 語言提供 for、while、do-while 三種迴圈敘述。若迴圈的次數可以預知，for 敘述是最好的選擇；若迴圈次數無法確定，則可使用 while、do-while 敘述來達成。

6.2.1 for 迴圈

for 迴圈是使用 <初始運算式>、<條件運算式> 以及<控制運算式> 三種運算式來完成重複計數的工作，其語法如下：

語法

```
for (初始運算式; 條件運算式; 控制運算式) {
   [敘述區段]
}
```

說明

1. <初始運算式>

   用來設定迴圈控制變數的初始值。這個運算式只有在第一次進入迴圈時才會執行，之後不會再執行。

2. <條件運算式>

   判斷是否要離開 for 迴圈，此運算式會在每次執行 for 迴圈之前進行判斷。若條件運算式的結果為零(假)表示不滿足條件，則離開 for 迴圈，繼續往下執行接在 for 迴圈後面的敘述。若條件運算式的結果不為零(真)表示滿足條件，會執行 for 迴圈內的敘述區段一次，然後執行控制運算式。接著再執行條件運算式，形成一個重複執行的迴圈，直到條件運算式的條件不滿足才離開迴圈。

3. <控制運算式>

   用來更改迴圈控制變數的值。控制運算式會在每次執行完迴圈內的敘述區段後才被執行。

4. for 迴圈小括號內的三種參數(運算式)，必須使用分號「;」加以分隔。各參數亦允許有多個運算式同時存在，但中間必須使用逗號「,」來區隔開。若條件運算式有兩個(含)以上時，必須所有條件運算式都成立才能執行迴圈內的敘述區段，否則離開迴圈。

```
for (初始運算式 1, 初始運算式 2 ; 條件運算式 1, 條件運算式 2 ; 控制運算式 1, 控制運算式 2) {
    [敘述區段]
}
```

[例] i 值 1~10 每次增 1 以及 k 值 2~4 每次增 2

for (i=1, k=2 ; i<=10 , k>5 ; i++, k+=2)

5. 下例是利用 for 迴圈，計算 1+2+3 總和的流程圖以及執行過程：

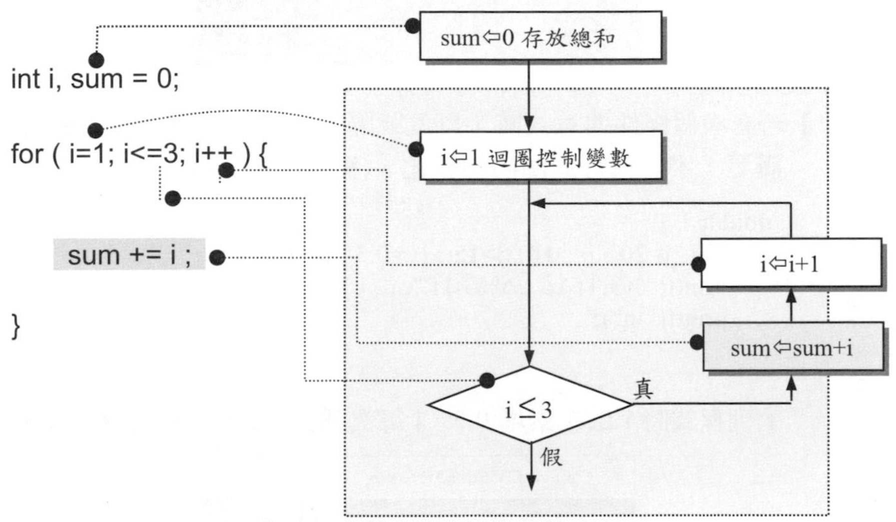

程式追蹤

迴圈 \ 敘述	i 值	i≦3	sum ⇦ sum+i	i++
第 1 次	1	1≦3 (成立)	sum ⇦ 0+1	2
第 2 次	2	2≦3 (成立)	sum ⇦ 0+1+2	3
第 3 次	3	3≦3 (成立)	sum ⇦ 0+1+2+3	4
第 4 次	4	4≦3 (不成立)	離開迴圈	

6.2.2 for 迴圈敘述簡例

【例 1】依序顯示 1 ~ 20 數字，間距為 2。(檔名：for1.c)

```
int i;
for (i=1; i<=20; i+=2) {
    printf(" %d", i);  /*  顯示數字  */
    if (i < 19)
        printf(",");    /*  數字後面加逗號,最後一個數字 10 省略逗號  */
}
```

初值為 1、終值為 19、增值為 2，共執行 10 次，顯示數字時前面補空白，數字後加逗號，輸出結果：

```
C:\DevC\CH06\for1\for1.exe
 1, 3, 5, 7, 9, 11, 13, 15, 17, 19
請按任意鍵繼續 . . .
```

【例 2】若有多個條件運算式時，以逗號隔開，而且所有條件運算式必須全部滿足，才能執行迴圈內的敘述。(檔名：for2.c)

```
double i, j ;
for (i=1, j=20 ; i<=10 , j>15 ; i+=0.5 , j-=1.5) {
    printf("%3.1f△△△%3.1f ", i , j );
    printf("\n");
}
```

上列程式將 i 每次累增 0.5，j 每次遞減 1.5，共執行 4 次，結果：

```
C:\devC\CH06\for2\for2.exe
1.0    20.0
1.5    18.5
2.0    17.0
2.5    15.5
請按任意鍵繼續 . . .
```

【例 3】列印 "10, 9, 8, 7, 6, 5, 4, 3, 2, 1," 可以有下面四種寫法：(檔名：for3.c)

方式一

```
int i;
for (i=10; i>=1; i--) {
    printf("%d, ", i);
}
```

方式二

```
int i;
for (i=10; i>=1;    ) {
    printf("%d, ",i--);
}
```

方式三

```
int i;
for (i=10; i>=1;    ) {
    printf("%d, ", i);
    i--;
}
```

方式四

```
int i;
for (i=10;    ;    ) {
    if (i>=1) {
        printf("%d, ", i);
        i--;
    }
    else {
        break;
    }
}
```

【例 4】在特殊狀況下，可利用 break 敘述來中途跳離 for 迴圈。(檔名：for4.c)

```
int i, sum;
for (i=1; i<=10; i++) {
    printf("%d, ", i);
    if ((sum += i) >= 15) {
        break;                    /* 離開 for 迴圈敘述 */
    }
}
```

在上述程式中，原本 i 會從 1 累加到 10，執行 10 次，但是當 sum 累加 i 到 5 時，符合了 sum>= 15 的 if 條件運算式，此時即執行 break 敘述跳離迴圈，因此最後的結果只顯示「1, 2, 3, 4, 5,」。

範例：for5.c

假設函式 $f(x) = 3x^2 + 2x + 1$， 試利用 for 迴圈分別求出 f(2)、f(3)、f(4)、f(5) 各函數值。

執行結果

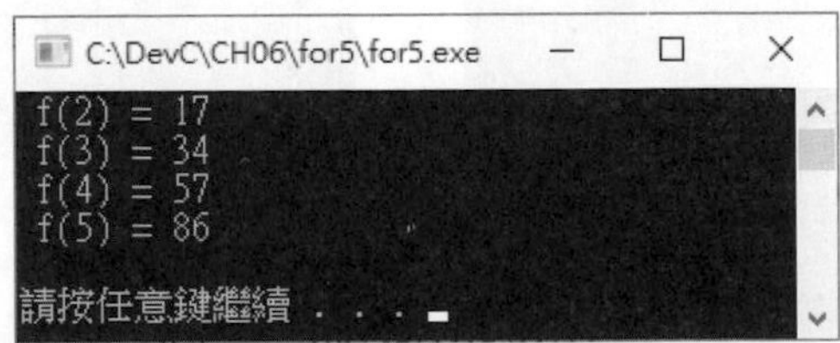

程式碼 FileName：for5.c

```
#include <stdio.h>
#include <stdlib.h>
```

```

int main(int argc, char *argv[]) {
    int x;
    for(x=2;x<=5;x++) {
        printf(" f(%d) = %d", x, 3*x*x+2*x+1);
        printf("\n");
    }
    printf("\n");
    system("PAUSE");
    return 0;
}
```

範例：for6.c

撰寫一個可計算多項式總和的程式。程式執行時如左下圖會要求輸入 1~10 之間的整數並置入 n 變數中，接著即會算出(1+3) + (2+6)⋯(n+n*3)的總和；若不是輸入 1~10 之間的整數，則會如右下圖印出「輸入有誤! 限 1~10 間的整數！」的訊息。

$$f(n) = \sum_{n=1}^{N}(n+n*3)$$

執行結果

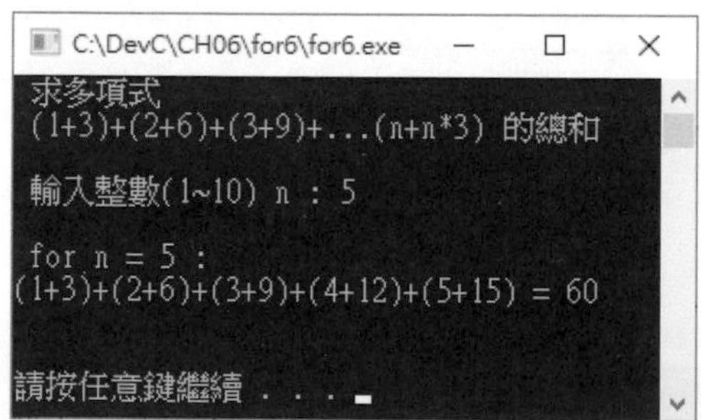

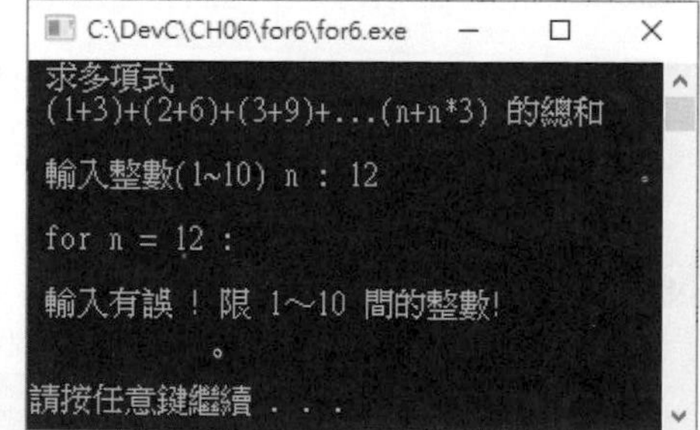

流程圖

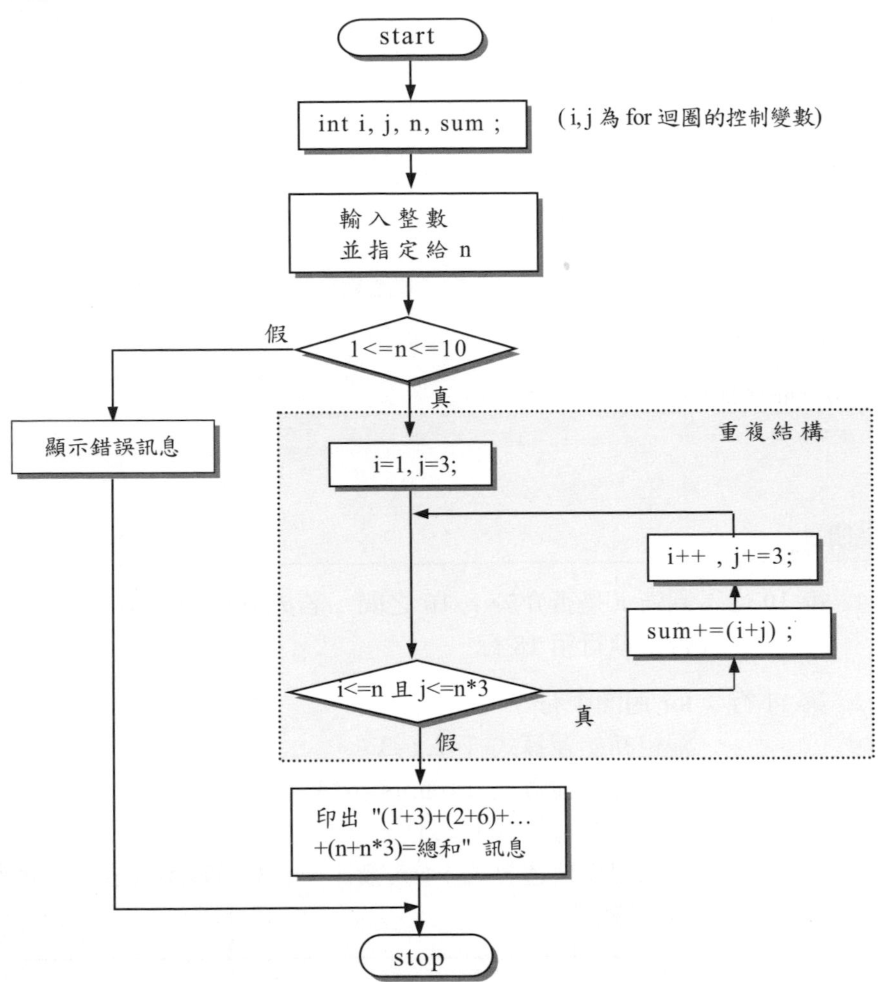

程式碼 FileName : for6.c

```
#include <stdio.h>
#include <stdlib.h>

int main(int argc, char *argv[]) {
    int i, j, n, sum=0;
    printf(" 求多項式\n (1+3)+(2+6)+(3+9)+...(n+n*3) 的總和 \n\n");
    printf(" 輸入整數(1~10) n : ");
    scanf("%d", &n);
```

```
09     printf("\n for n = %d : \n",n);
10     if (n>=1 && n<=10) {
11        for(i=1, j=3; i<=n, j<=n*3; i++, j+=3) {
12           sum+=(i+j);
13           printf("(%d+%d)+", i, j);
14        }
15        printf("\b = %d\n", sum);
16     }
17     else {
18        printf("\n 輸入有誤 ! 限 1~10 間的整數!\n ");
19     }
20     printf("\n\n");
21     system("PAUSE");
22     return 0;
23 }
```

說明

1. 第 10 行：判斷 n 是否介於 1~10 之間，若成立則執行第 11~16 行；否則執行第 18 行。

2. 第 11 行：for 迴圈中有
   兩組初始運算式 i=1, j=3；
   兩組條件運算式 i<=n, j<=n*3;
   兩組控制運算式 i++, j+=3。
   當兩組條件運算式 i<=n 及 j<=n*3 同時不成立時，即離開 for 迴圈。

6.2.3 巢狀 for 迴圈

程式中若在 for 迴圈內，還需要另一個 for 迴圈，此種迴圈內還有迴圈，一層一層有如洋蔥般由外而內即構成了『巢狀迴圈』。使用巢狀迴圈要注意，每個迴圈都必須使用自己的迴圈控制變數，迴圈範圍不可交叉。

範例：nest_for1.c

使用 for 巢狀迴圈來印九九乘法表的結果。流程圖與程式碼如下：

流程圖

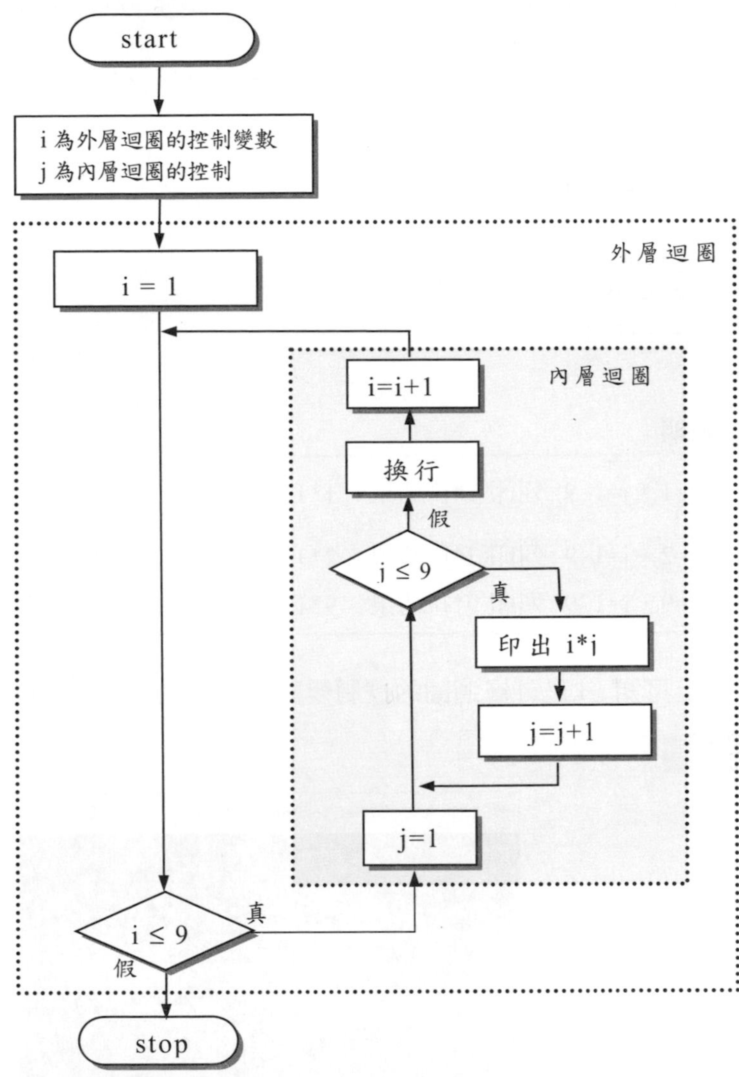

程式碼 FileName：nest_for1.c

```
#include <stdio.h>
#include <stdlib.h>

```

```
int main(int argc, char *argv[]) {
   int i, j;
   printf("  |  1  2  3  4  5  6  7  8  9 \n");
   printf("----------------------------------------\n");
   for (i=1; i<=9; i++) {           /* 外層迴圈 */
      printf("%d | ",i);
      for(j=1; j<=9; j++) {         /* 內層迴圈 */
         printf("%2d  ", (i * j));
      }
      printf("\n");
   }
   printf("\n");
   system("PAUSE");
   return 0;
}
```

說明

i=1，j=1~9 列印 1*j 結果：1*1,1*2,1*3,….,1*9 再將游標移到下一列。

⋮　⋮

i=2，j=1~9 列印 2*j 結果：2*1,2*2,2*3,….,2*9 再將游標移到下一列。

i=9，j=1~9 列印 9*j 結果：9*1,9*2,9*3,….,9*9 再將游標移到下一列。

由上可知，i 是外層迴圈的控制變數，而 j 是內層迴圈的控制變數。

執行結果

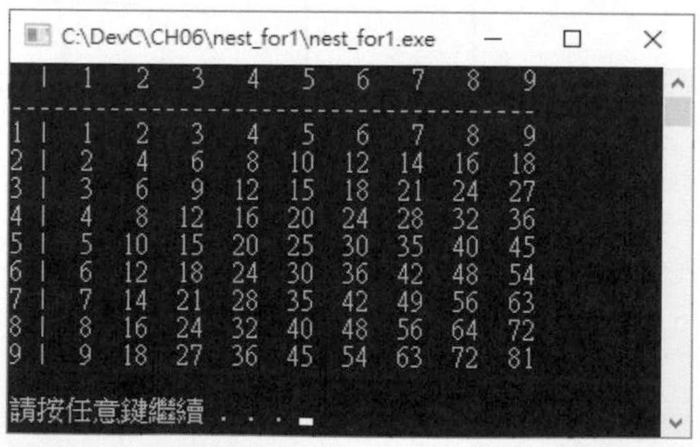

下面簡例的 nest_for2.c 及 nest_for3.c 是巢狀迴圈常見的範例，是使用巢狀迴圈將 1~5 數字排列成三角形並印出。

<table>
<tr><th>檔名：nest_for2.c</th><th>檔名：nest_for3.c</th></tr>
<tr><td><pre>
int main(int argc, char *argv[]) {
    int i, k;
    printf("\n");
    for (i=1; i<=5; i++) {
        for (k=1; i>=k; k++) {
            printf(" %d", k);
        }
        printf("\n");
    }
    system("PAUSE");
    return 0;
}
</pre></td><td><pre>
int main(int argc, char *argv[])) {
    int i, k;
    printf("\n");
    for (i=5; i>=1; i--) {
        for(k=1; k<=i; k++) {
            printf(" %d", k);
        }
        printf("\n");
    }
    system("PAUSE");
    return 0;
}
</pre></td></tr>
<tr><td>結果：<pre>
1
1 2
1 2 3
1 2 3 4
1 2 3 4 5
</pre></td><td>結果：<pre>
1 2 3 4 5
1 2 3 4
1 2 3
1 2
1
</pre></td></tr>
</table>

範例：ascii.c

使用 for 迴圈顯示 ASCII 碼 0~127 的可見字元，由於 ASCII 0~31 為不可見字元，以空白字元顯示，至於可見字元(ASCII 碼為 32~126)如下圖以每 10 個字元排成一列，顯示在 X-Y 座標的第四象限內。譬如小寫字母 "a" 的 ASCII 碼是 97，即由 Y 座標 "9" 和 X 座標 "7" 組成。有關 ASCII 碼的值請參考附錄 A。

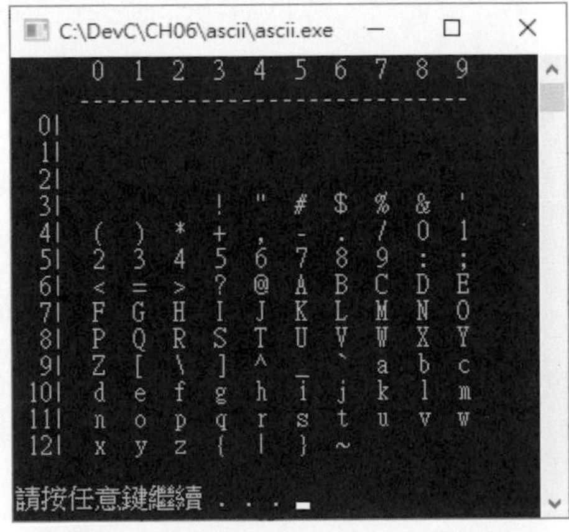

問題分析

1. 本例每列顯示 10 個字元就換下一列，所以必須先判斷是否已印到每列的第 10 個字，若成立則印出換行 '\n' 的字元。

2. ASCII 碼為 0~31 是控制字元是無法顯示，為了使顯示出的字元排列整齊，本例將 ASCII 碼為 0~31 的字元改成空白字元印出。

```
for (i=0; i<=127; i++) {            /* 執行 0~127 次 */
   if (i%10==0) {                   /* 判斷是否印出每行的第 10 個字 */
        printf("\n");               /* 換下一行 */
        printf("△%2d|", j);         /* 印出 1|, 2|, 3|, …12|  字元 */
        j++;
   }
   if (i<=31) {               /* 判斷目前 ASCii 是否為 0~31 字元 */
        printf("△△△")         /* 若目前要印 0~31 字元，則改印空白 */
   }
   else {
        printf("△△%c", (char)i);      /* 將整數 i 轉型成字元印出 */
   }
}
```

程式碼 FileName：ascii.c

```
#include <stdio.h>
#include <stdlib.h>

int main(int argc, char *argv[]) {
    int i, j=0, k;
    printf("△△△△");                 /* △代表一個空白   */
    for(k=0; k<=9; k++) {
        printf("%3d", k);
    }
    printf("\n");
    printf("    ----------------------------");
    for (i=0; i<=127; i++) {
        if (i%10==0) {
            printf("\n");
            printf("△%2d|", j);        /* △代表一個空白 */
            j++;
        }
```

```
        if (i<=31) {            /* 不可見字元 */
            printf("△△△");      /* △代表一個空白 */
        } else {
            printf("△△%c", (char)i);    /* △代表一個空白 */
        }
    }
    printf("\n");
    system("PAUSE");
    return 0;
}
```

6.3 前測式迴圈 while 敘述

如果事先不確定迴圈需要重複執行多少次，那麼使用 while 及 do-while 迴圈是較佳的選擇。此類的迴圈沒有迴圈控制變數，而是在迴圈加入一個條件式來判斷是否停止迴圈。若條件運算式的結果不為零(表示真)，會將迴圈內的敘述區段執行一次；若運算式的結果為零(表示假)則離開迴圈。此種迴圈內的敘述區段中，必須置入能改變條件運算式的結果方能離開迴圈，否則會變成無窮迴圈。由於 while 迴圈是將條件運算式置於迴圈的最開頭，屬於前測式迴圈，因此若一開始便不滿足條件，迴圈內的敘述區段連一次都不會執行。其語法如下：

語法

```
while (條件運算式) {
    [敘述區段]
}
```

範例：while1.c

輸入一個 1~100 的整數 n 當公因數，列出 1 到 100 之間可以被 n 整除的整數。每一列顯示五個因數，並統計共有多少個整數能被整數 n 整除。

C:\DevC\CH06\while1\while1....
=求 1 到 100 可以被n整除的整數=
請輸入 1 到 100 的整數 n：7
7, 14, 21, 28, 35,
42, 49, 56, 63, 70,
77, 84, 91, 98,
由 1 到 100 有 14 個整數可以被 7 整除！
請按任意鍵繼續 . . .

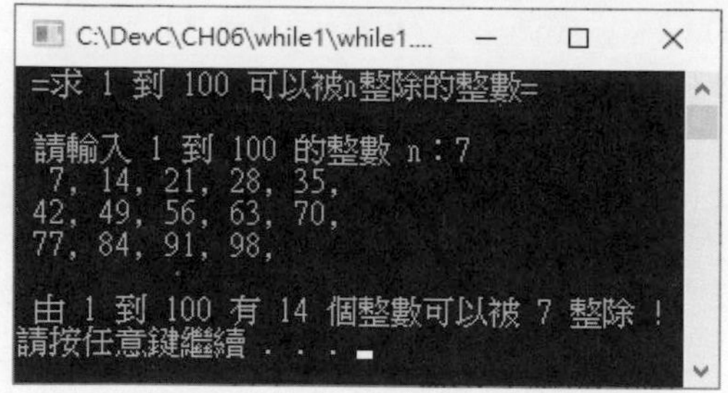

流程圖

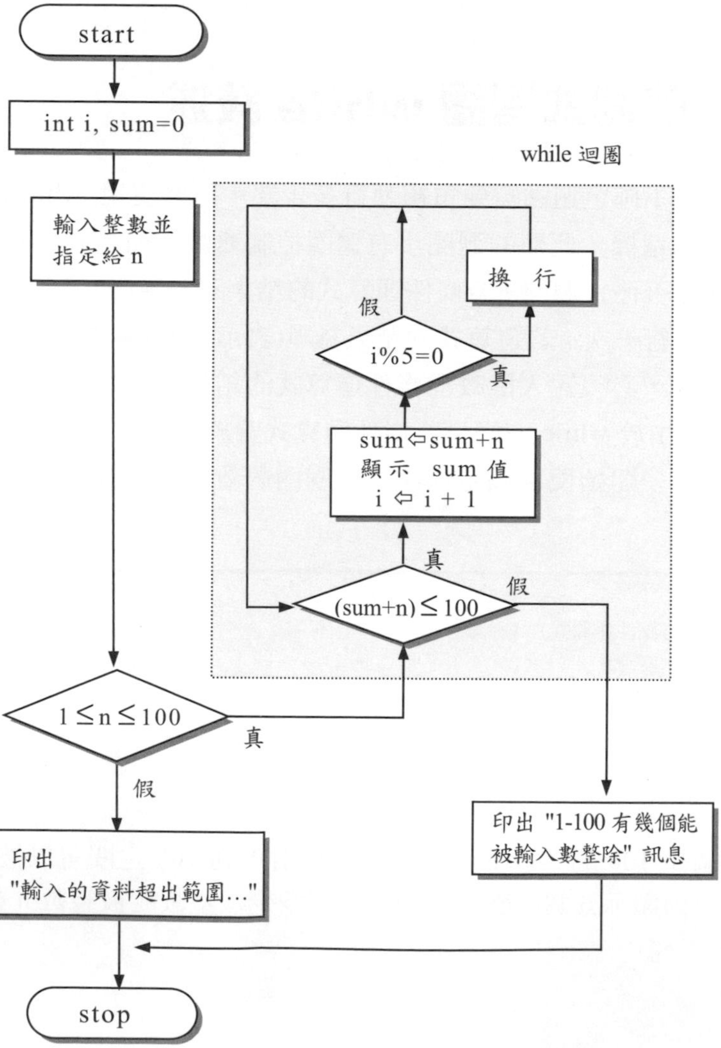

start
int i, sum=0
輸入整數並
指定給 n
while 迴圈
換 行
假
i%5=0
真
sum⇦sum+n
顯示 sum 值
i ⇦ i + 1
真
假
(sum+n)≦100
1≦n≦100
真
假
印出
"輸入的資料超出範圍..."
印出 "1-100 有幾個能
被輸入數整除" 訊息
stop

程式碼 FileName : while1.c

```
01 #include <stdio.h>
02 #include <stdlib.h>
03
04 int main(int argc, char *argv[]) {
05     int n, sum=0, i=0;
06     printf(" =求 1 到 100 可以被 n 整除的整數=\n\n");
07     printf(" 請輸入 1 到 100 的整數 n：");
08     scanf("%d", &n);
09     if (n>=1 && n<=100) {
10         while (sum+n<=100) {
11             sum+=n;
12             printf("%3d,", sum);
13             i++;
14             if(i%5==0) {
15                 printf("\n");
16             }
17         }
18         printf("\n\n");
19         printf(" 由 1 到 100 有 %d 個整數可以被 %d 整除 ! \n", i, n);
20     }
21     else {
22         printf("輸入的資料超出範圍!@_@\n");
23     }
24
25     system("PAUSE");
26     return 0;
27 }
```

說明

1. 第 5 行：宣告 n、sum、i 為整數變數。i 用來累計迴圈執行的次數；n 表示輸入數字；sum 為累加的總和，用來表示可以被輸入數字 n 整除的整數。
2. 第 9 行：當輸入的數字在 1~100 之間，才執行第 10~20 行，否則執行第 22 行顯示提示文字。
3. 第 10 行：當累計的數 sum 加上輸入的數 n 還小於等於 100 時，才執行累計的 while 迴圈敘述。

4. 第 11 行：執行累計，目前 sum 加上輸入的數 n。
5. 第 12 行：印出每次可以被輸入數字 n 整除的整數。
6. 第 13 行：將 i (迴圈執行次數) 加 1。
7. 第 14~16 行：每行印 5 個數字。
8. 第 19 行：印出 1~100 之間有 i 個整數可以被輸入數 n 所整除。

6.4 後測式迴圈 do-while 敘述

do-while 迴圈是將條件運算式置於迴圈的最後面，因此會先執行迴圈內的敘述區段一次，接著才檢查條件運算式。當結果不為零(true)會再執行迴圈內的敘述區段一次，一直到結果為零(false)才會離開迴圈。要注意的是 while(條件運算式)後面必須加上一個「;」號。其語法如下：

語法

```
do {
   [敘述區段]
} while(條件運算式);
```

這種把條件運算式放在迴圈後面是屬於後測式迴圈，而前一節的 while 敘述是在迴圈一開始即判斷條件運算式，是屬於前測式迴圈。這兩種迴圈的最大差異就是，後測式迴圈一定會先執行一次迴圈內的敘述區段，而前測式迴圈如果一開始條件不符合，就不會執行迴圈內的敘述區段。

範例：dowhile1.c

輸入一個整數 n，然後計算 n 的階乘(n! = n x (n-1) x (n-2) x…x 2 x 1)。

執行結果

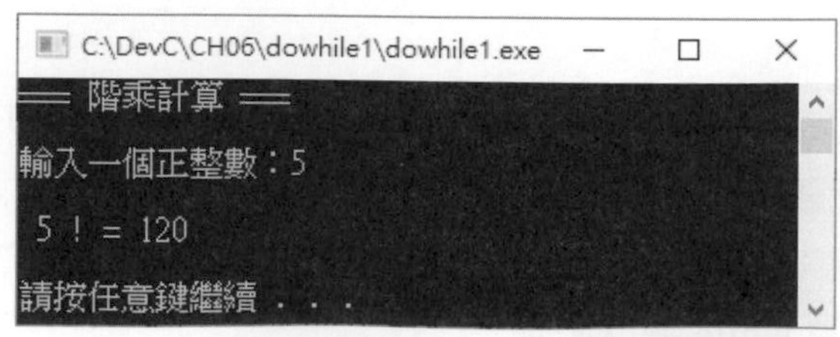

流程圖

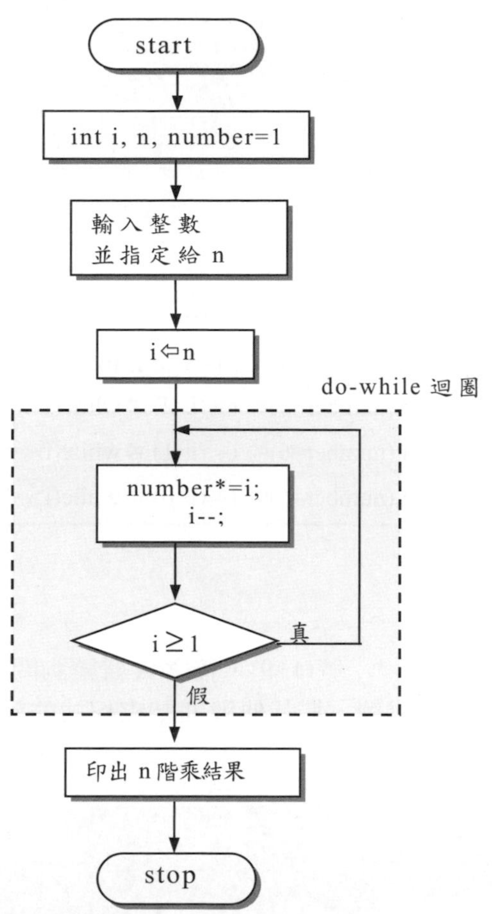

程式碼 FileName：dowhile1.c

```
#include <stdio.h>
#include <stdlib.h>

int main(int argc, char *argv[]) {
    int n, i, number=1;
    printf("=== 階乘計算 ===\n\n");
    printf("輸入一個正整數：");
    scanf("%d", &n);
    i=n;
    do {
        number*=i;
```

```
12         i--;
13     } while(i>=1);
14     printf("\n %d ! = %d \n\n", n, number);
15     system("PAUSE");
16     return 0;
17 }
```

說明

1. 第 8 行：將 n 的內容指定給 i 整數變數，以保留 n 值不變。
2. 第 10~13 行：求階乘，若 n=3, i=3, number=1。執行步驟如下：
   第一次：number*=i (number=3)⇨ i-- (i=2) ⇨while(i>=1) (為真) ⇨進入迴圈
   第二次：number*=i (number=6)⇨ i-- (i=1) ⇨while(i>=1) (為真) ⇨進入迴圈
   第三次：number*=i (number=6)⇨ i-- (i=0) ⇨while(i>=1) (為假) ⇨離開迴圈

範例：dowhile2.c

程式會詢問要印出幾個「*」號(1~9)，接著會繼續詢問是否繼續列印？若按鍵盤的 'Y' 和 'y' 鍵就繼續，按其他鍵則結束程式的執行。

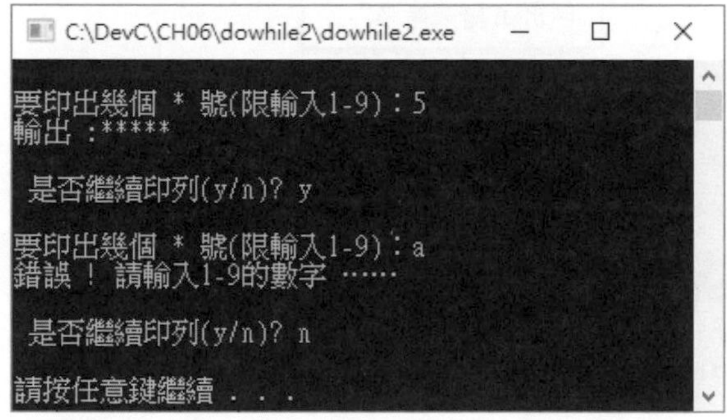

程式碼 FileName：dowhile2.c

```
#include <stdio.h>
#include <stdlib.h>
#include <conio.h>
#include <ctype.h>

int main(int argc, char *argv[]) {
    int i;
```

```
08     char ch, keyin;
09     do {
10        printf("\n 要印出幾個 * 號(限輸入 1-9)：");
11        keyin=getche();
12        printf("\t");
13        if(keyin<='9' && keyin>='1')    {   /*判斷是否輸入 1-9*/
14           printf("\n 輸出 :");
15           i=1;
16           do {
17              printf("*");
18              i++;
19           } while(i<=(keyin-'0'));
20        }
21        else {
22           printf("\n 錯誤 ! 請輸入 1-9 的數字 ……");
23        }
24        printf("\n\n 是否繼續印列(y/n)? ");
25        ch=toupper(getche());
26        printf("\n");
27     } while(ch=='Y');
28     printf("\n");
29     system("PAUSE");
30     return 0;
31 }
```

說明

1. 第 7 行：宣告 i 整數變數，用來表示要印出 * 號的個數。宣告 ch 與 keyin 字元變數。ch 用來表示是否繼續(y/n)輸入的字元；keyin 表示使用者輸入要印出 * 號個數。
2. 第 9~27 行：印出指定個數「*」號的程式，當使用者輸入的 ch 字元等於字元 'Y' 時，則停止印「*」號。
3. 第 11 行：使用 getche()函式將輸入的字元指定給 keyin 字元變數，表示要印「*」號的個數。
4. 第 13 行：判斷 keyin 字元變數是否為 1~9 之間，若成立則執行第 14~29 行，否則執行第 22 行。

5. 第 16~19 行：印出使用者指定個數的「*」號。可以用 keyin-'0'，來取得要印「*」的個數。
6. 第 25 行：將輸入的字元轉成大寫英文字母，並指定給 ch 字元變數。

6.5 break 與 continue 敘述

break 與 continue 敘述可在 for、while、do-while 迴圈內的敘述區段中使用。當執行到 break 敘述時，會如圖一馬上跳離迴圈，繼續執行接在迴圈後面的敘述。而執行到 continue 敘述時，會如圖二忽略接在 continue 後面的敘述區段，直接返回到迴圈的條件式，判斷是否繼續執行迴圈：

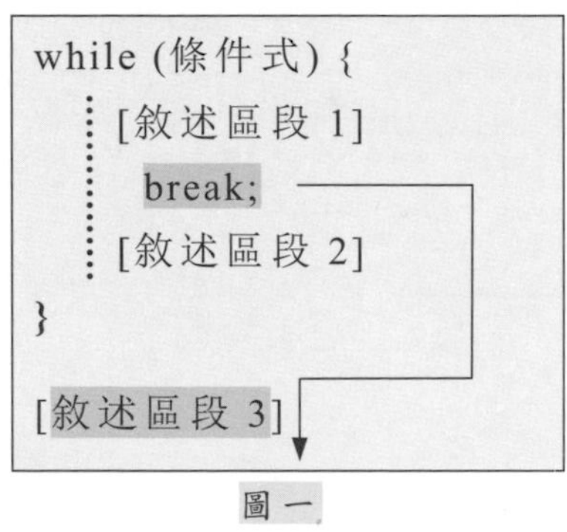

圖一

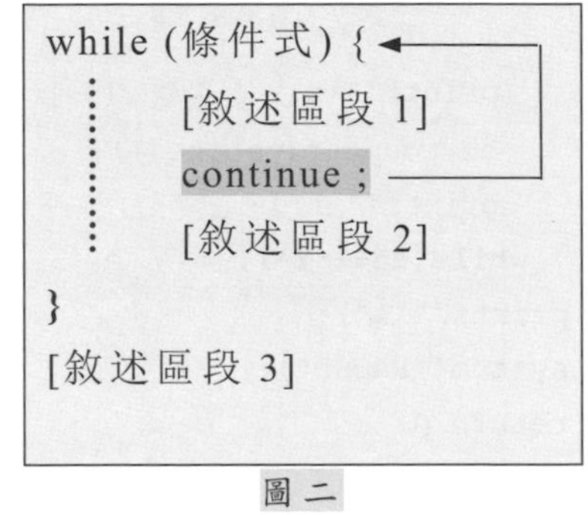

圖二

範例：break.c

由鍵盤輸入兩個整數，回答兩數加相結果，若答案正確詢問是否(y/n)繼續？若答錯，會一直讓您輸入正確答案為止。(提示：使用巢狀後測式迴圈以及 break、continue 敘述)

執行結果

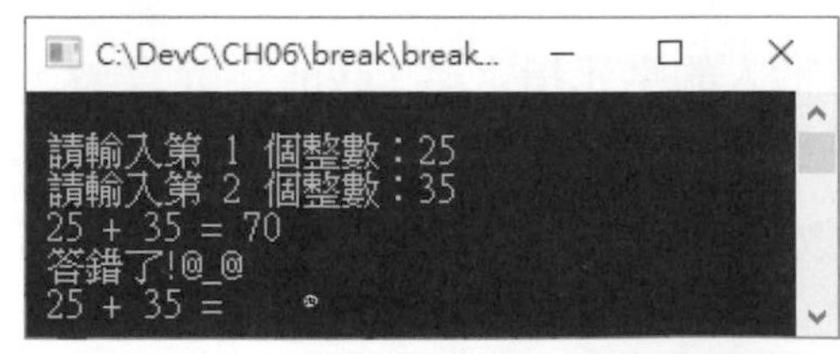

▲答錯畫面

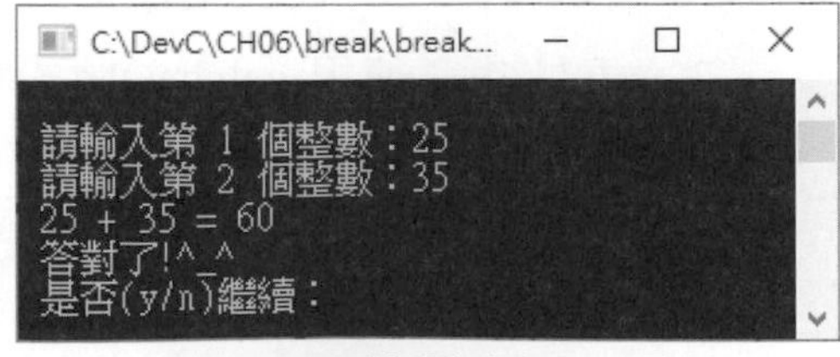

▲答對畫面

流程圖

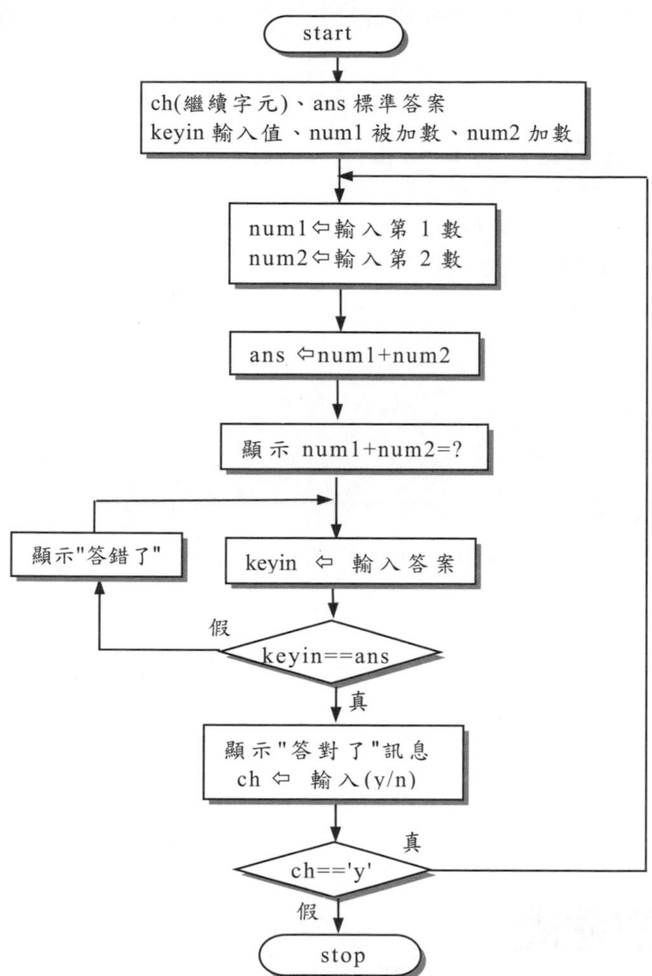

程式碼 FileName : break.c

```
#include <stdio.h>
#include <stdlib.h>
#include <conio.h>
#include <ctype.h>
int main(int argc, char *argv[]) {
    char ch;
    int ans, keyin, num1, num2;
    do {
        printf("\n");
        printf(" 請輸入第 1 個整數：");
        scanf("%d", &num1);
```

```
        printf(" 請輸入第 2 個整數：");
        scanf("%d", &num2);
        ans=num1+num2;
        do {
            printf(" %d + %d = ", num1, num2);
            scanf("%d", &keyin);
            if(keyin==ans) {
                printf(" 答對了!^_^\n");
                break;
            }
            else {
                printf(" 答錯了!@_@\n");
                continue;
            }
        } while(1);
        printf(" 是否(y/n)繼續：");
        ch=tolower(getche());
        printf("\n");
    } while(ch=='y');
    printf("\n");
    system("PAUSE");
    return 0;
}
```

6.6 無窮迴圈

如果迴圈的條件運算式永遠不為零(表示真)，則會形成無窮迴圈，程式將無法停止，此時欲中斷執行可按下 Ctrl + C 鍵強迫程式終止執行。因此撰寫無窮迴圈內的敘述區段必須有改變條件的敘述，才能離開無窮迴圈。下面三種為無窮迴圈常見的寫法：

```
for( ; ; ) {
    [敘述區段]
}
```

```
while(1) {
    [敘述區段]
}
```

```
do {
    [敘述區段]
} while(1) ;
```

範例 ：password.c

使用後測式迴圈撰寫密碼檢查程式。程式一開始等待使用者由鍵盤輸入密碼，若輸入「gotop」，則顯示 "密碼正確! ^_^" 並離開迴圈。若密碼錯誤，則提示 "第幾次輸入密碼："。若連續三次輸入密碼錯誤，則結束程式執行。

執行結果

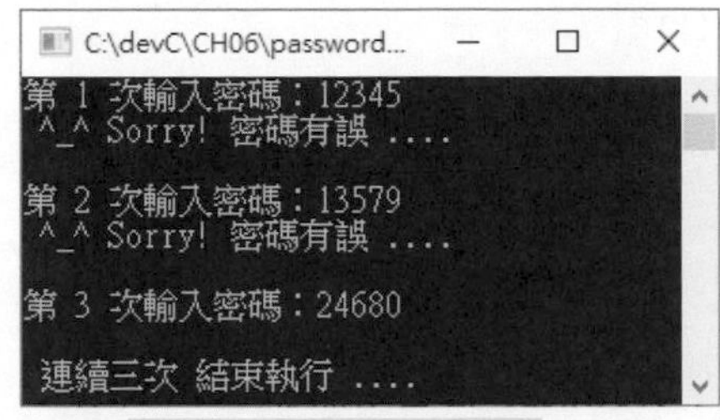

▲連續 3 次輸入錯誤

▲輸入正確密碼

流程圖

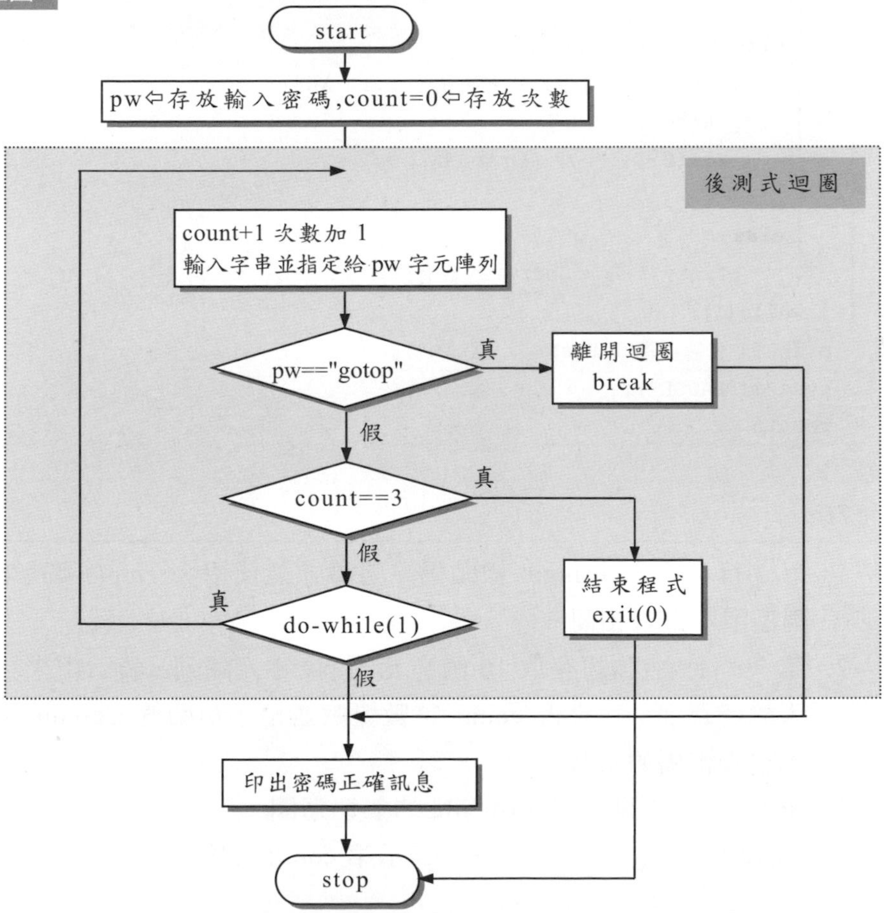

start
pw⇦存放輸入密碼,count=0⇦存放次數
後測式迴圈
count+1 次數加 1
輸入字串並指定給 pw 字元陣列
pw=="gotop"
真
離開迴圈
break
假
count==3
真
結束程式
exit(0)
假
真
do-while(1)
假
印出密碼正確訊息
stop

程式碼 FileName : password.c

```
01 #include <stdio.h>
02 #include <stdlib.h>
03 #include <string.h>
04 #include <conio.h>
05
06 int main(int argc, char *argv[]) {
07     char pw[10];
08     int count=0;
09     do {
10         count++;
11         printf("第 %d 次輸入密碼：", count);
12         gets(pw);
13         if(strcmp(pw, "gotop")==0) {
14             break;
15         }
16         else if(count==3) {
18             printf("\n 連續三次 結束執行 .... \n");
19             getche();
20             exit(0);      /* 終止程式執行 */
21         }
22         else
23             printf(" ^_^ Sorry! 密碼有誤 ....  \n\n");
24     } while(1);
25     printf("密碼正確!! Pass ....\n\n");
26     system("PAUSE");
27     return 0;
28 }
```

說明

1. 第 3 行：含入 string.h 標頭檔，這樣才能使用 strcmp()函式來比較兩個字串是否相同。
2. 第 7,8 行：宣告可存放 10 個字元的 pw 字元陣列，表示用來存放輸入的密碼字串。宣告 count 整數變數並給予初始值，count 用來表示輸入密碼的次數。
3. 第 9~24 行：是一個 do-while 的無窮迴圈。
4. 第 10 行：執行 count++時，表示第 count 次輸入密碼。

5. 第 12 行：使用 gets()函式將輸入的字串放到 pw 字元陣列中。
6. 第 13~15 行：strcmp()函式可比較兩個字串是否相等，若兩個字串相等則會傳回 0。此行敘述用來判斷輸入的 pw(密碼)是否等於 "gotop" 字串，若成立會執行第 14 行 break 敘述離開 do-while 迴圈。
7. 第 16~21 行：若 count 等於 3 時，表示已經輸入三次錯誤的密碼。
8. 第 20 行：exit(0) 敘述會中止程式執行。exit()函式宣告於 stdlib.h 標頭檔內。

6.7 實例

6.7.1 猜數字遊戲

範例：guess.c

製作猜數字遊戲。程式會先產生 1~99 之間的亂數當作被猜的數字，執行過程中會提示您所猜的數字應該再大一點或再小一點，並縮小猜的範圍，若猜到正確的數字，則會印出 "賓果! 猜對了,答案是 xx" 及 "總共猜了 n 次"。

執行結果

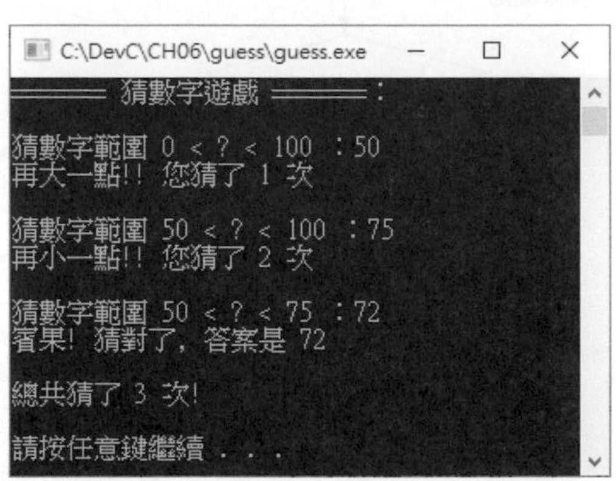

問題分析

1. 若在程式直接設定初值當作被猜數字，每次執行所猜的數字會一樣，程式不具彈性。為使每次執行能隨機產生數字，在程式最開頭先含入 stdlib.h 及 time.h 標頭檔，接著再用下面敘述來產生 1~99 之間的亂數。

```
srand((unsigned)time(NULL));    /*亂數種子器*/
guess=rand()%99+1               /*產生 1-99 之間的亂數並指定給整數 guess*/
```

2. 本例猜到正確數字才結束程式執行，因此猜數字是否正確的程式必須撰寫在無窮迴圈中，若要離開無窮迴圈可按 Ctrl + C 鍵結束執行程式。

流程圖

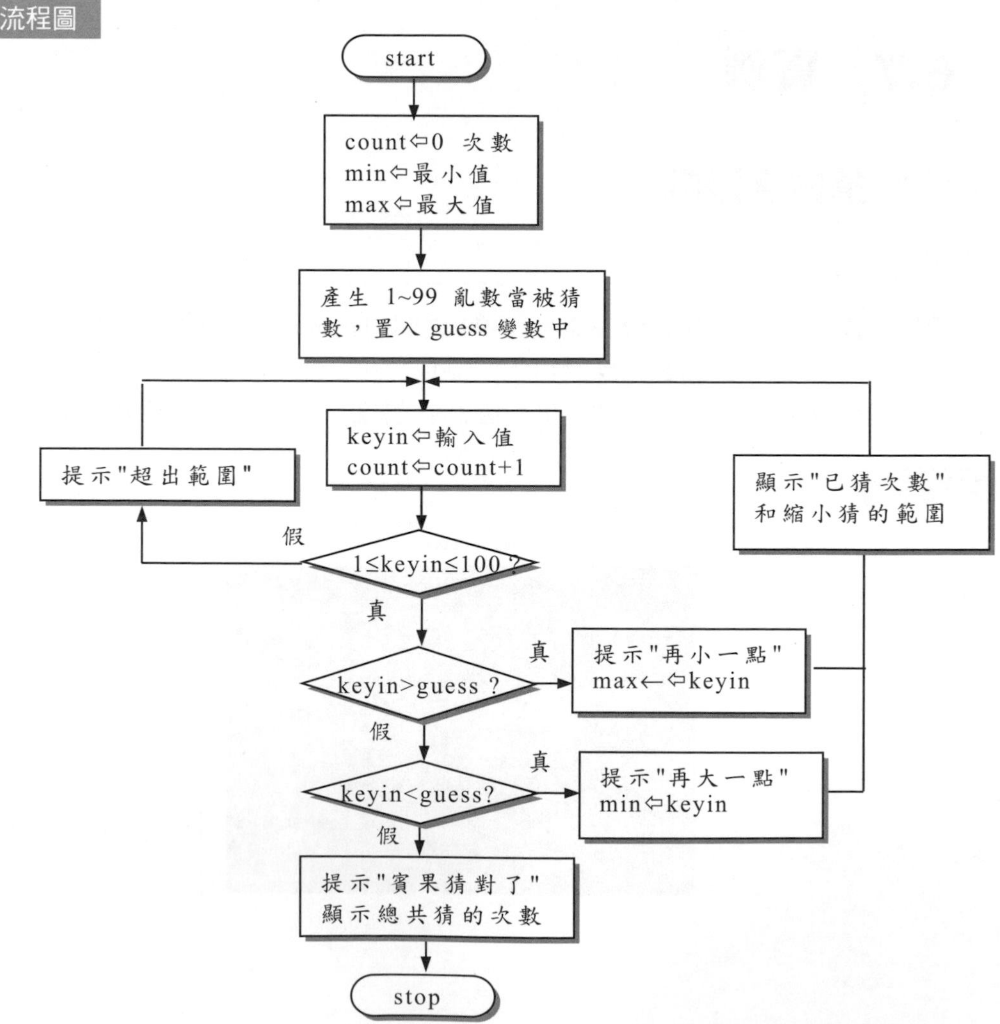

程式碼 FileName : guess.c

```
#include <stdio.h>
#include <stdlib.h>
#include <time.h>
int main(int argc, char *argv[]) {
    int keyin, guess, count, min, max;
    count=0;
    min=0;
    max=100;
    srand((unsigned)time(NULL));
    guess=rand()%99+1;
    printf("======= 猜數字遊戲 =======：\n\n");
    do {
        printf("猜數字範圍 %d < ? < %d ：", min, max);
        scanf("%d", &keyin);
        count++;
        if(keyin>=1 && keyin<100) {
            if(keyin==guess) {
                printf("賓果! 猜對了, 答案是 %d\n", guess);
                break;
            }
            else if(keyin>guess) {
                max=keyin;        /* 將目前輸入的數字 keyin 指定給 max */
                printf("再小一點!!");
            }
            else if(keyin<guess) {
                min=keyin;        /* 將目前輸入的數字 keyin 指定給 min */
                printf("再大一點!!");
            }
            printf(" 您猜了 %d 次\n\n", count);
        }
        else {
            printf("請輸入提示範圍內的數字!\n");
        }
    } while(1);     /*無窮迴圈*/
    printf("\n 總共猜了 %d 次!\n\n", count);
    system("PAUSE");
    return 0;
}
```

說明

1. 第 5 行：宣告 keyin 表示使用者所猜的數字；guess 用來存放電腦產生的亂數；count 是使用者猜數字的次數；min 為猜數字的最小值；max 為猜數字的最大值。
2. 第 9,10 行：產生 1~99 之間的亂數並指定給 guess。
3. 第 12~34 行：為無窮迴圈，是猜數字遊戲的主程式。
4. 第 14 行：使用者輸入的數字會指定給 keyin。
5. 第 16 行：判斷 keyin 是否介於 1~99 之間，若成立則執行第 17~29 行，否則執行第 32 行。
6. 第 17 行：判斷 keyin 是否等於 guess，若成立則執行第 18,19 行顯示猜對了的相關訊息並離開迴圈。
7. 第 21 行：判斷 keyin 是否大於 guess，若成立則執行第 22,23 行顯示再小一點訊息。
8. 第 25 行：判斷 keyin 是否小於 guess，若成立則執行第 26,27 行，顯示再大一點訊息。

6.7.2 求兩整數的最大公因數

範例：gcd.c

使用者可以輸入「1」或「2」來選擇操作項目，輸入值非 1、2 會顯示提示訊息，並可重新輸入。輸入「1」是求兩整數的最大公倍數，會請使用者輸入兩個整數，兩輸入值之間用空格相隔，然後顯示兩數的最大公因數。輸入「2」會結束程式。

執行結果

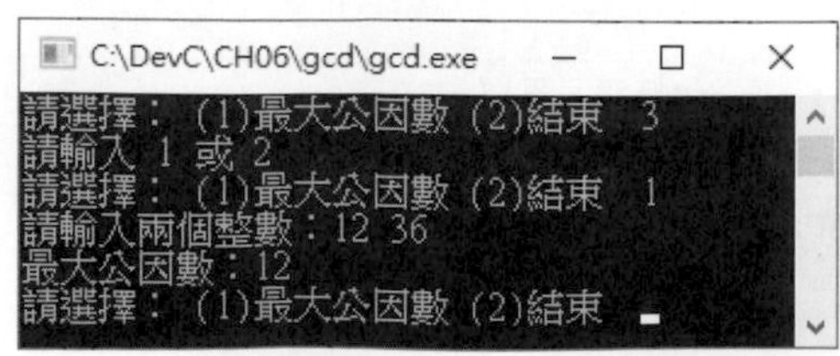

問題分析

1. 因為要讓使用者可以反覆執行，直到輸入「2」才結束程式，所以使用 do...while 迴圈。
2. 要求兩整數的最大公因數，可以使用輾轉相除法。將兩數相除取其餘數，然後將除數和餘數相除，直到除數為 0，此時被除數就是最大公因數。因為不知道要相除幾次，所以使用 while...迴圈。例如求 14 和 49 的最大公因數，先計算出 49 除以 14 的餘數為 7，接著計算 14 除以 7 的餘數為 0，此時算出最大公因數為 7。

程式碼 FileName：gcd.c

```
#include <stdio.h>
#include <stdlib.h>
int main(int argc, char *argv[]) {
    int select;
    do {
        printf("請選擇： (1)最大公因數 (2)結束  ");
        scanf("%d", &select);
        if(select==1) {
            int num1, num2;
            printf("輸入兩數：");
            scanf("%d %d", &num1, &num2);
            int g;
            while(num2 != 0) {
                g = num1 % num2;
                num1 = num2;
                num2 = g;
            }
            printf("最大公因數：%d\n", num1);
        }
        else if(select==2)
            break;
        else
            printf("請輸入 1 或 2 \n");
    } while(1);
    system("PAUSE");
    return 0;
}
```

說明

1. 第 5~24 行：為 do…while 迴圈控制使用者的選項，輸入 1 執行第 8~19 行程式計算最大公因數；輸入 2 執行第 21 行 break 敘述跳出無窮迴圈；輸入值不是 1 也不是 2，就顯示第 23 行提示訊息。
2. 第 13~17 行：使用 while 迴圈來計算兩數的最大公因數，當除數為 0 時才結束迴圈。

CHAPTER 7

陣列

7.1 陣列簡介

程式執行的過程中，對所輸入的資料、中間或最後結果都需要使用變數來存放，若資料一多，變數的命名就顯得很重要。當然不同性質的資料，變數名稱必須不一樣。但對同性質的資料，為了方便變數名稱的命名，C 語言提供以陣列(Array)方式來存放。我們可將陣列想像成是一組經過編號的變數，在記憶體中是占用連續的記憶體位址，以具體的物品來形容，陣列就好似一列火車，火車連接的是一個又一個的單人車廂，此時假設要到火車上找人，只要告知是第幾個車廂，由車廂開頭往下數便可以找到人；同樣地欲存取陣列中某個資料的內容，只要告知該變數在陣列中是第幾個元素，由存放在記憶體中的陣列起始位址往下數，即可取得該變數的內容。至於陣列中是第幾個陣列元素的表示方式是在該陣列名稱後面的中括號內填入該變數所對應的數字編號稱為「註標值」或稱「索引」。譬如 myAry[3] 表示陣列名稱為 myAry 中註標值為 3 的陣列元素。所以，設計程式時，若碰到需要連續輸入、處理或輸出同性質資料，只要改變中括號內的數字編號即可，如此同性質的資料若使用陣列來存放，可減輕對變數逐一命名的困擾，以及當程式連續處理同性質資料時，可配合迴圈縮短程式的長度，使得程式變得更精簡和提高可讀性。

7.2 陣列的宣告與初值設定

陣列和一般變數一樣，必須先經過宣告，編譯器才能根據所宣告資料的型別和大小來配置合適的記憶體空間。所以，陣列經過宣告後，便可知道該陣列中到底含有多少個陣列元素，以及透過所宣告的資料型別知道每個陣列元素占用的記憶體大小。

7.2.1 如何宣告陣列

陣列的宣告方式是以資料型別開頭，其後緊跟著陣列名稱，在陣列名稱後面加上一對 [ ] 中括號所組成，中括號內的註標值或稱索引，代表該陣列的大小(或稱個數)。其語法如下：

語法

```
資料型別 陣列名稱[註標] ;
```

譬如：下面敘述宣告一個陣列名稱為 myAry 的整數陣列：

```
int myAry[5];
```

上面敘述經過宣告後的陣列可得知下列事項：

1. myAry 是一個整數陣列，該陣列含有五個陣列元素依序為：myAry[0] ~ myAry[4]。
2. 註標值由 0 開始一直到 4，註標值必須是整數常值或整數變數或整數運算式。
3. 每個陣列元素相當於一個變數名稱，裡面所存放的資料都是整數。
4. Dev C 每個整數資料是使用 4 Bytes 來存放，若一個記憶體位址只允許存放一個 Byte 資料時，那麼一個整數資料就需占用 4 個連續記憶體位址，因此 myAry 陣列中有 5 個陣列元素共需使用 5x4=20 個記憶體位址來存放資料，編譯器在編譯時會在記體體中找出 20 個連續未使用的記憶體位址供此陣列使用，下圖即是陣列元素和對應記憶體位址的關係圖：

	記憶體位址	資料	陣列元素
	1000~1003		⇦myAry[0]
int myAry[5] ;	1004~1007		⇦myAry[1]
	1008~1011		⇦myAry[2]
	1012~1015		⇦myAry[3]
	1016~1019		⇦myAry[4]

以下為陣列各資料型別的宣告方式：

```
int score[5] ;      /* 宣告 score 為整數型別陣列，陣列元素為 score[0] ~ score[4]*/
char name[4] ;      /* 宣告 name 為字元型別陣列，陣列元素為 name[0] ~ name[3] */
byte qty[10] ;      /* 宣告 qty 為位元組型別陣列，陣列元素為 qty[0] ~ qty[9] */
float price[10];    /* 宣告 price 為浮點數型別陣列，陣列元素為 price[0]~price[9] */
double sum[10];     /* 宣告 sum 為倍精確數型別陣列，陣列元素為 sum[0]~sum[9] */
```

字串是連續的字元集合，C 語言將字元前後使用單引號括住來表示。至於字串前後則使用雙引號括住來表示。所以，'a' 為字元其長度為 1，"a" 視為字串其長度為 2。由於 C 語言並未提供字串資料型別，而是以字元陣列方式來儲存字串。字元和字串間的差異在當字串存入字元陣列會自動在字元陣列的最後面插入一個 『\0』當結束字元，以方便在讀取字元陣列中的字串時，碰到結束字元，便結束讀取動作。譬如：欲將 "test" 字串置入名稱為 ary 的字元陣列中，由於字串實際長度為 4，必須再多出一個位置存放結束字元。所以，字元陣列 ary 的大小(長度)應設為 5，其宣告方式如下：

```
char ary[5];
```

記憶體中各陣列元素配置如下：

ary[0]	't'
ary[1]	'e'
ary[2]	's'
ary[3]	't'
ary[4]	'\0'

7.2.2 如何設定陣列的初始值

由於陣列中的每個陣列元素都是同一性質的資料，每個陣列元素相當於一個變數，程式中欲存取陣列元素只要變更陣列的註標值即可。要注意陣列經過宣告後，保留給陣列使用的連續記憶體空間內的舊資料並未清除，為維持陣列元素內容的正確性，陣列經過宣告後陣列元素必須先設定初值後才可使用。至於陣列元素的初值設定有下列兩種方法：

方法1 先宣告再使用指定敘述設定初值

陣列經過宣告完畢，再使用指定運算子(=)來逐一指定陣列元素的初值。寫法：

Case 1：數值資料

```
int ary[4] ;
ary[0] = 10 ;   ary[1] = 20 ;   ary[2] = 30 ;   ary[3] = 40 ;
```

宣告 ary 是一個整數陣列，它含有四個陣列元素 ary[0]~ary[3]，每個陣列元素內所存放的是整數資料。第 2 行使用指定運算子(=)來設定四個陣列元素的初值。

Case 2：字元陣列資料

```
char name[4];
name[0]= 'T';   name[1]='o';   name[2]='m';
```

宣告 name 是一個字元陣列，它含有四個陣列元素 name[0]~ name[3]，每個陣列元素內所存放的是字元資料。上面敘述設定 name[0]~name[2] 的初值，在 C 語言中字元陣列也可以用來存放字串，若以字串方式存入陣列時 name[3]會自動設為 '\0'。

方法2 宣告同時設定初值

在宣告陣列的同時一起指定陣列元素的初值。方法就是緊接在陣列宣告敘述 [ ] 中括號後面，加上指定運算子(=)，其後再使用 { } 左右大括號，將陣列初始值設定在裡面即可，撰寫時要注意各陣列元素的初值之間必須使用逗號隔開，為避免陣列大小設定錯誤可省略不寫，但各陣列元素的初值必須在使用前先設定後才能存取。其語法如下：

語法

```
資料型別 陣列名稱[陣列大小] = {註標 0 的初值, 註標 1 的初值, …註標 n-1 的初值};
```

陣列在宣告同時做初值設定，只要一行敘述便可解決，縮短了程式的長度，其寫法如下：

Case1：數值資料

int aryA[4]={10, 20, 30, 40}；或 int aryA[]={10, 20, 30, 40}；

上面兩種寫法均合法，會將 10,20,30,40 分別置入 aryA[0]~aryA[3] 陣列元素中。雖然上面兩種寫法只宣告 aryA 含有四個陣列元素，但 C 語言仍允許在程式中存取比註標值 3 大的陣列元素，由於這些陣列元素事先未設初值，仍保有舊資料，易發生錯誤，建議陣列元素必須先設定初值後才能存取。

Case2：字串或字元資料

```
char aryA[3]={'T', 'o', 'm'}; ⇨ aryA[0]='T', aryA[1]='o',aryA[2]='m'  存放字元
char aryB[4] = "Tom";         ⇨ char aryB[4]={ 'T', 'o', 'm', '\0'};  存放字串
char aryC[4] = {"Tom"};       ⇨ char aryC[4]={ 'T', 'o', 'm', '\0'};  存放字串
```

陣列宣告時，若有設定陣列大小時，陣列大小不能小於資料的個數。譬如：下面宣告有 ary 字元陣列含有三個陣列元素(ary[0]~ary[2])，但設定四個初值會發生錯誤：

char ary[3] = {'a', 'b', ' c', 'd'};

應改成：

char ary[4] = {'a', 'b', ' c', 'd'}; 或 char ary[] = {'a', 'b', ' c', 'd'};

注意

C/C++ 為了提高執行效率，在編譯時並不會自動對陣列的註標(索引值)檢查是否超出陣列的大小，來確保所使用的註標是在陣列的合法範圍內。撰寫程式時，若註標超出範圍，程式進行編譯時是不會自動告知有錯，程式執行時才會發生錯誤，所以撰寫程式時，要留意陣列的註標不要超出範圍。如下例實際陣列元素的個數為 5，但卻宣告陣列的範圍 3，初值只有 a[0]='a'、a[1]='b'、a[2]='c' 有設定成功，但 a[3] 和 a[4] 由於超出陣列宣告範圍，初值並未置入，仍保留記憶體內的舊資料。存取這些未設定初值的陣列元素時，要特別小心以免發生不可預期的錯誤：

```
int i;
char a[3]={'a','b','c','d','e'};
a[5]='Y';
for(i=0; i<8; i++)
   printf("a[%d]= %c \n",i, a[i]);
```

```
a[0]= a
a[1]= b
a[2]= c
a[3]= ♥
a[4]=
a[5]=
a[6]=
a[7]= x
```

7.2.3 如何存取陣列的資料

由於陣列內的註標可以是整數常數、整數變數或是運算結果為整數的運算式。因此，連續存取陣列中的陣列元素時，可透過迴圈來輸入(存)及輸出(取)資料，其好處是可縮短程式的長度以及提高可讀性。譬如，下例當您要存取四個同性質的資料，此時使用陣列配合 for...迴圈是最佳的選擇。

Case 1：程式中直接設定整數陣列初值

```
int ary[] = {10, 20, 30, 40};
```

或由鍵盤輸入設定整數陣列初值

```
for(i = 0; i < 4; i++)
   scanf("%d", ary[i]);
```

Case 2：使用迴圈讀取整數陣列元素的內容

```
for(i = 0; i < 4; i++)
    printf("%d \n", ary[i]);
```

Case 3：由鍵盤輸入字串到字元陣列方法

```
char name[10];    /*限 9 個字元，保留一個字元放置結束字元*/
printf("設定字元陣列 name 中的字串 ：");
gets(name);
```

Case 4：延續 Case3 將置入 name 字元陣列的輸入字串分別透過 printf()、puts()、for 迴圈三種方式來顯示輸入的字串。

```
printf("%s \n ", name);            /* 使用 printf 和 %s 輸出 */
puts(name);                        /* 使用 puts()函式輸出字元陣列 */
for(i = 0; i < strlen(name); i++) {    /* strlen()來取得字元的個數 */
   printf(" name[%d] = %c \n", i, name[i]);
}
```

範例：myarray1.c

使用 gets()函式將使用者輸入的英文姓名置入 name 陣列配合 for 迴圈，接著在螢幕顯示問候語，並使用 for 迴圈逐一印出存放在 name 字元陣列的內容。

執行結果

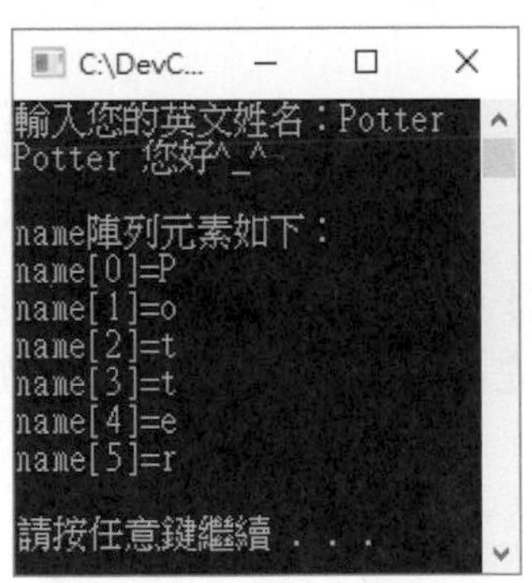

程式碼 FileName：myarray1.c

```
#include <stdio.h>
#include <stdlib.h>
#include <string.h>     /* strlen()函式定義於 string.h 函式內 */
int main(int argc, char *argv[]) {
    char name[10];
    int i, str_num;
```

```
    printf("輸入您的英文姓名：");
    gets(name);  /* 輸入字串並將每一個字元逐一放到 name 陣列元素中 */
    printf("%s 您好^_^\n", name);         /* 顯示 name 字串 */
    str_num = strlen(name);               /* strlen()函式可計算字串有幾個字元 */
    printf("\nname 陣列元素如下：\n");
    for(i = 0; i < str_num; i++) {        /* 逐一印出 name 每一個陣列元素的值 */
        printf("name[%d]=%c\n", i, name[i]);
    }
    printf(" \n");
    system("PAUSE");
    return 0;
}
```

一個中文字必須使用兩個字元的空間(2-Bytes)來存放該中文字的內碼，因此上面範例若輸入中文字串，採字元逐一顯示其內碼而非中文字。如圖所示假使輸入 "小明" 字串，則輸出 name[0]~name[3] 字元陣列元素的值會呈現亂碼。所以輸出的資料若是中文字串，不宜使用字元方式逐一輸出，應以 puts(name) 方式輸出中文字串。

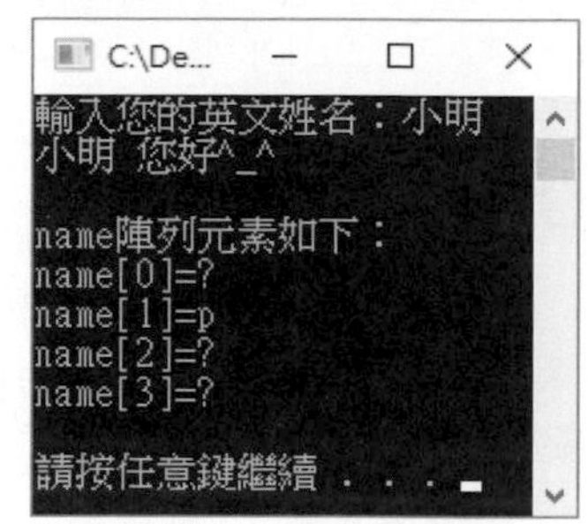

範例：getmin.c

試使用陣列配合 for 迴圈，找尋陣列中最小值的程式。程式執行時會要求連續輸入 5 個數值，輸入完畢會顯示所輸入五個數值中的最小值。

執行結果

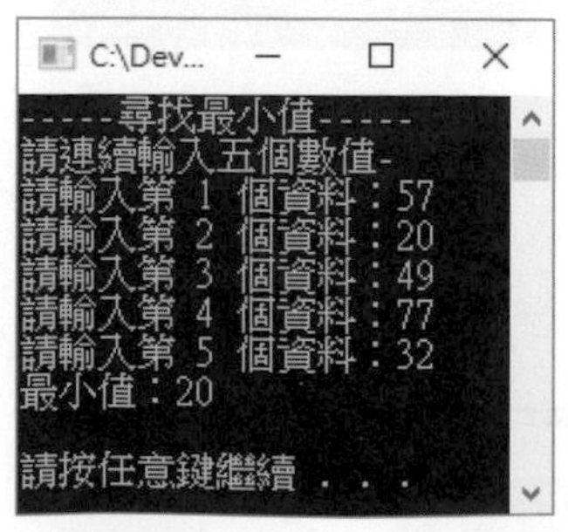

流程圖

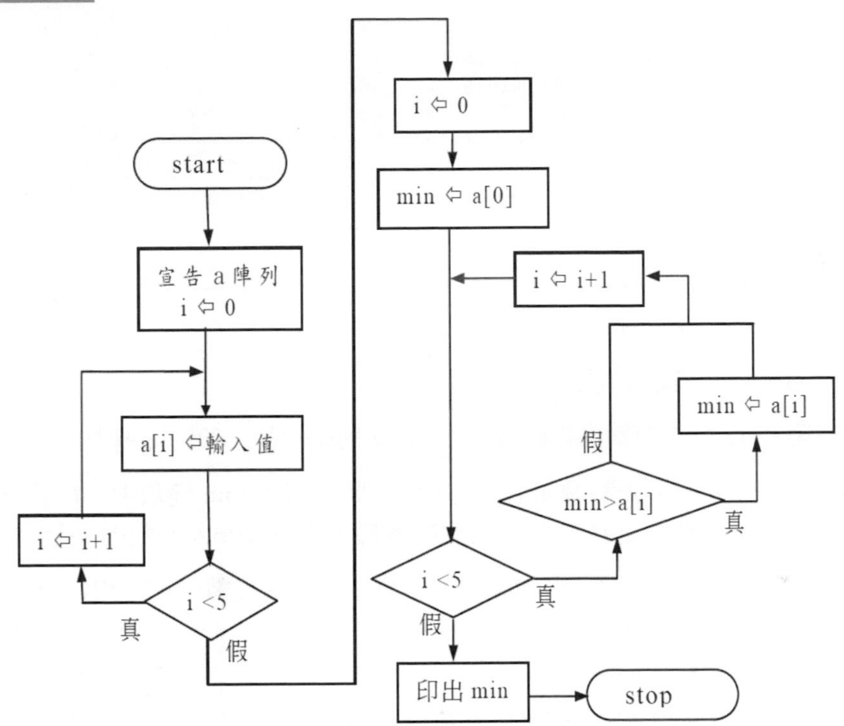

程式碼 FileName : getmin.c

```
#include <stdio.h>
#include <stdlib.h>

int main(int argc, char *argv[]) {
    int a[5] = {0};    /* 宣告 data 陣列，陣列元素為 a[0]~a[4]，初始值皆為 0 */
    int i = 0, min;    /* min 整數變數代表最小值 */
    printf("-----尋找最小值-----\n");
    printf("請連續輸入五個數值-\n");
    for(i = 0; i < 5; i++) {  /* 連續輸入 5 個整數並存放到 a[0]~a[4] */
        printf("請輸入第 %d 個資料：", i + 1);
        scanf("%d", &a[i]);
    }
    min = a[0];                      /* 假設 a[0]為最小值 */
    for(i = 0; i < 5; i++) {  /* 使用迴圈逐一找出 a[0]~a[4]的最小值 */
        if (min > a[i]) {
```

```
16            min = a[i];
17        }
18    }
19    printf("最小值：%d\n\n", min);
20    system("PAUSE");
21    return 0;
22 }
```

說明

1. 第 5,6 行：設定初值。
2. 第 7,8 行：提示訊息。
3. 第 9~12 行：連續由鍵盤輸入五個資料依序置入 a[0] ~ a[4]中。
4. 第 13~18 行：先假設 a[0]為最小值，將它置入 min 變數中，再將 min 變數逐一和 a[1]~a[4] 比較，將比較時最小值置入 min 變數內。
5. 第 19 行：將最後所得的最小值(已經存放 min 變數中)顯示出來。

7.2.4 如何取得陣列的記憶體大小

若想要知道所宣告陣列所占用的記憶體空間，可使用 sizeof()函式來達成，記憶體大小是以 bytes 為單位。語法如下：

語法

```
int sizeof(陣列名稱) ;
```

下面 arraysize.c 範例印出含有五個陣列元素的整數陣列，共占用記憶體 20 bytes；印出 char 字元資料型別的 c 陣列大小共占用記憶體 5 bytes。C 語言一個整數資料型別的資料占 4 bytes，因此 a 陣列共有五(20÷4=5)個元素；char 型別的資料占用 1 bytes，因此 c 陣列共有五(5÷1=5)個元素。

程式碼 FileName：arraysize.c

```
#include <stdio.h>
#include <stdlib.h>

```

```
int main(int argc, char *argv[]) {
    int i,n,a[] = {7, 5, 3, 1, 2};
    char c[] = {'a', 'b', 'c', 'd', 'e'};
    n = sizeof(a) / sizeof(int);   /*求 a 陣列元素的個數然後指定給 n*/
    for(i = 0; i < n; i++) {
       printf("\n a[%d] = %d ", i, a[i]);
    }
    printf("\n a 陣列記憶體空間：%d Bytes\n\n", sizeof(a));
    n = sizeof(c) / sizeof(char); /*求 c 陣列元素的個數然後指定給 n*/
    for(i = 0; i < n; i++) {
       printf("\n c[%d] = %d ", i, c[i]);
    }
    printf("\n c 陣列記憶體空間：%d Bytes\n\n", sizeof(c));
    system("PAUSE");
    return 0;
}
```

執行結果

7.3 多維陣列

前面所提到的陣列註標(索引)只有一個，我們稱為「一維陣列」(One-Dimensional Array)，其維度為 1。在程式設計時，應程式的需求，一個資料需要使用兩個註標來表示時，我們將此種陣列稱為「二維陣列」(Two-Dimensional Array)，其維度為 2。此類陣列有如 Office 的 Excel，工作表中的某個儲存格(Cell)

是以第幾列、第幾行(欄)來表示其位置。所以，二維陣列可以想像成一個平面，表示位置時是使用第幾列、第幾行來描述。譬如：一般表格、電影院座位表、教室座位表、多個同年級的計概成績等都必須使用二維陣列來表示。如果陣列宣告時含有三個註標時，就成為三維陣列，其維度為 3，此類陣列可以想像成由好幾個教室疊起來的立體大樓，描述位置時必須指定第幾層樓的第幾列的第幾行。我們將陣列的維度是二維(含)以上稱為「多維陣列」(Multi-Dimensional Array)。陣列經過宣告後，記憶體會保留連續的空間供其使用，由於記憶體是以一維的方式存放資料，所以多維陣列的資料會自動採逐列方式，依序存入記憶體。

7.3.1 二維陣列的宣告與初始值的設定

由上可知，二維陣列含有兩個註標(索引)，維度為 2。每個註標以 [] 中括號括住，其語法如下：

語法

```
資料型別 陣列名稱[註標 1][註標 2] ;
```

譬如：欲建立一個 3x4 的整數陣列 a(即 3 個水平列和 4 個垂直行)的陣列，其宣告方式如下：

```
int a[3][4];          /* 宣告 a 為 3x4 的二維陣列，資料型別為 int */
```

下圖 a[3][4] 是 3x4 二維陣列，第一個註標(或稱維度)為 3 代表水平列(Row)有三列由第 0~2 列，第二個註標為 4 代表垂直行(Column)有四行由第 0~3 行。此陣列共有 12 個陣列元素，其示意圖如下：

	第 0 行	第 1 行	第 2 行	第 3 行
第 0 列	a[0][0]	a[0][1]	a[0][2]	a[0][3]
第 1 列	a[1][0]	a[1][1]	a[1][2]	a[1][3]
第 2 列	a[2][0]	a[2][1]	a[2][2]	a[2][3]

二維陣列和一維陣列一樣，經過宣告後便可如下表將 3x4 的二維陣列 a 逐一設定初值：

	第 0 行	第 1 行	第 2 行	第 3 行
第 0 列	a[0][0]=0	a[0][1]=1	a[0][2]=2	a[0][3]=3
第 1 列	a[1][0]=4	a[1][1]=5	a[1][2]=6	a[1][3]=7
第 2 列	a[2][0]=8	a[2][1]=9	a[2][2]=10	a[2][3]=11

【方式一】

```
int a[3][4] ;
a[0][0]=0 ;  a[0][1]=1 ;    a[0][2]=2 ;    a[0][3]=3 ;
a[1][0]=4 ;  a[1][1]=5 ;    a[1][2]=6 ;    a[1][3]=7 ;
a[2][0]=8 ;  a[2][1]=9 ;    a[2][2]=10 ;   a[2][3]=11 ;
```

【方式二】

```
int n[3][4]={ {0, 1, 2, 3}, {4, 5, 6, 7}, {8, 9, 10, 11} } ;
              第0列          第1列          第2列
```

C 語言對二維陣列初值設定時是採逐列(Row-Majored)方式來設定初值，也就是說先設定第 0 列：a[0][0]、a[0][1]、a[0][2]、a[0][3]，接著再設定第 1 列：a[1][0]、a[1][1]、a[1][2]、a[1][3]，以此類推下去。各列資料以 {} 大括號括住，列與列之間使用逗號加以隔開，最後整個初值最外面再加上一個大括號括住。

7.3.2 如何存取二維陣列的資料

7.2 節已知道如何使用單層迴圈來連續存取整個一維陣列的資料。至於欲連續存取整個二維陣列的資料，就必須透過巢狀迴圈方能達成。譬如：下面範例是透過巢狀迴圈來取得 3x4 二維陣列所設定的初值，並累加各 a[i][j] 陣列元素的總和。下表採逐列(Row-Majored)方式取得陣列初值，因此本例雙層巢狀迴圈的外層迴圈是使用整數變數 i (0~2)，內層迴圈是使用整數變數 j (0~3)：

	列	行	
第 0 列	i=0，	j=0~3	a[i][j] ⇨ a[0][**0**]、a[0][**1**]、a[0][**2**]、a[0][**3**]
第 1 列	i=1，	j=0~3	a[i][j] ⇨ a[1][**0**]、a[1][**1**]、a[1][**2**]、a[1][**3**]
第 2 列	i=2，	j=0~3	a[i][j] ⇨ a[2][**0**]、a[2][**1**]、a[2][**2**]、a[2][**3**]

程式碼 FileName：array_2dim.c

```
#include <stdio.h>
#include <stdlib.h>

int main(int argc, char *argv[]) {
    int a[3][4]={{0, 1, 2, 3}, {4, 5, 6, 7}, {8, 9, 10, 11}};
    int sum = 0 ;
    int i, j;
    /* 第一維陣列維度為 3，i=3 */
    for (i = 0 ; i < 3 ; i++) {
        /* 第二維陣列維度為 4，j=4 */
        for (j = 0 ; j < 4 ; j++) {
            printf(" a[%d][%d]=%2d , ", i, j, a[i][j]);
            sum += a[i][j];
        }
        printf("\n");   /*  將游標移到下一行 */
    }
    printf("\n===  陣列 a 的總和為：%d \n\n", sum);
    system("PAUSE");
    return 0;
}
```

執行結果

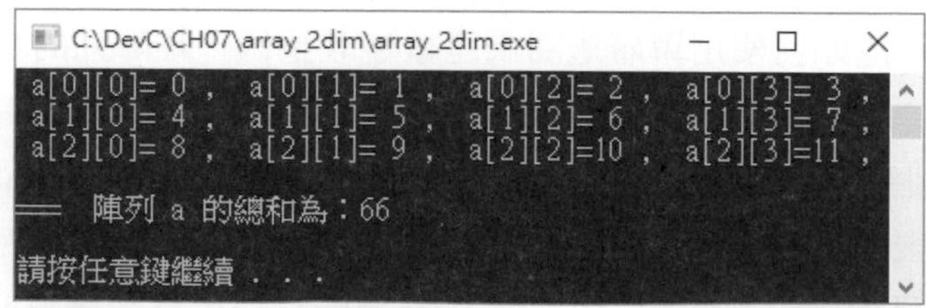

範例：mrt.c

下表是捷運環狀線其中三站在 9 月 1 日到 9 月 5 日的乘客出入該站人次記錄，請設計一個人數統計表，包含顯示各站一到五日的人數記錄及計算五日內的累積人數。最後統計出五日內各站與這三站總運量的佔比為多少(顯示至小數兩位)。

	9/1	9/2	9/3	9/4	9/5
新埔民生	1,948	1,993	2,008	2,073	1,811
幸福	3,126	3,088	3,150	3,407	3,052
新北產業園區	3,684	3,649	3,749	4,011	2,903

執行結果

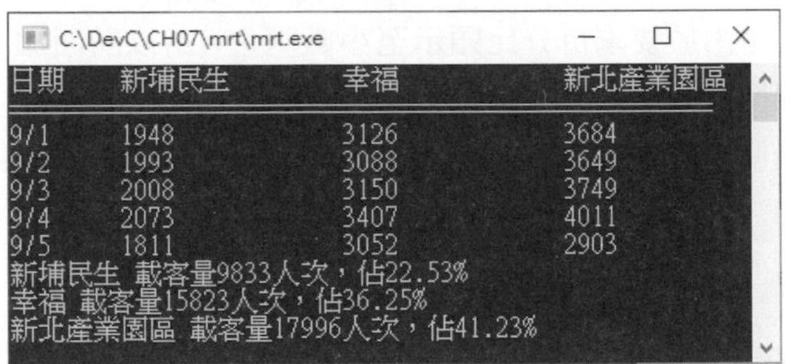

問題分析

1. 由於 C 語言只提供字元(char)資料型別，未提供字串(string)資料型別。一個字元陣列只能顯示一個字串，至於多個字串就必須透過二維字元陣列或字元指標陣列來存放，本例使用二維字元陣列來存放捷運站的名稱。其寫法如下：(至於有關字元陣列與字串宣告請參考第十二章)：

   char area[][13]={" 新埔民生", "幸福", "新北產業園區"};

2. 經過上面敘述宣告和初值設定後：

   area [0] ⇦ "新埔民生",
   area [1] ⇦ "幸福"
   area [2] ⇦ "新北產業園區"

3. 宣告一個 5x3 的二維陣列 mrt，用來存放三個捷運站，一到五日的搭乘人次記錄。以第 0 列為例，說明如下：第 0 列即{ 1948, 3126, 3684 }，分別為 mrt[0][0]、mrt [0][1]、mrt [0][2] 陣列元素的初值，所存放的是 9 月 1 日新埔民生、幸福、新北產業園區各站的搭乘人次資料。其他第 1 列至第 4 列初值以此類推，依序存放 2 日～5 日的搭乘人次記錄。
4. 由指定的輸出介面可知道，題目要求先顯示每站一到五日的運輸人次記錄，其後跟著顯示該站的累積人次，因此必須另外再宣告一個用來存放一到五日的累計人次的一維陣列 area_sum，其元素範圍是 area_sum[0] ～ area_sum [2]。
5. 最後要計算這三站在五天內的總運量，因此必須再宣告一個 total 整數變數用來存放總搭乘人數。再以總搭乘人數為分母，各站搭乘人數為分子，計算各站的使用率。公式為 (float) area_sum [i] / total * 100，前面加 float 主要原因是由於要求百分比顯示至小數兩位，所以前面加上 float 是強迫計算時轉換為浮點數來運算。
6. 程式最後使用 for 迴圈，顯示各站五日內的搭乘人數，以及佔總搭乘人數的比率。在這裡要特別注意的是，printf 中要顯示「%」符號的寫法，是以"%%"來敘述。

程式碼 FileName：mrt.c

```
#include <stdio.h>
#include <stdlib.h>

int main(int argc, char *argv[]) {
    char area[][13] = {"新埔民生", "幸福", "新北產業園區"};
    char date[][4] = {"9/1", "9/2", "9/3", "9/4", "9/5"};
    int mrt[5][3] = {{1948, 3126, 3684},{1993, 3088, 3649},{2008, 3150, 3749},
                     {2073, 3407, 4011},{1811, 3052, 2903}};
    int area_sum[3] = {0};     /* area_sum 陣列存放 3 個捷運站的總運量 */
    int i, j, total = 0;       /* total 代表全部總運量 */
    printf("\n日期\t%s\t%s\t\t%s\n", area[0], area[1], area[2]);
    printf("==============================================\n");
    for(i = 0; i < 5; i++) {
        printf("%s\t", date[i]);
```

```
        for(j = 0; j < 3; j++) {
            printf("%d\t\t", mrt[i][j]); /* 印出第 i 日在第 j 站的搭乘人次 */
            area_sum[j] += mrt[i][j];     /* 累計算第 j 站的搭乘人次 */
        }
        printf("\n");
    }
    for(i = 0; i < 3; i++) {    /* 統計這三站五日內的搭乘總人次 */
        total += area_sum[i];
    }
    for(i = 0; i < 3; i++) {    /* 顯示統計資料及計算各站搭乘人數比率*/
        printf("%s 載客量%d 人次，", area[i], area_sum[i]);
        printf("佔%5.2f%%\n", (float)area_sum[i] / total * 100);
    }
    system("PAUSE");
    return 0;
}
```

7.4 陣列的排序與搜尋

我們在日常生活中時常需要由多個抽屜中找尋東西、或由書櫃中找尋需要的書，若事先未加以分類，數量一多有如大海撈針，若能在搜尋(Search)之前事先經過排序(Sorting)，可縮短搜尋的時間。電腦上的『排序』，是將一群資料依據其鍵值(Key Value)由大而小或由小而大依序排好，以方便日後的搜尋。至於『搜尋』則是指由一堆資料中尋找某個特定的資料。一般排序和搜尋，大都透過陣列來處理。

7.4.1 氣泡排序法

氣泡排序法(Bubble Sort)就是將資料串列(List)中由最後面兩個相鄰的資料開始比較，小者往上浮，大者往下沉，每次比較都找相鄰的資料做比較，經過一個循環所有資料比較過後，最小的資料有如氣泡一樣浮到串列最上面。接著第二循環以同樣方式再從剩下的資料浮出第二個最小值，以此類推下去，到最後串列中的資料會以由小而大做排序。譬如下圖中的串列是使用陣列來存放五個資料：

1. 第一循環(1st pass)有 5 個資料(陣列元素 0~4)，必須比較四次才能找出第一個最小值，先由陣列元素 4 和陣列元素 3 比較，若元素 4 小於元素 3 則資料互換，否則不交換，由於 "Alice" < "Mary" ，兩個資料必須互換，產生下圖第一次比較結果。接著相鄰的元素 3 和元素 2 比較，由於 "Alice" < "Jack" ，兩個必須資料互換，產生下圖第二次比較結果，以此類推…，五個資料經過四次交互相鄰比較，浮出(產生)第一個最小值 "Alice" 置於陣列元素 0 的位置內。

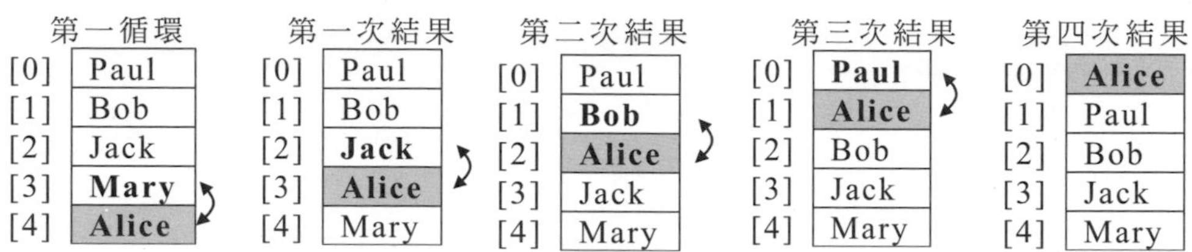

2. 第二循環如左下圖只剩下未反白的四個資料(陣列元素 1~4)必須比較三次才能找出第二個最小值。首先元素 4 和元素 3 比較，若元素 4 小於元素 3 則交換，否則不交換以此類推…浮出第二個最小值 "Bob" 置於陣列元素 1 的位置內。

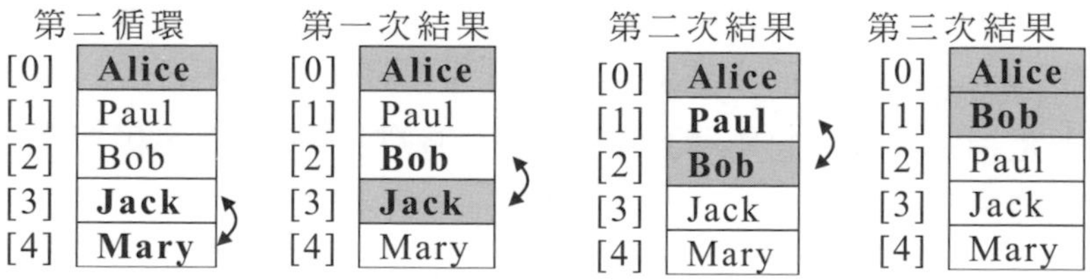

3. 第三循環如左下圖只剩下未反白的三個資料(陣列元素 2~4)必須比較 2 次才能找出第三個最小值。首先，元素 4 和元素 3 比較，若元素 4 小於元素 3 則交換，否則不交換，以此類推…會浮出第三個最小值 "Jack" 置於陣列元素 2 的位置內。

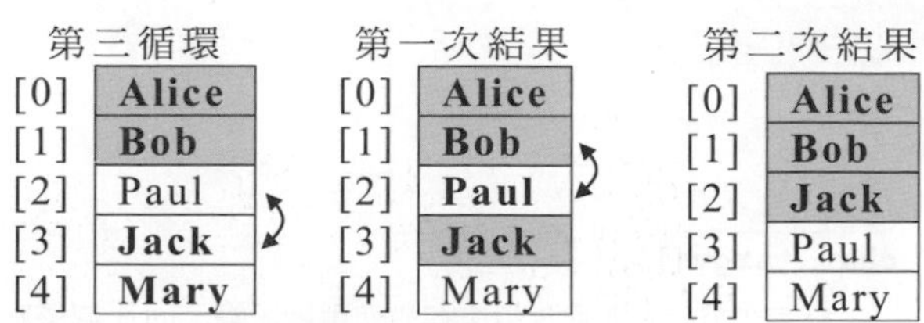

4. 第四循環如左下圖只剩下未反白的兩個資料(陣列元素 3~4)必須比較 1 次才能找出第四個最小值。首先，元素 4 和元素 3 比較，若元素 4 小於元素 3 則交換，否則不交換，以此類推…浮出第四個最小值 "Mary" 置於陣列元素 3 的位置內。

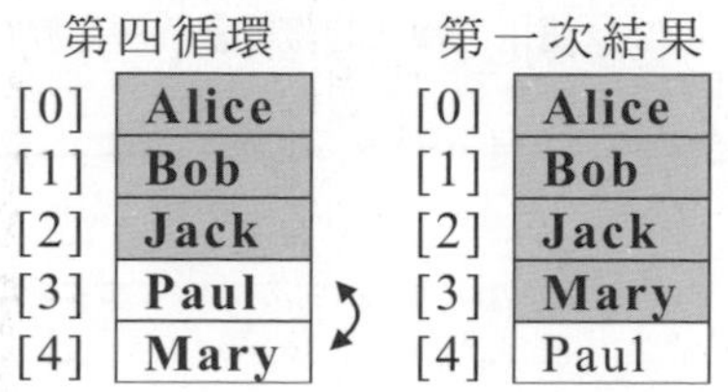

5. 找出第四個最小值，最後只剩一個未反白的資料 "Paul"，不用再比較，直接放列陣列最後一個位置(即陣列元素 4)內即可。
   本例 5 個資料，總共比較：4 + 3 + 2 + 1 =10 次。
   若有 N 資料，總共比較：(N-1)+(N-2)+….+2+1 = N x (N-1)/2 次。

範例：bubblesort.c

使用氣泡排序法製作一個將五個整數資料由小到大排序的程式。程式執行時會要求您連續輸入 5 個整數，每個整數之間以空白來區隔，接著按 Enter 鍵之後即會顯示 5 個整數排序後的結果。

執行結果

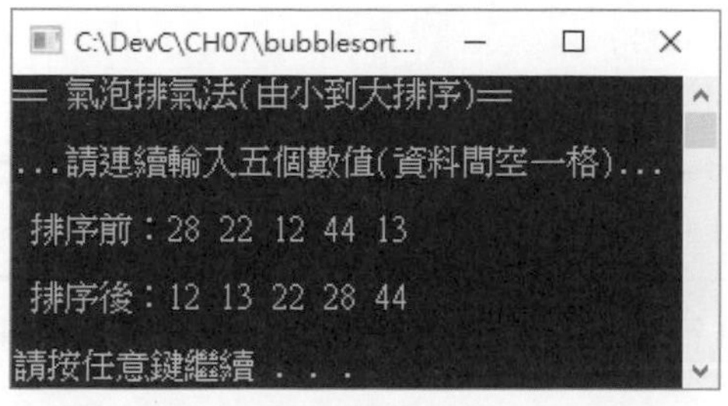

程式碼 FileName : bubblesort.c

```
01 #include <stdio.h>
02 #include <stdlib.h>
03
04 int main(int argc, char *argv[]) {
05     int data[5];        /* 宣告 data 陣列，用來存放使用者所輸入的 5 個整數 */
06     int n, i, j, t;
07     printf("== 氣泡排氣法(由小到大排序)==\n\n");
08     printf("...請連續輸入五個數值(資料間空一格)...\n\n");
09     /* 輸入排序前的資料 */
10     printf(" 排序前：");
11     for(i = 0; i < 5; i++){ /* 使用者輸入的整數會依序存放在 data[0]~data[4] */
12         scanf("%d", &n);
13         data[i] = n;
14     }
15     /* 氣泡排序法 */
16     for(i = 3; i >= 0; i--) {
17         for(j = 0; j <= i; j++) {
18             if(data[j] > data[j + 1]) {
19                 t = data[j];                /* 交換資料 */
20                 data[j] = data[j + 1];
21                 data[j + 1] = t;
22             }
23         }
24     }
25     /* 印出排序後的資料 */
26     printf("\n 排序後：");
27     for(i = 0; i < 5; i++) {
28         printf("%d ", data[i]);
29     }
30     printf("\n\n");
31     system("PAUSE");
32     return 0;
33 }
```

說明

1. 第 11~14 行：使用者輸入 5 個整數資料，依序指定給 data[0]~data[4]。

2. 第 15~24 行：以下為氣泡排序法的演算過程。

陣列元素：	data[0]	data[1]	data[2]	data[3]	data[4]
開始：	28	22	12	44	13
第一次循環：	22	12	28	13	44
第二次循環：	12	22	13	28	44
第三次循環：	12	13	22	28	44
第四次循環：	12	13	22	28	44

本章先介紹數值資料的排序，關於字串的排序必須配合 strcmp()字串函式才能達成，待第十二章會再介紹字串排序。

7.4.2 循序搜尋法與二分搜尋法

一. 循序搜尋法

排序除了是要在陣列中排出大小順序以外，另一個主要的目的是為了更有效的搜尋資料，搜尋的方法有很多種，循序搜尋法是最簡單的搜尋方法。它的做法是由第一筆資料逐一往下找，一直到找到所要的資料或是搜尋完全部資料為止。前面資料比後面資料找尋速度快，若有 N 筆資料使用循序搜尋法，平均搜尋要執行 N/2 次的比較。少量資料或未經排序的資料的搜尋常使用此方法。

範例：search.c

使用循序搜尋法尋找陣列 data 中是否有符合的資料。當程式執行時會要求您連續輸入 5 個整數，這 5 個整數會依先後次序存放在陣列 data 中的 data[0]~data[4]元素，接著輸入欲搜尋的數字，再透過循序搜尋法搜尋陣列 data 是否有要搜尋的整數，若存在則顯示搜尋的整數是第幾個數字

執行結果

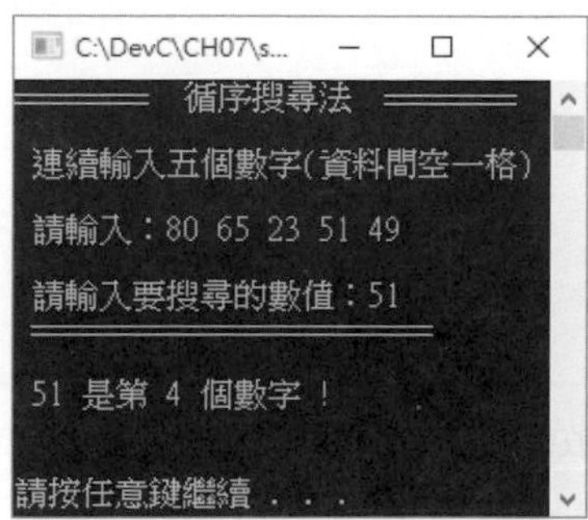

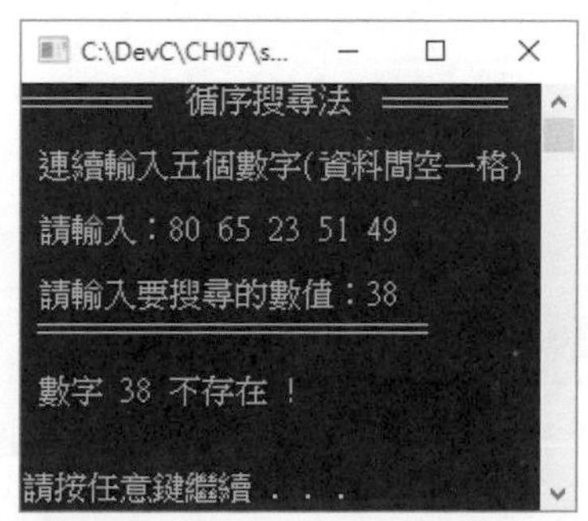

程式碼 FileName : search.c

```
01 #include <stdio.h>
02 #include <stdlib.h>
03 
04 int main(int argc, char *argv[]) {
05     int data[5];
06     /* searchNum:搜尋值 num:要搜尋陣列的註標位置*/
07     int n, i, searchNum, num = -1;
08     printf("========  循序搜尋法  ========\n\n");
09     printf(" 連續輸入五個數字(資料間空一格)\n\n");
10     printf(" 請輸入：");
11     for(i = 0; i < 5; i++) {
12         scanf("%d", &n);
13         data[i] = n;
14     }
15     printf("\n");
16     printf(" 請輸入要搜尋的數值：");
17     scanf("%d", &searchNum);
18     for(i = 0; i < 5; i++) {
19         if(data[i] == searchNum) {
20             num=i;
21             break;
22         }
23     }
24     printf(" ========================\n");
25     if(num == -1) {
26         printf("\n 數字 %d 不存在 ! \n", searchNum);
27     }
28     else {
29         printf("\n %d 是第 %d 個數字 ! \n", searchNum, (num + 1));
30     }
31     printf("\n\n");
32     system("PAUSE");
33     return 0;
34 }
```

說明

1. 第 5 行：宣告可存放 5 個整數的陣列 data，陣列元素為 data[0]~data[4]。

2. 第 7 行：宣告 searchNum 做為陣列的搜尋值；num = -1 表示沒有要搜尋的資料。
3. 第 11~14 行：使用者輸入 5 個整數會依序指定給 data[0]~data[4]。
4. 第 17 行：取得鍵盤輸入值並指定給 searchNum 整數變數做為陣列搜尋值。
5. 第 18~23 行：進行循序搜尋，將找到資料的註標值 i 記錄在 num 變數。
6. 第 25~30 行：顯示搜尋的結果。

二. 二分搜尋法

使用二分搜尋法來尋找陣列中的資料，該陣列必須先排序好才能進行。二分搜尋法的執行效率比循序搜尋法快速，平均會做 $Log_2(N+1)$次的比較。其演算法如下：

Step 01 先將資料放入陣列中，再進行由小到大排序。假設陣列 n 有九筆資料，我們要搜尋「67」這筆資料，首先必須先將陣列 n 的每個元素進行由小到大排序。

陣列元素：	n[0]	n[1]	n[2]	n[3]	n[4]	n[5]	n[6]	n[7]	n[8]
排序前：	23	100	58	11	67	12	44	101	75
排序後：	11	12	23	44	58	67	75	100	101

Step 02 由小到大排序後，先找出中間資料的註標。以本題為例中間註標為((0+8)/2=4) ，因此中間註標即為 n[4] 陣列元素。

Step 03 欲尋找的資料與陣列的中間註標 n[4] 進行比較的動作：

1. 若欲搜尋的資料與陣列的中間註標相同時，表示已經找到該資料。
2. 若欲搜尋的資料與陣列的中間註標不同時，表示沒有找到該資料，進行下面步驟：

   ① 若要搜尋的資料大於 n[4]，表示該資料是在 n[5]~n[8]的陣列元素之間，則下一次搜尋資料由 n[5]~n[8] 陣列元素中開始找起。

   ② 若要搜尋的資料小於 n[4]，表示該資料是在 n[0]~n[3]的陣列元素之間，則下一次搜尋資料由 n[0]~n[3] 陣列元素中間開始找起。

以本題為例：要搜尋的資料 67 大於 n[4] ，因此要搜尋的資料是在 n[5]~n[8] 陣列元素之間，因此要搜尋的範圍縮減了一半。如下表示：

陣列元素：	n[5]	n[6]	n[7]	n[8]
排序後：	67	75	100	101

Step 04 重複 step2~step3，一直到找到資料才停止。舉例說明：

1. 以本題為例在 Step2~Step3 找出 n[5]~n[8]中間註標((5+8)/2=6)，即 n[6]。然後將欲搜尋資料 67 與 n[6] 進行比較的動作，結果發現 67 小於 n[6]，因此要搜尋的資料是在 n[5] 陣列元素。
2. 以本題為例在 Step2~Step3：找出 n[5]~n[5]中間註標((5+5)/2=5)，即 n[5]。然後將欲搜尋資料 67 與 n[5] 進行比較的動作，結果發現 n[5] 與 67 相同，此時即結束搜尋的動作。

範例：binarysearch.c

試使用二分搜尋法尋找陣列 data 是否有符合的資料。程式執行時會先要求您連續輸入五個整數，這五個整數會依序存放在陣列 data 中的 data[0]~data[4] 元素並進行由小到大排序。然後要求您輸入要搜尋的整數。接著使用二分搜尋法搜尋陣列 data 是否有使用者要搜尋的整數，最後會顯示搜尋的整數是在排序後的第幾個數字。

執行結果

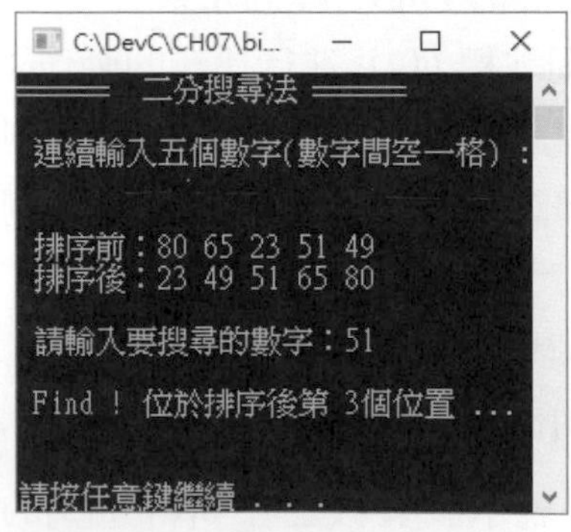

程式碼 FileName : binarysearch.c

```
#include <stdio.h>
#include <stdlib.h>

int main(int argc, char *argv[]) {
    int data[5];
    int n, i, j, t;
    /* num:要搜尋陣列的註標位置  :midNum:找尋陣列中間的註標 */
    int searchNum, num=-1, low=0, high=4, midNum=0; /*searchNum:搜尋值*/
    printf("======  二分搜尋法 ======\n\n");
    printf(" 連續輸入五個數字(數字間空一格) : \n\n");

    /* 輸入排序前的資料 */
    printf(" 排序前：");
    for(i = 0; i < 5; i++) {
        scanf("%d", &n);
        data[i] = n;
    }
    /* 氣泡排序法 */
    for(i = 3; i >= 0; i--) {
        for(j = 0; j <= i; j++) {
            if(data[j] > data[j + 1]) {
                t = data[j];
                data[j] = data[j + 1];
                data[j + 1] = t;
            }
        }
    }
    /* 印出排序後的資料 */
    printf(" 排序後：");
    for(i = 0; i < 5; i++) {
        printf("%d ", data[i]);
    }
    printf("\n\n");
    /* 輸入要搜尋的數字 */
    printf(" 請輸入要搜尋的數字：");
    scanf("%d", &searchNum);
    /*二分搜尋法*/
```

```
38     do {
39         midNum = (low + high) / 2;
40         if(data[midNum] == searchNum) {
41             num = midNum;
42             break;
43         }
44         if(data[midNum] > searchNum) {
45             high = midNum - 1;
46         }
47         else {
48             low = midNum + 1;
49         }
50     } while(low <= high);
51     if(num == -1) {
52         printf("\n Sorry ! 找不到 %d 這個數字 ... \n", searchNum);
53     }
54     else {
55         printf("\n Find ! 位於排序後第 %d 個位置 ...\n", (num + 1));
56     }
57     printf("\n\n");
58     system("PAUSE");
59     return 0;
60 }
```

說明

1. 第 5 行：宣告可存放 5 個整數的陣列 data，陣列元素為 data[0]~data[4]。
2. 第 8 行：宣告 searchNum 做為陣列的搜尋值；num=-1 表示沒有要搜尋的資料；midNum 表示找尋陣列中間的註標。
3. 第 14~17 行：使用者輸入 5 個整數會依序指定給 data[0]~data[4]。
4. 第 19~27 行：進行氣泡排序法，將 data 陣列內的元素進行由小到大排序。
5. 第 36 行：輸入整數並指定給 searchNum 做為陣列的搜尋值。
6. 第 38~50 行：進行二分搜尋法，將找到資料的註標值 midNum 記錄在 num 變數。
7. 第 51~56 行：顯示搜尋的結果。

7.5 實例

7.5.1 矩陣相乘

範例：matrix.c

宣告三個二維陣列來模擬數學矩陣相乘，矩陣 a 和矩陣 b 相乘，所得的乘積置入矩陣 c。

執行結果

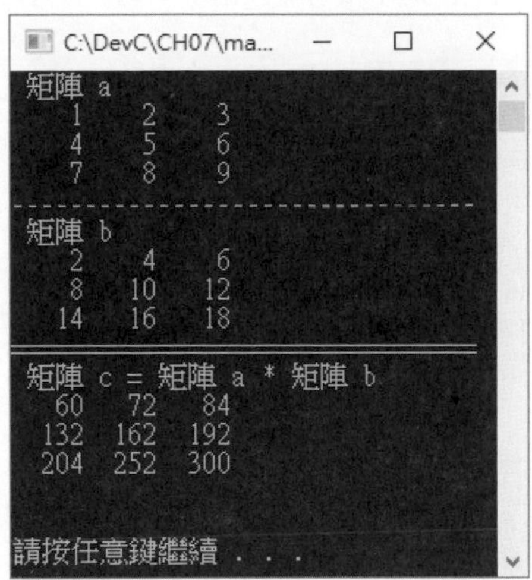

問題分析

矩陣相乘的公式如下：

$$\begin{bmatrix}1 & 2 & 3\\4 & 5 & 6\\7 & 8 & 9\end{bmatrix} \times \begin{bmatrix}2 & 4 & 6\\8 & 10 & 12\\14 & 16 & 18\end{bmatrix} = \begin{bmatrix}60 & 72 & 84\\132 & 162 & 192\\204 & 252 & 300\end{bmatrix}$$

$$\begin{bmatrix}a[0][0] & a[0][1] & a[0][2]\\a[1][0] & a[1][1] & a[1][2]\\a[2][0] & a[2][1] & a[2][2]\end{bmatrix} \times \begin{bmatrix}b[0][0] & b[0][1] & b[0][2]\\b[1][0] & b[1][1] & b[1][2]\\b[2][0] & b[2][1] & b[2][2]\end{bmatrix} = \begin{bmatrix}c[0][0] & c[0][1] & c[0][2]\\c[1][0] & c[1][1] & c[1][2]\\c[2][0] & c[2][1] & c[2][2]\end{bmatrix}$$

c[i][j] = a[i][k] x b[k][j]　　　　/* 參考第 25~32 行 */

```
i=0 , j=0   k=0~2   c[0][0]=a[0][0]*b[0][0]+a[0][1]*b[1][0]+a[0][2]*b[2][0]
i=0 , j=1   k=0~2   c[0][1]=a[0][0]*b[0][1]+a[0][1]*b[1][1]+a[0][2]*b[2][1]
i=0 , j=2   k=0~2   c[0][2]=a[0][0]*b[0][2]+a[0][1]*b[1][2]+a[0][2]*b[2][2]
i=1 , j=0   k=0~2   c[1][0]=a[1][0]*b[0][0]+a[1][1]*b[1][0]+a[1][2]*b[2][0]
i=1 , j=1   k=0~2   c[1][1]=a[1][0]*b[0][1]+a[1][1]*b[1][1]+a[1][2]*b[2][1]
i=1 , j=2   k=0~2   c[1][2]=a[1][0]*b[0][2]+a[1][1]*b[1][2]+a[1][2]*b[2][2]
i=2 , j=0   k=0~2   c[2][0]=a[2][0]*b[0][0]+a[2][1]*b[1][0]+a[2][2]*b[2][0]
i=2 , j=1   k=0~2   c[2][1]=a[2][0]*b[0][1]+a[2][1]*b[1][1]+a[2][2]*b[2][1]
i=2 , j=2   k=0~2   c[2][2]=a[2][0]*b[0][2]+a[2][1]*b[1][2]+a[2][2]*b[2][2]
```

程式碼 FileName : matrix.c

```
01 #include <stdio.h>
02 #include <stdlib.h>
03
04 int main(int argc, char *argv[]) {
05         int a[3][3]={{1,2,3}, {4,5,6}, {7,8,9}};
06         int b[3][3]={{2,4,6}, {8,10,12}, {14,16,18}};
07         int c[3][3];
08         int i, j, k;
09         printf("\n 矩陣 a \n");
10         for(i = 0; i <= 2; i++) {     /* 印出 a 矩陣(a 陣列) */
11             for(j = 0; j <= 2; j++) {
12                 printf("%5d", a[i][j]);
13             }
14             printf("\n");
15         }
16         printf("--------------------------------");
17         printf("\n 矩陣 b \n");
18         for(i = 0; i <= 2; i++)  {     /* 印出 b 矩陣(b 陣列) */
19             for(j = 0; j <= 2; j++) {
20                 printf("%5d", b[i][j]);
21             }
22             printf("\n");
23         }
24         /* 矩陣 c=矩陣 a * 矩陣 b*/
```

```
25     for(i = 0; i <= 2; i++) {
26         for(j = 0; j <= 2; j++) {
27             c[i][j] = 0;
28             for(k = 0; k <= 2; k++) {
29                 c[i][j] += a[i][k] * b[k][j];
30             }
31         }
32     }
33     printf("==============================");
34     printf("\n 矩陣 c = 矩陣 a * 矩陣 b\n");
35     for(i = 0; i <= 2; i++) {
36         for(j = 0; j <= 2; j++) {
37             printf("%5d", c[i][j]);
38         }
39         printf("\n");
40     }
41     printf("\n\n");
42     system("PAUSE");
43     return 0;
44 }
```

說明

1. 第 5~6 行：宣告陣列 a 和陣列 b 並給予初值，用來表示矩陣 a 和矩陣 b。
2. 第 7 行：宣告陣列 c，用來表示矩陣 c。
3. 第 10~15：印出陣列 a 的內容。
4. 第 18~23 行：印出陣列 b 的內容。
5. 第 25~32 行：計算矩陣相乘分別置入陣列 c 的每一個陣列元素。
6. 第 34~40 行：印出陣列 c 的內容。

7.5.2 大樂透開獎

範例：biglottery.c

撰寫一個大樂透電腦自動選號程式。程式執行時會以亂數的方式顯示 1~49 之間七個不重複的大樂透號碼。

執行結果

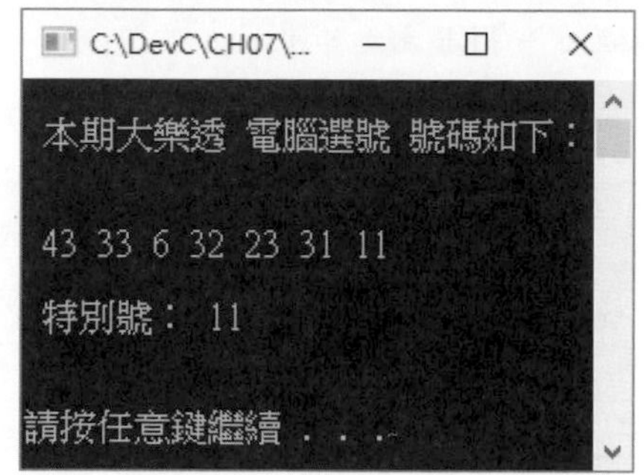

問題分析

先宣告陣列大小為 lot[48]，並將 1~49 分別放入 lot[0] ~ lot[48] 中。再由註標值 0~48 間產生第一個亂數。假設產生的亂數為 25，便將 25 當作 lot 陣列的註標，將 lot[25] 內儲存的樂透號碼 26 存入 choose[0] 中，當作第一個大樂透開出的號碼。由於開出的號碼不可重複，因此必須將 lot[25] 的內容更換成未抽到的號碼，其方式是將 lot[48] 的號碼 49 放到 lot[25] 內，由於 lot[48] 的號碼已經移到 lot[25]，所以下次產生的亂數必須是註標值 0~47 之間，也就是說下次必須由 lot[0]~lot[47] 中抽取新號碼並放入至 choose[1] 中。以此類推下去，一直到產生 7 個大樂透號碼分別存入 choose[0]~choose[6] 為止。

程式碼 FileName：biglottery.c

```
#include <stdio.h>
#include <stdlib.h>
#include <time.h>
int main(int argc, char *argv[]) {
      int lot[49];            /* 陣列元素為 lot[0]~lot[48]   */
      int choose[7];          /* 陣列元素為 choose[0]~choose[6]  */
```

```
07     int min = 1, max = 49, num = 7;
08     int max_dim, choice;
09     int i;
10     max_dim = max - min + 1;
11     for(i = 0; i < max_dim; i++) {
12        lot[i] = min + i;
13     }
14     srand((unsigned)time(NULL));      /*亂數種子器*/
15     for(i = 0; i < num; i++) {
16       choice = rand() % max_dim;           /* 產生亂數 */
17       choose[i] = lot[choice];             /* 隨機取一個號碼 */
18       /* 陣列最後一個號碼移到目前選取號碼陣列元素的位置 */
19       lot[choice] = lot[max_dim - 1];
20       max_dim--;
21     }
22     printf("\n 本期大樂透 電腦選號 號碼如下：\n\n");
23     for(i = 0; i < num; i++) {              /* 印出大樂透的 6 個號碼 */
24        printf(" %d", choose[i]);
25     }
26     printf("\n\n 特別號： %d \n", choose[6]);    /* 印出大樂透的特別號 */
27     printf("\n\n");
28     system("PAUSE");
29     return 0;
30 }
```

說明

1. 第 5 行：宣告 lot 陣列，lot[0]~lot[48] 陣列元素用來存放大樂透的 1~49 個號碼。
2. 第 6 行：宣告 choose 陣列可存放 7 個陣列元素，choose[0]~choose[6] 陣列元素用來存放 1~49 之間不重複 7 個亂數，其中 choose[0]~ choose[5] 陣列元素用來表示大樂透的開獎號碼；choose[6] 陣列元素用來表示特別號。
3. 第 7 行：min 表示亂數的最小值；max 表示亂數的最大值；num 表示取亂數的個數。
4. 第 11~13 行：將 lot[0]~lot[48] 陣列元素依序放置 1~49 大樂透的號碼。
5. 第 14~21 行：產生大樂透 6 個號碼與特別號並放入 choose[0]~choose[6] 陣列元素內。

6. 第 16~20 行：由 lot[0]~lot[48] 陣列元素中隨機選 7 個號碼放到 choose[0]~choose[6] 中。
7. 第 23~25 行：印出大樂透 6 個開獎號碼。
8. 第 26 行：印出大樂透特別號。

7.5.3 保齡球分數計算

範例：bowling.c

練習製作保齡球的計分程式。使用者可以依序輸入保齡球每局所打的球數，程式會依據保齡球的計分規則為您計算所得到的分數。

問題分析

1. 保齡球一場共 10 局，每一局最多打兩球最少打一球，每一局共有 10 個保齡球瓶子，擊倒一個瓶子得 1 分。若第 1 局到第 9 局的第一個球擊到 10 個瓶子，則馬上跳到下一局不用打第 2 個球。
2. 若第 10 局的第 1 個球擊倒 10 個瓶子，或是第 10 局的第 1 個球和第 2 球加起來共擊倒 10 個瓶子，則第 10 局可以打第 3 個球。否則第 10 局和其他局一樣只能打 2 個球。
3. 保齡球 10 局中最少打 11 個球，即每一局的第一球都全倒，第 10 局打 2 球(第 10 局的第 1 球加第 2 球不滿 10 分則無法打第 3 球)，因此 10 局打完最少共計打 9+2=11 球。
4. 保齡球 10 局中最多打 21 球，即第 1~9 局都打 2 個球，第 10 局打 3 個球。
5. 計分方式：
   ① 若該局第 1 球擊倒 10 個球(全倒)，則本局分數加計下局兩球分數。
   ② 若一局中第 1 球加第 2 球共擊倒 10 個球，則本局分數會加計下局第一球的分數。
   ③ 若一局兩球沒擊到 10 個瓶子，則該局分數只計擊倒瓶子的分數。

執行結果

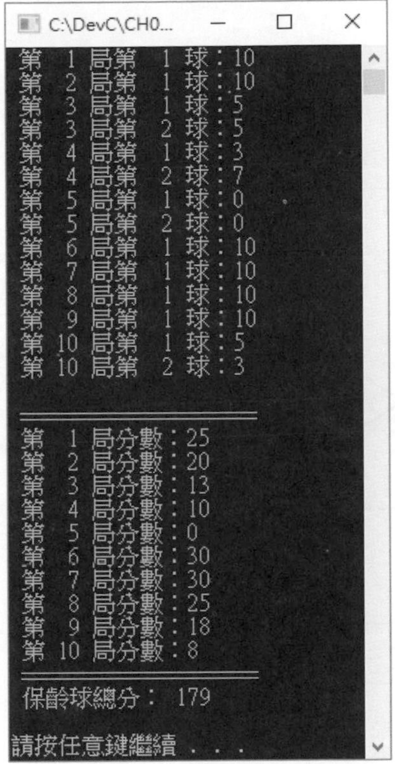
C:\DevC\CH0...
第 1 局第 1 球：10
第 2 局第 1 球：10
第 3 局第 1 球：5
第 3 局第 2 球：5
第 4 局第 1 球：3
第 4 局第 2 球：7
第 5 局第 1 球：0
第 5 局第 2 球：0
第 6 局第 1 球：10
第 7 局第 1 球：10
第 8 局第 1 球：10
第 9 局第 1 球：10
第 10 局第 1 球：5
第 10 局第 2 球：3
第 1 局分數：25
第 2 局分數：20
第 3 局分數：13
第 4 局分數：10
第 5 局分數：0
第 6 局分數：30
第 7 局分數：30
第 8 局分數：25
第 9 局分數：18
第 10 局分數：8
保齡球總分： 179
請按任意鍵繼續 . . .

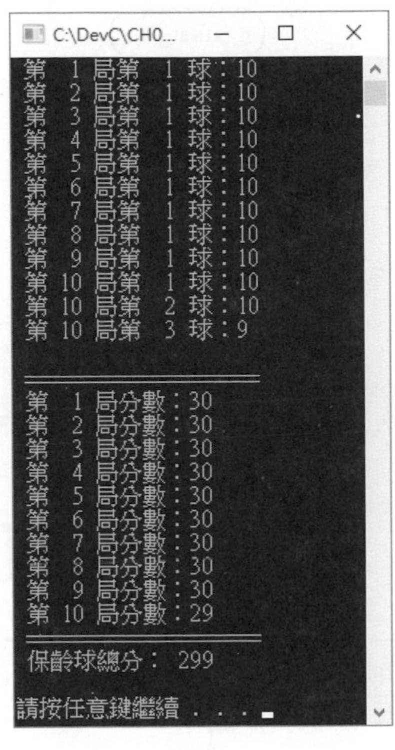
C:\DevC\CH0...
第 1 局第 1 球：10
第 2 局第 1 球：10
第 3 局第 1 球：10
第 4 局第 1 球：10
第 5 局第 1 球：10
第 6 局第 1 球：10
第 7 局第 1 球：10
第 8 局第 1 球：10
第 9 局第 1 球：10
第 10 局第 1 球：10
第 10 局第 2 球：10
第 10 局第 3 球：9
第 1 局分數：30
第 2 局分數：30
第 3 局分數：30
第 4 局分數：30
第 5 局分數：30
第 6 局分數：30
第 7 局分數：30
第 8 局分數：30
第 9 局分數：30
第 10 局分數：29
保齡球總分： 299
請按任意鍵繼續 . . .

流程圖

由每局兩球輸入每局分數至 p[j] 陣列中

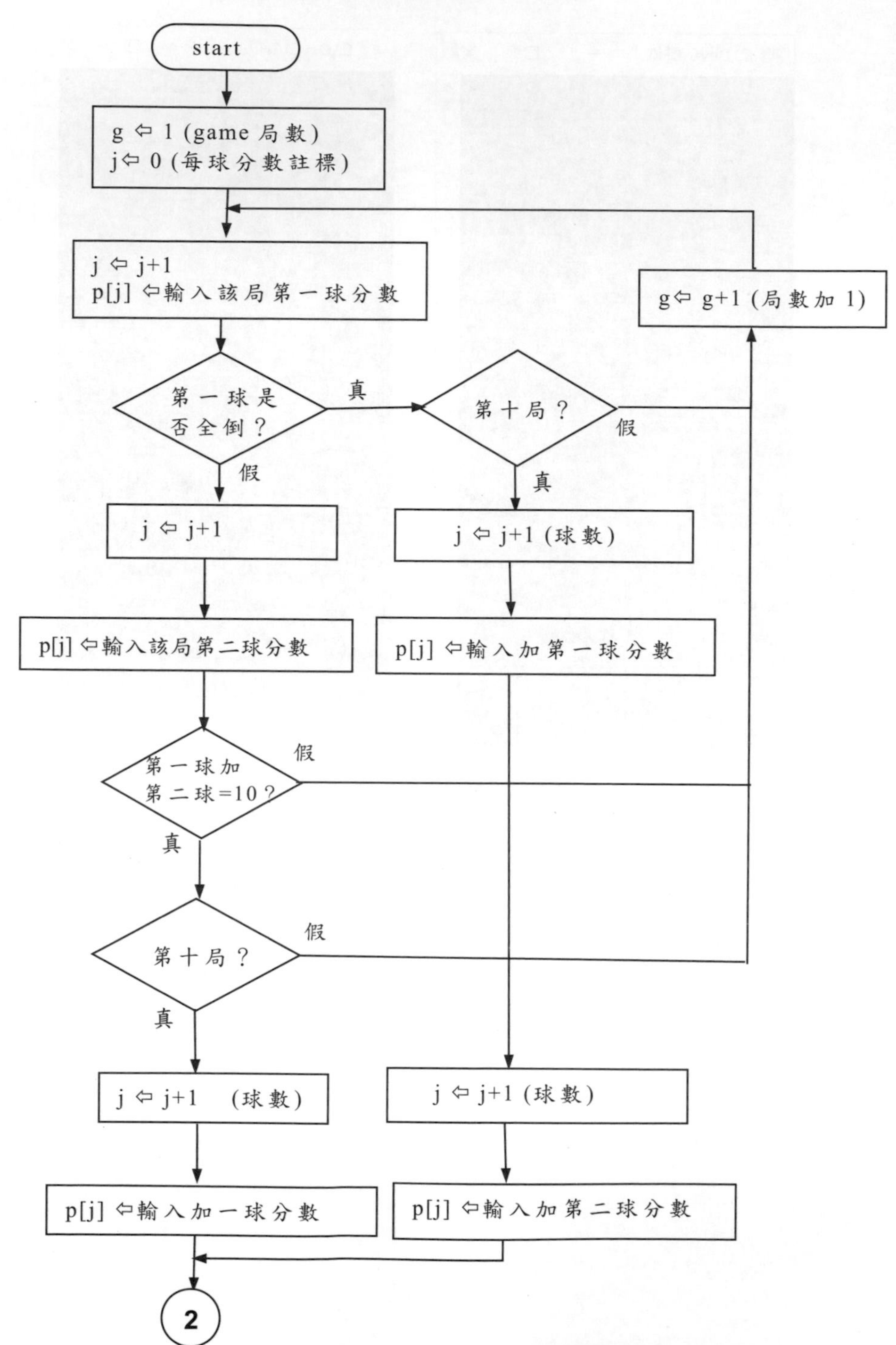

流程圖 計算每局分數分別存入 score[1] ~ score[10]

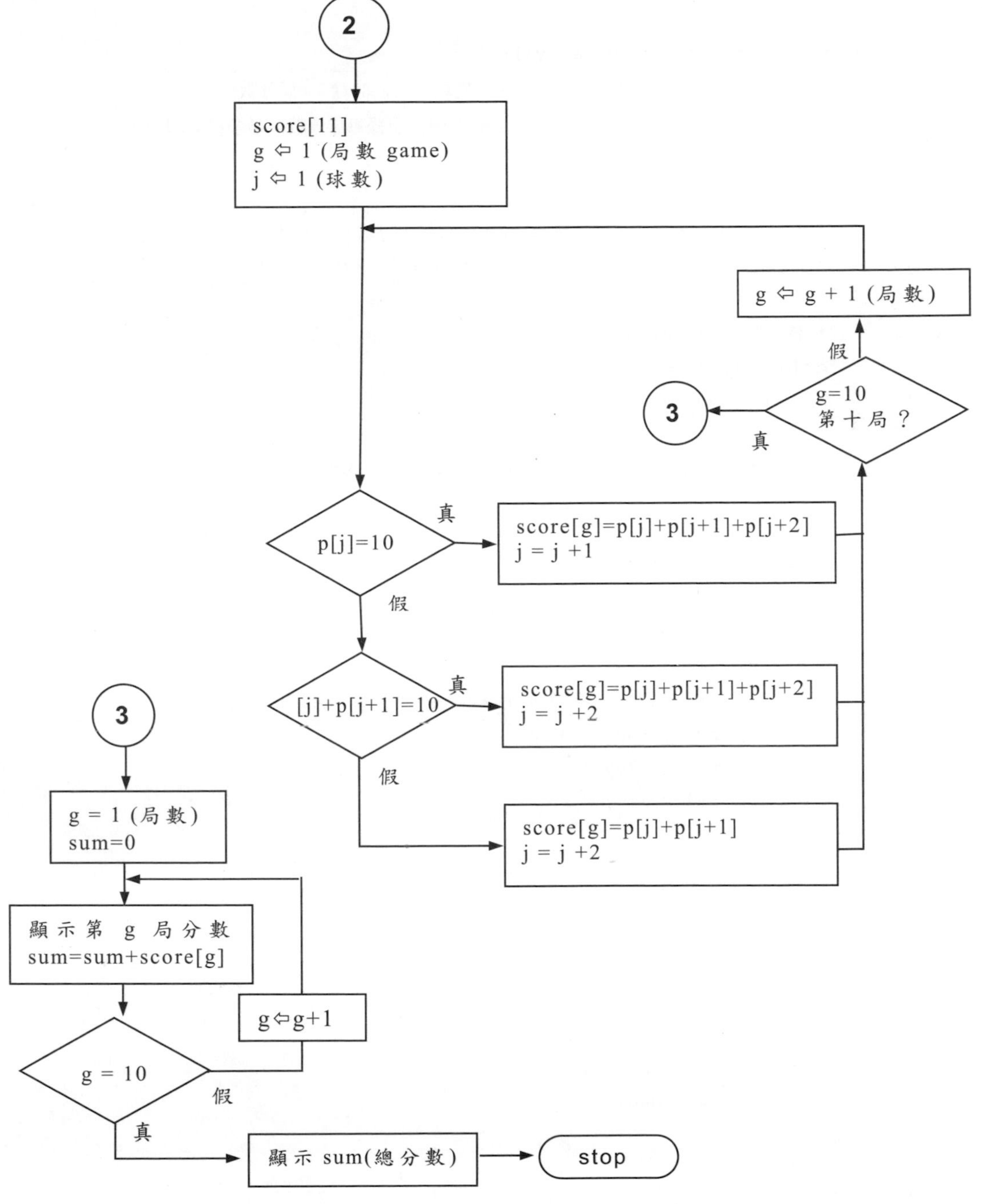

程式碼 FileName : bowling.c

```
#include <stdio.h>
#include <stdlib.h>

int main(int argc, char *argv[]) {
    int score[11] = {0}; /*score[0]省略不用，記錄10局分數*/
    int p[22] = {0};      /* p[0]省略不用，記錄每球分數，最多打21球*/

    /* g:局數，j:每球註標，sum:保齡球總分 */
    /* ballnum:目前是該局的第幾球，keyin:輸入每球的分數 */
    int g = 0, j = 0, sum = 0, ballnum = 0, keyin = 0;

    /* 依序輸入10局的分數 */
    for(g = 1; g <= 10; g++) {
        ballnum++;
        j++;
        printf(" 第 %2d 局第 %2d 球：", g, ballnum);
        scanf("%d", &keyin);
        p[j] = keyin;
        if(p[j] == 10) {
            if(g == 10) {
                ballnum++;
                j++;
                printf(" 第 %2d 局第 %2d 球：", g, ballnum);
                scanf("%d", &keyin);
                p[j] = keyin;
                ballnum++;
                j++;
                printf(" 第 %2d 局第 %2d 球：", g, ballnum);
                scanf("%d", &keyin);
                p[j] = keyin;
                break;
            }
            else {
                ballnum = 0;
                continue;
            }
        }
        else {
```

```
            ballnum++;
            j++;
            printf(" 第 %2d 局第 %2d 球：", g, ballnum);
            scanf("%d", &keyin);
            p[j] = keyin;
            if(p[j - 1] + p[j] == 10 && g == 10 ) {
                ballnum++;
                j++;
                printf(" 第 %2d 局第 %2d 球：", g, ballnum);
                scanf("%d", &keyin);
                p[j] = keyin;
                continue;
            }
            else {
                ballnum = 0;
                continue;
            }
        }
    }

    /* 計算每局的得分 */
    for(g = 1, j = 1; g <= 10; g++) {
        if(p[j] == 10) {
            score[g] = p[j] + p[j + 1] + p[j + 2];
            j++;
        }
        else if(p[j] + p[j + 1] == 10) {
            score[g] = p[j] + p[j + 1] + p[j + 2];
            j += 2;
        }
        else {
            score[g] = p[j] + p[j + 1];
            j += 2;
        }
    }
    printf("\n");
    printf(" ===================\n");

    /* 印出每局的得分，以及計算保齡球的總分 */
```

```
    for(g = 1; g <= 10; g++) {
        printf(" 第 %2d 局分數：%d\n", g, score[g]);
        sum += score[g];
    }
    printf(" ====================\n");

    /* 印出保齡球的總分 */
    printf(" 保齡球總分： %d\n\n", sum);

    system("PAUSE");
    return 0;
}
```

CHAPTER

8 函式

8.1 函式簡介

在撰寫一個大的應用程式時，常會碰到一些具有小功能的程式片段在程式中多處重複出現，若不加以處理會導致程式冗長不具結構化且不易維護，因此我們將這些小功能的程式片段獨立出來撰寫成函式(Function)，所以函式就是指具有某種特定功能的一段程式碼。程式中使用函式最主要是用來精簡程式碼及重複使用，使得程式達到模組化及函式可重複使用為目標。函式必須透過呼叫才能執行，不允許單獨執行，但它是主程式的一部分。函式名稱在整個程式中不允許與其他函式同名。程式執行中當呼叫函式時，可接受或不接受傳入的資料，再進入函式內執行其程式碼，執行完畢依程式需求將結果傳回或不傳回。C 的函式即 BASIC 語言的副程式(Subroutine)和函數或 Pascal 語言的程序(Procedure)。

譬如：左下圖未使用函式，「計算平均」程式區段重複出現三次，除增加程式長度外，修改時需改多處易造成不易維護。右下圖將「計算平均」寫成名稱為 myfun()函式，myfun()函式定義寫在 main() 主程式之前，在主程式中需要使用該函式時，只要在需要的地方插入一行呼叫該函式的敘述即可，總共呼叫 myfun()三次，如此不但可縮短程式的長度而且易於維護和提高可讀性。

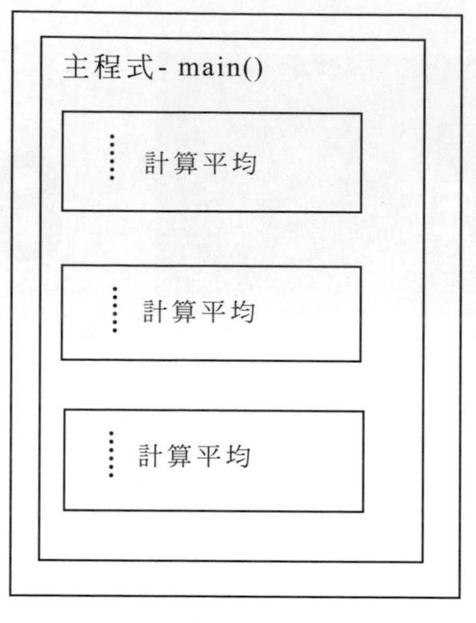

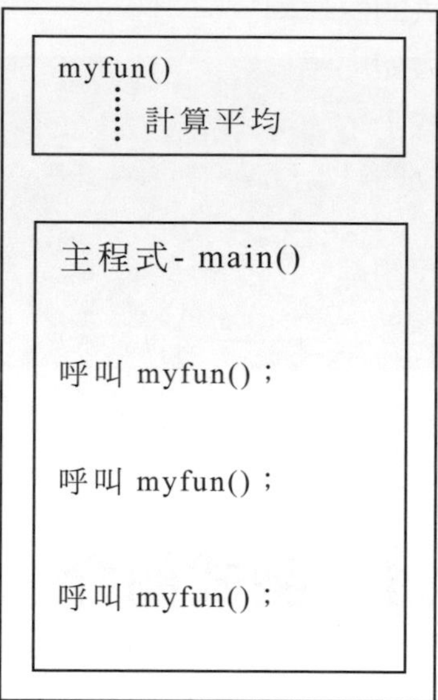

使用函式有下列好處：

1. 函式可重複使用，免除程式中重複出現相同程式碼，節省撰寫時間及程式的長度，方便維護與除錯。
2. 函式可以讓其他程式檔或專案套用。
3. 函式的邏輯簡單、功能明確和可讀性高，可降低主程式的複雜度。
4. 函式具有模組化的功能，符合結構化語言的特性。
5. 當開發較大應用程式，可分割成數個小且功能不同的函式，讓不同的程式設計師分別撰寫，加快程式開發的時間。

8.2 內建函式

C 語言將函式分為兩大類，其一為程式語言製造商為了方便使用者，在設計程式時會常用的產生亂數、數學公式、資料型別轉換、字串和數值處理、檔案處理等程式碼寫成函式，只要給予函式輸入值，該函式便將結果傳回，以供使用者套用。我們將這類函式稱為「內建函式」(Builded-In Function)。ANSI C

所提供的內建函式說明收錄於附錄 C。詳讀這些函式的使用，將使您撰寫程式的功力如虎添翼。另一種為使用者自定義函式(User Defined Function)簡稱「自定函式」，此類函式不是廠商提供，而是程式設計者為了因應程式的需求而自己建立的。

我們都知道 C 語言是從 main() 開始執行，main() 本身就是一個函式我們稱為主函式或主程式。printf()或 scanf()也是函式，這些都是系統廠商提供的內建函式。至於如何來呼叫這些內建函式，我們以內建函式 pow()計算某數的次方為例，來熟悉 C 語言所提供內建函式的用法：

語法

```
double c = double pow(double a ,double b ) ;  /* 傳回 a^b 值給 c */
```

當設計者在查閱 C 語言使用手冊時，首先要注意的是內建函式的原型(Prototype)是放在哪個標頭檔。例如：pow()函式的原型(Prototype)是定義在 math.h 標頭檔內，所以使用時必須先含入 #include <math.h>。下面語法中在函式名稱 pow()前面的 double 是告知函式的傳回值為浮點數資料型別，在 pow()函式後面小括號內的參數，是告知呼叫該函式時，必須傳入兩個浮點數。譬如下面 power.c 簡例是取得 $F(x)=4x^3+3x^2+2x+1$ 數學函式的函式值。

範例：power.c

使用者由鍵盤輸入一個整數 x 值，主程式呼叫內建函式 pow()次方函式，求出下列函數值。

$$F(x) = 4x^3 + 3x^2 + 2x + 1$$

執行結果

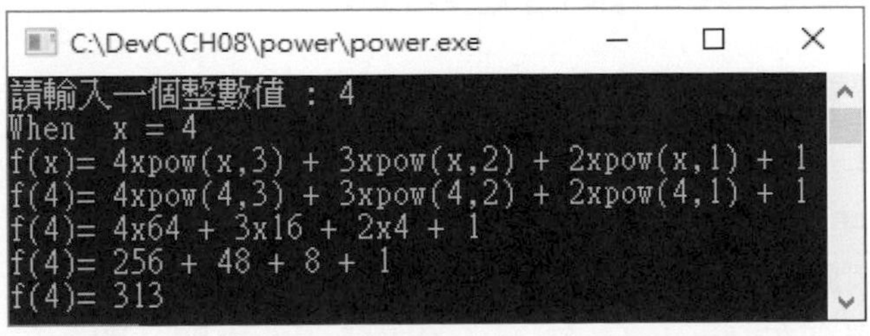

程式碼 FileName : power.c

```
#include <stdio.h>
#include <stdlib.h>
#include <math.h>
int main(int argc, char *argv[]) {
    int x;
    int power3, power2, power1, value;
    printf("請輸入一個整數值 : ");
    scanf("%d", &x);

    power3 = pow(x,3.0);
    power2 = pow(x,2.0);
    power1 = pow(x,1.0);
    value = 4 * power3 + 3 * power2 + 2 * power1 + 1;

    printf("When  x = %d \n",x);
    printf("f(x)= 4xpow(x,3) + 3xpow(x,2) + 2xpow(x,1) + 1 \n");
    printf("f(%d)= 4xpow(%d,3) + 3xpow(%d,2) + 2xpow(%d,1) + 1 \n",x,x,x,x);
    printf("f(%d)= 4x%d + 3x%d + 2x%d + 1 \n",x,power3,power2,power1);
    printf("f(%d)= %d + %d + %d + 1 \n",x,4*power3,3*power2,2*power1);
    printf("f(%d)= %d \n",x,value);
    printf("\n");
    system("PAUSE");
    return 0;
}
```

8.3 自定函式的定義與呼叫

8.3.1 如何宣告與定義自定函式

若您在設計程式時，需要使用到一個小功能，這個功能在內建函式中找不到，那麼只好在程式中自己定義一個具有此小功能的函式，我們稱為「使用者定義函式」(User Defined Function) 簡稱「自定函式」，由於使用者自定函式是無中生有的，因此必須在使用前先定義該函式，此即為該函式的主體。函式主體的位置通常撰寫在 #include 和 main()主函式的之間，即 main()主函式的前面，也允許放在 main()主函式的後面，若使用後者就必須在 main()主函式前面先宣告函式的原型，以告知編譯器此自定函式在程式中有定義，由於編譯程式時是由程式的最前面往下逐行編譯，以避免因先編譯 main()主函式找不到該函式的定義，而發生編譯上的錯誤。若使用前者自定函式的定義寫在 main()主函式之前，自定函式的原型宣告可以省略，但為求程式一致性及可讀性建議還是不要省略。下面即為自定函式的兩種寫法：

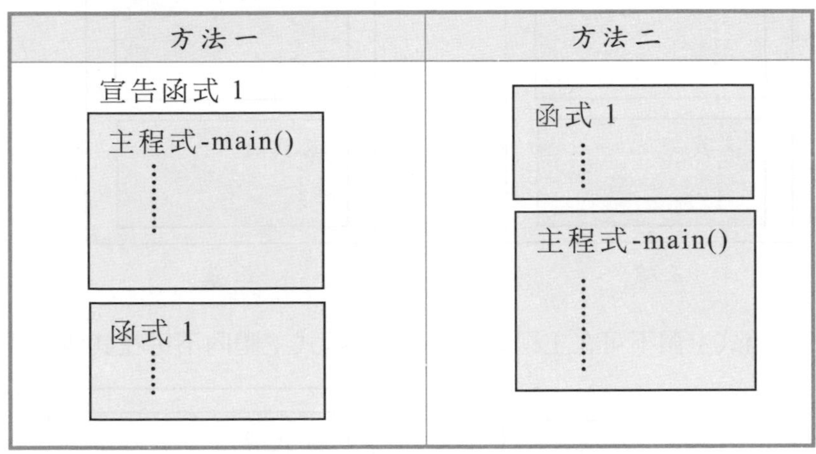

下面列出 main()主函式與多個自定函式間正確與錯誤用法：

1. 此種方式「函式 1&2」要宣告

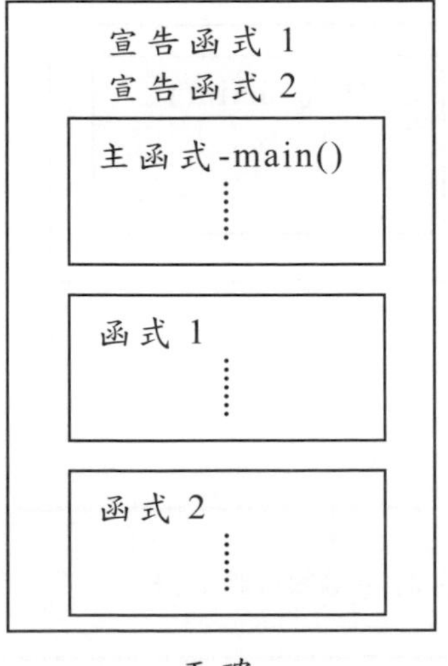

正確

2. 此種方式「函式 1&2」不用宣告

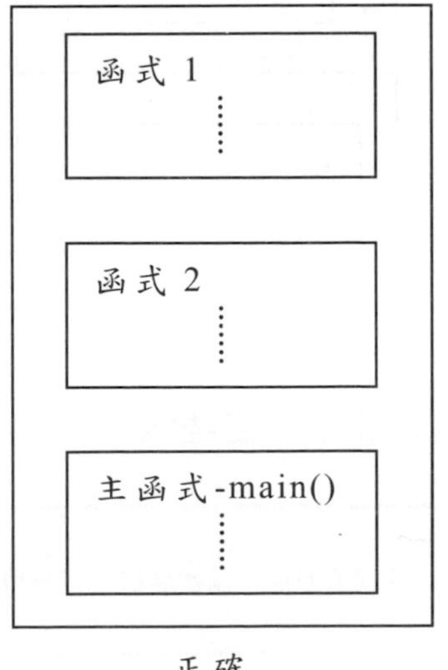

正確

3. 此種方式僅「函式 2」要宣告

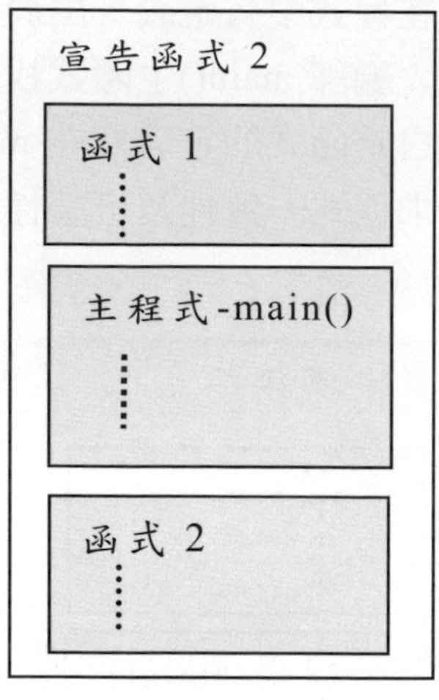

正確

4. 此種方式僅「函式 1」要宣告

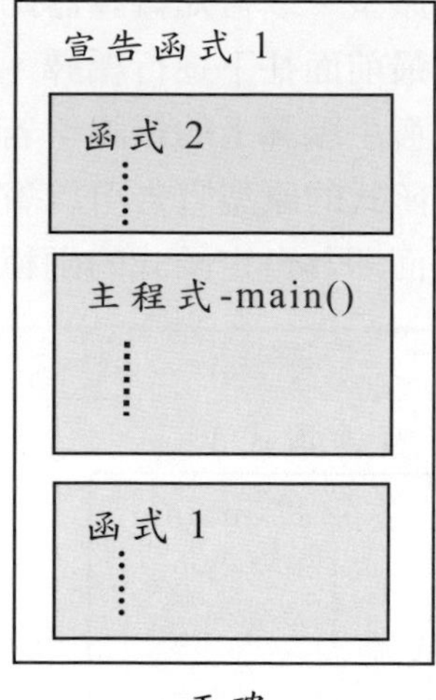

正確

5. 任何函式主體不可在主程式內

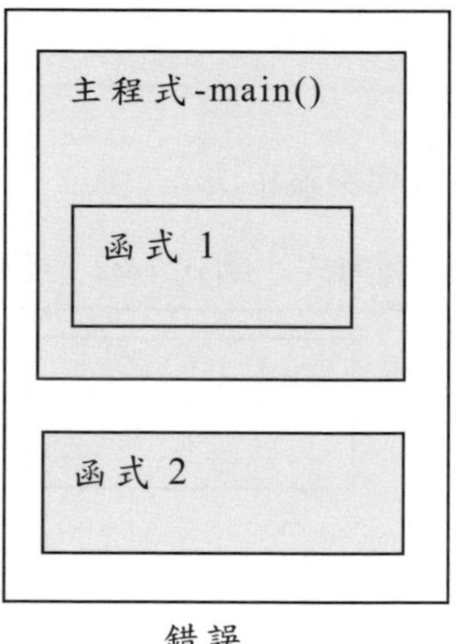

錯誤

6. 函式主體內不可在其他函式主體內

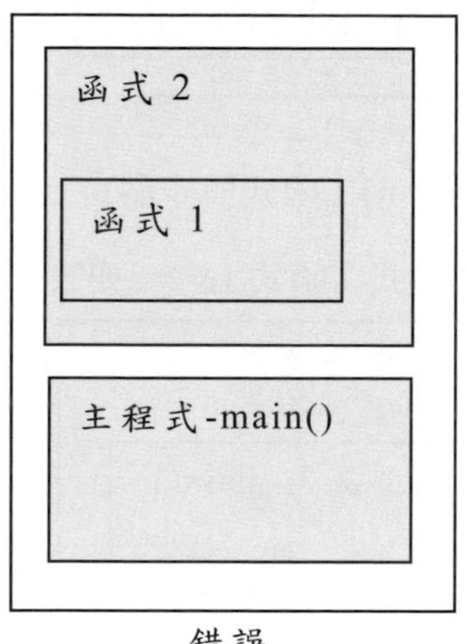

錯誤

一. 函式原型宣告語法

語法

```
[傳回值型別] 函式名稱 (資料型別 1, 資料型別 2, …資料型別 n );
```

說明

1. double cal(int);
   宣告 cal 函式，此函式可傳回 double 浮點數資料型別的資料，呼叫時必須傳入一個 int 整數資料型別的資料。

2. int add(int, int);
   宣告 add 函式，此函式可傳回 int 整數資料型別的資料，呼叫時必須傳入兩個 int 整數資料型別的資料。

二. 函式定義語法

語法

```
[傳回值型別] 函式名稱 (資料型別 1 引數 1, 資料型別 2 引數 2,…資料型別 n 引數 n){
    程式區段 ;                              引數串列
    return 運算式 ;
}
```

說明

1. 傳回值型別
   函式的傳回值可以是數值(byte, int, float, …)、字元、字串、指標…等資料型別。若函式不傳回任何資料，必須將傳回值型別設為 void。

2. 函式名稱
   在同一個程式中自定函式的名稱不可以重複定義；函式名稱也不能和系統所提供的內建函式的名稱相同。

3. 引數串列
   (資料型別 1 引數 1, 資料型別 2 引數 2, …. 資料型別 n 引數 n) 是指呼叫該函式時，會將傳入值依序存入對應的引數，要注意兩者的資料型別要一致。引數可以是變數、常數、陣列、指標、自訂資料型別，但不可以是運算式。若引數串列的個數是一個(含)以上，引數間必須使用逗號來分隔。若無傳入值時，引數串列可省略變成一個空的小括號。至於有關引數的傳遞方式將在 11.3 節中詳述。在函式的原型宣告中小括號內的引數串列，只要撰寫對應的資料型別，引數可以省略不寫。

4. 程式區段

   為函式的主體，即是呼叫該函式時所要執行的程式區段，其範圍是由左、右 {…}大括號所框住。

5. return 運算式

   return 敘述是在有傳回值時才使用，「return 運算式;」中的運算式即是執行函式後所傳回的值，該運算式的資料型別建議與函式的「傳回值型別」一致。

8.3.2 如何呼叫自定函式

當一個函式呼叫另一個函式去執行一個工作時，我們將前者稱為「呼叫函式」(Calling Function)，後者稱為「被呼叫的函式」(Called Function)。若前者呼叫函式小括號內有引數串列，我們稱為「實引數」(Actual Parameter)，被呼叫函式名稱後面小括號內的引數串列稱為「虛引數」(Formal Parameter)。在 C 語言呼叫函式的寫法視其傳回值有下列兩種方式：

一. 只傳回一個值

語法

```
變數 = 函式名稱([引數串列]) ;
```

此種方式由於使用指定運算子(=)，會將等號右邊執行的結果指定給等號左邊的變數，也就是該函式只傳回一個結果。因此電腦會先將實引數串列傳給被呼叫函式的虛引數串列，接著虛引數串列將所得到的資料代入函式內，經過運算處理後，在函式的最後一行透過 return 敘述傳回一個資料給等號左邊的變數。

二. 不傳回值或傳回兩個(含)以上的資料

語法

```
函式名稱([引數串列]) ;
```

若無傳回值，只要將實引數串列傳給被呼叫函式的虛引數串列，接著虛引數串列將所得到的資料代入函式內，經過運算處理後，將結果直接在函式內輸出顯示，不傳回資料給呼叫函式。若要傳回兩個(含)以上的資料，就無法使用 return 敘述，必須使用 11.3 節介紹的傳址呼叫方式才能達成。

譬如：下例左右兩圖都將自定函式定義在 main()主函式之後，必須在前面先宣告程式中 add()相加函式，主函式呼叫自定 add()函式時會透過實引數傳入被加數和加數給自定函式 add()虛引數的 x 和 y 變數。左邊方式直接將結果計算出來並直接在函式內輸出，不傳回主函式，所以 add()函式前面使用 void。右邊方式會將結果計算出來並透過 temp 整數變數傳回主函式原來呼叫處，所以 add()函式前面使用 int。兩者寫法差異如下：

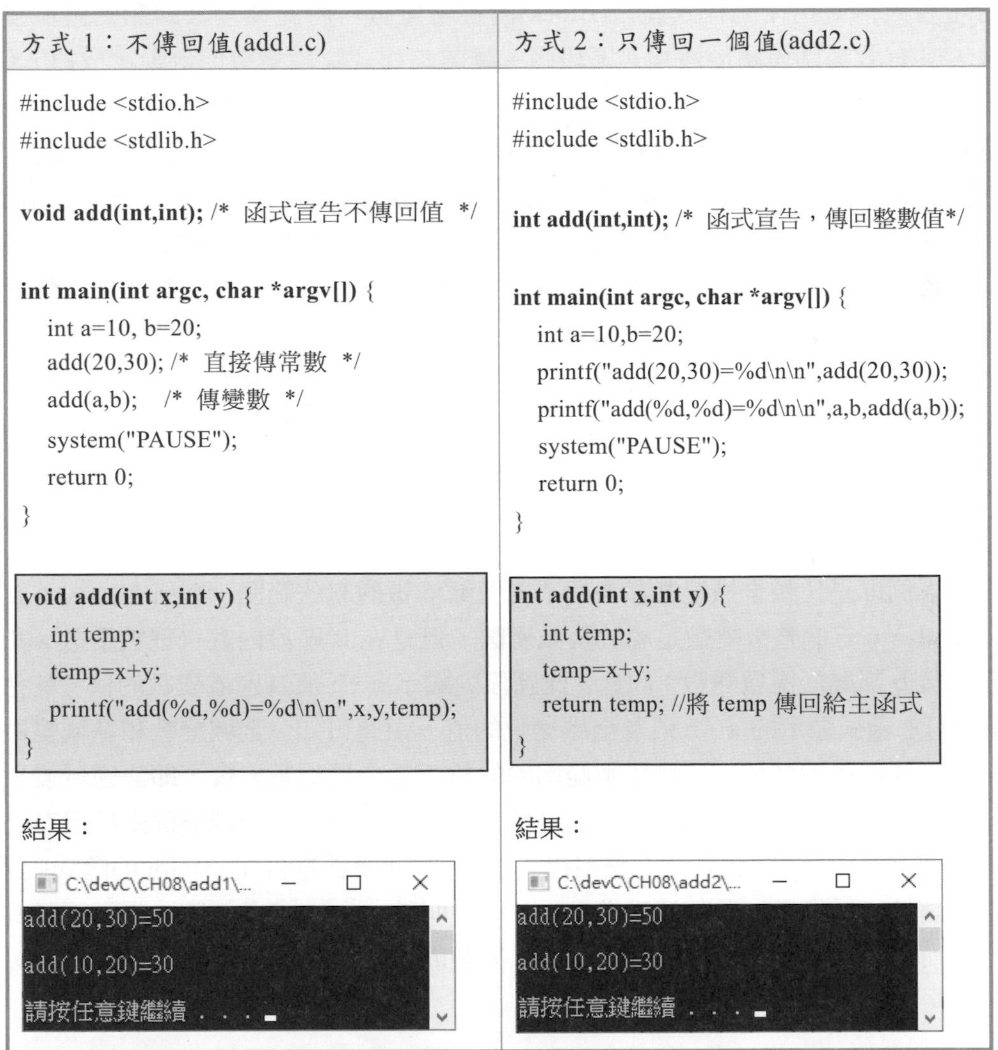

方式 1：不傳回值(add1.c)

```c
#include <stdio.h>
#include <stdlib.h>

void add(int,int); /*  函式宣告不傳回值  */

int main(int argc, char *argv[]) {
   int a=10, b=20;
   add(20,30); /*  直接傳常數  */
   add(a,b);   /*  傳變數  */
   system("PAUSE");
   return 0;
}

void add(int x,int y) {
   int temp;
   temp=x+y;
   printf("add(%d,%d)=%d\n\n",x,y,temp);
}
```

結果：

```
C:\devC\CH08\add1\...
add(20,30)=50

add(10,20)=30

請按任意鍵繼續 . . .
```

方式 2：只傳回一個值(add2.c)

```c
#include <stdio.h>
#include <stdlib.h>

int add(int,int); /*  函式宣告，傳回整數值*/

int main(int argc, char *argv[]) {
   int a=10,b=20;
   printf("add(20,30)=%d\n\n",add(20,30));
   printf("add(%d,%d)=%d\n\n",a,b,add(a,b));
   system("PAUSE");
   return 0;
}

int add(int x,int y) {
   int temp;
   temp=x+y;
   return temp; //將 temp 傳回給主函式
}
```

結果：

```
C:\devC\CH08\add2\...
add(20,30)=50

add(10,20)=30

請按任意鍵繼續 . . .
```

8.4 全域變數與區域變數

C 語言將函式內所宣告的變數稱為區域變數或稱局部變數(Local Variable)，此類變數的有效範圍僅在該函式內，離開該函式便由記憶體中釋放掉，下次呼叫該函式時再重新配置記憶體給該函式使用。C 語言亦允許在一個用左右大括號括住的程式區段(Block)內宣告變數，將此種變數歸類為區域變數，其有效範圍僅屬於該程式區段內，離開該程式區段變數便自動釋放掉。C 語言另外提供一種變數可供多個函式共同使用，變數的有效時間一直到程式結束為止，我們將此類的變數稱為「全域變數」(Global variable)。區域變數的有效範圍是局部性，其效力僅限於該函式內，也就是說它允許在不同的函式內使用同名稱的變數，兩個變數的內容存放在不同的記憶體位址，彼此互不相干各有其值，有如 A 班的張三和 B 班的張三是不同的一個人。全域變數必須將變數宣告在所有函式的外面，一般都置於 main()主函式的前面以方便各函式參用。全域變數一經宣告，便在記憶體內占用一個位址來存放該變數的內容，一直到程式結束執行為止，程式中任一函式都有權利存取該變數改變其值。所以，函式彼此間資料的傳遞也可以透過全域變數來達成，以取代 return 敘述只能傳回一個值的困擾。

下例即是比較全域變數和各函式內區域變數的有效範圍。在所有函式外宣告 a、b、c 三個整數變數是屬於全域變數，但是在 if 區段內宣告整數變數 a 和浮點數 b 都屬於區域變數。因此，此區段內顯示 a、b 值為區域變數的值，其他 main()主函式顯示的 a、b 值為全域變數的值。由此可知，全域變數和區域變數若有同樣的變數名稱，區域變數範圍內的值不受全域變數影響，即使區域變數的值有改變，全域變數的值亦不受區域變數影響。至於 c 全域變數由於沒有區域變數與之同名，因此其效力整個程式都有效。d 變數宣告在 printout()函式內，因此屬於區域變數，有效範圍僅在 main()呼叫該 printout()函式時，方可顯示其值，而無法在 main()函式中直接顯示 d 變數的值。

Filename：localglobal.c

```
#include<stdio.h>
#include<stdlib.h>
int a,b,c=30;        /* a,b,c 全域變數 */
void printout();     /* 函式原型宣告 */

int main(int argc, char *argv[]) {
    a=10,b=20;
    printout();
    a=10,b=20;
    printf("\n\n In main-block :");
    printf("\n a= %d",a);
    printf("\n b= %d",b);
    printf("\n c= %d",c);
    if(1) {
        int a=100;
        float b=3.6;
        printf("\n\n In IF-Block :");
        printf("\n a= %d",a);
        printf("\n b= %f",b);
        printf("\n c= %d",c);
    }
    printf("\n\n Exit IF-Block But Still in main():");
    printf("\n a= %d",a);
    printf("\n b= %d",b);
    printf("\n c= %d",c);
    printout();
    getch();
    return 0;
}

void printout() {
    int d=40;
    printf("\n\n In Printout Function :");
    printf("\n a= %d",a);
    printf("\n b= %d",b);
    printf("\n c= %d",c);
    printf("\n d= %d",d);
}
```

if-區塊

printout 函式

主函式 main() 變數有效範圍
a b c

if-區塊變數有效範圍
a b

printout()函式變數 d 範圍

執行結果

```
C:\DevC\CH08\localglobal\l...
In Printout Function :
a= 10
b= 20
c= 30
d= 40

In main-block :
a= 10
b= 20
c= 30

In IF-Block :
a= 100
b= 3.600000
c= 30

Exit IF-Block But Still in main():
a= 10
b= 20
c= 30

In Printout Function :
a= 10
b= 20
c= 30
d= 40
```

注意

若程式中區域變數與全域變數的名稱相同，當存取函式內的變數時會以區域變數為優先，使用時最好注意，建議全域變數最好不要和區域變數的名稱同名稱，避免參用時造成混淆。

8.5 函式間傳遞陣列

在設計程式時，時常碰到需要將整個陣列傳給被呼叫的函式，在被呼叫函式內將整個陣列經過計算處理完畢，再將整個陣列傳回給原呼叫函式的陣列。其寫法是在原呼叫函式的實引數中，只需寫上陣列名稱即可，後面不必加上 [ ] 中括號；在被呼叫函式的虛引數內對應的虛引數必須是一個陣列名稱，其後面必須加上 [] 中括號，虛引數內陣列名稱的前面加上該陣列名稱的資料型別。譬如下例是 main()主函式呼叫 sort()函式時將整個陣列 myArray 傳給 tArray 陣列，sort()函式處理完 tArray 陣列後，再將整個陣列傳回給 myArray 陣列。其寫法如下：

```
#include<stdio.h>
void sort(int [ ]);                                /* 函式原型宣告 */

int _tmain(int argc, _TCHAR* argv[]) {             /* 原呼叫函式 */
    int myArray[5];
        :
    sort(myArray) ;                                /* 呼叫函式敘述 */
        :
}

void sort(int tArray[ ]) {                         /* 被呼叫函式 */
        :
}
```

範例：passarray.c

試撰寫一個擁有將陣列元素由小到大排序的 bubblesort 函式。排序前先顯示未排序的陣列元素，接著呼叫 bubblesort()函式進行排序，將排序後的陣列傳回給原呼叫的 main()主函式，再將排序後的陣列元素顯示出來。

執行結果

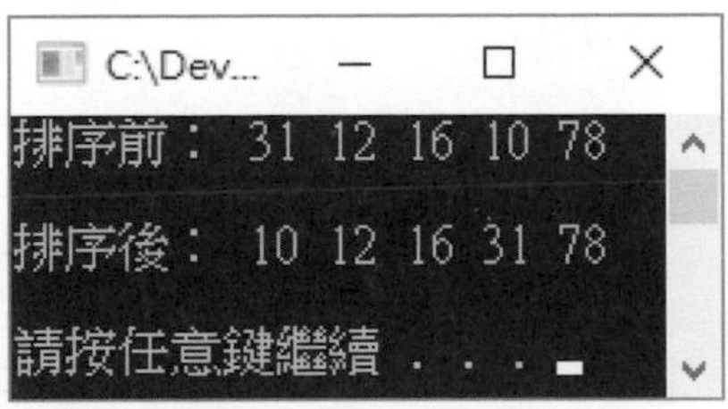

程式碼 FileName：passarray.c

```
#include <stdio.h>
#include <stdlib.h>

void bubblesort(int[],int);

int main(int argc, char *argv[]) {
    int myArray[]={31,12,16,10,78};
    int i, n;
    n=sizeof(myArray)/sizeof(int);      /* 取得陣列元素的個數並指定給 n */
```

```
10     printf("排序前：");
11     for(i=0;i<n;i++) {
12        printf(" %d", myArray[i]);
13     }
14     printf("\n\n");
15     bubblesort(myArray,n);                    /* 呼叫 bubblesort 函式 */
16     printf("排序後：");
17     for(i=0;i<n;i++) {
18        printf(" %d", myArray[i]);
19     }
20     printf("\n\n");
21     system("PAUSE");
22     return 0;
23  }
24
25  void bubblesort(int tArray[], int index) {
26     int i, j, t;
27     for(i=index-2 ; i>=0 ; i--) {             /* 使用氣泡排序法排序 */
28        for(j=0;j<=i;j++) {
29           if(tArray[j]>tArray[j+1]) {
30              t=tArray[j];                   } tArray[j]和 tArray[j+1]
31              tArray[j]=tArray[j+1];         } 兩陣列元素內容互換
32              tArray[j+1]=t;                 }
33           }
34        }
35     }
36  }
```

說明

1. 第 11~13 行：顯示排序前陣列的初值。
2. 第 15 行：呼叫 bubblesort()函式。
3. 第 17~19 行：顯示排序後陣列的初值。
4. 第 25~36 行：定義 bubblesort()氣泡排序法來排序資料，傳入整個陣列，排序完畢再將整個陣列傳回。

8.6 遞迴函式

自定函式中若有一行敘述再呼叫自己本身的函式，即稱為「遞迴函式」(Recursive Function)。使用遞迴函式執行時，會不斷的呼叫自己本身之函式，這樣遞迴函式會形成無窮迴圈，因此必須在遞迴函式內，設定條件來離開該函式的執行，如此當滿足條件時，才結束呼叫自己本身，這樣才能離開此函式。遞迴常使用在具有規則性的程式設計，例如：求最大公因數、排列、組合、階層、費氏數列。就連網頁中最常見的多重回應問題討論區也是使用遞迴技巧來設計的。

範例：sum.c

利用遞迴函式來計算出 10 + 9 + 8 + … + 3 + 2 + 1 的結果。

流程圖

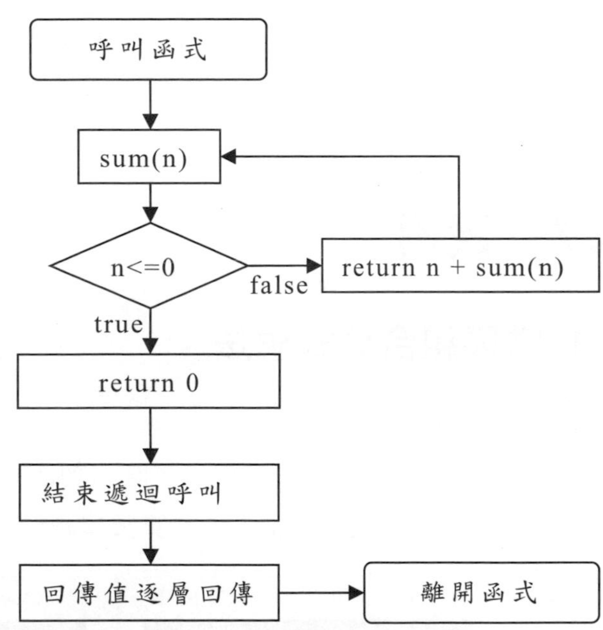

執行結果

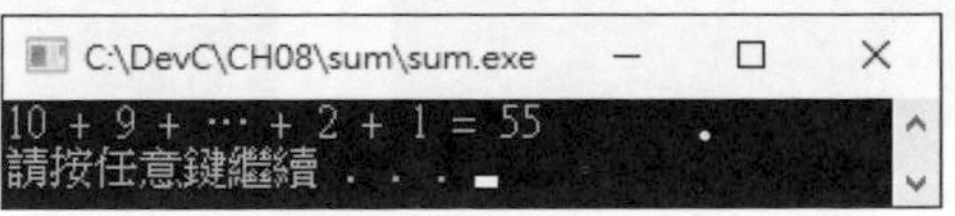

程式碼 FileName：sum.c

```c
#include <stdio.h>
#include <stdlib.h>

int sum(int);

int main(int argc, char *argv[]) {
    int x = sum(10);
    printf("10 + 9 + … + 2 + 1 = %d\n", x);
    system("PAUSE");
    return 0;
}

int sum(int n) {        /* 自定函式 */
    if(n <= 0) {        /* 若n為0，則傳回0 */
        return 0;
    }
    else {                              /* 若n>0, 則呼叫函式自己本身 */
        return n + sum(n - 1);          /* 呼叫函式自己本身  */
    }
}
```

8.7 實例

8.7.1 數學組合公式求法

範例：combination.c

使用遞迴函式求數學組合的 C_m^n 之值。使用者可以輸入組合的第一個數 n 和第二個數 m，程式執行結果會計算數學組合 C_m^n 之值，如下兩圖：

執行結果

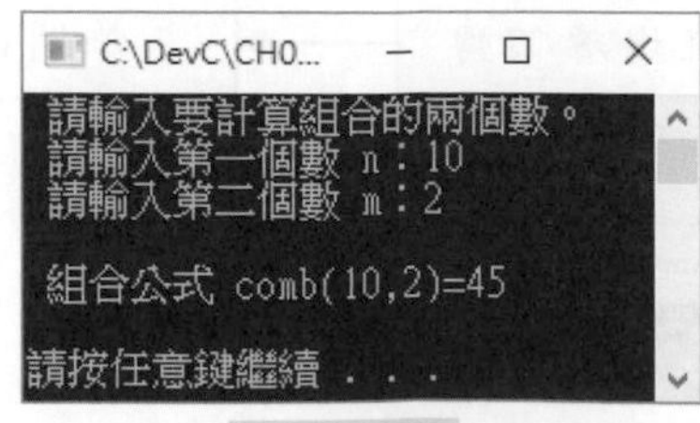

正確操作

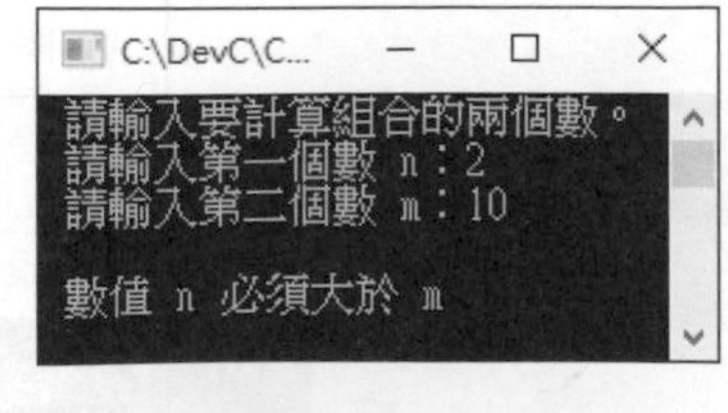

錯誤操作

問題分析

1. 數學組合公式如下：

$$C_m^n = \begin{cases} 1 & \text{/*如果 n=m 或 m=0，則傳回 1*/} \\ C_m^{n-1} + C_{m-1}^{n-1} & \text{/*如果 n<m，則傳回此公式的結果值*/} \end{cases}$$

2. 例如：欲求出數學組合 C_2^5 之值，則計算過程如下：

$$C_2^5 = C_2^4 + C_1^4$$

$$= (C_2^3 + C_1^3) + (C_1^3 + C_0^3)$$

$$= (C_2^2 + C_1^2) + (C_1^2 + C_0^2) + (C_1^2 + C_0^2) + 1$$

$$= 1 + (C_1^1 + C_0^1) + (C_1^1 + C_0^1) + 1 + (C_1^1 + C_0^1) + 1 + 1$$

$$= 1+1+1+1+1+1+1+1+1+1$$

$$= 10$$

程式碼 FileName：combination.c

```c
#include <stdio.h>
#include <stdlib.h>

int comb(int, int);      /* 宣告 comb 函式原型 */

int main(int argc, char *argv[]) {
    int numN, numM, ans;
    printf(" 請輸入要計算組合的兩個數。\n");
    printf(" 請輸入第一個數 n：");
    scanf("%d", &numN);
    printf(" 請輸入第二個數 m：");
    scanf("%d", &numM);
```

```
13     if(numN>=numM) {
14         ans=comb(numN, numM);
15         printf("\n 組合公式 comb(%d,%d)=%d\n\n",numN, numM, ans);
16     }
17     else {
18         printf("\n 數值 n 必須大於 m \n\n");
19     }
20     system("PAUSE");
21     return 0;
22 }
23
24 int comb(int n, int m) {
25     if(n==m || m==0) {
26         return 1;
27     }
28     else {
29         return comb(n-1, m)+comb(n-1, m-1);
30     }
31 }
```

說明

1. 第 24~31 行：建立名稱為 comb()函式，此函式可用來傳回數學組合 C_m^n 之值。
2. 第 25 行：當 n 和 m 相等、或 m 等於 0，則會傳回 1。
3. 第 29 行：使用遞迴函式繼續計算 $C_m^{n-1} + C_{m-1}^{n-1}$ 的值。

8.7.2 存款利息試算

範例：interest.c

試寫一個計算定存本利和的複利率函式。程式執行時會要求您輸入定存本金金額、幾年後領回，年利率，最後再算出 n 年後領回多少總金額。計算方式採每年計息一次及每月計息一次。

執行結果

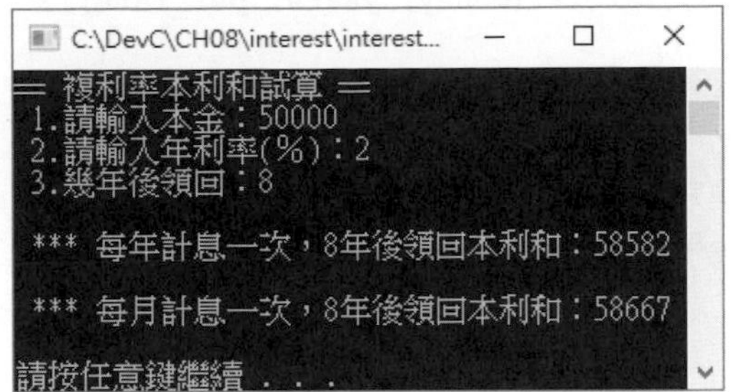

問題分析

本利和計算公式如下：

1. 每年計息一次的公式：

   $\text{本利和} = \text{本金} \times (1+\text{年利率})^{\text{年數}}$

2. 每月計息一次的公式：

   $\text{本利和} = \text{本金} \times (1+\text{年利率}/12)^{\text{年數} \times 12}$

程式碼 FileName : interest.c

```
#include <stdio.h>
#include <stdlib.h>
#include <math.h>                      /* 含入 math.h 標頭檔 */

int yr_total(int, int, float);        /* 函式宣告，yr_total 函式採每年計息一次 */
int mon_total(int, int, float);       /* 函式宣告 mon_total 函式採每月計息一次 */

int main(int argc, char *argv[]) {
    int money, years, yrate;
    float per_rate;
    printf("== 複利率本利和試算 ==\n");
    printf(" 1.請輸入本金：");
    scanf("%d", &money);
    printf(" 2.請輸入年利率(%)：");
    scanf("%d", &yrate);
    printf(" 3.幾年後領回：");
    scanf("%d", &years);
    per_rate=(float)yrate/100;            /* 求利率 */
    printf("\n");
```

```
20     printf(" *** 每年計息一次，%d 年後領回本利和：%d",
               years,yr_total(money, years, per_rate));
21     printf("\n\n");
22     printf(" *** 每月計息一次，%d 年後領回本利和：%d",
               years,mon_total(money, years, per_rate));
23     printf("\n\n");
24     system("PAUSE");
25     return 0;
26 }
27
28 int yr_total(int vmoney, int vyears,float vper_rate) {   /* 每年計息一次 */
29     return vmoney*pow(1+vper_rate,vyears);
30 }
31 int mon_total(int vmoney, int vyears,float vper_rate) {   /* 每月計算一次 */
32     return vmoney*pow(1+(vper_rate)/12,vyears*12);
33 }
```

說明

1. 第 28~30 行：yr_total()函式使用每年計息一次的方式來計算現金終值。虛引數 vmoney 表示初值(目前存入金額)、vyears 表示幾年後、vper_rate 表示利率。
2. 第 29 行：pow(double a, double b) 函式可傳回 a 的 b 次方值。
3. 第 31~33 行：mon_total()函式使用每月計息一次的方式來計算現金終值。虛引數 vmoney 表示初值(目前存入金額)、vyear 表示幾年後、vper_rate 表示利率。

8.7.3 貸款利息與本金試算

假設您向銀行貸款 500 萬購屋，固定年利率 5%。每年計息一次，分五年償還，試計算每年應還多少錢？其試算公式如下：

$$\text{貸款金額} = \text{每期應還金額} \times \frac{1-\left(1+\frac{r}{m}\right)^{-n\times m}}{\frac{r}{m}}$$

$$每期應還金額 = \frac{貸款金額}{\frac{1-(1+\frac{r}{m})^{-n\times m}}{\frac{r}{m}}}$$

$$每年償還金額 = \frac{貸款金額}{\frac{1-(1+年利率)^{-年數}}{年利率}}$$ (每年計息 m=1)

$$每月償還金額 = \frac{貸款金額}{\frac{1-(1+\frac{年利率}{12})^{-年數\times 12}}{\frac{年利率}{12}}}$$ (每月計息 m=12)

其中
r：年利率
n：年數
m：每年複利次數
若每年計息一次 m=1
若每月計息一次 m=12

範例：loan.c

延用上面每年計息一次貸款試算公式，撰寫可以計算每年應還多少貸款的函式。呼叫 loan()函式時傳入貸款金額、分幾年償還、年利率三個引數會傳回每年應還的本金加利息總額；呼叫 showloan()函式傳入貸款金額、分幾年償還、年利率三個引數，經過公式計算印出攤還年次、期初餘額、應付利息、償還本金、每年償還金額(即應付利息+償還本金)所有資訊以印證試算是否正確。

執行結果

假設貸款 100 萬元，分 5 年償還，利率 3%(即 0.03)，showloan()函式列出下表每年分期付款的所有資訊。其結果如下：

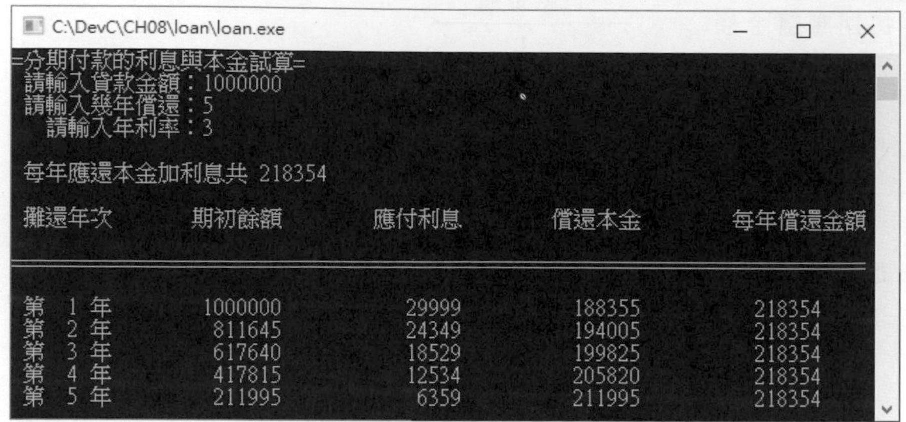

問題分析

每年計息一次(m=1)，上表中各欄位計算方式說明如下：

1. 期初貸款餘額若第一年為貸款總金額，第二年以後為上一年期末餘額轉進來。
2. 下年期初餘額(即上年期末餘額) = 本年期初餘額 – 本年償還本金
3. 每年償還金額 = 貸款金額 / $\dfrac{1-(1+\text{年利率})^{-\text{償還年數}}}{\text{年利率}}$
4. 每年應付利息 = 本年期初餘額 * 年利率
5. 該年償還本金 = 每年償還金額 – 每年應付利息

程式碼 FileName : loan.c

```
#include <stdio.h>
#include <stdlib.h>
#include <math.h>

int loan(int, int, float);
void showloan(int, int, float);

int main(int argc, char *argv[]) {
    int keyin_money, keyin_year, keyin_rate;
    float rate;
    printf("=分期付款的利息與本金試算=\n");
```

```
    printf(" 請輸入貸款金額：");
    scanf("%d", &keyin_money);
    printf(" 請輸入幾年償還：");
    scanf("%d", &keyin_year);
    printf("    請輸入年利率：");
    scanf("%d", &keyin_rate);
    rate=(float)keyin_rate/100;
    printf("\n");
    printf(" 每年應還本金加利息共 %d", loan(keyin_money, keyin_year, rate));
    printf("\n\n");
    showloan(keyin_money ,keyin_year ,rate);
    printf("\n");

    system("PAUSE");
    return 0;
}

int loan(int money, int year, float rate) {
    return money/((1-pow((1+rate),-(year)))/rate);
}

void showloan(int money, int year, float rate) {
    int i, capital_interest, capital, interest;
    /* 每年應還分期付款的利息與本金 */
    capital_interest=money/((1-pow((1+rate),-(year)))/rate);
    printf(" 攤還年次\t 期初餘額\t 應付利息\t 償還本金\t 每年償還金額\n");
    printf("========================================");
    printf("========================================\n");
    for(i=1;i<=year;i++) {
        interest=money*rate;                  /* 利息 */
        capital=capital_interest-interest;    /* 本金 */
        if(i==year) {
            capital=money;
        }
        printf(" 第 %2d 年\t%8d\t%8d\t%8d\t%8d\n",
                i, money, interest, capital, capital_interest);
        money-=capital;
    }
}
```

說明

1. 第 29~31 行：呼叫 loan 函式並傳入貸款金額(money)、分幾年償還(year)、年利率(rate)三個引數則可以傳回貸款每年應償多少金額。
2. 第 33~49：呼叫 showloan 函式並傳入貸款金額(money)、分幾年償還(year)、年利率(rate)三個引數則可以印出每年的期初餘額、應付利息、償還本金、每年應償還金額(利息+償還本金)的資訊。
3. 第 36 行：計算每年償還金額(利息+償還本金)。
4. 第 41 行：計算每年應付利息。
5. 第 42 行：計算每年償還本金。
6. 第 43~45 行：如果是最後 1 年，則本年期初餘額即是目前本年之本金。即表示要將最後一年的本金償還完畢。
7. 第 47 行：計算下年期初餘額。

C 的前置處理器

CHAPTER 9

9.1 C 語言的編譯過程

我們將整合開發環境下所編寫的程式碼稱為「原始程式」，其副檔名為*.c。當您在 Dev C++ 整合開發環境下執行功能表的【執行(Z)/編譯並執行(O)】時，原始程式分別經過下列前置處理(Preprocess)、編譯(Compiling)、組譯(Assemblying)處理，無錯誤之後才能執行程式。

一. 前置處理

前置處理即是在程式做編譯之前要先做的工作，主要是因為 C 語言在程式前面大都使用一些不屬於 C 語言的敘述，我們稱為「前置處理指引」(Preprocessor Directive)，編譯前必須將這些敘述交給前置處理器，將它含入或取代成 C 語言，再進行下一步的編譯處理。

二. 編譯處理

在編譯過程中，主要是對原始程式做下列六大步驟的工作：

① 字彙分析(Lexical Analysis)

② 語法分析(Parsing)

③ 語意分析(Semantic analysis)

④ 產生中間碼(Intermedia code generation)

⑤ 程式碼最佳化(Optimization)

⑥ 產生組合語言程式碼(Code generation)。

步驟 ①~③ 若有發生錯誤，編譯器會停止編譯，此時必須將發生錯誤的地方更正，再重新編譯一直到無錯誤為止，接著編譯器才會進行步驟④~⑥，將程式中所有敘述透過 Code generation 轉成更低階的組合語言。至於字彙分析是將程式中所有敘述拆成有意義的字串，我們將這些獨立字串稱為「Token」。譬如：「total = price * qty;」分成 "total"、"="、"price"、"*"、"qty"、";" 六個 Tokens。語法分析就是檢查這些 Token 是否符合 C 語言的文法規則；譬如：是否漏打符號、括號、或括號不成對等錯誤發生。語意分析是檢查是否有拼錯字、變數是否有宣告等錯誤發生。

三. 組譯處理

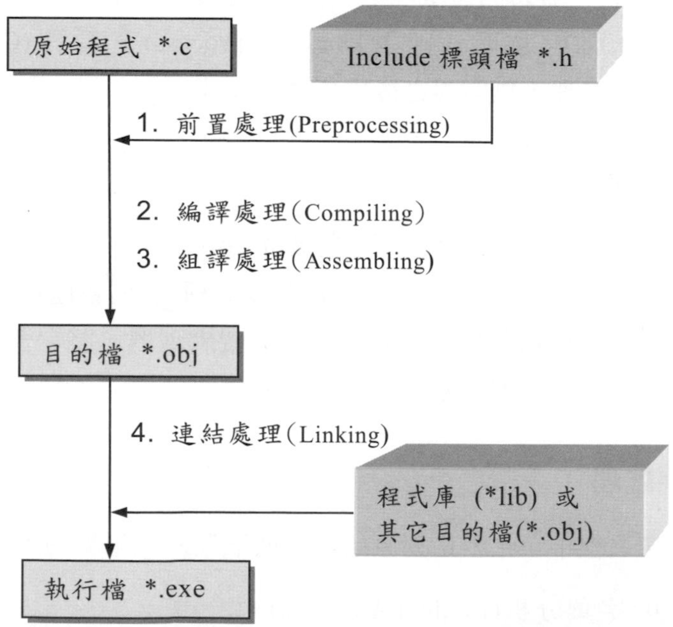

組譯處理主要的工作是將上述編譯完成的組合語言程式，透過編譯器內部所提供的組譯器(Assembler)組譯成機器語言，我們將所得的機器碼稱為「目的檔」其副檔名為 *.obj。

當程式編譯完成都沒有發生錯誤，便可交給連結器(Linker)，連結相關檔案，而產生一個可執行檔，其副檔名為*.exe。此時程式便可以直接執行。

9.2 前置處理器

C 語言的前置處理器(Preprocessor)是一個巨集處理器，在編譯器編譯原始程式之前會自動啟動，主要是用來處理程式中含有 # 符號開頭的敘述，我們稱為「前置處理指引」(Preprocessor directive)敘述。透過檔案含入指引(#include)將程式中指定的標頭檔(Header File)含入到程式中，或是巨集代換指引(#define)將程式中經常使用的常數、字串、函式以巨集名稱取代，以及使用條件式編譯指引依據不同環境需求，在編譯時選擇編譯不同的敘述。由此可知，前置處理指引和一般 C 語言所提供的敘述最大的差異是，該指引最前面必須以 # 符號(Pound sign)開頭，它可以出現在程式任何地方。習慣上，將前置處理指引放在 main()主函式或自定函式的前面，所以，前置處理指引的有效範圍是從指引所在處開始，一直到程式結束為止，除非使用 #undef 指引才可使其有效範圍中途失效。前置處理指引不必像函式必須呼叫，當編譯器在編譯程式之前會自動啟動。至於 C 語言所提供的前置處理指引敘述有下列三種：

1. 檔案含入功能：#include
2. 字串置換和巨集定義：#define、#undef
3. 條件編譯：#if…#elif…#else…#endif，#ifdef…#else…#endif，#ifndef…#else…#endif

9.3 巨集代換指引

9.3.1 如何定義巨集

C 語言的 #define 巨集代換指引允許您使用有意義的名稱來代替常用的特定常數、字串、簡單的數學公式或函式。其語法如下：

寫法

```
1. #define 巨集名稱 [替代內容]
2. #define 巨集名稱(引數列) 運算式
```

說明

1. 巨集名稱：

   和一般變數的命名規則相同，習慣上名稱最好有意義且以大寫英文字母來命名，如：圓周率使用 PI 來命名，巨集名稱中間不允許有空白。如下面敘述設定 PI 巨集名稱的值為 3.14。

   `#define PI 3.14`

2. 替代內容：

   設定巨集名稱被替代的內容、可以指定數值或字串的資料。當程式中出現此指引時，在編譯前的前置處理器會將程式中每個巨集名稱都使用接在其後的替換內容取代，再進行程式的編譯。如下敘述設定 MSG 巨集名稱的替代內容為「Hello」。

   `#define MSG "Hello"`

3. 巨集名稱前後至少空一格，此指令的最後不可加『;』分號當結束符號。

9.3.2 巨集定義符號常數

所謂「常數」是指程式在執行過程中，其值保持不變，不像變數會改變，為避免程式執行時更改其值，且避免和變數產生混淆，使用符號名稱取代常數是最佳的選擇。假設程式中有十多處使用到圓周率 3.14，碰到欲將 3.14 改成 3.1416，便要牽一髮動全身，稍一疏忽有其中一個圓周率未修改，便會發生錯誤。若能善用巨集，將圓周率使用巨集名稱代替所有的 3.14，如此修改圓周率時，只要更改 #define 那一行的圓周率值，至於在 main()主函式或函式內由於使用巨集名稱代替圓周率而不用變更，使得程式易維護且可讀性高。下表列出常用巨集替換指引寫法。

常用巨集替換指引寫法	程式中寫法
#define PI 3.14	printf("%.2f", PI);
#define BUFFER_SIZE 4096	char buff[BUFFER_SIZE]
#define TAX_RATE 0.05	total = price*qty*TAX_RATE
#define ARRAY_SIZE 20	char myArray[ARRAY_SIZE]
#define EQ ==	if (ch EQ 10)
#define EOF (-1)	while (ch=getchar() != EOF)
#define NULL '\0'	if (ch==NULL)
#define msg “Please Enter your Name：”	printf(msg);
#define TRUE 1	return(TRUE)
#define YES 1	if(ans ==YES)
#define FALSE 0	return(FALSE)
#define NO 0	if(ans == NO)
#define TWO 2	if(keyin == TWO)
#define FOUR TWO*2	sum=FOUR+TWO
#define SECONDS_PER_DAY (60*60*24)	tot_scnds=TWO*SECONDS_PER_DAY

新的 ANSI C 標準中定義一個 const 修飾字，其效果和使用 #define 巨集定義符號常數相同，兩者寫法比較如下：

```
const float PI=3.1416;  /* 尾部必須加分號 */
#define PI 3.1416       /* 尾部不允許加分號 */
```

下面是使用巨集定義常數、數學公式、指令代換、函式代換的完整範例，在程式中能活用巨集，可使得程式易維護且增加程式的可讀性。在 main()主函式中有使用到巨集的最後面都有註解，都寫出該巨集經過前置處理器處理過所轉換敘述的結果，請看下面例子的示範。

程式碼 FileName：macro1.c

```c
#include <stdio.h>
#include <stdlib.h>
#define PI 3.1416                                    /* 定義常數 */
#define AREA(r) PI*r*r                               /* 定義數學公式 */
#define INPUT scanf                                  /* 指令代換 */
#define OUTPUT printf                                /* 指令代換 */
#define MSG "Please input radius :"                  /* 字串代換 */
#define FMT "The circle area is : %6.2f\n"           /* 格式代換 */
#define BEEP "\007"                                  /* 控制字元發出嗶聲代換 */

int main(int argc, char *argv[]) {
    int r;
    OUTPUT(MSG);          /* printf("Please input radius :"); */
    INPUT("%d",&r);       /* scanf("%d",&r); */
    /* printf("The circle area is : %6.2f\n",3.1416*r*r); */
    OUTPUT(FMT,AREA(r));
    OUTPUT(BEEP);         /* printf("\007"); */
    system("PAUSE");
    return 0;
}
```

執行結果

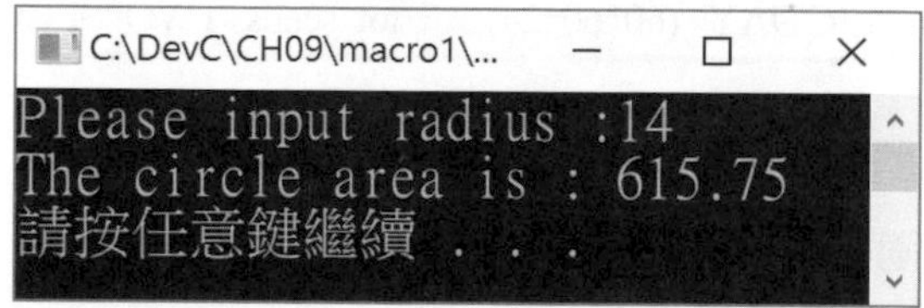

9.3.3 巨集使用引數

巨集使用引數(Argument)看起來和函式很相似，由於引數都用小括號括起來，也可在巨集中再插入巨集變成巢狀巨集。譬如下列敘述都是典型的引數範例：

```
#define SQR(x) ((x)*(x))                               /* 某數的平方 */
#define CUBE(x) (SQR(x)*(x))                           /* 某數的立方 */
#define ABS(x) ((x)<0 ? - (x) : (x))                   /* 取絕對值 */
#define MAX(x,y) ((x)>(y)?(x):(y))                     /* 兩數取最大 */
#define MIN(x,y) ((x)<(y)?(x):(y))                     /* 兩數取最小 */
#define MIN3(x,y,z) MIN(x,MIN(y,z))                    /* 三數取最小 */
#define MIN4(w,x,y,z) MIN(MIN(w,x),MIN(y,z))           /* 四數取最小 */
```

如果 #define 的內容過長時，#define 中的敘述也可以分行撰寫，寫法和一般敘述類似，唯一的差異是每行結尾要加上「\」。

【例 1】判斷字元是否為 16 進位制的文數字

```
#define HEX_CHECK(c) ( ((c) >= '0' && (c) <= '9') ||\
       ((c) >= 'A' && (c) <= 'F') ||\
       ((c) >= 'a' && (c) <= 'f') )
```

【例 2】兩個變數內容值互換

```
#define SWAP(x, y){ \
       int t = x; \
       x = y; \
       y = t; \
}
```

9.3.4 巨集的副作用

定義含有引數的巨集時，巨集經過替換成敘述後，運算的結果會有與預期不一樣即產生副作用(Side Effect)。假設定義一個巨集求某數的平方：

```
#define SQR(x) x*x
printf("%d", SQR(2+6));
```

執行結果為 20，並不是您想要的 $8^2 = 64$。這是因為 printf()函式內的巨集經過前置處理後變成：

```
printf("%d", 2+6  * 2+6) ; ⇨ printf ("%d", 2+12+6) ⇨ 結果顯示 20
             x    *  x
```

若將上面定義巨集時，替換字元使用括號括住。寫成：

```
#define SQR(x) (x)*(x)
printf("%d", SQR(2+6));
```

修改過的巨集經過前置處理後，小括號內的運算會事先處理，替換後變成：

```
printf("%d", (2+6) * (2+6) );   ⇨ printf("%d", 8*8) ⇨ 結果顯示 64
             (x)   *  (x)
```

另外引數前後若使用遞增或遞減運算子時，運算的結果，也會產生差異。

```
#define SQR(x) (x)*(x)
int x = 4;
printf("%d", SQR(++x));    /* 結果顯示 36 */
x = 4;
printf("%d", SQR(x++));    /* 結果顯示 20 */
```

這是因為使用前置遞增運算子時，x 會先遞增兩次變成 6 之後再相乘，所以運算的結果是 36。至於使用後置遞增運算子時，第一個 x 是原值 4 再遞增一次，所以第二個 x 變成 5 之後再相乘，所以運算的結果是 20。

9.3.5 巨集與函式的差異

設計程式時，有很多地方可使用含有引數的巨集或是使用函式，到底應選擇哪種方式撰寫，我們可由時間(Time)和空間(Space)兩方面來考慮：

1. 由於巨集在編譯前會先進行前處理，將巨集進行代換變成程式中的敘述。由上節說明可知巨集引數稍微使用不當易引起副作用。至於函式則不會發生此種現象。

2. 若在程式中使用到 10 次巨集，在進行編譯前，前處理器會進行取代的動作，因此較費時。但執行時不必像呼叫函式時，必須跳到函式所在處，待執行完再返回原呼叫處的下一個敘述，因此巨集編譯時較慢，執行時間較快，但程式長度加長。

3. 若在程式中呼叫函式 10 次，只要在程式中留下一份函式的拷貝，呼叫函式時跳到函式所在處，待執行完再返回原呼叫處的下一個敘述，因此函式比巨集較花費時間，也就是說函式執行時間較慢，但程式長度不會加長。

4. 函式在編譯時會做引數檢查；巨集指引編譯前已變成敘述，所以不會做引數檢查。

本範例主要目的在熟悉含有引數巨集的巢狀用法。macro2.c 範例製作一個功能表選項，選 "1" 時，顯示兩數的最大值。選 "2" 時，顯示三數的最大值。選 "3" 時，顯示四數的最大值。選 "0" 時結束程式執行。

程式碼 FileName : macro2.c

```
#include <stdio.h>
#include <stdlib.h>
#define ZERO 0
#define ONE 1
#define TWO 2
#define THREE 3
#define EQU ==
#define GREATER  >
#define LESS <
#define MAX2(x,y) ((x)>(y) ? (x):(y))
#define MAX3(x,y,z) MAX2(x,MAX2(y,z))
#define MAX4(w,x,y,z) MAX2(MAX2(w,x),MAX2(y,z))

int main(int argc, char *argv[]) {
  int a=10,b=8,c=30,d=15;
  int ch;
  printf("\n =====  Choose Maxinum  =====");
  printf("\n    1. Compare two numbers ");
  printf("\n    2. Compare three numbers ");
  printf("\n    3. Compare four numbers");
```

```
    printf("\n    0. Quit :");
    printf("\n =================================");
    printf("\n    Please Choose Number [0-3] : ");
    scanf("%d",&ch);
    if (ch EQU ZERO) {
      exit(0);
    }
    else {
      if (ch > 3 || ch < 1) {
        printf(" Error !!  Please Keyin 1-3 ");
      }
      else {
        switch (ch) {
          case ONE:
            printf(" The MAX(%d,%d) is : %d \n", a, b, MAX2(a,b));
            break;
          case TWO:
            printf(" The MAX(%d,%d,%d) is : %d \n", a,b,c, MAX3(a,b,c));
            break;
          case THREE:
            printf(" The MAX(%d,%d,%d,%d) is : %d \n",a,b,c,d, MAX4(a,b,c,d));
            break;
        }
      }
    }
    printf("\n");
    system("PAUSE");
    return 0;
}
```

執行結果

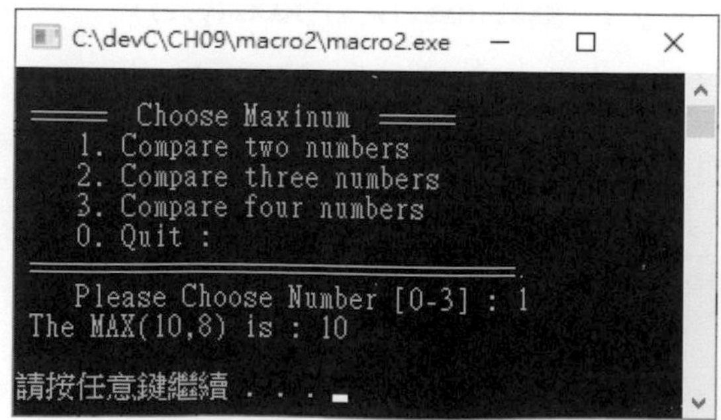

由上可知，在編譯前經過前置處理器會將程式中的巨集直接轉換成所指定的敘述。和函式比較起來，使用巨集可以省掉程式執行時再去呼叫函式的時間，以縮短程式的執行時間，增加程式的可讀性及效率。因此定義巨集可以替代一些簡單的運算式或單行的簡單函式，而函式則適用於較複雜的功能。

9.4 自訂標頭檔

9.4.1 含入標頭檔

假若您寫一些好用的巨集或函式，當您在撰寫新的程式時，需要用到一些裡面的巨集，難道需要再打一次嗎？答案是「不」！您可以將這些巨集單獨存成一個副檔名*.h 的標頭檔(Header File)，透過 C 語言本身所提供的#include 檔案含入指引，在編譯前進行前處理，將指定的標頭檔含入到該程式中，便可直接套用。至於標頭檔的寫法有下列兩種方式：

```
#include <filename.h>        /* 使用角括號括住 */
#include "filename.h"        /* 使用雙引號括住 */
```

若 #include 後面是使用角括號括住標頭檔，是用來告訴前置處理器，到系統預設的資料夾去尋找指定的標頭檔。若使用雙引號括住標頭檔，告知前置處理器先到您程式中指定的資料夾去尋找指定的標頭檔，若找不到才會到系統預設的資料夾去尋找指定的標頭檔。兩者都會將找到的標頭檔內的所有敘述取代#include 這行指引。

標頭檔一般都是用來存放 C 的符號常數或巨集代換，以提供給多個程式使用。所以，#include 指引能在一個原始檔案中載入另一個檔案。譬如：若您大部份時間都撰寫以數學為主的程式，那麼就可以將常用的數學公式做成巨集放在一個標頭檔內，以供日後設計新程式時，只要使用#include 含入該標頭檔到此程式中，不必再重寫這些巨集。C 語言自己本身提供許多標準的標頭檔，下表列舉系統所提供常用的標準標頭檔所對應的內建函式，使用下列函式時要記得含入對應的標頭檔。關於這些函式的語法及功能，請自行參閱附錄 C。

標準標頭檔	使用下列敘述必須含入左側的標頭檔
stdio.h	getchar()、getc()、gets()、putc()、puts()、putchar()、fopen()、fclose()、feof()、fgetc()、fgets()、fprintf()、sprintf()、fread()、fputc()、fputs()、fwrite()、fscanf()、fseek()
stdlib.h	abs()、rand()、srand()、atof()、atoi()、free()、malloc()、exit()
time.h	clock()、ctime()、time()
ctype.h	isdigit()、islower()、isupper()、tolower()、toupper()、ispunct()、iscntrl()、isalnum()、isalpha()
string.h	strcat()、strcmp()、strcpy()、strlen()、strncpy()、strtok()、strncmp()、strncat()
math.h	sqrt()、pow()、exp()、log()、log10()、floor()、ceil()、fabs()、sin()、cos()、tan()、asin()、acos()、atan()

[簡例1] 若 macro1.h 自訂標頭檔與 C 語言的 main()主函式放在相同資料夾下，則主函式 main()含入標頭檔時，只須指定標頭檔檔案名稱即可，其寫法如下：

```
#include "macro1.h"
```

[簡例2] 若 macro2.h 自訂標頭檔放在 C:\macro 資料夾下，且不與 C 語言的主程式放在相同資料夾下，則 main()主函式含入自訂標頭檔時必須指定該標頭檔完整的實際路徑，寫法如下：

```
#include "c:\macro\macro2.h"
```

9.4.2 如何建立標頭檔

將上一節 macro2.c 程式中第 3~12 行所定義的巨集存成一個標頭檔，檔名為 my.h。請按照下列步驟，學習如何在 Dev C++ 環境下建立標頭檔其檔名為 my.h。這個範例我們會使用兩個程式檔，分別是 my.h 為自訂標頭檔；headerfile.c 為主程式，並在 headerfile.c 含入 my.h。本例的執行結果與範例 macro2.c 相同。

上機實作

Step 01 執行功能表的【開始/所有程式/Dev-C++】，此時即進入 Dev-C++ 整合開發環境內。

Step 02 請依下面步驟操作，新增 Console Application 類型的 C 專案。

1. 請執行功能表的【檔案(F)/開新檔案(N)/專案(P)...】指令開啟「建立新專案」的對話方塊。
2. 在「建立新專案」對話方塊中切換到「Basic」標籤頁，然後選擇要新增的專案類型為「Console Application」，再選取「C 專案」，專案名稱設為「headerfile」，再按 確定(O) 鈕。

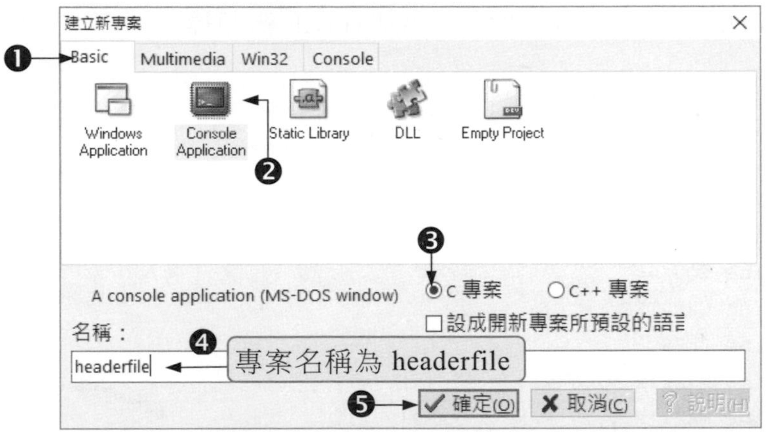

3. 接著出現「建立新專案」對話方塊，請將 headerfile.dev 專案儲存在「C:\DevC\CH09\headerfile」資料夾下，最後再按 儲存(S) 鈕。
4. 新增專案後，預設會有一個未存檔的 main.c 程式。請先執行功能表的【檔案(F)/關閉檔案(C)】指令，將 main.c 程式檔以不儲存的方式關閉。

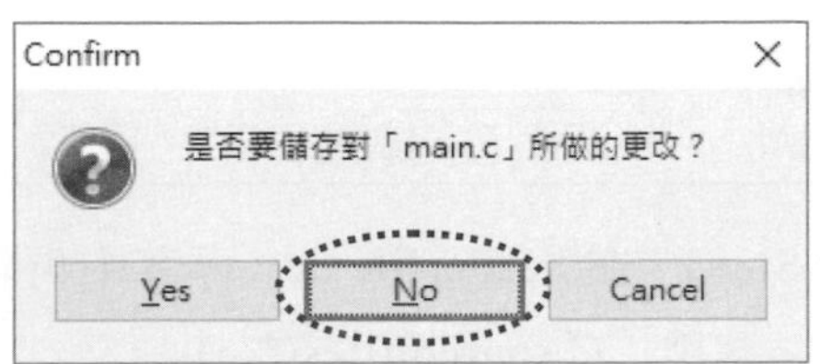

Step 03 依下面步驟在 headerfile.dev 專案中新增 my.h 標頭檔，最後將 my.h 儲存在「C:\DevC\CH09\headerfile」資料夾下。

1. 請執行功能表的【檔案(F)/開新檔案(N)/原始碼(S)】指令新增檔案。
2. 接著出現下面對話方塊詢問是否要將新增檔案加入到目前的專案中，請按 Yes 鈕。

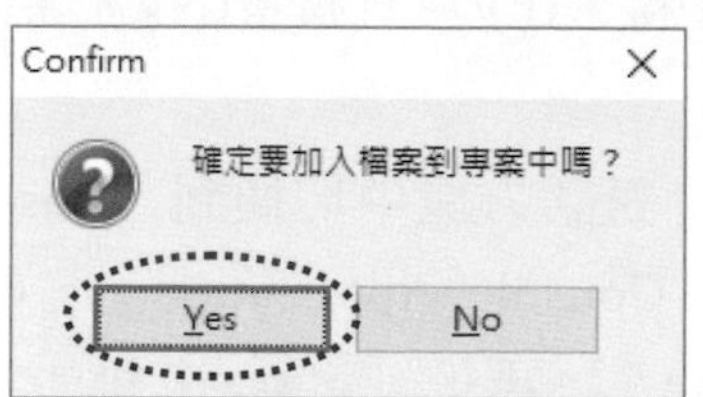

3. 在新增的檔案中撰寫如下程式碼(my.h 標頭檔)。

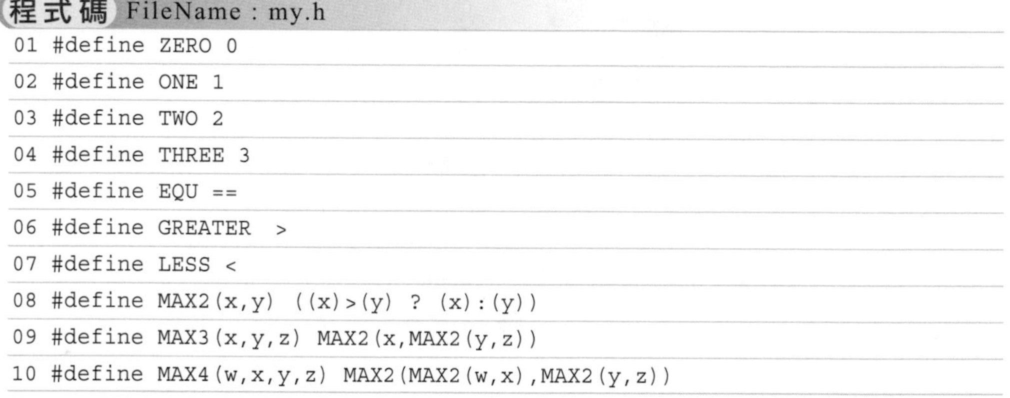

程式碼 FileName：my.h

```
#define ZERO 0
#define ONE 1
#define TWO 2
#define THREE 3
#define EQU ==
#define GREATER  >
#define LESS <
#define MAX2(x,y) ((x)>(y) ? (x):(y))
#define MAX3(x,y,z) MAX2(x,MAX2(y,z))
#define MAX4(w,x,y,z) MAX2(MAX2(w,x),MAX2(y,z))
```

4. 執行功能表的【檔案(F)/儲存(S)】指令開啟「Save As」對話方塊，請將上述新增的檔案命名為「my.h」，其「存檔類型(T)」選用「Header files(*.h;*.hpp;*.rh;*.hh)」，並將該檔儲存在「C:\DevC\CH09\ headerfile」資料夾下。

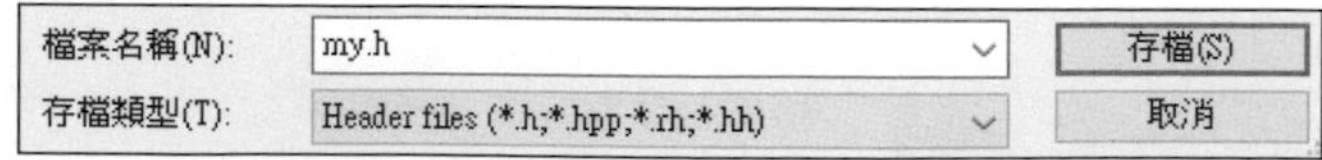

Step 04 重複上述 Step3，在 headerfile.dev 專案中再新增 headerfile.c，其「存檔類型(T)」選用「C source files(*.c)」。

檔案名稱(N): headerfie.c　　存檔(S)
存檔類型(T): C source files (*.c)　　取消

撰寫 headerfile.c 的程式碼如下：

程式碼　FileName：headerfile.c

```
#include <stdio.h>
#include <stdlib.h>
#include "my.h"

int main(int argc, char *argv[]) {
 int a=10,b=8,c=30,d=15;
 int ch;
 printf("\n =====  Choose Maxinum  =====");
 printf("\n    1. Compare two numbers ");
 printf("\n    2. Compare three numbers ");
 printf("\n    3. Compare four numbers");
 printf("\n    0. Quit :");
 printf("\n ================================");
 printf("\n    Please Choose Number [0-3] : ");
 scanf("%d",&ch);        /*scanf_s() for VC++ */
 if (ch EQU ZERO) {
   exit(0);
 }
 else {
   if (ch > 3 || ch < 1) {
     printf(" Error !!  Please Keyin 1-3 ");
   }
   else {
     switch (ch) {
       case ONE:
         printf(" The MAX(%d,%d) is : %d \n", a, b, MAX2(a,b));
         break;
       case TWO:
         printf(" The MAX(%d,%d,%d) is : %d \n", a,b,c, MAX3(a,b,c));
         break;
       case THREE:
         printf(" The MAX(%d,%d,%d,%d) is : %d \n",a,b,c,d,MAX4(a,b,c,d));
         break;
     }
```

```
35     }
36   }
37   system("PAUSE");
38   return 0;
39 }
```

說明

1. 第 3 行：含入 my.h 標頭檔，因為我們將 my.h 放在與 headerfile.c 相同路徑下，所以含入 my.h 不用指定完整的真實路徑。

執行結果

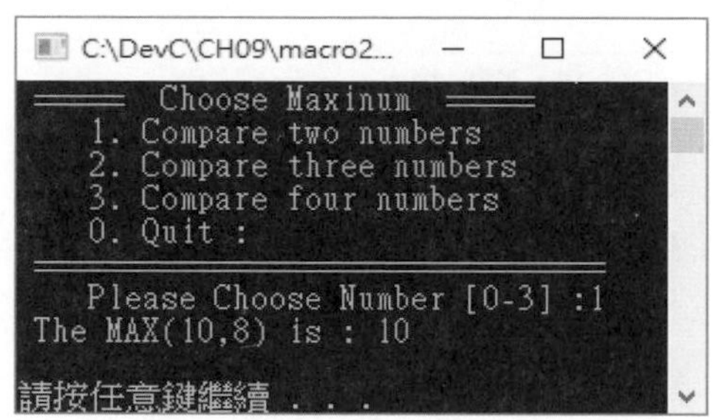

注意

為節省篇幅，關於標頭檔與多個 C 程式檔的新增與建置，在後面章節我們將省略說明。

9.5 條件式編譯指引

9.5.1 如何控制程式的編譯流程

前面章節所介紹的原始程式，在程式執行前會先經過前置處理，接著編譯器便無條件照單全收將所有敘述編譯成機器碼。本節將介紹條件編譯指引，它允許此種指引加在程式中任何地方，編譯器碰到此類的指引會對程式中的敘述做選擇性的編譯。

C 語言提供 #if、#elif、#else 及#endif 來控制「程式碼敘述」及「前置處理器」的編譯流程，也就是說可依條件來選擇要編譯的敘述區段，此種控制稱為「條件式編譯」(conditional compilation)，其使用方式類似 if...else if...else 選擇結構。其語法如下：

```
#if 條件運算式 1        /* 相當於 if */
  敘述 1               /* 當條件運算式 1 成立時，編譯敘述 1 */
#elif 條件運算式 2      /* 相當於 else if */
  敘述 2               /* 當條件運算式 2 成立時，編譯敘述 2 */
#elif 條件運算式 3      /* 相當於 else if */
  敘述 3               /* 當條件運算式 3 成立時，編譯敘述 3 */
    ⋮
#elif 條件運算式 N
  敘述 N               /* 當條件運算式 N 成立時，編譯敘述 N */
#else                  /* 相當於 else */
  敘述 N+1             /* 當上述條件運算式皆不立時會編譯敘述 N+1 */
#endif                 /* 結束條件式編譯 */
```

上述條件式編譯的 #elif 和 else if 一樣可以省略或同時使用多個；而 #endif 不可以省略，它是用來結束 #if 敘述。條件式編譯和 if...else if...else 選擇結構的不同處是，條件式編繹可以根據條件運算式是否成立來選擇所要編譯哪一個程式敘述或前置處理器；而選擇結構是根據條件運算式是否成立來選擇要執行編譯完成的程式敘述。在程式中使用#undef，便可取消原先使用#define 定義的巨集。

範例：gm.c

本範例定義巨集 AREA 來表示所在之星球，接著使用條件式編譯敘述來選擇所要編譯的星球名稱、重力百分比。使用者可輸入自身體重，程式會換算成在該星球時的體重。

執行結果

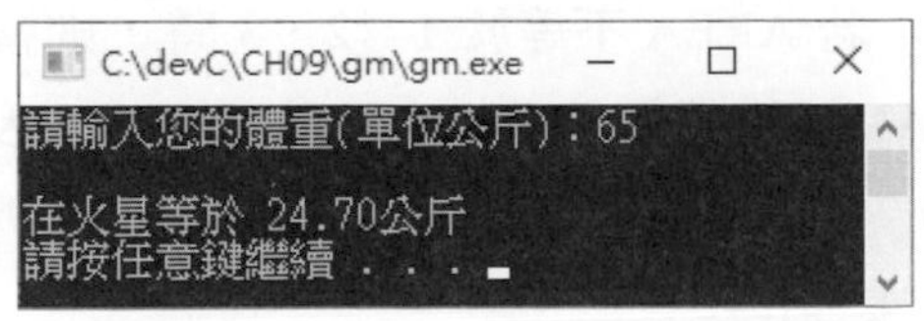

程式碼 FileName : gm.c

```
01 #include <stdio.h>
02 #include <stdlib.h>
03 #define AREA 2                  /* 只要更改數字，編譯器會依條件選擇編譯 */
04 #if AREA == 1
05    #define NAME "月球"
06    #define G 0.165
07 #elif AREA==2
08    #define NAME "火星"
09    #define G 0.38
10 #elif AREA==3
11    #define NAME "木星"
12    #define G 2.53
13 #else
14    #define NAME "地球"
15    #define G 1.0
16 #endif
17
18 int main(int argc, char *argv[]) {
19    float kg;
20    printf("請輸入您的體重(單位公斤)：");
21    scanf("%f", &kg);
22    printf("\n在%s等於%6.2f公斤\n", NAME, G * kg);
23    system("PAUSE");
24    return 0;
25 }
```

說明

1. 第 3 行：設定巨集 AREA 等於 2。
2. 第 4~6 行：假若 AREA 等於 1，則編譯第 5、6 行，並設定巨集 NAME 的替代內容為「月球」字串，及設定巨集 G 的替代內容為「0.165」。
3. 第 7~12 行：方式同第 4~6 行。
4. 第 13~15 行：若 AREA 不等於 1、2、3 時，則會編譯第 14、15 行，設定巨集 NAME 的替代內容為「地球」字串，及設定巨集 G 的替代內容為「1.0」。
5. 第 16 行：結束 #if。

9.5.2 如何判斷巨集是否定義

C 語言還可以使用 #ifdef、#ifndef、#else、#endif 來判斷巨集是否已經定義完成。其中 #ifdef 用來判斷巨集是否已經定義；而 #ifndef 用來判斷巨集是否未定義。其語法如下。

語法1 若巨集 A 定義完成則編繹敘述 1，否則編譯敘述 2

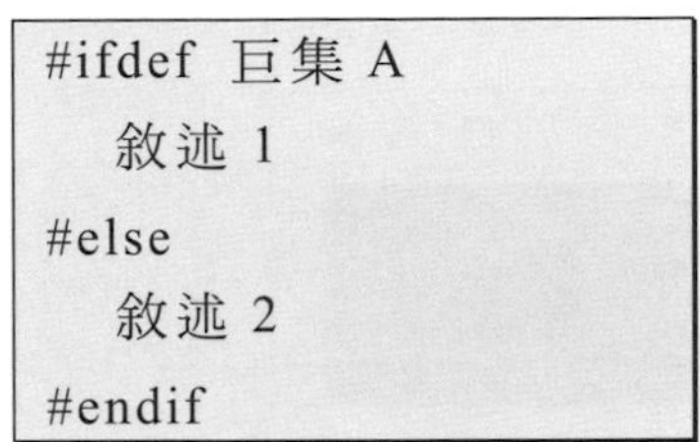

```
#ifdef 巨集 A
   敘述 1
#else
   敘述 2
#endif
```

語法2 若巨集 A 未定義則編譯敘述 1，否則編譯敘述 2

```
#ifndef 巨集 A
   敘述 1
#else
   敘述 2
#endif
```

譬如下面 define1.c 範例中第 3 行有定義 IBM_NB 巨集，由於第 10 行檢查 IBM_NB 巨集是否有定義，結果滿足條件，因此會編譯第 11 行，跳過第 13 行。接著第 15 行使用#undef 取消第 3 行的 IBM_NB 巨集定義。第 17 行檢查 IBM_NB 是否未定義，由於條件成立編譯第 18 行，跳過第 20 行。

程式碼 FileName : define1.c

```
01 #include <stdio.h>
02 #include <stdlib.h>
03 #define IBM_NB  32000
04 #define ACER_NB 30000
05 #define MSG1 " \n IBM NoteBook's Price : %d "
06 #define MSG2 " \n IBM_NB 未定義 "
07 #define MSG3 " \n ACER NoteBook's Price : %d "
08
09 int main(int argc, char *argv[]) {
10     #ifdef IBM_NB                    /* 是否有定義 IBM_NB 巨集，滿足條件 */
11        printf(MSG1,IBM_NB);          /* 編譯此行 */
12     #else
13        printf(MSG2,ACER_NB);         /* 跳過此行 */
14     #endif
15     #undef IBM_NB                    /* 取消第 3 行 IBM_NB 巨集定義 */
16
```

```
    #ifndef IBM_NB                       /* 是否未定義 IBM_NB 巨集，滿足條件 */
        printf(MSG2);                    /* 編譯此行 */
    #else
        printf(MSG3,ACER_NB);            /* 跳過此行 */
    #endif
    printf("\n\n");
    system("PAUSE");
    return 0;
}
```

執行結果

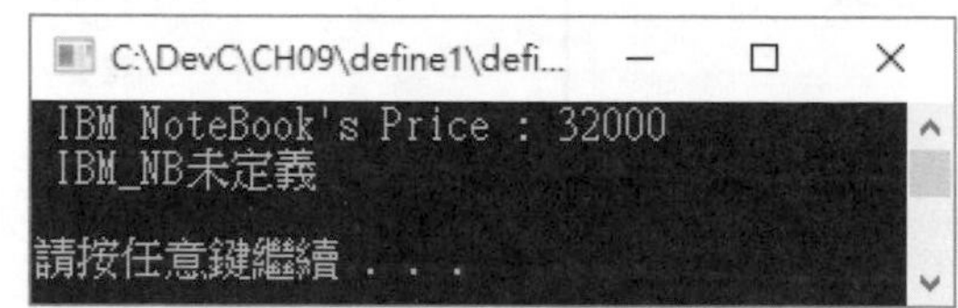

#undef 可用來取消巨集的定義，其語法如下：

語法

```
#undef 巨集名稱
```

9.6 實例 - 書籍介紹

範例：book.dev

試使用#if、#elif、#else、#endif 條件式編譯指引，根據主函式中所定義的 ID 巨集 ID 值來選擇要含入 py.h、java.h、office.h、cs.h 中哪個書籍資訊的標頭檔。

執行結果

問題分析

1. 本範例分別將四本書的相關資訊存入 py.h、java.h、office.h、cs.h 標頭檔，這些標頭裡面分別定義 BNAME、LEVEL、PRICE、SERIES 巨集名稱來表示書籍的書名、等級、單價、種類。

2. 在 book.c 主程式中含入 selectbook.h 標頭檔，然後在 selectbook.h 中使用 #if、#elif、#else、#endif 指令根據 main()主函式內巨集 ID 的設定值來選擇要到底要含入 py.h、java.h、office.h、cs.h 哪個標頭檔。

程式碼 FileName :py.h

```
#define BNAME "Python 程式設計經典"
#define LEVEL "初-中階"
#define PRICE 580
#define SERIES "人工智慧與數據分析"
```

程式碼 FileName : java.h

```
#define BNAME "Java SE 14 程式設計經典"
#define LEVEL "初-進階"
#define PRICE 550
#define SERIES "程式設計"
```

程式碼 FileName : office.h

```
#define BNAME "Office 365 實戰"
#define LEVEL "初階"
#define PRICE 480
#define SERIES "辦公室應用"
```

程式碼 FileName : cs.h

```
#define BNAME "Visual C# 2019 程式設計經典"
#define LEVEL "初階-中階"
#define PRICE 650
#define SERIES "程式設計與 AI 影像辨識"
```

程式碼 FileName : selectbook.h

```
#if ID==1                    /* 若 ID 等於 1 則含入 py.h */
    #include "py.h"
#elif ID==2                  /* 若 ID 等於 2 則含入 java.h */
    #include "java.h"
#elif ID==3                  /* 若 ID 等於 3 則含入 office.h */
    #include "office.h"
#else                        /* 若 ID 不等於 1~3，則含入 cs.h */
    #include "cs.h"
#endif
```

程式碼 FileName : book.c

```
#include <stdio.h>
#include <stdlib.h>
#define ID 1                              /* 設定巨集 ID 為 1 此行為彈性*/
#include "selectbook.h"                   /* 含入 selectbook.h 標頭檔 */

int main(int argc, char *argv[]) {
    printf(" ====經典系列書籍==== \n\n");
    printf("  書名：%s \n", BNAME);
    printf("  等級：%s \n", LEVEL);
    printf("  定價：%d \n", PRICE);
    printf("  種類：%s \n", SERIES);
    system("PAUSE");
    return 0;
}
```

變數的儲存類別

CHAPTER 10

10.1 變數的儲存類別

在前面章節中由於撰寫的程式規模不大，使用的變數不多，程式中所宣告的變數，該變數占用記憶體有多少個 Bytes、變數是屬於哪種資料型別，設計者皆能掌控。但若程式功能漸漸複雜，使用的變數一多時，就必須好好規劃變數在程式中的有效範圍和生命期，以提昇程式執行效率，並且避免變數占用過多的記憶空間。本章主要探討變數的儲存類別(Storage Class)，所謂儲存類別就是用來定義變數和函式在程式中的有效範圍 Scope 或稱可見度(Visibility)和生命期(Life Time)或稱持久性，這些關鍵修飾字是放在宣告資料型別的前面。「有效範圍」就是指變數允許使用的範圍是屬於局部或全域範圍。所謂生命期是指變數開始產生一直到該變數消失的起訖時間。在第 8.4 節已介紹過，若變數定義在函式的外面，其範圍視為全域(Global)，若定義在函式裡面的變數，其範圍視為局部或稱區域(Local)變數。所以，使用儲存類別用來控制變數的好處不但可提高記憶體的使用率、而且加快程式的執行速度及減少變數誤用。至於 C 語言所提供變數的儲存類別有下列四種關鍵修飾字：

1. auto：宣告自動變數(Automatic Variable)或稱內部變數
2. static：宣告靜態變數(Static Variable)
3. extern：宣告外部變數(External Variable)
4. register：宣告暫存器變數(Register Variable)

10.2 自動變數

自動變數(Automatic variables)又稱為內部變數，一般在函式內宣告的變數若未註明儲存類別，編譯器會預設該變數是自動變數。譬如：在第八章中函式內宣告的局部(區域)變數以及區塊內所宣告的區域變數都是屬於自動變數。自動變數在程式執行階段(Run Time)，系統才在動態堆疊區配置記憶體給該變數使用，當函式完成它的工作離開函式返回呼叫處，該變數又從堆疊中取出釋放掉，將使用過的記憶體歸還給系統。所以，自動變數就是能自動產生與自動消失的變數。

當您宣告一個變數的同時，若在資料型別前面未加上任何儲存類別關鍵字，編譯器會預設成自動變數。當然也可以在宣告變數時，在資料型別的前面加上 auto 關鍵字，明確的指定該變數是一個自動變數。

因此，在函式內所宣告的局部變數，若沒有指定儲存類別，會預設為自動變數。自動變數的有效範圍是由函式內變數的宣告處開始，一直到離開函式時，自動變數將釋放掉所占用的記憶體空間，等到下次進入函式時，再重新配置記憶體位址給該變數使用，而無法保留其舊值。自動變數的宣告方式如下：

語法

```
auto int 變數名稱;
```

10.3 靜態變數

由於自動變數是屬於局部變數，因此一旦離開函式或程式區塊(大括號括住的範圍內)，該變數便不存在，下次進入時系統會再重新配置記憶體並給予初值。但是在設計程式時，可能會需要變數在離開其有效範圍後，還能夠保留其變數值，留待下次進入該有效範圍時能夠再繼續使用先前保留的舊值。此時就需要將此種變數設成「靜態變數」(static variables)。靜態變數依宣告位置的不同可分為「局部靜態變數」和「全域靜態變數」，此兩種變數的寫法都一樣，在宣告變數的同時，於資料型別前面加上 static 關鍵字。宣告方式如下：

語法

```
static int 變數名稱;
```

至於局部靜態變數和全域靜態變數的說明如下：

一. 局部靜態變數

就是將變數宣告在函式內或是複合式區塊內，此種變數的有效範圍和自動變數一樣，只不過是局部靜態變數離開有效範圍時會保留其值，下次再進入該有效範圍時，繼續延用保留的值，但其它函式是無法使用到該變數，是屬於局部變數的一種，其生命期一直到程式結束為止，這是和自動變數不一樣的地方。此種變數在程式編譯階段(Compiling Time)時，馬上會配置一個固定的記憶體給該變數使用，而不是像自動變數在執行階段(Running Time)才動態配置記憶體。因此，在程式尚未結束前仍占用該記憶體，如此該變數離開該有效範圍時，方可保留其值不會消失，一直到程式結束才會將用過記憶體歸還給系統。譬如下面 local_static.c 範例：在 fun1()函式內宣告 a_var1 變數為自動變數以及 1_stat 局部靜態變數，本程式第一次呼叫 fun1()函式時先將這兩個變數的初值都設成 10，程式中共呼叫 fun1()函式五次，每次都會顯示 a_var 和 1_stat 變數值後再將其值分別加 1，結果 a_var 自動變數每次進入函式時其值都被重新設定成 10，所以呼叫函式五次顯示其值仍為 10。但是 1_stat 局部靜態變數每次其值顯示完畢加 1 後再離開 fun1() 函式時均能將值保留到下次進入時使用，結果呼叫函式五次，其值分別為 10~14。由於在 main()函式的 for 迴圈中有參用到 times 變數，而且在 fun1()函式亦參用到，因此必須將 times 設成全域變數，其範圍為整個程式有效。

程式碼 FileName : local_static.c

```
#include <stdio.h>
#include <stdlib.h>

void fun1();
int times = 1;                    /* 全域變數  */
```

```c

int main(int argc, char *argv[]) {
    for (times = 1 ; times <= 5 ; times++) {  /* 呼叫 fun1()函式 5 次  */
        fun1();
    }
    printf("\n");
    system("PAUSE");
    return 0;
}

void fun1() {
    int a_var = 10;              /* 自動變數  */
    static int l_stat = 10;      /* 局部靜態變數  */
    printf(" \n 第%d 次呼叫 fun1() a_var1=%d  l_stat= %d \n",
              times, a_var++, l_stat++);
}
```

執行結果

```
C:\DevC\CH10\local_static\loc...
第1次呼叫 fun1() a_var1=10  l_stat= 10

第2次呼叫 fun1() a_var1=10  l_stat= 11

第3次呼叫 fun1() a_var1=10  l_stat= 12

第4次呼叫 fun1() a_var1=10  l_stat= 13

第5次呼叫 fun1() a_var1=10  l_stat= 14

請按任意鍵繼續 . . .
```

二. 全域靜態變數

全域靜態變數是將變數的宣告置於所有函式之外，其使用時機就是當一個檔案中的全域變數不希望被其他的檔案參用到時，可將此變數宣告為「外部靜態」，亦稱為「全域靜態變數」，其持久性和有效範圍和全域變數一樣。外部靜態變數的生命週期是由該變數宣告開始，便在記憶體內占用一個位置來存放該變數的內容，一直到程式結束執行為止，其有效範圍整個程式內均有效。也就是說此類變數在同一個程式檔中所有函式內皆可參用，其他程式檔便無法存取。由上可知局部靜態變數和全域靜態變數的持久性都是到程式執行結束為止。譬如下例假設左右兩個彼此是獨立的兩個檔案，將兩個檔案編譯在一起時，times 是屬於全域變數，它允許 file1.c 檔的 main()、fun1()和 file2.c 檔的 fun2()、fun3()共同參用。至於 g_stat 為全域靜態變數，它僅限 file1.c 檔的 main()、fun1()共同參用。

file1.c

```
int times;
static int g_stat;

main() {
    :
}

fun1() {
    :
}
```

file2.c

```
fun2() {
    :
}

fun3() {
    :
}
```

10.4 外部變數

外部變數(External Variable)是屬於全域變數，其使用時機是當一個檔案需要參用的變數不是放在自己的程式檔中而是放在另一個程式檔中。所以其有效範圍跨越原來程式，允許別的程式也能參用到該變數。譬如：下圖中 file2.c 檔欲參用到 file1.c 檔的 var1 整數變數，其宣告方式即如下圖在 file1.c 檔所有函式外面，先宣告 var1 為全域變數(int var1)，接著在 file2.c 檔所有函式外面宣告 var1 為外部變數(extern int var1)，兩者變數宣告必須在所有函式外面：

file1.c

```
int var1;
int main(int argc, char *argv[]) {
    ……
    return 0;
}
```

file2.c

```
extern int var1;
int main(int argc, char *argv[]) {
    ……
    return 0;
}
```

由上圖可知，外部變數的有效範圍，是由該變數宣告處開始一直到程式結束。若將 file1.c 檔的 int var1; 前面加上 static 關鍵字變成外部靜態變數，var1 的有效範圍就僅限於 file1.c 檔，file2.c 檔便無法參用到該變數。

若外部變數未宣告之前，程式中的函式想要參用到原程式檔中外面的變數，必須在該函式內使用 extern ...; 來宣告欲參用的變數是在外部。譬如下例 extern1.c 範例中的 int i; 為全域變數，i 變數卻宣告在 main()及 fun1()後面，由於比較慢宣告，而 main()及 fun1()函式中便需要參用到此變數 i，因此，必須在 main() 及 fun1()函式中參用到 i 之前先宣告 extern int i; 如此 main()、fun1()、fun2()便可參用到全域變數 i。

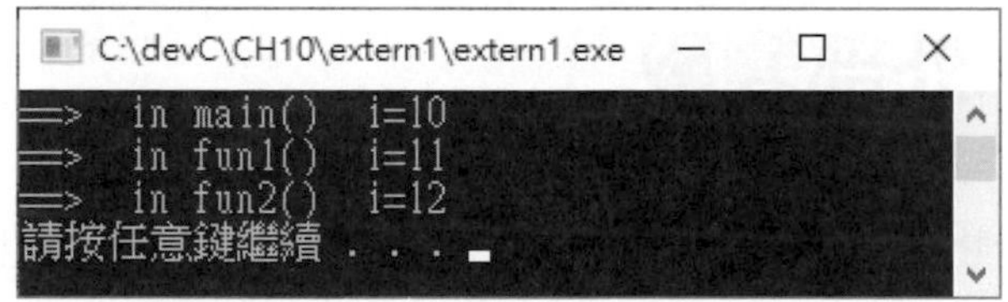

程式碼 FileName : extern1.c

```
#include <stdio.h>
#include <stdlib.h>

void fun1();
void fun2();

int main(int argc, char *argv[]) {
    extern int i;            /* 宣告外部變數 */
    printf("==>  in main()  i=%d\n", i++);
    fun1();
```

```
    fun2();
    system("PAUSE");
    return 0;
}

void fun1() {
    extern int i;          /* 宣告外部變數 */
    printf("==>  in fun1()  i=%d\n", i++);
}

int i=10;                  /* 宣告全域變數 */

void fun2() {
    printf("==>  in fun2()  i=%d\n", i);
}
```

範例：extern_var.dev

設計一個密碼輸入及檢查程式。程式要求：使用兩個程式檔，分別是主程式 extern_var 和副程式 password。主程式負責輸入介面及流程控制，密碼輸入的次數最多可輸入三次。副程式負責檢查密碼及宣告並記錄輸入的次數，主副程式都會使用這個變數 cnt。

執行結果

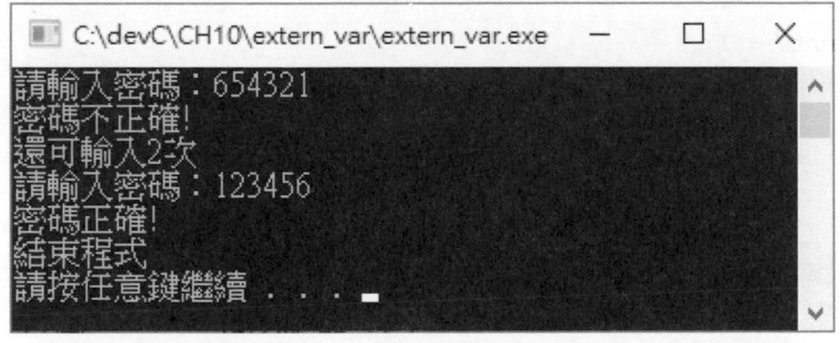

問題分析

1. 本例共使用三個程式檔。分別為 password.h 自訂標頭檔，extern_var.c 為主程式，為 password.c 副程式。password.h 標頭檔內宣告了變數 cnt 為外部變數，以及定義了檢查密碼的 pw()函式。

2. password.c 程式檔宣告兩個變數，變數 cnt 因為在 password.h 中宣告為 extern，所以在主程式中也可使用；變數 password 僅供副程式內部使用。函式 pw()用來檢查密碼是否正確，密碼如果正確會回傳數字 1，反之會將變數 cnt 減 1，並回傳數字 0。

3. extern_var.c 程式檔以無窮迴圈控制輸入流程，迴圈會執行到輸入正確密碼或錯誤次數達到三次。程式執行中密碼不正確時會讀取外部變數 cnt，如果 cnt 大於 0，會顯示剩餘次數，並要求使用者繼續輸入；反之則結束迴圈。

程式碼 FileName : password.h

```
extern int cnt;
int pw(int);
```

程式碼 FileName : password.c

```
#include <stdio.h>
#include <stdlib.h>
#include "password.h"            /* 含入 password.h 標頭檔 */

int cnt = 3;            /* 全域變數 */
int password = 123456;
int pw(int a) {
    if(a == password)
        return 1;
    else {
        cnt -= 1;
        return 0;
    }
}
```

程式碼 FileName : extern_var.c

```
#include <stdio.h>
#include <conio.h>
#include "password.h"            /* 含入 password.h 標頭檔 */

int main(int argc, char *argv[]) {
    int chk;
    int keyin;
```

```
    while(1) {
        printf("請輸入密碼：");
        scanf("%d", &keyin);
        chk = pw(keyin);
        if(chk == 1) {
            printf("密碼正確!\n");
            printf("結束程式\n");
            break;
        }
        else {
            if(cnt > 0) {
                printf("密碼不正確!\n");
                printf("還可輸入%d 次\n", cnt); /* 使用 password 的 cnt 全域變數 */
                continue;
            }
            else {
                printf("密碼不正確!\n");
                printf("結束程式\n");
                break;
            }
        }
    }
    system("PAUSE");
    return 0;
}
```

10.5 暫存器變數

自動變數和暫存器變數的生命週期和有效範圍相同，兩者不一樣的地方在於自動變數是存放在記憶體中，而暫存器變數是直接存放在 CPU 裡的暫存器中。因為暫存器變數是直接存放於暫存器內，當做變數運算時，不需要將記憶體的變數值拷貝到暫存器內，因此暫存器變數存取速度當然比自動變數還要快，所以，使用暫存器變數可提高運算的速度。暫存器變數宣告的語法如下：

語法

```
register int 變數名稱;
```

下表列出各類變數的差異：

儲存類別	關鍵字	宣告位置	持久性(Duration)	有效範圍(scope)
自動變數	auto	函式內或區塊內	暫時	區域 Local
暫存器變數	register	函式內或區塊內	暫時	區域 Local
靜態變數	static	函式內或區塊內	persistence	區域 Local
外部變數	extern	函式外面	persistence	Global(所有檔案)
外部靜態	static	函式外面	persistence	Global(一個檔案)

CHAPTER 11

指標的活用

11.1 指標簡介

「指標變數」簡稱指標(Pointer)，和前面章節透過資料型別所宣告的一般變數(char、int、float、double)兩者在使用上是一樣，唯一的差異在於一般變數所對應記憶體裡面所存放的是資料自己本身，而指標變數裡面所存放的不是資料本身，而是存放該資料的記憶體位址。因此指標變數和一般變數的存取方式是不一樣的。譬如：指標變數裡面存放 2000，表示資料是放在位址 2000 的地方，存取資料是採間接方式，透過指標變數才知道資料是放在哪個記憶體位址。所以，靈活的使用指標，透過位址的運算來存取記憶體中的資料，其效率和彈性比陣列更高。

一般變數要存取該記憶體內的資料，只要書寫其變數名稱即可，存取資料方式是屬於直接取值。至於指標變數要存取該記憶體內的資料，必須在指標變數名稱前面加上取值運算子(*)，才能存取所指記憶體位址的內容，存取資料方式是屬於間接取值。譬如：存取一般變數的內容，就像您要取一份文件，直接找張三拿即可得到，屬直接存取；至於存取指標變數的內容，就必須先找到張三，張三會告知文件是放在李四那兒，屬間接存取。在程式中使用指標變數的好處是：

1. 透過指標的移動可以存取不同記憶體位址的資料，如字串中的字元或陣列元素等。
2. 函式透過指標可以傳回多個資料。
3. 透過指標變數可在函式間傳遞字串、整個陣列。

4. 指標變數是在程式執行階段需要時，才動態配置記憶體給該變數使用，不必事先定義或宣告。
5. 支援動態資料結構，如鏈結串列(Linked List)、佇列(Queue)、二元樹(Binary Tree) ...等皆可用指標變數輕鬆處理。

11.2 指標的宣告與使用

11.2.1 如何宣告指標

程式中宣告指標變數時，必須在變數名稱的前面加上「*」取值運算子(Dereference Operator)或稱間接運算子(Indirect Operator)，表示該變數可以用來存放所指定資料型別變數的記憶體位址，此類的變數即稱為指標變數，其語法如下：

語法

資料型別 *指標變數名稱， *指標變數名稱 …… ;

宣告方式如下：

```
int *ptr;        /* 宣告 ptr 是一個指向整數資料的指標 */
float *ptr;      /* 宣告 ptr 是一個指向浮點數資料的指標 */
char *ptr;       /* 宣告 ptr 是一個指向字元資料的指標 */
void *ptr;       /* 宣告 ptr 是一個指向任何(不拘)資料型別的指標 */
```

11.2.2 如何存取指標變數

存取指標變數必須先熟悉取址運算子(&)和取值運算子(*)。取址運算子是在變數名稱的前面加上「&」符號，用來取得變數名稱所對應記憶體的起始位址。至於在指標變數前面加上「*」取值運算子是用來取得指標變數所指到記憶體位址內的資料。譬如：配置給整數變數 k 的記憶位址為 2000，裡面存放的資料為 10，&k 相當於取得整數變數的記憶位址 2000；*k 相當於取得整數變數 k 所存的資料 10。語法如下：

語法

*指標變數名稱　⇦ 取值運算

&指標變數名稱　⇦ 取址運算

現在以實際敘述寫法來介紹如何藉由指標變數來存取資料：

Step 01　宣告 i 和 k 都是整數變數，並設定 i 的初值為 10；ptr1 是一個指向整數資料的指標變數，其寫法如下：

```
int i = 10, k ;
int *ptr1 ;
```

由於一個整數變數和一個指標變數在記憶體中都占用四個記憶位址。上面敘述經宣告後，假設變數的記憶體位址由 1000 開始放起，各變數在記憶體中配置如下：

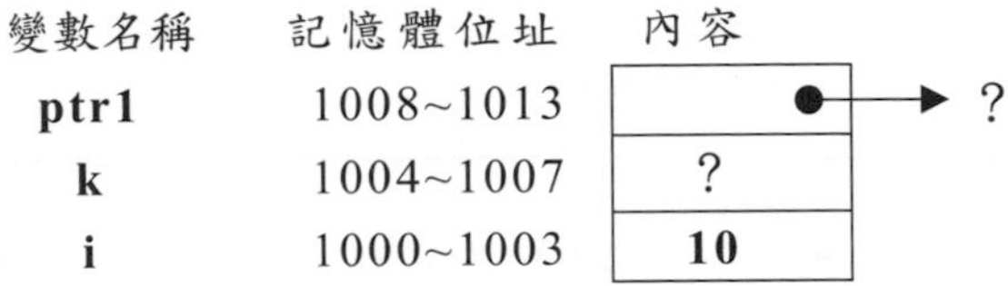

Step 02　將變數 i 記憶體位址指定給指標 ptr1，其寫法如下：

```
ptr1 = &i;
```

執行上面敘述後會將整數變數 i 的位址 1000 存放到 ptr1 位址內，相當於 ptr1 已指到位址 1000。

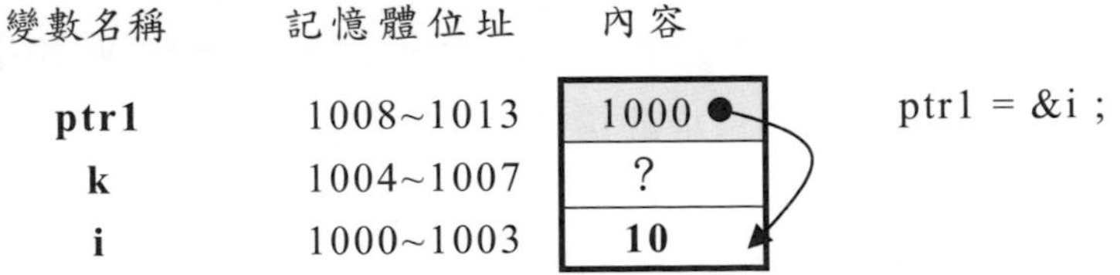

Step 03　將 ptr1 所指位址內的資料(即 i 的內容)指定給整數變數 k，寫法：

```
k = *ptr1 ;
```

變數名稱	記憶體位址	內容	
ptr1	1008~1013	1000	
k	1004~1007	**10**	k = *ptr1
i	1000~1003	**10**	

宣告和設定指標變數內容時，要注意所宣告的資料型別必須與所指向變數位址的資料型別相同，否則程式編譯時會發生錯誤。譬如下面寫法是錯誤的：

```
int n = 10 ;    /*宣告 n 為整數變數並同時設定初值為 10 */
float *ptr2 ;   /*宣告 ptr2 是一個指向浮點數資料的指標*/
ptr2 = &n;      /*指標 ptr2 所指到資料必須是浮點數與 n 的資料型別不一致 */
```

當宣告指標變數同時也可以和一般變數一樣同時設定初值，其語法如下：

語法

```
資料型別 *指標變數名稱 = &一般變數名稱;
```

透過上面語法可以將指標宣告和初值設定由三行敘述改成兩行敘述即可：

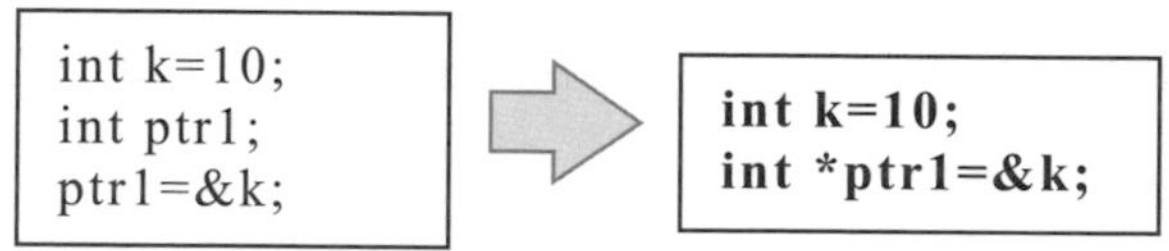

指標變數不管宣告成哪一種資料型別，其占用記憶體大小都一樣。譬如：您可宣告 ptr1 是一個指向整數資料的指標，透過 sizeof(ptr1)便得知該指標變數占用記憶體是多少個 Bytes。接著以下面範例來驗證一般變數和指標變數，透過程式的執行來顯示其實際位址與透過指標存取資料是否正確？

範例 ：ptraddress.c

下例顯示各變數及指標變數對應的記憶體位址，以驗證「&」取址運算子和「*」取值運算子的關係。

執行結果

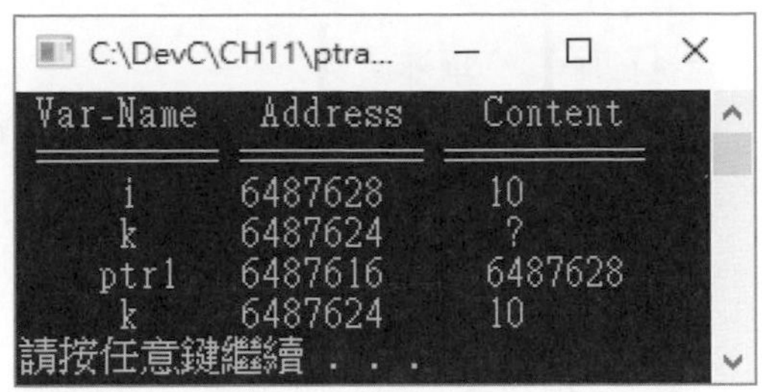

程式碼 FileName : ptraddress.c

```
#include <stdio.h>
#include <stdlib.h>

int main(int argc, char *argv[]) {
    int i = 10, k;
    int *ptr1;
    printf(" Var-Name   Address    Content  \n");
    printf(" ========= ========= ========== \n");
    printf("     i      %d      %d     \n", &i, i);
    printf("     k      %d       ?     \n", &k);
    ptr1=&i;     /* 將變數 i 的記憶位址存入 ptr1 內 */
    printf("    ptr1    %d      %d     \n", &ptr1, ptr1);
    k=*ptr1;    /* 將存放在 ptr1 內(即變數 i 的位址)所儲存的資料 10 指定給變數 k */
    printf("     k      %d      %d     \n", &k, *ptr1);
    system("PAUSE");
    return 0;
}
```

說明

由結果可知，所宣告的變數即局部變數如下圖依序放入堆疊中，資料放入堆疊中是先放入的資料對應的記憶體位址愈大，後放入的資料記憶體位址愈小，先進後出(Fist In Last Out:FIFO)這是堆疊的特性，透過指標便可存取存放在堆疊中的資料。下圖即為堆疊內宣告後以及執行的結果：

1. 宣告後 (第 6~7 行後)

變數名稱	記憶位址	堆疊	
ptr1	2358848	?	⇦ int *ptr1(第 6 行)
k	2358856	?	⇦ int k (第 5 行)
i	2358860	10	⇦ int i =10 (第 5 行)

2. 執行 (第 12~14 行後)

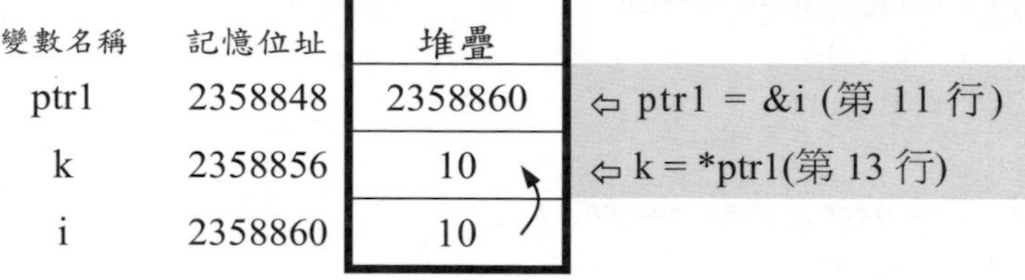

下表列出當運算式中出現 &(取址運算子)和 ＊(取值運算子) 其優先順序為 2，和其他運算子進行運算時的優先次序：

運算子優先次序	運算次序	功能說明
1. ()、[]	左至右	
2. +、-、++、--、!、＊、&	右至左	一元運算子
3. *、/、%	左至右	乘除
4. +、-	左至右	加減
5. <<、>>	左至右	移位
6. <、<=、> 、>=	左至右	關係
7. ==、!=	左至右	等式
8. &&	左至右	邏輯 "AND" 且
9. ||	左至右	邏輯 "OR " 或
10. ?：	右至左	條件
11. =、+=、-=、*=、/=、%=	右至左	指定
12. ,	左至右	逗號

表：& 和 ＊ 在 C 語言的優先次序 (優先次序：1 最高，12 最低)

11.2.3 如何使用多重指標

指標也可以再指向另一個指標，這種指標的指標稱之為「多重指標」，此種架構就構成資料結構中的鏈結串列(Linked list)。它可以如下圖透過目前指標(ptr1)指到另一個指標(ptr2)，再透過這個指標(ptr2)指到指定的整數變數 k，相當於您要取一份文件，必須先找到張三，張三會告知您到李四那兒找，找到李四後會再告訴您到王五哪兒才可得到文件，此種取值方式就是間接再間接，對同一指標來表示此種取值方式就必須使用兩個星號即 **ptr1 才可取得所要的資料。由上一節 C 語言運算子優先次序中可得知 **ptr1 的運算方式是採由右至左即由內而外愈靠近指標變數的星號愈優先處理，在此即可視為內部括號先處理(*(*ptr1))。

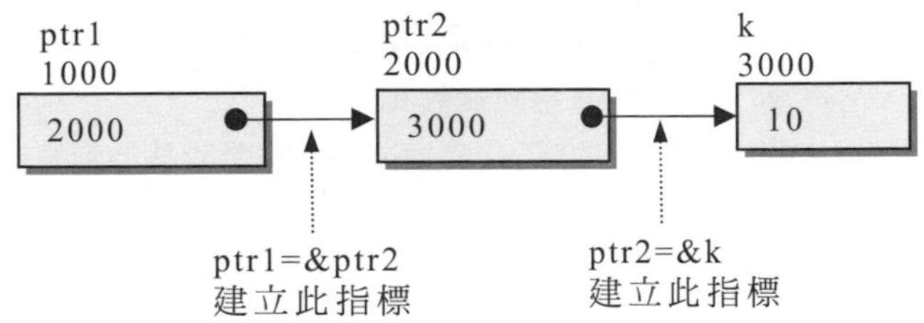

上圖中透過指標中的指標來存取資料，有下面兩種寫法：

方式 1：

```
int k=10;
int *ptr2=NULL;
int **ptr1=NULL;
ptr2=&k;
ptr1=&ptr2;
printf("%d \n",**ptr1);
```

方式 2：

```
int k=10;
int ptr2=&k;
int **ptr1=&ptr2;

printf("%d \n",**ptr1);
```

11.2.4 指標資料型別的轉換

在宣告指標時，前面都加上資料型別，此時只允許指向同型別的資料變數，例如宣告 int 型別的指標，該指標只能指向具有 int 型別的變數，絕對不能指向非 int 型別的變數，否則編譯時會發生錯誤。但有時候應程式的需求，希望指標能夠指向任何資料型別的資料，此時就必須在指標宣告時設成 void 型別為「一般性指標」，接著在程式中當要取得 void 型別指標所指向的記憶體位址的值，必須先進行資料型別強制轉換的動作才可以取得正確的值。至於宣告 void 為指向任何資料型別的指標，其寫法如下：

void *ptr;

欲將上述 ptr 強制轉換成指向整數變數的指標，其寫法如下：

***(int*)ptr;**

下面程式片段介紹如何將上面兩個敘述應用到程式中：

```
int n = 5;
char c = 'A';
void *ptr;                      /* 宣告 ptr 是指向任何資料型別的指標 */
ptr = &n;                       /* ptr 指向變數 n 的位址 */
printf ("%d", *(int*)ptr);      /* 強制 ptr 轉換成指向整數資料型別的指標*/
ptr = &c;                       /* ptr 指向變數 c 的位址 */
printf ("%c", *(char*)ptr);     /* 強制 ptr 轉換成指向字元資料型別的指標 */
```

11.3 傳值呼叫與傳址呼叫

在第八章介紹函式間引數傳回值有限制，透過 return 只能傳回一個結果，或是宣告成全域變數來傳回多個值。本章將介紹如何透過函式間引數來互傳資料，免去在程式中使用太多的全域變數所造成的困擾。C 語言提供兩種函式間引數傳遞機制，一是傳值呼叫(Call By Value)，二是傳址呼叫(Call By Address)，本節將介紹兩者間使用上的差異和時機。

11.3.1 傳值呼叫

C 語言函式引數的傳遞方式預設為傳值呼叫(Call By Value)。呼叫函式若採傳值呼叫，當呼叫函式(Calling Function)呼叫被呼叫函式(Called Function)時，會將呼叫函式小括號內的實引數拷貝一份給對應的虛引數，兩種引數所占用的記憶體位址不同。因此，在執行被呼叫函式時裡面的引數值有變動，是不會影響到呼叫函式的實引數值。其使用時機是呼叫函式只要將值傳給被呼叫的函式，但不將結果傳回時使用，此種傳值呼叫可以防止被呼叫函式更改到呼叫函式中的變數。函式使用傳值呼叫應注意下列事項：

1. 實引數與虛引數的個數要一致，且各對應引數的資料型別也要一致。
2. 不傳回任何值，被呼叫函式內最後的 return 敘述可省略。
3. 在被呼叫函式內的計算結果直接顯示，結果不傳回。

範例：callval.c

宣告 a、b 為整數變數，並分別設定初值為 10、15，再以傳值呼叫方式將 a、b 實引數傳送被呼叫函式 callval()中的虛引數 x、y，在被呼叫函式內將 x、y 分別加上 3、2，最後將呼叫前、中、後三種各變數的變化情形顯示出來。如下圖所示：

執行結果

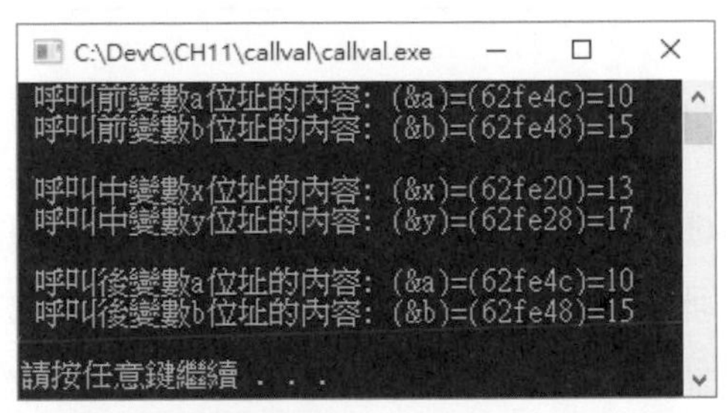

程式碼 FileName：callval.c

```
#include <stdio.h>
#include <stdlib.h>
void callval(int, int);

int main(int argc, char *argv[]) {
    int a = 10, b = 15;
    printf(" 呼叫前變數 a 位址的內容:\t(&a)=(%x)=%d\n", &a, a);
    printf(" 呼叫前變數 b 位址的內容:\t(&b)=(%x)=%d\n\n", &b, b);
    callval(a, b);
    printf(" 呼叫後變數 a 位址的內容:\t(&a)=(%x)=%d\n", &a, a);
    printf(" 呼叫後變數 b 位址的內容:\t(&b)=(%x)=%d\n\n", &b, b);
```

```
    system("PAUSE");
    return 0;
}

void callval(int x, int y) {
    x += 3 ;
    y += 2 ;
    printf(" 呼叫中變數 x 位址的內容:\t(&x)=(%x)=%d\n", &x, x);
    printf(" 呼叫中變數 y 位址的內容:\t(&y)=(%x)=%d\n\n", &y, y);
}
```

說明

1. 由執行結果可看出，傳值呼叫實引數 a、b 以及虛引數 x、y 的記憶體位址不同，呼叫前和呼叫後 a、b 的值維持不變且執行結果 a ≠ x、b ≠ y，表示傳值呼叫不會將結果傳回。
2. printf()函式內的 '\t' 逸出字元表示跳位(Tab)符號，'\x' 逸出字元將資料以十六進制表示。

11.3.2 傳址呼叫

所謂的「傳址呼叫」就是函式在做引數傳遞時，呼叫函式中的實引數是將自己本身的記憶體位址傳給被呼叫函式內的虛引數。因此，採傳址呼叫的使用時機是希望將傳回一個以上的結果時使用。傳址呼叫的設定方式是：定義的函式小括號內的虛引數必須宣告為指標變數(即在變數前面加上*)，而呼叫函式內的實引數必須傳送變數的記憶體位址(即變數前面加上&)。寫法如下：

```
void swap(int*,int *); /* 函式原型宣告中引數的資料型別後面加上*符號 */

int main(int argc, char *argv[]) {    /* 主函式 */
    ⋮
   swap(&a ,&b);     /* 實引數加上&符號，表示傳實引數位址給虛引數 */
    ⋮
   return 0;
}

void swap(int *x , int *y) {   /* 虛引數加上*符號，表示傳址呼叫 */
```

```
        int temp;
        temp=*x;
        *x=*y;
        *y=temp;
}
```

接著以下例來說明傳址呼叫。

範例：swap.c

試以傳址呼叫方式寫一個 swap()函式，此函式能將傳入的兩個變數值交換，再將結果傳回給 main()主函式，程式執行時顯示進入函式前後以及返回主函式各變數位址及內容的變化情形。以驗證實引數和虛引數是否共用同一位址，以及檢查是否將結果傳回。

執行結果

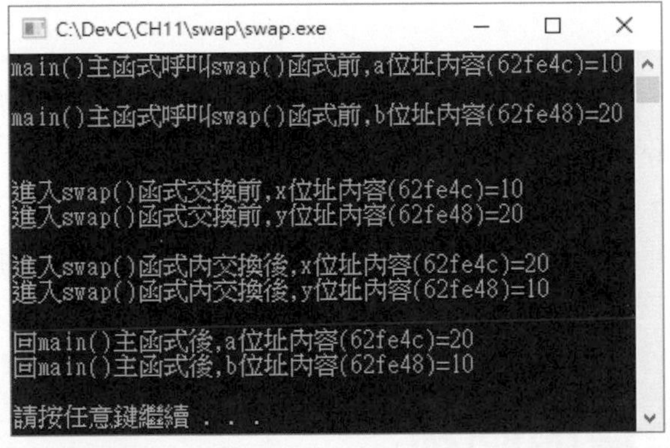

程式碼 FileName：swap.c

```
#include <stdio.h>
#include <stdlib.h>

void swap(int*,int *);    /* 函式原型宣告中引數的資料型別後面加上*符號 */

int main(int argc, char *argv[]) {
    int a = 10, b = 20;
    printf("main()主函式呼叫 swap()函式前,a 位址內容(%x)=%d\n", &a, a);
    printf("main()主函式呼叫 swap()函式前,b 位址內容(%x)=%d\n\n", &b, b);
    swap(&a, &b);          /* 實引數加上&符號，表示傳實引數位址給虛引數 */
```

```
11     printf("回 main()主函式後,a 位址內容(%x)=%d\n", &a, a);
12     printf("回 main()主函式後,b 位址內容(%x)=%d\n\n", &b, b);
13     system("PAUSE");
14     return 0;
15 }
16
17 void swap(int *x,int *y) {  /* 虛引數加上*符號，表示傳址呼叫 */
18     int temp;
19     printf("進入 swap()函式交換前,x 位址內容(%x)=%d\n", x, *x);
20     printf("進入 swap()函式交換前,y 位址內容(%x)=%d\n\n", y, *y);
21     temp = *x;
22     *x = *y;
23     *y = temp;
24     printf("進入 swap()函式內交換後,x 位址內容(%x)=%d\n", x, *x);
25     printf("進入 swap()函式內交換後,y 位址內容(%x)=%d\n\n", y, *y);
26 }
```

說明

1. 第 10 行：swap()函式虛引數是接到變數的位址，即為 x、y 均為指標變數，必須使用*x、*y 方可存取到變數的內容。
2. 第 21~23 行：兩數互換假若使用 *x=*y; 和 *y=*x; 是錯誤的寫法。必須另外使用 temp，經過 21~23 行三個敘述才能互換成功。

11.4 指標與陣列

陣列經過宣告後，編譯器會在記憶體配置一塊連續的記憶體位址來存放陣列元素，再將該陣列起始位址指定給陣列名稱。在程式中只出現陣列名稱未接註標(或稱索引)時，將陣列名稱視為一個指標，是指到陣列最開頭的元素。在第七章介紹陣列時，陣列的註標是由零開始算起，因此 a[2] 表示存取陣列中的第三個元素的內容，由於將陣列名稱視為一個指標，亦可以透過指標的運算來存取陣列中某個陣列元素的值。下面兩個敘述分別對陣列元素取值和取址的寫法，其中 arrayname 為陣列名稱，index 為陣列元素的註標：

1. 取值方式： *(arrayname+index) 相當於 arrayname[index] 敘述。
2. 取址方式： &arrayname[index] 相當於 (arrayname+index) 敘述。

譬如宣告一個名稱為 myarray 的整數陣列，初值分別為 10、20、30、40 的宣告方式如下：

```
int myarray[]={10,20,30,40};
```

由於一個陣列元素相當於一個變數，且一個整數資料占用四個記憶體位址相當於一個陣列元素占用四個記憶體位址，假設陣列的起始位址從 12FF70 開始，陣列宣告後，記憶體配置會如下表所示：

變數名稱	記憶位址	變數內容	使用指標存取
myarray[0]	12FF70 ⋮ 12FF73	10	*(myarray)或 *(myarray+0)
myarray[1]	12FF74 ⋮ 12FF77	20	*(myarray+1)
myarray[2]	12FF78 ⋮ 12FF7A	30	*(myarray+2)
myarray[3]	12FF7C ⋮ 12FFFF	40	*(myarray+3)

由上表可知，欲將 myarray[3] = myarray[2] + 5; 做陣列元素的運算，可改用指標來運算。其寫法如下：

```
myarray[3]=*(myarray+2)+5;
```

說明

1. 上表中 myarray+i 即指向 [目前位址+(index*4)] 的記憶體位址(相當於 &marray[i])。
2. *(myarray+i) 表示先指向 [目前位址+(i*4)] 的記憶體位址，然後再使用「*」取值運算子取得目前指標指向位址的值(相當於 myarray[i])。
3. int myarray[]={10, 20, 30, 40};

陣列註標與指標取址與取值對照表：

記憶體位址	陣列取址	陣列取值	陣列元素值	指標取值	指標取位址
12FF70	&myarray[0]	myarray[0]	10	*(myarray+0)	myarray
12FF74	&myarray[1]	myarray[1]	20	*(myarray+1)	myarray+1
12FF78	&myarray[2]	myarray[2]	30	*(myarray+2)	myarray+2
12FF7C	&myarray[3]	myarray[3]	40	*(myarray+3)	myarray+3

範例：LinearSearch.c

使用指標來做循序搜尋。先宣告一個可輸入五個資料的整數陣列，設定一個 ptr 整數指標指到此陣列開頭，連續輸入五個整數，這五個整數會依序透過 ptr 指標依序存入 data[0]~data[4] 陣列元素中，接著再由鍵盤鍵入要搜尋的整數。程式採循序搜尋法以同樣方式使用 ptr 指標指到 data 陣列做搜尋，若有找到顯示搜尋的整數是第幾個數，若沒找到會顯示資料找不到的訊息。

執行結果

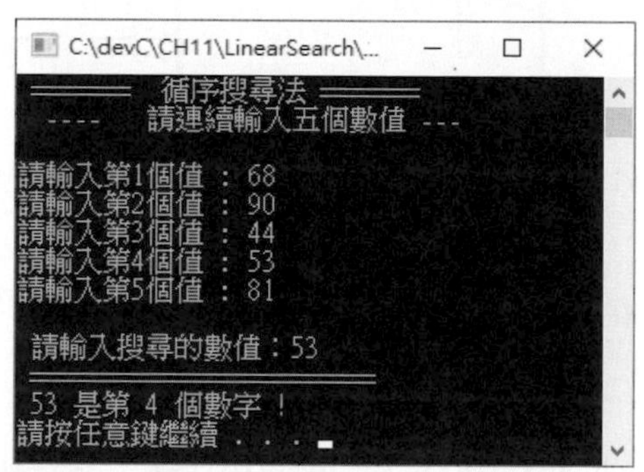

程式碼 FileName : LinearSearch.c

```
#include <stdio.h>
#include <stdlib.h>

int main(int argc, char *argv[]) {
    /* count 預設-1 表示未找到符合資料，search_num 為欲查詢的資料 */
    int data[5];
    /* count>0 表陣列中第幾個資料 */
    int i, search_num, count=-1, *ptr;
    ptr=data;                          /* ptr 指到陣列的起始位置 */
    printf(" =======  循序搜尋法 ======= \n");
```

```
    printf("  ----   請連續輸入五個數值 ---\n");
    printf("\n");
    for(i=0;i<5;i++) {
        printf("請輸入第%d個值 : ",i+1);
        scanf("%d", ptr+i);         /* 輸入值放入ptr所指陣列第i個元素 */
    }
    printf("\n");
    printf(" 請輸入搜尋的數值：");
    scanf("%d", &search_num);       /* 輸入查詢值  */
    for(i=0;i<5;i++) {
        if (*(ptr+i)==search_num){ /* 檢查ptr所指陣列元素是否與查詢值相等 */
            count=i; break;
        }
    }
    printf(" ========================\n");
    if(count==-1) {                 /* 判斷是否有找到資料 */
        printf(" 沒有這個數字 -> %d \n", search_num);
    }
    else {
        printf(" %d 是第 %d 個數字 !  \n", search_num, (count+1));
    }
    system("PAUSE");
    return 0;
}
```

11.5 動態記憶體配置

C 語言無法讓使用者動態設定陣列的大小，所以陣列的元素數量都必須在設計期間先宣告其數量，在編譯時便被固定，無法在程式執行過程中更改陣列的長度。在程式中也不能使用下面敘述來宣告陣列的大小，否則程式編譯時會發生錯誤：

```
int n;
scanf("%d", &n);        /* 輸入值決定陣列大小，編譯時發生錯誤  */
int myarray[n];         /* 陣列大小宣告時必須是整數常數不能用整數變數 */
```

為解決上述問題，C 語言提供動態記憶體配置(Dynamic Memory Allocation)方式來解決。透過此種方式可以讓使用者在程式執行過程中自行決定隨時能應程式需求配置記憶體空間給程式使用。其做法就是在程式執行的過程中，需要記憶體時才使用 malloc()函式來動態配置一塊記憶體空間，並將此塊配置記憶體空間的起始位址傳回給所指定的指標，接著再移動此指標來存取記憶體位址內的資料，當記憶體不再使用時，再透過 free()函式將此塊記憶體釋放掉歸還給系統。由於 malloc()函式和 free()函式都定義在 stdlib.h 標頭檔內，若程式中有使用到這兩個函式，必須在程式開頭將此標頭檔含入到程式中。

一. 動態配置記憶體 - malloc() 函式

malloc()函式定義於 stdlib.h 標頭檔中，呼叫此函式時會配置您所指定的記憶體空間大小，此函式不像陣列在編譯階段配置記憶體而是在執行階段需要時才配置記憶體。若配置成功由於此函式無法確知您所要求的記憶空間是要指向哪一種資料型別，因此其傳回值設為指向 void 資料型別的指標，在 11.2.4 小節有介紹此種 void 指標可以強迫它轉換成任何資料型別的指標。如果配置的記憶體空間不足，則會傳回 NULL 值。由於 malloc()函式所配置的記憶體是不做初始值設定，使用前建議最好先做清除的工作。要求配置多少空間來存放資料時，必須要考慮資料的長度，因此指標變數的資料型別必須和配置的記憶體空間所使用的資料型別一致，因此在傳回動態記憶體的起始位址時給指定的指標前必須先將預設的 void 指標進行指標型別轉換。malloc()函式語法如下：

語法

```
指標變數 = (資料型別 *)malloc(記憶體空間大小);
```

[例]

```
int *ptr, n=4;
ptr=(int*)malloc(sizeof(int)*n);
```

說明

1. sizeof(int)

   取得一個整數變數的大小，假設為 4 Bytes。

2. sizeof(int)∗n

   取得 n 個整數變數的大小，n=4 則 16 Bytes。

3. malloc(sizeof(int)∗n)

   系統配置連續 16 個記憶體位址給這四個整數使用。並傳回 void 指標指向此塊配置記憶體的起始位址。

4. ptr=(int∗)malloc(sizeof(int)∗n);

   由於 ptr 為指向整數變數的指標，因此使用(int∗)將 malloc()函式傳回的 void 指標轉換成 int 型別的整數指標，最後再指定給 ptr 整數指標。

5. 若 ptr 為指向字元變數的指標，則 malloc()函式寫法如下：

```
int *ptr, n=4;
ptr=(char*)malloc(sizeof(char)*n);
```

6. 程式中如何檢查是否配置記憶體成功，其寫法如下：

```
int *ptr, n=4;
ptr=(int*)malloc(sizeof(int)*n);
if (ptr==NULL) {      /* 若 ptr 指標為 NULL，表示配置記憶體失敗 */
    printf("記憶體空間不足,無法配置 ...... \n");
    exit(0);
}
else {
    ⋮ 配置成功執行
    ⋮ 此程式區塊
    free(ptr);           /* 釋放記憶體 */
}
```

二. 釋放記憶體 - free() 函式

動態配置的記憶體若不再使用時，必須使用 free()函式釋放掉歸還給系統，如此才不會浪費記憶體空間。因此使用 malloc()函式動態配置記憶體之後，若不使用記憶體空間時，可以使用 stdlib.h 標頭檔定義的 free()函式指定要釋放的記憶體指標。其語法如下：

語法

```
free(指標變數);
```

[例]

```
int *ptr, n=4;
ptr=(int*)malloc(sizeof(int)*n);        /* 動態配置記憶體 */
free(ptr);                              /* 釋放記憶體 */
```

範例：malloc.c

使用動態配置記憶體的方式，讓使用者可以自行決定要輸入幾個整數，當逐一輸入完畢之後，程式會將儲存於記憶體中的數值反向排列。

執行結果

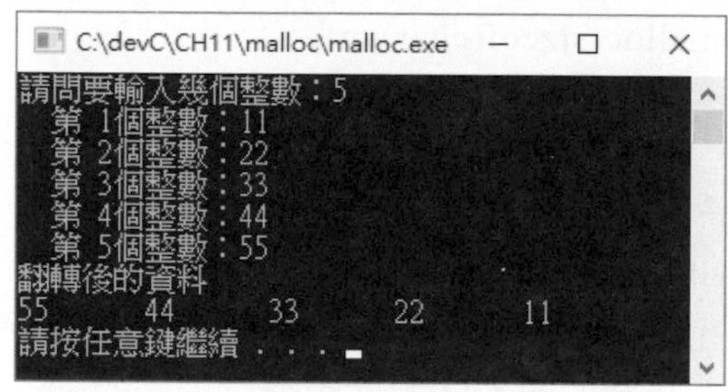

程式碼 FileName：malloc.c

```
#include <stdio.h>
#include <stdlib.h>

void swap(int*,int *);    /* 函式原型宣告中引數的資料型別後面加上*符號 */

int main(int argc, char *argv[]) {
    int *ptr;
    int n, i, j;
    printf("請問要輸入幾個整數：");
    scanf("%d", &n);
    ptr = (int *)malloc(sizeof(int) * n);    /* 動態配置記憶體 */
    if(ptr != NULL) {                        /* 檢查記憶體是否配置成功 */
        for(i = 0; i < n; i ++) {
            printf("  第%2d 個整數：", i + 1);
            /* 將使用者輸入的資料放入指標 ptr 目前指向位址的記憶體空間 */
```

```
16             scanf("%d", ptr + i);
17         }
18         for(i = 0, j = n - 1; i < n / 2; i++, j--) {
19             swap(ptr + i, ptr + j);
20         }
21         printf("翻轉後的資料\n");
22         for(i = 0; i < n; i ++) {
23             printf("%d\t", *(ptr + i));
24         }
25         printf("\n");
26         free(ptr);
27     }
28     else {
29         printf("記憶體配置失敗!\n");
30     }
31     system("PAUSE");
32     return 0;
33 }
34 
35 void swap(int *x, int *y) {
36     int temp;
37     temp = *x;
38     *x = *y;
39     *y = temp;
40 }
```

說明

1. 第 11 行：根據整數 n 來動態配置記憶體空間並傳回記憶體的起始位址給指標 ptr。
2. 第 13~17 行：將使用者輸入的整數逐一放到目前指標 ptr 所指向的記憶體位址。
3. 第 18~20 行：由外向內依序對調記憶體內容。
4. 第 22~24 行：顯示翻轉後的記憶體內容。
5. 第 26 行：釋放指標 ptr 指向動態配置記憶體的空間。

11.6 實例 - 堆疊

堆疊(stack)是一個有序串列(Ordered list)，它是計算機演算法中最常使用的資料結構。資料的新增及刪除都是在最頂端(TOP)進行，堆疊就像一個有底的袋子，永遠只會有一個出入口。如圖一，當資料從頂端加入的動作則稱為壓入(Pushing)；如圖二，資料由堆疊頂端取出(刪除)資料的動作則稱為彈出(Poping)。由上述這些特性可以知道，最後放入堆疊的資料一定是最先被取出的，我們稱為「後進先出」(Last-in First-out：LIFO)。

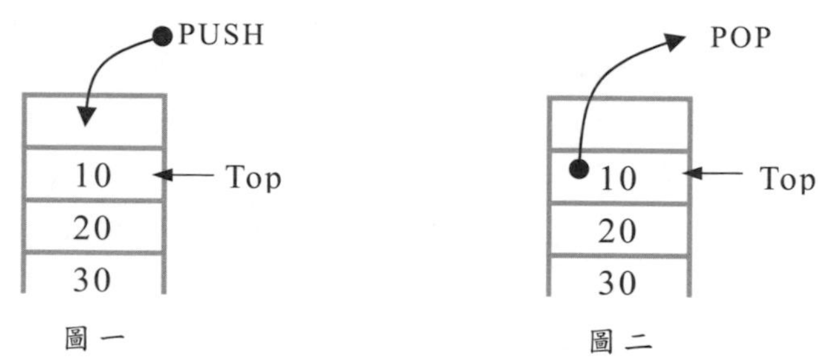

圖一　圖二

堆疊在日常生活的例子中，我們可以想像成餐廳中成堆的餐盤，剛疊上的餐盤必定是放在最上面，即將拿出的餐盤也是最上面的餐盤。而函式的呼叫、數學運算式的運算以及遞迴函式都會看到使用堆疊的蹤影。建立一個堆疊，一般可以使用靜態陣列或鏈結串列結構兩種方式來達成。如果使用陣列來製作，因為陣列元素在記憶體中的位置是連續不允許中斷、因此只有前後關係，而且陣列大小固定，因此使用陣列來製作堆疊相當方便，但是陣列大小固定、堆疊本身是不固定的，進出堆疊的資料時常無法預知，因此陣列大小很難事先宣告，若宣告陣列太大易造成記憶體浪費，若宣告陣列太小不夠存放資料，易造成堆疊溢位(Overflow)。如果使用鏈結串列來製作堆疊，則沒有上述的問題。

範例：stack_demo.c

以陣列配合指標製作堆疊，此推疊可存放 8 個整數。使用功能選單呼叫push()、pop()、printout()三個函式，分別將資料置入堆疊、由堆疊提取資料、依序顯示堆疊裡面的資料。輸出入介面按照下面八張畫面設計。

執行結果

1.功能選單畫面

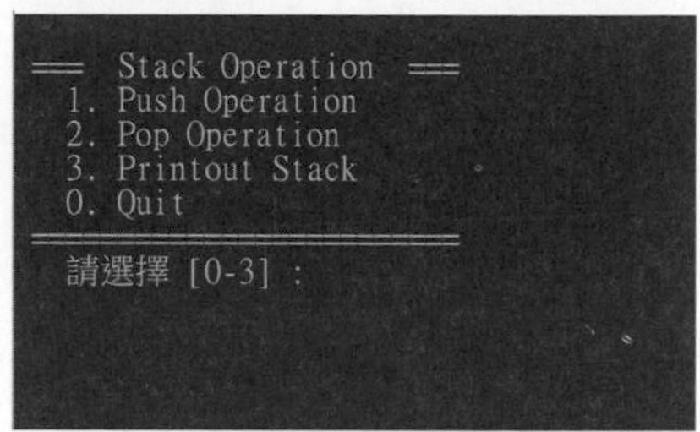

2.選"5"-超出範圍錯誤畫面

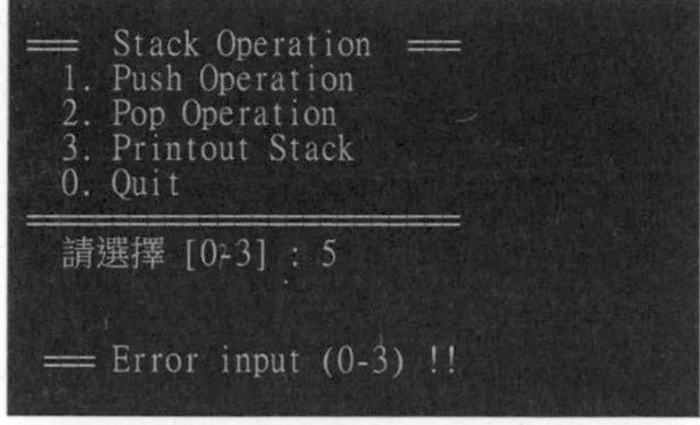

3.選"1"-將輸入的資料放入堆疊畫面

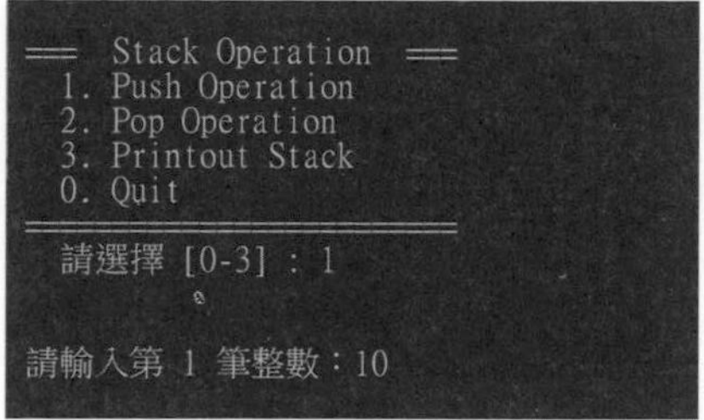

4.選"3"-顯示目前堆疊內容畫面

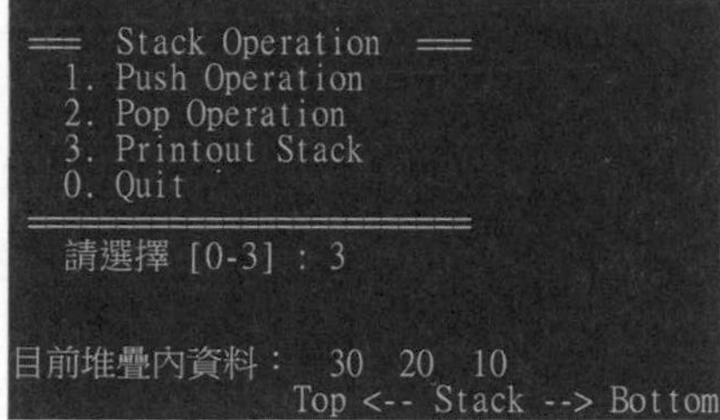

5.選"1"-堆疊滿時畫面提示

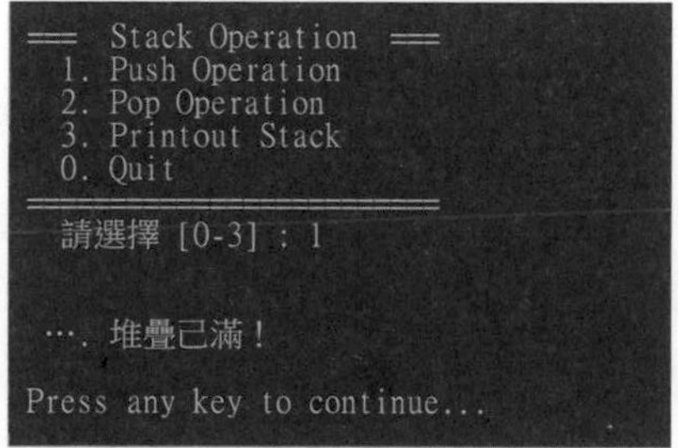

6.選"2"-將資料由堆疊中拿出畫面

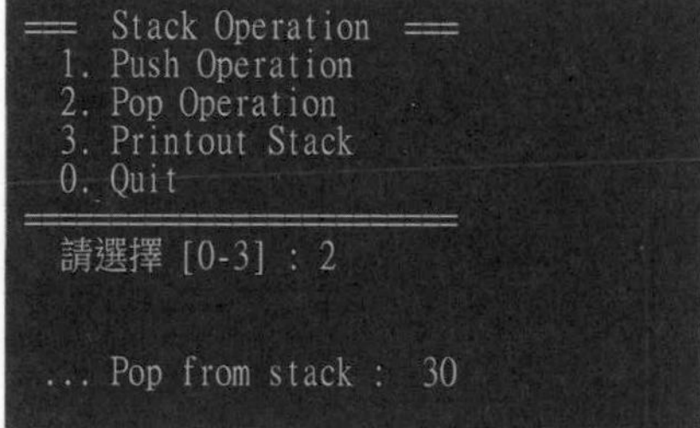

7.選"3"–顯示目前堆疊內容畫面

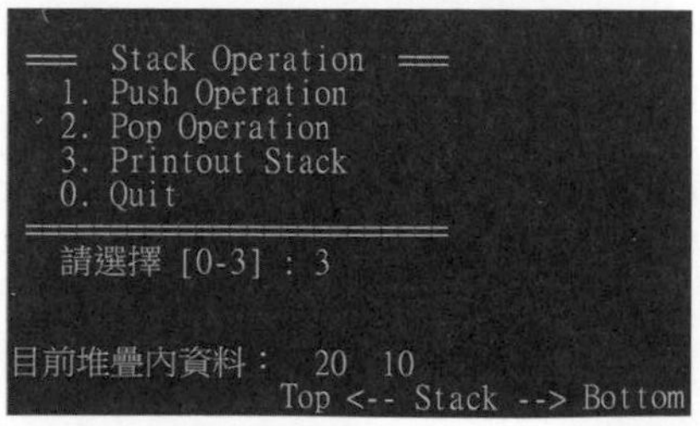

8.選"2"–堆疊內資料被拿空畫面

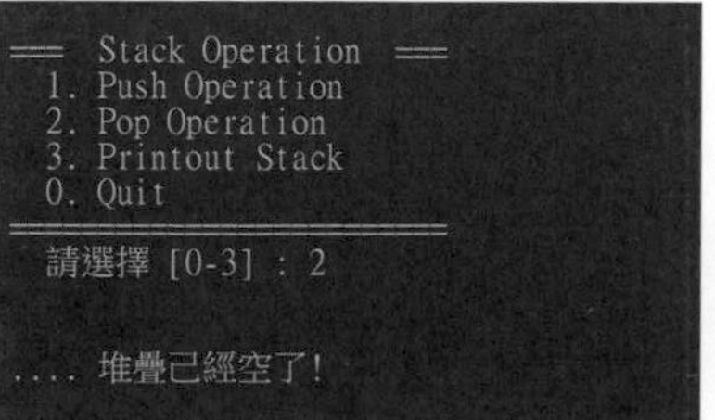

問題分析

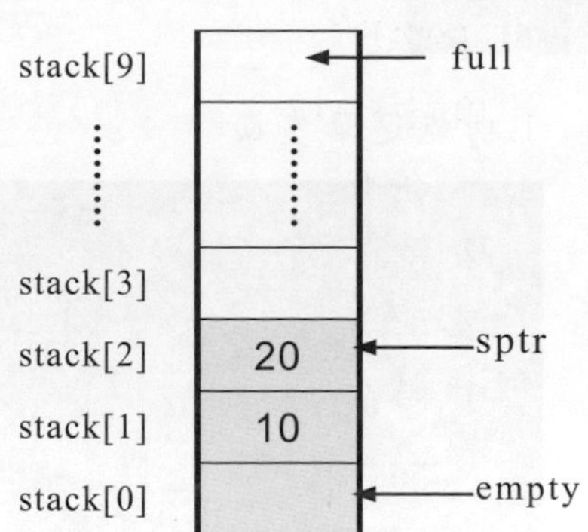

1. 定義相關變數

   ① 宣告 stack 為整數陣列

   ② i：堆疊中資料的個數

   ③ choose：功能選項

   ④ *sptr：指向目前堆疊最上面資料

   ⑤ *full：指到堆疊的最頂即 stack[9]

   ⑥ *empty：指到堆疊的最底即 stack[0]

   ⑦ 以上變數和陣列都設成全域，供各函式共用。

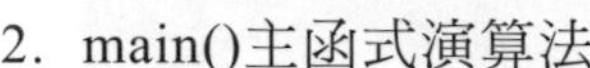

2. main()主函式演算法

   ① 使用 do…while(1)無窮迴圈，迴圈內透過 switch{…}敘述製作一個功能表目錄，利用數字(0-3)提供選擇，依數字呼叫指定的函式。

   ② 選 "1" 呼叫 push()函式，將輸入值存入堆疊中。

   ③ 選 "2" 呼叫 pop()函式，由堆疊中取資料。

   ④ 選 "3" 呼叫 printout()函式，顯示堆疊內的資料。

   ⑤ 選 "0" 結束程式。

   ⑥ 其他數字，顯示 "Error Input ….. " 錯誤訊息，重回目錄再選擇一次。

3. push()函式演算法

   ① 由於 sptr 是指到目前堆疊中最上面的資料，要再存入一個資料，必須先將 sptr 往高位址移動一個資料所占位址，即 sptr++。

   ② 再將記錄堆疊中資料筆數的變數 i 加 1。

   ③ 檢查 sptr 所指位址是否已到堆疊最頂部？由於 full 指標指到堆疊的頂部即指到 stack[9]，所以 full 裡面所存放的是 stack[9] 的記憶體位址。因此要比較 sptr 是否等於 full？

   ④ 若已經到達堆疊頂端，則顯示 "堆疊已滿"，重回主目錄。再等待下次的操作。

   ⑤ 若不相等，則將鍵入的資料存入目前 sptr 所指的記憶體位址。接著重回主目錄，等待下次的操作。

4. pop()函式演算法

① 由於 sptr 是指到目前堆疊中最上面的資料，先將該資料取出後並顯示在畫面上。

② 資料取出後，必須先將 sptr 往低位址移動一個資料所占位址，即 sptr--。

③ 再將記錄堆疊中資料筆數的變數 i 減 1。

④ 檢查 sptr 所指位址是否已到堆疊最底部？由於 empty 指標已設定指到堆疊的底部即指到 stack[0]，所以 empty 裡面所存放的是 stack[0] 的記憶體位址。因此只要比較 sptr 是否等於 empty？

⑤ 若已經是堆疊底部，則顯示 "堆疊已空"，將記錄堆疊中資料筆數的變數 i 設為 1，再回主目錄，等待下次的操作。

5. printout()函式演算法

① 在顯示堆疊內資料時，為避免指到目前堆疊最上面資料的 sptr 指標被移動，先拷貝 sptr 到 lptr，透過 lptr 指標移動來顯示堆疊內資料。

② 使用 do - while(1)無窮迴圈，在迴圈內每次顯示資料時，先檢查 lptr 是否已經指到堆疊的最底部，即檢查 lptr==!empty？

③ 若 lptr 不等於 empty，即將目前 lptr 所指的資料顯示在畫面，再將 lptr 往下移動一個資料位址，即 lptr--。

④ 若 lptr 等於 empty，表示堆疊資料已經顯示完畢，回主目錄，等待下次的操作。

程式碼 FileName : stack_demo.c

```
#include <stdio.h>
#include <stdlib.h>
#include <ctype.h>
#define MAXSIZE 10
#define MSG "Press any key to continue..."
void push(void);
void pop(void);
void printout(void);
int stack[MAXSIZE];
int i=1,choose;          /* i:筆數  choose:選項 */
int *sptr, *full, *empty;

```

```
int main(int argc, char *argv[]) {
    sptr = stack;                        /* sptr 指標指到 stack[0]位址 */
    empty = stack;                       /* empty 指標指到 stack[0]位址*/
    full = stack + MAXSIZE - 1;          /* full 指標指到 stack[9]位址 */
    do {
        printf(" \n ===  Stack Operation  ===");
        printf(" \n   1. Push Operation ");
        printf(" \n   2. Pop Operation ");
        printf(" \n   3. Printout Stack ");
        printf(" \n   0. Quit ");
        printf(" \n ========================");
        printf(" \n   請選擇 [0-3] : ");
        scanf("%d", &choose);
        switch (choose) {                /* 判斷使用者選擇的選項 */
            case 1:
                push();
                break;
            case 2:
                pop();
                break;
            case 3:
                printout();
                break;
            case 0:
                exit(0);
            default:
                printf("\n\n  === Error input (0-3) !! ");
                break;
        }
        printf(" \n\n %s\n", MSG);
    } while(1);
    system("PAUSE");
    return 0;
}

void push(void) {
  sptr++;                           /* sptr 指標往前移 */
  if(sptr == full) {                /* 判斷堆疊是否已經滿了 */
```

```
            printf("\n\n  …. 堆疊已滿！ ");
            sptr--;
        }
        else {
            printf("\n\n 請輸入第 %d 筆整數：", i++);
            /* 將使用者輸入的資料放入 sptr 指向的位址 */
            scanf("%d", sptr);
        }
}
void pop(void) {
    if(sptr != empty) {           / *判斷堆疊是否還沒有空 */
        printf("\n\n  ... Pop from stack : %3d", *sptr);
        sptr--;
        i--;
    }
    else {
        printf("\n\n .... 堆疊已經空了！ \n\n");
        i = 1;                     /* 堆疊內資料筆數重新開始算 */
    }
}
void printout(void) {
    int *lptr;
    lptr = sptr;
    printf("\n\n 目前堆疊內資料：");
    do {
        if(lptr != empty) {      /* 判斷堆疊是否還沒有空 */
            printf(" %3d", *lptr);
            lptr--;
        }
        else {
            break;
        }
    } while(1);
    printf("\n                  Top <-- Stack --> Bottom \n");
}
```

字串處理

CHAPTER 12

12.1 如何宣告字串

12.1.1 何謂字串

C 語言中將一個「字元常值」簡稱「字元」(Character)是使用單引號括住的一個字元來表示。譬如：'a'、'3'、'\0' 都是屬於字元常值。若將連續不中斷的字元連起來，頭尾再使用雙引號括住就構成「字串常值」(String Literal 或 String Constant)簡稱「字串」(String)。譬如："The C Language"、"John Wu"、"96"、"(04)1234-5678"、"k"，...等都是屬於字串。當編譯器編譯到字串常值時，會先將雙引號去除後在字串最後加上 '\0' ，「\0」在這裡是當作字串結束字元，簡稱「空字元」(Null Character)，接著計算出需要多少記憶體空間，再將整個字串連同空字元，一起存入所配置的記憶體中。

12.1.2 字串的宣告與初值設定

C 語言中並未像 VB、C#或 Java 一樣有提供字串資料型別。因此，C 語言中的字串就是使用一維字元陣列來表示。譬如：下面敘述是宣告一個名稱為 str1 的字元陣列，用來存放 6 個字元的字串，其寫法如下：

```
char str1[6];
```

上例中宣告了一個變數，名稱是 str1 的字元陣列，中括號內的數值 6 為陣列大小，用來設定該陣列最多可容納六個字元，由於字串本身後面必須加上空字元當結束字元才可成為字串，因此上面宣告的陣列實際最多可以容納的字元個數是 5，即陣列大小減 1，保留一個字元用來存放空字元。

字串在宣告時亦允許同時對字串做初值設定，您可使用字元陣列來設定初值，若設定初值是採字元方式必須在最後面加上空字元 '\0' 。下列都是合法的寫法：

一. 使用字元陣列

① char str1[6] ="smart" ;

② char str1[] = "smart" ;

③ char str1[6] = {'s', 'm', 'a', 'r', 't', '\0'};

④ char str1[] = {'s', 'm', 'a', 'r', 't', '\0'};

str1[0]	's'
str1[1]	'm'
str1[2]	'a'
str1[3]	'r'
str1[4]	't'
str1[5]	'\0'

二. 使用字元指標

① char *str1="smart" ;

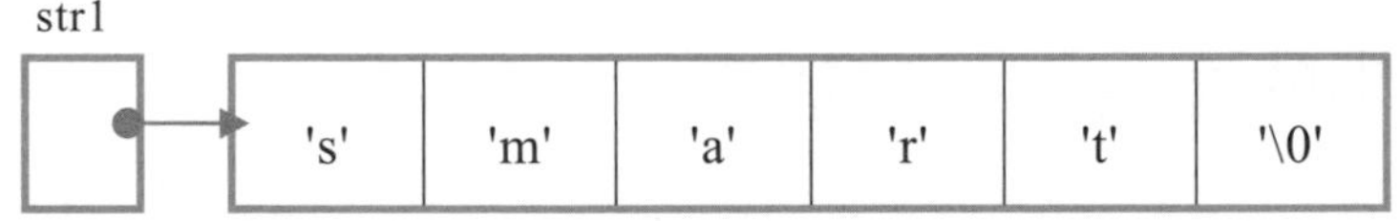

欲得知上面宣告字串的長度可使用 strlen(str1)字串長度函式得知 str1 字串(或稱字元陣列)的長度為 5；若使用 sizeof(str1)函式用來取得字串的 Bytes 數，就會得知 str1 字元陣列共占記憶體空間為 6 Bytes。使用 strlen()函式要記得先含入 string.h 標頭檔。

在初值設定使用字元方式設定時，若在初值最後面未加上字串結束符號('\0')，系統視為單純的字元陣列而不是字串。當您使用 puts()輸出字串函式來顯示下面敘述的資料時，由於未加字串結束字元，puts()函式顯示字串至最後一個字元時，會找不到結束字串字元而出現亂碼：

```
char str1[6]= {'s', 'm', 'a', 'r', 't'};         /* 字元陣列，非字串 */
char str1[]={'s', 'm', 'a', 'r', 't', 'y'};      /* 字元陣列，非字串 */
```

說明

1. 中文字是占兩個 Bytes，因此若宣告 char name[7]，實際上 name 字元陣列只能放三個中文字，但若是儲存英數字元，可以容納 6 個英數字元或符號。
2. 若使用 char str1[20]; 宣告 str1 為字元陣列，由於陣列名稱 str1 本身就代表該陣列的起始位址。所以，在程式中不允許使用 "=" 指定運算子來直接設定字串常值：

   ```
   str1 = "You are the Best! ";        /* 錯誤寫法 */
   ```

   上面敘述為錯誤寫法，可使用字串拷貝函式來解決，其寫法：

   ```
   strcpy(str1, "You are the Best! ");
   ```
3. 若欲顯示的字串中含有雙引號或控制字元時，記得在雙引號前面加上「\」 即可。譬如：欲顯示 "GOTOP" is the Best !，GOTOP 頭尾使用雙引號括住時，其寫法如下：

   ```
   #define MSG "\n \"GOTOP\" is Best! \n "
   printf("%s", MSG);
   ```
4. 'a' 字元其長度為 1，"a" 為字串其長度為 2。
5. 若雙引號裡面沒有任何字串即為空字串，空字串也可以使用 NULL 常數來替代。空字串的長度為 0，其寫法如下：

   ```
   #define NULL ""
   char str1[]="";          /* 空字串 */
   char *str2="";           /* 空字串 */
   char str3[]=NULL;        /* 空字串 */
   char *str4=NULL;         /* 空字串 */
   ```

12.1.3 如何輸入字串

Dev C 提供 gets()函式，讓您能將所輸入的字串放到指定的字元陣列中。使用 gets() 函式的好處是允許輸入的字串中間有空白存在。若您改用 scanf()函式，輸入的字串中間是不允許有空白，否則會發生無法取得空白字元後面的字串。譬如：在下面兩個程式片段中分別輸入 "Peter Lee" ，中間空一格。左邊程式片段使用 gets() 函式，結果 name 字元陣列存入"Peter Lee" ；右邊程式片段使用 scanf()函式，結果 name 字元陣列只存入 "Peter"。

<table>
<tr><th>使用 gets()函式 (檔名：string1.c)</th><th>使用 scanf()函式 (檔名：string2.c)</th></tr>
<tr><td>

```
#include <stdio.h>
#define MSG "歡迎光臨!"
#define KEYIN "請輸入姓名 :"
int main (int argc, char *argv[]) {
    char name[15];
    printf(" %s    %s ", MSG, KEYIN);
    gets(name);
    printf(" %s,  您好  !  \n", name);
    return 0;
}
```

</td><td>

```
#include <stdio.h>
#define MSG "歡迎光臨!"
#define KEYIN "請輸入姓名 :"
int main (int argc, char *argv[]) {
    char name[15];
    printf(" %s    %s ", MSG, KEYIN);
    scanf("%s", name);
    printf(" %s,  您好  !  \n", name);
    return 0;
}
```

</td></tr>
<tr><td>輸出畫面
歡迎光臨! 請輸入姓名 : Peter Lee
Peter Lee, 您好 !</td><td>輸出畫面
歡迎光臨! 請輸入姓名 : Peter Lee
Peter, 您好 !</td></tr>
</table>

12.2 如何宣告字串陣列

「字串」本身就是一個一維字元陣列，每個陣列元素都是字元；至於「字串陣列」就是陣列中的每個陣列元素都是字串，其做法就是使用二維陣列來宣告字串陣列。譬如宣告四個字串，每個字串最多 6 個字元，其寫法如下：

```
char name[4][6];
```

在宣告字串陣列的同時也可以同時設定每個字串的初值，它是採以列為主(Row Majored)方式來存放每個字串的內容。譬如上面宣告，二維陣列中的第一維註標為 4 是用來宣告該字串陣列含有 4 個字串，通常這個註標可省略；第二維註標為 6 是用來設定每個字串的最大容量 6 個字元，包含 '\0' 字串結束字元，所以實際上可容納的字元個數只有 5 個字元，即第二維註標值減 1。其寫法有下面兩種方式：

寫法 1 ：char name[][6]={"Peter", "Tom", "John", "David"};

寫法 2 ：
```
char name[][6] ={{'P','e','t','e','r','\0'},
                 {'T','o','m','\0'},
                 {'J','o','h','n','\0'},
                 {'D','a','v','i','d','\0'} };
```

上面宣告 name[0]~name[3]為字串陣列，每一個陣列元素可容納 6 個字元，在宣告同時並給予字串初值，結果字串陣列 name[0]="Peter"、name[1]="Tom"、name[2]="John"、name[3]="David"。所對應的記憶體配置如下：

name[0]	'P'	'e'	't'	'e'	'r'	'\0'
name[1]	'T'	'o'	'm'	'\0'		
name[2]	'J'	'o'	'h'	'n'	'\0'	
name[3]	'D'	'a'	'v'	'i'	'd'	'\0'

由上面的記憶體配置情形可以知道，使用二維字元陣列來處理字串陣列，若字串長度大小不一時，將造成記憶體空間浪費，空白處即是保留未用到的記憶體。若不想浪費記憶體空間，最好的做法就是使用下面字元指標宣告方式來處理字串陣列。其寫法如下：

寫法 3 ：char *name[4] = {"Peter", "Tom", "John", "David"};

宣告 name 是一個字元指標陣列，每個陣列元素都是指向字串的指標。其對應的記憶體配置如下：

name[0]	'P'	'e'	't'	'e'	'r'	'\0'
name[1]	'T'	'o'	'm'	'\0'		
name[2]	'J'	'o'	'h'	'n'	'\0'	
name[3]	'D'	'a'	'v'	'i'	'd'	'\0'

範例：string3.c

使用字串陣列 name 來存放十位同學的英文名字，每個英文名字最長限制為 15 個字元(含結束字元)。執行時，可連續輸入每位同學的英文名字，當輸入小寫的 "stop" 字串，便馬上結束輸入。電腦會將每位同學的英文名字依序逐行顯示出來。

執行結果

問題分析

1. 由於必須存放十位同學的英文名字，每個英文名字最長限制為 15 個字元(含結束字元)，因此必須使用 name[10][15] 字串陣列來存放。
2. 由於每次輸入英文姓名都要比較是否為小寫的 "stop" 字串，必須在程式中使用字串比較函式 strcmp(str1,str2)，若 str1 和 str2 字串相同，傳回值為 0；若兩個字串不相同，傳回值不為 0，使用此函式必須先含入 string.h。
3. 當輸入字串 "stop" 便結束輸入的動作，必須將輸入同學總人數存入 count 變數，以方便顯示。
4. 由於陣列的註標是從 0 開始，相當於第一位同學，而座號一般都由 1 號算起，顯示座號時要將註標 i 加 1。

程式碼 FileName：string3.c

```
#include <stdio.h>
#include <stdlib.h>
#include <string.h>
int main(int argc, char *argv[]) {
    int i, count = 10 - 1;
    char name[10][15];
    for(i = 0; i < 10; i ++) {
        printf("請輸入 %d 號同學的英文名字：", i + 1);
        gets(name[i]);  /* 輸入第 i+1 位的英文名稱放入 name[i] */
        if (strcmp(name[i], "stop") == 0) {  /*判斷是否輸入 "stop" 字串*/
            count = --i;
            break;
        }
    }
    printf("\n  共輸入 %d 位同學的英文名字 \n ", count + 1);
    printf("\n==============================\n");
    for (i = 0; i <= count; i ++) {     /* 顯示所有學生的姓名 */
        printf("\n ==> 座號 %d 號同學的英文名字 : %s\n", i + 1, name[i]);
    }
    printf("\n");
    system("PAUSE");
    return 0;
}
```

範例：encode.c

使用字串陣列來儲存五位同學的名字，每位同學的名字最長限制為 10 個字元。程式執行時，先以字串陣列為引數呼叫自訂函式進行編碼並顯示編碼後的內容，再以編碼後的字串陣列為引數進行解碼並顯示解碼後的內容。

執行結果

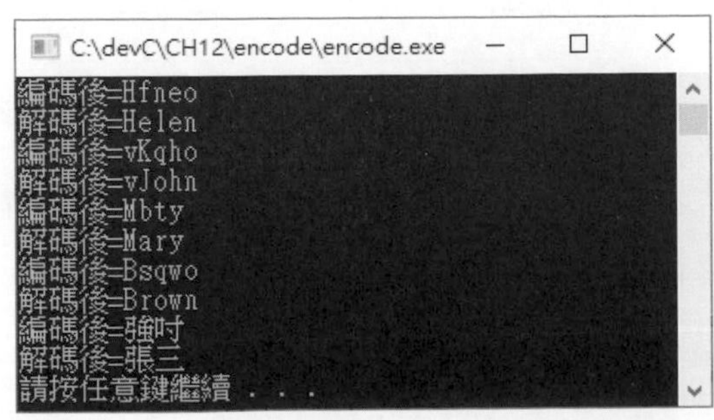

問題分析

1. 本程式使用字元陣列來設定五位同學的英文名字，每個名字最長為 10 個字元，因此使用 char name[5][10]。
2. 使用 for 迴圈，依序將字元陣列當引數呼叫編碼函式進行加密，並顯示編碼後的內容。之後再將字元陣列當引數呼叫解碼函式進行解密，並顯示解碼後的內容。
3. 編碼函式使用變數 i 來移動指標，函式內使用無窮迴圈來進行編碼，迴圈會一直執行到遇到結束字元才結束函式。編碼方式：陣列的註標是 3 的倍數時，該註標的字元不變動，其他註標的內容則加上除 3 的餘數。
4. 解碼函式和編碼函式類似，陣列的內容減去註標值除以 3 的餘數，即可還原為原本的字元。

程式碼 FileName：encode.c

```
#include <stdio.h>
#include <stdlib.h>
void encode(char []);
void decode(char []);

int main(int argc, char *argv[]) {
    char name[5][10] = {"Helen", "vJohn", "Mary", "Brown", "張三"};
    int i;
    for(i = 0; i < 5; i ++)   {
        encode(name[i]);
        printf("編碼後=%s\n", name[i]);
        decode(name[i]);
        printf("解碼後=%s\n", name[i]);
    }
    system("PAUSE");
    return 0;
}

void encode(char str[]) {
    int i = 0;
    while(1) {
        if(*(str + i) == '\0')
            return;
```

```
        *(str + i) += i % 3;
        i++;
    }
}

void decode(char str[]) {
    int i = 0;
    while(1)   {
        if(*(str + i) == '\0')
            return;
        *(str + i) -= i % 3;
        i++;
    }
}
```

12.3 常用字串函式

12.3.1 字串轉換函式

下表中所介紹的字串函式可以讓您將字串轉換成倍精確浮點數、整數、長整數型別的資料，以方便在程式中計算。其說明如下：

函式	功能說明
atof	語法：double atof(const char *) 標頭檔：math.h 功能：將字串轉換成倍精確浮點數並傳回。轉換失敗時會傳回 0。 簡例：① float f1=atof("2.35");　/* f1=2.350000 */ ② float f2=atof("3.145abc");　/* f2=3.145000 */ ③ float f3=atof("ab3.15");　/* 轉換失敗, f3=0.000000 */
atoi	語法：int atoi(const char *) 標頭檔：stdlib.h 功能：將字串轉換成整數並傳回。轉換失敗時會傳回 0。 簡例：① int n1=atoi("2");　/* n1=2 */

	② int n2=atoi("3.145abc");　/* n2=3 */ ③ int n3=atoi("ab3.15");　/* 轉換失敗, n3=0 */
atol	語法：long atol(const char *) 標頭檔：stdlib.h 功能：將字串轉換成長整數並傳回。轉換失敗時會傳回 0。 簡例：① long l1=atol("2565");　/* l1=2565 */ ② long l2=atol("3145abc");　/* l2=3145 */ ③ long l3=atol("ab315");　/* 轉換失敗, l3=0 */

12.3.2 字串處理函式

字串處理函式可以讓您對字串做字串合併、字串拷貝、字串搜尋、字串反轉、字串分割、字串大小寫轉換以及求字串長度...等功能，這些字串函式全部都宣告在 string.h 標頭檔內，所以要使用這些字串函式之前，必須在程式的最開頭撰寫 #include <string.h> 將 string.h 標頭檔含入到程式中。下表中字串函式以 str1 及 str2 兩個字串常值為例來說明：

```
char str1[15]="碁峰";
char *str2="工作室";
```

函式	功能說明
strcat	語法：char *strcat(char *str1, const char *str2) 功能：將來源的 str2 字串連接至目地的 str1 陣列後面。但 str1 能容納的字元個數必須大於原來的 str1 加上 str2 的字元個數，否則執行時會發生錯誤。 簡例：① strcat(str1, str2);　/* 結果 str1 是 "碁峰工作室" 字串 */ ② char s1[8]="gotop"; strcat(s1, " is best"); /* 錯誤, s1 只能容納 8 個字元(包含'\0')，因此 s1 連接" is best" 字串後會超過 8 個字元個數，如此 s1 將無法放置 "gotop is best"，所以執行程式時會發生錯誤情形 */

函式	功能說明
strncat	語法：char *strncat(char * str1, const char *str2, size_t) 功能：將來源的 str2 字串前面 size_t 個字元連接至目地的 str1 陣列後面。但 str1 能容納的字元個數必須大於原來的 str1 加上 str2 的字元個數，否則執行時會發生錯誤。 簡例：① strncat(str1, str2 , 4); /* 因為一個中文字代表 2 Bytes，str1 為 "碁峰工作" 字串 */ ② char s1[20]="gotop"; strncat(s1, "△best", 3); /* 結果 s1 是"gotop△be" 字串 */ ③ char s1[7]="gotop"; strncat(s1, "△best", 3); /* 錯誤, s1 無法放置 "gotop△be"字串 */
strcpy	語法：char *strcpy(char *str1, const char *str2) 功能：將 str2 字串複製到 str1 陣列，原來的 str1 內容會被覆蓋。若 str2 字串的字元個數大於 str1 陣列所能容納的字元個數，則執行時會發生錯誤。 簡例：① strcpy(str1, str2); /* 結果 str1 是 "工作室" 字串 */ ② char s1[5]="YMCA"; strcpy(s1, "Visual Studio 2019"); /* 錯誤 */
strncpy	語法：char *strncpy(char *str1, const char *str2, size_t) 功能：將 str2 前面 size_t 個字元複製到 str1 陣列，原來的 str1 內容會被覆蓋。 簡例：① strncpy(str1,str2,2); /* 一個中文字表示 2 Bytes，所以 str1 是 "工" 字串 */ ② char s1[5]="YMCA"; strncpy(s1, "best", 2); /* s1 是 "be" 字串 */ ③ char s2[5]= "YMCA"; strncpy(s1, "Visual Studio 2019", 10); /* 錯誤 */
strcmp	語法：int strcmp(const char *str1, const char *str2) 功能：str1 字串與 str2 字串由左至右以字元的 Ascii 碼進行比較，並傳回一個整數值。我們可透過傳回值來判斷比較的結果，如下： ① 若傳回值等於 0，表示 str1 字串與 str2 字串相等 ② 若傳回值小於 0，表示 str1 字串小於 str2 字串 ③ 若傳回值大於 0，表示 str1 字串大於 str2 字串

函式	功能說明
strncmp	語法：int strncmp(const char *str1, const char *str2, size_t) 功能：對 str1 字串和 str2 字串最前面的 size_t 個字元進行比較，並傳回一個整數值，可透過傳回值來判斷比較的結果： ① 若傳回值等於 0，表示 str1 字串與 str2 字串相等 ② 若傳回值小於 0，表示 str1 字串小於 str2 字串 ③ 若傳回值大於 0，表示 str1 字串大於 str2 字串
strlen	語法：size_t strlen(const char *str1) 功能：傳回字串的長度(字元個數)，但不包含 '\0' 字元(NULL)。 簡例：① int n1=strlen(str1); /* 中文字佔用兩個字元，str1 為 "碁峰"，所以 n1=4 */ ② int n2=strlen("gotop"); /* n2=5 */
strtok	語法：char *strtok(char *str1, const char *str2) 功能：使用 str2 來當做區隔字串，將 str1 字串中有 str2 字串之前的字串取出，然後再指定給 str1 字串。 簡例：char s1[]="gotop△is△best"; char s2[]="△"; /* 使用△(空白)來當做區隔字串 */ strtok(s1, s2); /* 結果 s1 為 "gotop" */
strchr	語法：char *strchr(const char *str, int ch) 功能：傳回搜尋 str 字串中第一次出現 ch 字元之位置的字串。若搜尋失敗則傳回 NULL。 簡例：① char *str="gotop is best"; char *s2=strchr(str, 'o'); /* 結果 s2 為 "otop is bes" 字串 */ ② char *str="gotop is best"; char *s2=strchr(str, 'y'); /* 結果 s2 為 NULL */
strrchr	語法：char *strchr(const char *str, int ch) 功能：傳回搜尋 str 字串中最後出現 ch 字元之位置的字串。若搜尋失敗則傳回 NULL。 簡例：① char *str="gotop is best"; char *s2=strrchr(str, 's'); /* 結果 s2 字串為 "st" */ ② char *str="gotop is best"; char *s2=strrchr(str, 'y'); /* 結果 s2 為 NULL */

函式	功能說明
strrev	語法：char *strrev(char *str1) 功能：將 str1 字串進行前後順序反轉。 簡例：char s1[]="gotop is best"; strrev(s1);　/* 結果 s1 為 "tseb si potog" 字串 */
strstr	語法：char *strstr(const char *str1, const char *str2) 功能：傳回 str1 字串中第一次出現 str2 位置的字串。若搜尋失敗會傳回 NULL。 簡例：char *s1="gotop is best"; char *s2=strstr(s1, "is");　/* 結果 s2 為 "is best" 字串 */
strlwr	語法：char *strlwr(char *str1) 功能：將 str1 字串的所有英文字母轉成小寫英文字母。 簡例：char s1[20]="Gotop IS bEsT"; strlwr(s1);　/* 結果 s1 為 "gotop is best" 字串 */
strupr	語法：char *strupr(char *str1) 功能：將 str1 字串的所有英文字母轉成大寫英文字母。 簡例：char s1[20]="Gotop IS bEsT"; strupr(s1);　/* 結果 s1 為 "GOTOP IS BEST" 字串 */
strxfrm	語法：size_t strxfrm(const char *str1, const char *str2, size_t) 功能：將 str2 前面 size_t 個字元替換成 str1 陣列前面的 size_t 個字元，並傳回 str2 字串的長度。若替換失敗會發生執行時期錯誤。 簡例：char s1[20]="gotop is best"; strxfrm(s1, "how are you", 5); /* 傳回 "how are you" 字串長度 11，接著再將 s1 字串前面 5 個字元換成 "how are you" 字串最前面 5 個字元，結果 s1 為 "how a is best" 字串 */

範例：sort_str.c

使用 strcpy 字串複製函式、strcmp 字串比較函式，並配合氣泡排序法將使用者輸入 5 位學生的姓名做由小到大排序。

執行結果

```
C:\DevC\CH12\...
-氣泡排氣法(由小到大排序字串)-
-----請輸入五位學生的姓名-----

 排序前->
 第 1 位學生：John
 第 2 位學生：Mary
 第 3 位學生：Smith
 第 4 位學生：Huck
 第 5 位學生：Barbaba

 排序後->
 1.->Barbaba
 2.->Huck
 3.->John
 4.->Mary
 5.->Smith
```

程式碼 FileName：sort_str.c

```
#include <stdio.h>
#include <stdlib.h>
#include <string.h>

int main(int argc, char *argv[]) {
    char name[5][10];     /* 宣告二維陣列 name，用來存放五位學生的姓名 */
    char t[10];
    int i, j;
    printf("-氣泡排氣法(由小到大排序字串)-\n");
    printf("-----請輸入五位學生的姓名-----\n");
    printf("\n");
    printf(" 排序前->\n");
    for(i = 0; i < 5; i ++) {       /* 輸入五位學生的姓名 */
        printf(" 第 %d 位學生：", i + 1);
        gets(name[i]);
    }

    for(i = 3; i >= 0; i --) {                  /* 氣泡排序法 */
        for(j = 0; j <= i; j ++) {
            if(strcmp(name[j], name[j+1]) > 0) {   /* 比較字串 */
                strcpy(t, name[j]);    /* 字串互換 */
                strcpy(name[j], name[j + 1]);
                strcpy(name[j + 1], t);
            }
        }
    }

```

```
    printf("\n 排序後->\n");
    for(i = 0; i < 5; i ++) { /* 顯示遞增排序後的結果 */
        printf(" %d.->%s\n", i + 1, name[i]);
    }
    printf("\n");
    system("PAUSE");
    return 0;
}
```

範例：stringfun.c

使用上面所介紹的字串函式，將輸入的 str1 及 str2 字串常值進行比較、複製、連接、替換、倒印的動作。

執行結果

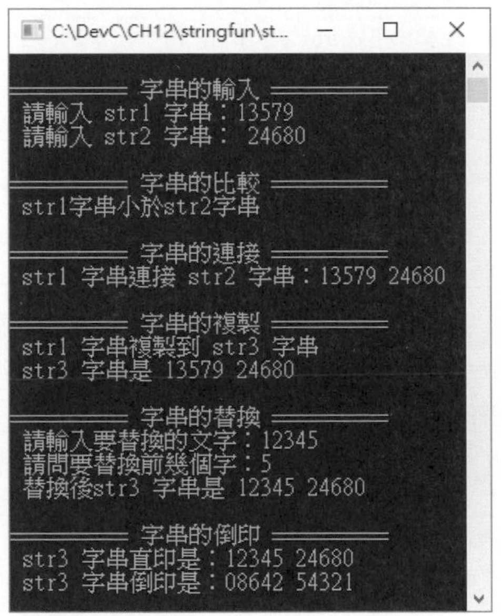

程式碼 FileName：stringfun.c

```
#include <stdio.h>
#include <stdlib.h>
#include <string.h>
#define BUFSIZE 80

int main(int argc, char *argv[]) {
```

```
/* 宣告可存放 100 個字元的 str1, str2, str3, str4 字串 */
char str1[BUFSIZE], str2[BUFSIZE], str3[BUFSIZE], str4[BUFSIZE];
char *ptr;              /* 宣告字元指標 ptr */
int keyin, i, j, str_num;
printf("\n========== 字串的輸入 ==========\n");
printf(" 請輸入 str1 字串：");
gets(str1);             /* 輸入的字串指定給 str1 */
printf(" 請輸入 str2 字串：");
gets(str2);             /* 輸入的字串指定給 str2 */
printf("\n========== 字串的比較 ==========\n");
if(strcmp(str1, str2) == 0) {       /* 比較字串 */
    printf(" str1 字串與 str2 字串相等\n");
}
else if(strcmp(str1, str2) > 0) {
    printf(" str1 字串小於 str2 字串\n");
}
else {
    printf(" str1 字串大於 str2 字串\n");
}
printf("\n========== 字串的連接 ==========\n");
strcat(str1, str2); /* 將str2 字串連接到 str1 字串的後面 */
printf(" str1 字串連接 str2 字串：%s\n", str1);
printf("\n========== 字串的複製 ==========\n");
strcpy(str3, str1);/* 將str1 字串複製到 str3 字串 */
printf(" str1 字串複製到 str3 字串\n");
printf(" str3 字串是 %s\n", str3);
printf("\n========== 字串的替換 ==========\n");
printf(" 請輸入要替換的文字：");
gets(str4);
printf(" 請問要替換前幾個字：");
scanf("%d", &keyin);
/* 將 str3 字串前面 keyin 個字替換成 str4 字串前面 keyin 個字 */
strxfrm(str3, str4, keyin);
printf(" 替換後 str3 字串是 %s\n", str3);
printf("\n========== 字串的倒印 ==========\n");
str_num = strlen(str3);    /*取得 str3 字串長度，然後指定給 str_num*/
```

```
43     ptr=str3;                      /*ptr 指標指向 str3 字串的起始位置*/
44     printf(" str3 字串直印是：");
45     for(i = 0; i < str_num; i ++) {       /*印出字串*/
46         printf("%c", *(ptr + i));
47     }
48     printf("\n");
49     printf(" str3 字串倒印是：");
50     for (i = str_num-1, j = 0; i >= 0 ; i--, j++) {    /*倒印字串*/
51         printf("%c", *(ptr + i));
52     }
53     printf("\n");
54     system("PAUSE");
55     return 0;
56 }
```

說明

1. 第 45~47 行：使用迴圈和指標逐一顯示 str3 字串中的每一個字元。
2. 第 50~52 行：使用指標及迴圈來倒印字串。事實上第 50~52 行也可以改寫成下面敘述，但是如果用 strrev()函式會將原本的字串進行前後反轉，因本例只想顯示字串倒印的結果，不想將字串進行反轉，所以就必須自行撰寫 50~52 行敘述。

    ```
    strrev(str3);
    printf("%s", str3);
    ```

12.4 函式指標

所謂「函式指標」(Function pointer)，是指定義和宣告的函式名稱前面加上 "*" ，即代表該函式的傳回值是一個資料型別的指標變數，也就是說該函式的傳回值是一個記憶體位址。一般呼叫函式若使用 return 敘述只能傳回一個值；若需要將整個陣列或字串由被呼叫的函式傳回給原呼叫的函式，就必須使用函式指標。

其做法就是透過函式指標傳回陣列或字串的記憶體起始位址，然後在原呼叫函式內透過指標的移動，來存取陣列或字串內每個元素的內容。其語法：

語法

```
資料型別 *函式名稱([引數串列]);
```

譬如：宣告一個函式 reverse()，它傳給 reverse()函式的是字元陣列，傳回來的是一個字元指標，表示所傳回是指向字元型別資料的指標，其寫法如下：

```
char *reverse(char[]);
```

範例：funptr.c

撰寫一個 reverse()函式將字串做反轉。譬如輸入 "PC DIY" 字串，則呼叫 reverse() 函式將字串反轉成 "YID CP"，透過函式指標方式傳回整個字串。

執行結果

問題分析

Step 01 先使用 gets() 函式將輸入的字串放入 str1 字元陣列中。

Step 02 以傳址方式將 str1 整個字元陣列傳給 reverse()函式的 str2[] 字元陣列。

Step 03 使用 strlen()函式計算出 str2[] 字串含有多少的字元，存入 strcount 變數中。

Step 04 使用 malloc()函式配置一塊記憶體空間來儲存反轉後的字串，並將記憶體的起始位址存入 new_ptr 字元指標變數內。相當於 new_ptr 指到此配置記憶體的起始位址。

Step 05 由於做字串反轉，必須使用兩個指標，一個指標 ptr2 指到 str2[] 字串的起始位址，(ptr2+strcount-1) 將該位址加上字串長度，使 ptr2 指向原字串的尾部。另一個指標 new_ptr 指向新配置的記憶體起始位址。

Step 06 使用 for 迴圈利用 *(new_ptr+j)=*(ptr2+i); 將原字串由尾部逐一往前拷貝到新配置的記憶體，一直到原字串最開頭字元為止。

Step 07 字串反轉拷貝完畢，最後必須在反轉字串的最後面加上字串結束字元 '\0'。

Step 08 此時 new_ptr 仍指向反轉字串的起始位址，透過 return new_ptr; 將反轉字串的起始位址傳回給 ptr1 指標變數。此時 ptr1 亦指到反轉字串的開頭字元。

Step 09 使用 puts(ptr1); 函式，將反轉的字串顯示出來。

程式碼 FileName：funptr.c

```c
#include <stdio.h>
#include <stdlib.h>
#include <string.h>        /* 使用 strlen() 函式，必須含入 string.h 標頭檔 */
#define BUFSIZE 80         /*  輸入字串最長限 80 個字元 */
#define MSG1 " 請輸入英文字串："
#define MSG2 " 字串反向顯示："
char *reverse(char[]);

int main(int argc, char *argv[]) {
    char str1[BUFSIZE];
    char *ptr1;
    printf("\n%s", MSG1);
    gets(str1);      /* 將輸入的字串指定給 str1 陣列 */
    /* 呼叫 reverse 函式，並將 new_ptr 所指到字串的起始位址指定給 ptr1 */
    ptr1=reverse(str1);
    printf("\n%s", MSG2);
    puts(ptr1);
    printf("\n");
    system("PAUSE");
    return 0;
}

char *reverse(char str2[]) { /* 字串反轉函式*/
    char *ptr2, *new_ptr;      /* 區域指標變數 */
    int i, j;
```

```
27      int strcount = strlen(str2);   /* 取得字串長度*/
28      new_ptr = (char*)malloc(sizeof(char)*strcount);  /* 動態配置記憶體 */
29      ptr2 = str2;                              /* ptr2 指到陣列起始位址 */
30      /*反轉字串並放入 new_ptr 所指向的位址*/
31      for (i = strcount - 1, j = 0; i >= 0 ; i--, j++) {
32          *(new_ptr + j) = *(ptr2 + i);  /* ptr2+i 指到原字串的尾部 */
33      }
34      *(new_ptr+j) = '\0'; /* 新字串尾部加上字串結束字元 */
35      return new_ptr;        /* 將 new_ptr 所指字串的起始位址傳回 */
36 }
```

說明

函式指標會傳回字元指標(記憶體位址)，因此您也可以將第 16~18 行改成下面敘述：

printf("\n %s %s \n", MSG2, **reverse(str1)**);

12.5 實例

12.5.1 撲克牌亂數發牌

範例：Poker.c

撰寫撲克牌亂數發牌的程式。假設是一付新牌，同色牌 1~13 放在一起，再依黑桃、紅桃、黑花、紅磚次序疊好。程式執行時依序先給予 1~52 編號置入 card 陣列。洗牌方式是將產生的亂數當 card 陣列的註標。將此註標對應陣列元素的內容存入洗牌後的陣列 suffle_card 陣列，接在被移走陣列元素後面的陣列元素往前移一個位置，再由剩下的牌數中亂數產生一個註標，再做陣列元素搬移動作，一直到 card 陣列中的 52 個陣列元素全部移到 suffle_card 陣列為止，此時便完成洗牌的動作，此時洗牌的資料已全部存在 suffle_card 陣列。至於發牌方式是採東、西、南、北家逐張輪流發牌，每家各取得 13 張撲克牌，將四家所得點數和類別顯示在螢幕上。

執行結果

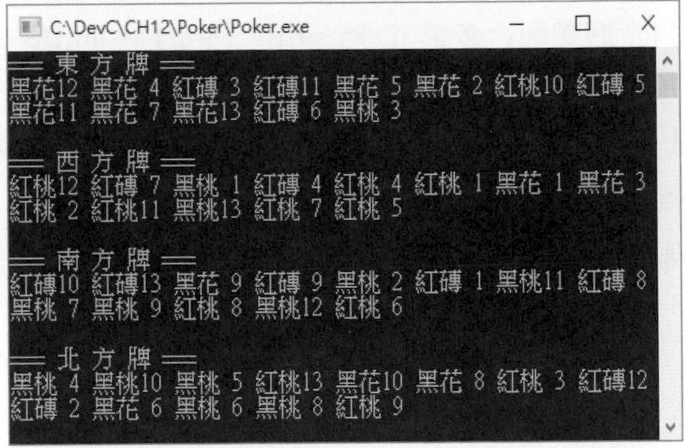

問題分析

Step 01 為方便處理陣列元素註標忽略 0 改由 1 開始。先設定字元陣列 card[1]~card[52] 的初值分別為 1~52，其中撲克牌黑桃(1-13)、紅桃(1-13)、黑花(1-13)、紅磚(1-13)各類牌分別對應的陣列註標和對應代碼如下：

① 黑桃 1~13 代碼為 1~13，分別置入 card[1] = 1 ~ card[13]=13。

② 紅桃 1~13 代碼為 14~26，分別置入 card[14]=14 ~ card[26]=26。

③ 黑花 1~13 代碼為 27~39，分別置入 card[27]=27 ~ card[39]=39。

④ 紅磚 1~13 代碼為 40~52，分別置入 card[40]=40 ~ card[52]=52。

Step 02 以 player[1]~player[4] 字元指標存放字串分別代表東、西、南、北四家。忽略 player[0]。

Step 03 先產生 1~52 間的整數亂數，所產生的亂數存入 index，當做 card 陣列的註標。

Step 04 將 card[index]內所存撲克牌代號存入洗牌陣列 suffle_card[1]中。

Step 05 由於 card[index]陣列元素裡面存放的號碼已經移到 suffle_card[1]中，因此必須將該 card[index+1]~card[52]上移到 card[index]~card[51]。此時撲克牌剩下 51 張牌。

Step 06 重複 Step3 亂數產生 1~(剩餘牌數+1)，所產生的亂數存入 index，當做 card 陣列的註標。

Step 07 比照 Step4~Step6 一直到所有 card 陣列元素放到 suffle_card 陣列中為止，表示洗牌完成。

Step 08 使用 for 迴圈配合多重 if，將 suffle_card[1]~shuffle_card[52]洗牌後所存的撲克牌代碼，依序發給東、西、南、北四家。

Step 09 若 1 ≤ suffle_card[i] ≤ 13 ，透過 suffle_card[i] % 13 + 1 轉換成黑桃的 1~13，並顯示其值。

Step 10 若 14 ≤ suffle_card[i] ≤ 26，透過 suffle_card[i] % 13 + 1 轉換成紅桃的 1~13，並顯示其值。

Step 11 若 27 ≤ suffle_card[i] ≤ 39，透過 suffle_card[i] % 13 + 1 轉換成黑花的 1~13，並顯示其值。

Step 12 若 40 ≤ suffle_card[i] ≤ 52，透過 suffle_card[i] % 13 + 1 轉換成紅磚的 1~13，並顯示其值。

程式碼 FileName：Poker.c

```
#include <stdio.h>
#include <stdlib.h>
#include <string.h>
#include <time.h>
#define CARDS 52

int main(int argc, char *argv[]) {
    /* 存放原撲克牌 card[1]~card[52] 值 */
    int card[CARDS + 1];
    /* 存放洗牌後 suffle_card[1]~suffle_card[52]值 */
    int suffle_card[CARDS + 1];
    int rem_card;     /* 剩下牌數 */
    int i, k,index;
    /* player[0]~play[4]東西南北四家 */
    char *player[5] = {"","東","西","南","北"};
    /* 此迴圈設定 card[1]~card[52]分別存入 1~52 */
    for(i = 1; i <= CARDS; i++) {
        card[i] = i;
    }
    rem_card = CARDS;
    srand((unsigned)time(NULL));   /* 亂數種子器 */
    for(i = 1; i <= CARDS; i++)    {                /* 洗牌 */
        /* 亂數產生 1~(剩餘牌數+1)當 card 陣列的註標 */
```

```
        index = rand() % rem_card + 1;
        suffle_card[i] = card[index];
        for(k = index; k < rem_card; k++) {
            /* 將 card 陣列註標為 index 後面的元素上移一位 */
            card[k] = card[k + 1];
        }
        rem_card--;
    }
    k=1;
    for(i = 1; i <= CARDS; i++) {    /* 按東、西、南、北四家發牌 */
        if(i % 13 == 1) {
            printf("\n\n");
            printf("=== %s 方 牌 === \n", player[k]);
            k++;
        }
        if(suffle_card[i] >= 1 && suffle_card[i] <= 13) {
            printf("黑桃%2d ",suffle_card[i] % 13 + 1);
        }
        else if(suffle_card[i] >= 14 && suffle_card[i] <= 26) {
            printf("紅桃%2d ",suffle_card[i] % 13 + 1);
        }
        else if(suffle_card[i] >= 27 && suffle_card[i] <= 39) {
            printf("黑花%2d ",suffle_card[i] % 13 + 1);
        }
        else if(suffle_card[i] >= 40 && suffle_card[i] <= 52) {
            printf("紅磚%2d ",suffle_card[i] % 13 + 1);
        }
    }
    printf("\n\n");
    system("PAUSE");
    return 0;
}
```

12.5.2 驗證身分證號碼

範例：idcheck.c

撰寫可以驗證身分證號碼的 checkid()函式。先輸入身份證號碼並透過

checkid()函式驗證輸入的身分證號碼是否正確？若正確會顯示 "身分證號碼正確!^_^" 訊息，否則會顯示 "身分證號碼不正確!@_@" 訊息。接著再詢問是否繼續？若按 'y' 或 'Y' 則繼續驗證，按其他鍵則結束程式執行。

執行結果

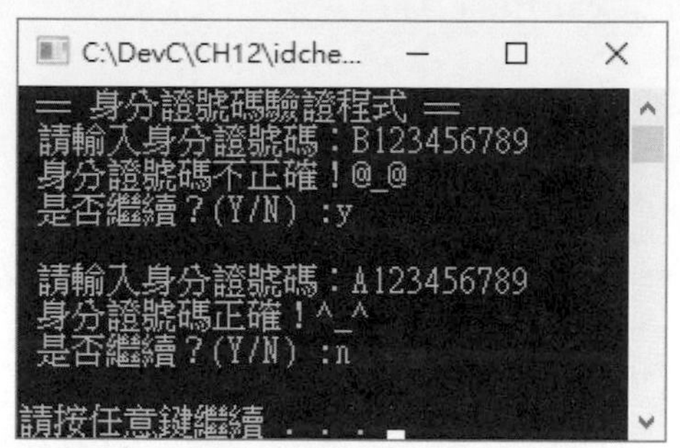

問題分析　驗證身分證號碼的演算法如下：

Step 01　判斷身份證號碼字元長度是否為 10 個字元，若成立，則跳至下一步驟；否則提示身分證號碼不合法，停止驗證。

Step 02　身分證號碼 "C124167854" 共有十個字元，分別對應到 D1~D10：

	D1	D2	D3	D4	D5	D6	D7	D8	D9	D10
身分證號碼→	C	1	2	4	1	6	7	8	5	4

Step 03　將身分證號碼第一個英文字母(D1)轉換成下列對應數值變成兩位數

英文字母	A	B	C	D	E	F	G	H	I	J	K	L	M
對應數字	10	11	12	13	14	15	16	17	34	18	19	20	21
英文字母	N	O	P	Q	R	S	T	U	V	W	X	Y	Z
對應數字	22	35	23	24	25	26	27	28	29	32	30	31	33

Step 04　此時身分證號碼變成 11 位數。接著再使用下列公式計算身分證號碼是否合法。注意第一個字母換成兩位數值後的十位數值不變，個位數乘 9，緊接字母後面位數如下圖依序乘 8、7...1 至最後第 2 位為止。譬如身分證號碼為 "C124167854"，字母 C 對應值為 12。轉換成 "12124167854" 共 11 位數。最前面和最後一位不加權，中間 9 位數依下表分別乘上 9~1 加權，最後第 1 位數和第 11 位數未加權的值以及第 1~9 位數加權後的值相加的結果除以 10，取餘數。

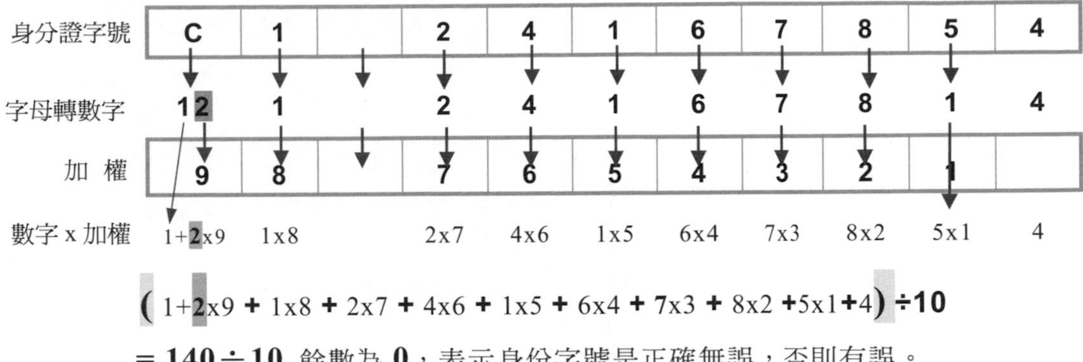

(1+2x9 + 1x8 + 2x7 + 4x6 + 1x5 + 6x4 + 7x3 + 8x2 +5x1+4) ÷10

= 140÷10 餘數為 0，表示身份字號是正確無誤，否則有誤。

Step 05 若餘數為 0，顯示 "身分證號碼正確!^_^" 訊息。反之餘數不為 0，顯示 "身分證號碼不正確!@_@" 訊息。

程式碼 FileName：idcheck.c

```
#include <stdio.h>
#include <stdlib.h>
#include <conio.h>
#include <ctype.h>
#include <string.h>
void checkid(char *);  /* checkid 函式原型宣告 */

int main(int argc, char *argv[]) {
    /* 宣告 id 字元陣列，用來存放身分證號碼 */
    char id[11];
    char goon;
    printf(" == 身分證號碼驗證程式 ==\n");
    do {
        printf("\n 請輸入身分證號碼：");
        /* 輸入身分證號碼並存放到 id 字元陣列(字串) */
        gets(id);
        /* 呼叫 checkid()函式檢查 id 字串是否為合法號碼 */
        checkid(id);
        printf("\n 是否繼續？(Y/N) :");
        /* 輸入字元轉成大寫英文字再指定給 ch 變數 */
        goon = toupper(getche());
```

```
        printf("\n\n");
        /* 判斷 goon 是否為'Y'，若是繼續執行迴圈內的敘述，否則離開迴圈 */
    } while(goon == 'Y');

    system("PAUSE");
    return 0;
}

void checkid(char *idptr) {  /* 定義 checkid 函式 */
    int first_no,n;
    int head[] = {
                    10,11,12,13,14,15,16,17,34,18,19,20,21,
                    22,35,23,24,25,26,27,28,29,32,30,31,33
                   };          /* 身份證號碼第一個字母轉換表  */
    /* 取得 idptr 所指字串及傳入的身份證號碼的長度 */
    if(strlen(idptr) != 10) {
        printf("\n 身分證號碼不合法！@_@\n");
        return ;                        /* 離開函式 */
    }
    /* 取得第一個字母的兩位數值 */
    first_no = head[toupper(idptr[0]) - 'A'];
    n = (first_no / 10) +
         (first_no % 10) * 9 +
         (idptr[1] - '0') * 8 +
         (idptr[2] - '0') * 7 +
         (idptr[3] - '0') * 6 +
         (idptr[4] - '0') * 5 +
         (idptr[5] - '0') * 4 +
         (idptr[6] - '0') * 3 +
         (idptr[7] - '0') * 2 +
         (idptr[8] - '0') +
         (idptr[9] - '0');                 /* 代入公式計算總和 */
    if((n % 10) == 0) {                    /* 除以 10 取餘數，判斷是否為 0 */
        printf("\n 身分證號碼正確！^_^\n");
    }
    else {
        printf("\n 身分證號碼不正確！@_@\n");
    }
}
```

CHAPTER 13

結構自定資料型別

13.1 前言

C 語言提供了整數、浮點數、字元、陣列...等基本資料型別在程式中使用，但是光靠這些資料型別是不夠使用的。所幸 C 語言另提供下列關鍵字，開發人員可以依照程式需求定義出新的資料型別：

- struct：結構資料型別。
- union：共同資料型別。
- enum：列舉資料型別。
- typedef：使用者自定新的資料型別。

本章僅探討 struct 結構資料型別，其餘留待下一章再介紹。

13.2 結構資料型別

13.2.1 結構的定義與宣告

程式中的一個變數是代表一個資料型別的資料，而陣列是由一群相同資料型別的資料所組成。至於結構(structure)是將數個彼此相關但資料型別不同的變數，集結在一個結構名稱之下，組合成一個新的結構資料型別。譬如：製作一份產品明細，每個產品就是一筆記錄，含有型號、品名、單價三個欄位，此時就需使用到三個陣列，其中兩個字元陣列以字串方式分別存放型號、品名，另外一個使用整數陣列以整數方式來存放單價。因此程式中參用到一個產品，就必須同時處理相同註標的三個陣列元素。產品的欄位一多時，陣列的個數也會增多，多個陣列一起處理會更趨複雜。此時若能善用 C 語言所提供的「結構」資料型別，將一個產品所包含的型號，品名、單價不同資料型別的欄位，視為一個結構變數來處理，即可於程式中一次處理不同資料型別的變數，避免上述的困擾。

在 C 語言中定義一個新的結構資料型別就是使用 struct 這個關鍵字，它是在 struct 後面接上所定義的結構資料型別名稱，接著使用左右大括號括住各欄位名稱的資料型別以及欄位名稱(又稱成員名稱)，最後要記得在右大括號的後面必須加上「;」分號。其語法如下：

語法

```
struct 結構型別名稱 {
    資料型別 欄位名稱 1;
    資料型別 欄位名稱 2;
        ⋮
 } ;
```

由於結構是應程式需求才產生的資料型別，使用前必須先定義，經過定義後才可以宣告一個屬於這個結構的變數，才能在程式中使用。不像 int 是 C 語言本身就事先已定義好的整數資料型別，因此可以馬上直接使用 int 來宣告一個整數變數，經過宣告後的整數變數，才可以在程式中使用。所以，當您定義一個新的結構資料型別後，便可以使用下面語法來宣告一個屬於這個結構資料型別的變數：

語法

```
struct 結構型別名稱 變數 1, 變數 2, …, 變數 N ;
```

譬如：定義一個結構名稱為 product 的結構，該結構包含 no(代號)、name(品名)、price(單價)三個欄位名稱，前兩個欄位使用字元陣列來存放字串，price 欄位則使用整數資料型別來存放產品的單價。接著再宣告屬於 product 結構資料型別的 iPad 及 iPhone 結構變數。

```
struct product  {   /* 定義名稱為 product 產品結構資料型別 */
    char no[5];        /* 代號，存放 5 個字元 */
    char *name;        /* 品名，name 為指向字元的指標 */
    int price;         /* 單價，存放整數資料型別 */
} ;
```

譬如：宣告 iPad、iPhone 是屬於 product 結構資料型別的變數，寫法：

```
struct iPad , iPhone ;
```

上面結構的定義和宣告是彼此分開的，我們也可以在定義結構的同時一起宣告一個結構變數，其做法就是在定義結構型別名稱的右大括號後面直接宣告，其寫法如下：

```
struct product  {
    char no[5];
    char *name;
    int price;
} iPad , iPhone ;
```

13.2.2 結構欄位的初值設定

欲存取結構變數內的欄位內容必須在結構名稱和欄位名稱中間使用「.」欄位(成員)直接存取運算子來達成。譬如：

```
struct product  {
     char no[5];
     char * name;
     int price;
} iPad ;
```

譬如欲存取 iPad 結構變數各欄位名稱內容的寫法如下：

```
iPad.no
iPad.name
iPad.price
```

至於欄位初值設定有下列四種情況：

1. 在定義時可直接宣告並設定初值(合併成一行敘述)

```
struct product  {
      char no[5];
      char * name;
      int price;
} iPad = {"a001", "iPad 平板", 5000};
```

2. 定義完畢，另外宣告結構變數的同時直接設定欄位的初值(分成兩行敘述)

```
struct product  {
       char no[5];
       char *name;
       int price;
} ;
struct product iPad = {"a001", "iPad  平板", 5000};
```

3. 宣告完畢也可在程式中才指定欄位的初值

   由於 iPad.no 欄位是使用字元陣列來存放字串，因此在程式中不能使用 iPad.no = "a001" 敘述來設定字串常值，必須使用 strcpy()函式來達成：

```
struct product  {
     char no[5];
     char *name;
     int price;
 } iPad ;
strcpy(iPad.no, "a001");
iPad.name = "iPad  平板";
iPad.price = 5000;
```

【注意】由於 iPad.price 欄位是整數資料型別，可以直接使用 "=" 指定運算子來設定初值。

4. 由鍵盤輸入初值以及輸出欄位內容寫法

由鍵盤輸入欄位初值方式	輸出欄位內容方式

1. 字串使用 gets()函式輸入
char str[20];
printf("代號:");
gets(iPad.no);
printf("品名:");
gets(str);
iPad.name = str;
	1.字串使用 puts()函式輸出
	printf("代號:");
	puts(iPad.no);
	printf("品名:");
	puts(iPad.name);
	printf("單價：%d \n", iPad.price);

2. 字串使用 scanf()函式輸入
char str[20];
printf("代號:");
scanf("%s" ,iPad.no);
printf("品名:");
scanf("%s", str);
iPad.name = str;
	2. 全部使用 printf()函式輸出
	printf("代號: %s \n", iPad.no);
	printf("品名：%s \n", iPad.name);
	printf("單價：%d \n", iPad.price);

3. 數值使用 scanf()函式輸入 printf("單價:"); scanf("%d", &iPad.price);	

範例：student.c

定義一個名稱為 student 的結構，該結構含有 name、score、remark 三個欄位，分別用來表示學生的姓名、成績、評語。並宣告三個 student 結構變數，並按下列要求設定初值：

① student1 結構變數在程式中使用 strcpy() 和 "=" 設定欄位內容：
"張三", 79, "心思敏捷，能舉一反三，唯有時注意力不集中。"

② student2 由鍵盤輸入欄位內容：
"李四", 69, "天真自然、人緣頗佳，認真負責。"

③ student3 結構變數在宣告時直接設定初值：
"王五", 75, "沉默寡言，個性憨厚，不善與人爭，做事有責任心。"

最後再顯示這三筆資料各欄位的內容。

執行結果

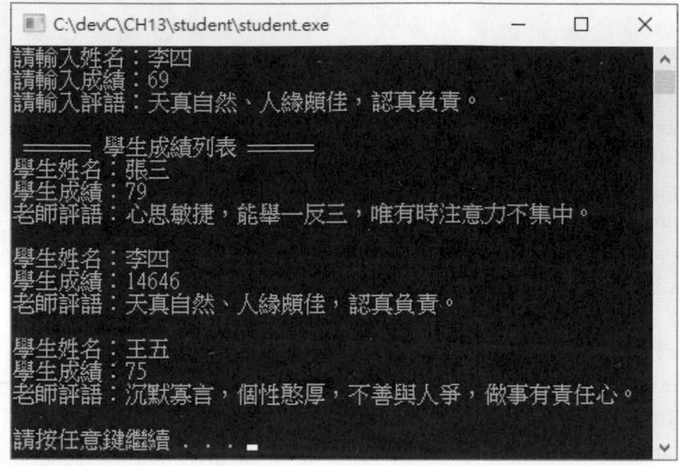

程式碼 FileName :student.c

```
#include <stdlib.h>
#include <stdio.h>
#include<string.h>
#define SIZE 10

struct student {
    char name[SIZE];
    int score;
    char *remark;
} student1, student2;

int main(int argc, char *argv[]) {
    char str[32];
    struct student student3 ={"王五", 75,
        "沉默寡言，個性憨厚，不善與人爭，做事有責任心。"};  /* 宣告時同時設定初值 */
    strcpy(student1.name, "張三");
    student1.remark = "心思敏捷，能舉一反三，唯有時注意力不集中。";
    student1.score = 79;
    printf("請輸入姓名：");
    gets(student2.name);
    printf("請輸入成績：");
    gets(&student2.score);
    printf("請輸入評語：");
```

```
    gets(str);
    student2.remark = str;

    printf("\n ====== 學生成績列表 ====== \n");
    printf("學生姓名：%s\n", student1.name);
    printf("學生成績：%d\n", student1.score);
    printf("老師評語：%s\n\n", student1.remark);

    printf("學生姓名：%s\n", student2.name);
    printf("學生成績：%d\n", student2.score);
    printf("老師評語：%s\n\n", student2.remark);

    printf("學生姓名：%s\n", student3.name);
    printf("學生成績：%d\n", student3.score);
    printf("老師評語：%s\n\n", student3.remark);
    system("PAUSE");
    return 0;
}
```

13.2.3 結構變數的記憶體空間大小

C 語言的結構變數的記憶體大小是不是剛好等於所有成員長度的總和呢？答案是不一定的。例如下面範例 struct_size.c 的第 4~8 行 product 結構所定義的成員記憶體空間大小總和應該是 34 Bytes，結果在第 17 行使用 sizeof()函式取得 product 結構型別變數 vb 的大小卻是 36 Bytes；而第 10~14 行 student 結構所定義的成員記憶體空間大小總和是 25 Bytes，與第 18 行 student 結構型別變數 peter 的記憶體空間大小 25 Bytes 剛好相等。這是因為編譯器在編譯時會讓變數存放在偶數位的記憶體位址，因此可能剛好會多使用一些記憶體空間，所以宣告結構變數的記憶體空間大小可能和結構變數內各成員的總和相同，或會多幾個 Bytes，這些記憶體空間的配置都是由編譯器所決定的。

程式碼 FileName :struct_size.c

```
01 #include <stdio.h>
02 #include <stdlib.h>
03 
04 struct product {
05     char id[10];        /* 10 Bytes */
```

```
    char name[20];        /* 20 Bytes */
    int price;            /* 4 Bytes */
} vb;

struct student {
    char id[10];          /* 10 Bytes */
    char name[14];        /* 14 Bytes */
    char grade;           /* 1 Bytes */
} peter;

int main(int argc, char *argv[]) {
    printf(" product 結構型別變數  vb 記憶體空間大小->%d Bytes\n",
            sizeof(vb));
    printf(" student 結構型別變數 peter 記憶體空間大小->%d Bytes\n",
            sizeof(peter));
    printf("\n");
    system("PAUSE");
    return 0;
}
```

執行結果

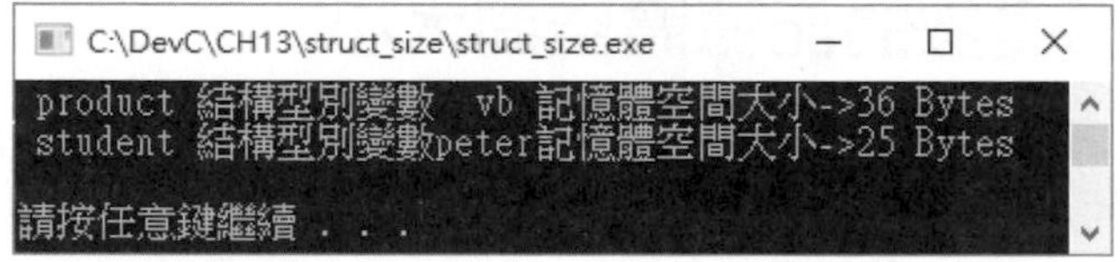

13.3 巢狀結構

所謂「巢狀結構」是指結構中的某個欄位成員是一個結構變數。譬如，描述一個人的基本資料包括：身份證字號、姓名、出生日期、血型、結婚、英文姓名等六個欄位。其中將出生日期再細分為年、月、日，英文姓名再細分為姓氏、名字即 last-name 和 first-name，便需要使用巢狀結構來表示。因此，欲定義上面具有巢狀結構的個人資料，必須先定義含有年月日的出生日期結構和具有 last-name 和 first-name 的英文姓名結構，最後再定義一個含有身份字號、姓名、出生日期、血型、英文姓名的結構，其寫法如下：

1. 先定義出生日期結構 date

```
struct date {
    int year;        /* 出生年份欄位 */
    int month;       /* 出生月份欄位 */
    int day;         /* 出生日期欄位 */
};
```

2. 接著定義英文姓名結構 ename

```
struct ename {
     char last[10];       /* 姓氏欄位 */
     char first[10];      /* 名字欄位 */
};
```

3. 最後定義個人基本資料結構 person

```
struct person {
     char id[11];             /* 身份證字號欄位 */
     char cname[10];          /* 中文姓名欄位 */
     struct date birth;       /* 出生日期欄位 */
     char blood[3] ;          /* 血型欄位可能有 AB 型必須用字串 */
     char married;            /* 結婚欄位使用字元 'Y' 或 'N' */
     struct ename name;       /* 英文姓名欄位 */
};
```

4. 設定初值

```
struct person p1 =
  {"B123456789","林大三",{1980,10,25},"A",'Y',{"Lin","David"}};
```

5. 存取巢狀內的欄位內容

① 若宣告 p1 屬於 person 的結構變數，其寫法為：

```
struct person p1;
```

② 欲存取出生的年份欄位，其寫法如下：

```
p1.birth.year
```

③ 欲存取英文姓名中的姓氏欄位，其寫法如下：

```
p1.name.last
```

範例：nest_struct.c

延續上面個人基本資料的定義，練習如何在程式中定義有巢狀的結構，如何設定初值、如何存取各欄位的資料。程式中將出生年份以民國顯示。當然您也可以嘗試將此範例改成由鍵盤輸入初值並顯示其值。

執行結果

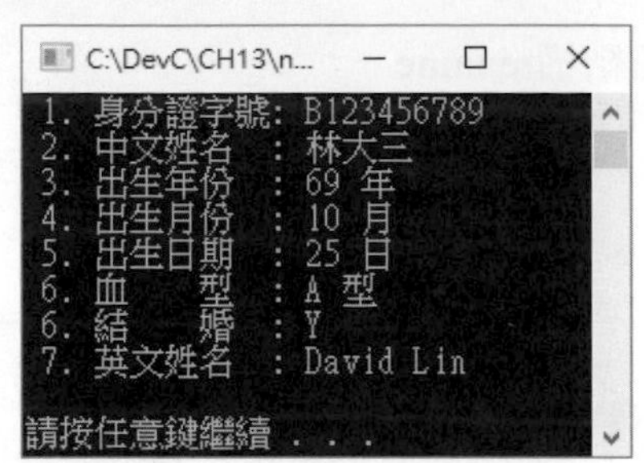

程式碼 FileName :nest_struct.c

```c
#include <stdio.h>
#include <stdlib.h>

int main(int argc, char *argv[]) {
    /* 結構若定義在函式內，則只有該函式才能使用 */
    struct date {        /* 定義 date 出生日期結構，含有年月日成員 */
        int year;
        int month;
        int day;
    };

    struct ename {       /* 定義 ename 英文姓名結構，含有 last 和 first 成員 */
        char last[10];
        char first[10];
    };

    struct person {      /* 定義 person 個人資料結構 */
        char id[11];
        char cname[10];
        struct date birth;           /* date 出生日期結構 */
        char blood[3] ;
        char married;
```

```
        struct ename name;          /* ename 英文姓名結構 */
    };

    struct person p1={"B123456789","林大三",{1980,10,25},
                      "A",'Y',{"Lin","David"}};
    printf(" 1. 身分證字號: %s\n", p1.id);
    printf(" 2. 中文姓名  : %s\n", p1.cname);
    printf(" 3. 出生年份  : %d 年\n", p1.birth.year-1911);
    printf(" 4. 出生月份  : %d 月\n", p1.birth.month);
    printf(" 5. 出生日期  : %d 日\n", p1.birth.day);
    printf(" 6. 血    型  : %s 型\n", p1.blood);
    printf(" 6. 結    婚  : %c \n", p1.married);
    printf(" 7. 英文姓名  : %s %s\n", p1.name.first, p1.name.last);
    printf("\n");
    system("PAUSE");
    return 0;
}
```

13.4 結構指標

所謂的「結構指標」即是可以指向結構變數所配置記憶體位址的指標變數，結構指標的宣告方式和一般指標的宣告方式一樣。宣告結構指標變數時，只要在變數名稱之前加上「*」間接運算子，該結構變數即成為結構指標變數，其寫法如下：

定義和宣告分開	定義和宣告同時

struct bcc {
    char name[10];
    int hw;
    int mid;
    int final;
    float avg;
};
 	
struct bcc david,*ptr;
	struct bcc {
	    char name[10];
	    int hw;
	    int mid;
	    int final;
	    float avg;
	} david,*ptr ;

由於 ptr 是指到具有 bcc 結構的指標，因此將 david 的記憶體起始位址透過「&」取址運算子，存入 ptr 指標變數裡面，就可將 ptr 結構指標指到結構變數 david 的記憶體起始位址，其寫法如下：

ptr=&david;

至於透過結構指標存取結構內欄位的內容可以使用下列兩種方式：

1. 使用「->」符號，指向結構變數 david 的各個欄位，ptr->name、ptr->hw、ptr->mid、ptr->final。其輸入、計算和輸出寫法如下：

```
ptr =&david;
gets(ptr->name);
scanf("%d", &ptr->hw);
scanf("%d", &ptr->mid);
scanf("%d", &ptr->final);
ptr->avg=(ptr->hw*0.3+ptr->mid*0.3+ptr->final*0.4);
printf("%d \n", ptr->avg);
```

2. 另一種方式在結構指標前加上「*」間接運算子，並配合「.」欄位直接存取運算子來指定某個成員(*ptr).name、(*ptr).hw、(*ptr).mid、(*ptr).final。為何 *ptr 要加上小括號？主要是由於「.」點運算子的優先權比「*」星號運算子高，若*ptr 前後不加上小括號，(*ptr).name 就會變成*(ptr.name)而發生錯誤，使用時要小心。若不適應此種寫法也可改用 ptr->name 方式來取代。至於輸入、計算和輸出寫法如下：

```
ptr=&david;
gets((*ptr).name);
scanf("%d",&(*ptr).hw);
scanf("%d",&(*ptr).mid);
scanf("%d",&(*ptr).final);
(*ptr).avg=(*ptr).hw*0.3+(*ptr).mid*0.3+(*ptr).final*0.4;
printf("%6.2f \n",(*ptr).avg);
```

範例：ptrstruct.c

延續上例定義名稱為 bcc 的結構，並宣告 david 是屬於此結構變數，接著使用結構指標 ptr 來輸入各欄位的初值，最後透過 ptr 結構指標將存放在 david 結構中各欄位成員的初值顯示在螢幕上。

執行結果

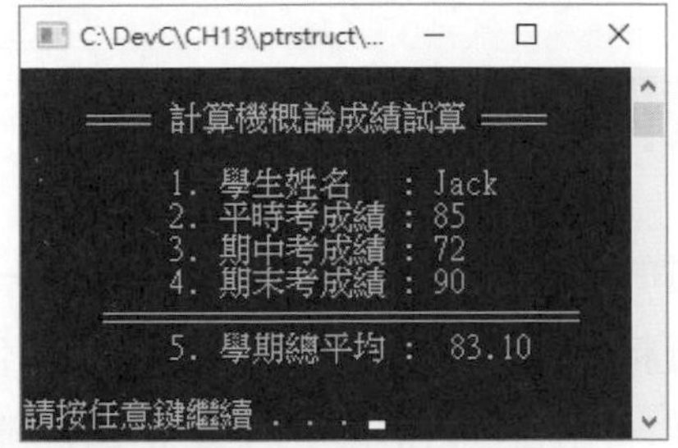

程式碼 FileName：ptrstruct.c

```
#include <stdio.h>
#include <stdlib.h>

int main(int argc, char *argv[]) {
    struct bcc {
        char name[10];
        int hw;
        int mid;
        int final;
        float avg;
    };
    struct bcc david,*ptr;
    ptr=&david;
    printf("\n    ==== 計算機概論成績試算 ==== \n\n");
    printf("\t 1. 學生姓名   : ");
    gets((*ptr).name);
    printf("\t 2. 平時考成績 : ");
    scanf("%d",&(*ptr).hw);
    printf("\t 3. 期中考成績 : ");
    scanf("%d",&(*ptr).mid);
    printf("\t 4. 期末考成績 : ");
    scanf("%d",&(*ptr).final);
    (*ptr).avg=(*ptr).hw*0.3+(*ptr).mid*0.3+(*ptr).final*0.4;
    printf("    ============================== \n");
```

```
    printf("\t 5. 學期總平均 : %6.2f \n",(*ptr).avg);
    printf("\n");
    system("PAUSE");
    return 0;
}
```

13.5 結構陣列

當您欲處理同性質的多筆資料，若一筆記錄只有一個欄位，使用第七章陣列便可解決。若一筆資料含有多個欄位而且資料型別不同時，此時就需使用結構陣列才是最佳的選擇。所謂「結構陣列」是指每個陣列元素裡面所存放的都是一個結構。其宣告方式如下：

寫法

```
struct 結構型別名稱 結構陣列名稱[陣列大小];
```

若要存取結構陣列中某個元素時，必須使用 [ ] 符號括住欲存取的註標，緊接其後加上「.」欄位直接存取運算子和欄位名稱即可，寫法如下：

寫法

```
結構陣列名稱[註標].成員;
```

譬如：定義一個產品結構名稱為 product 用來表示 CD 唱片，product 結構擁有三個欄位成員，其中 no 欄位代表 CD 的編號、title 欄位代表 CD 的抬頭名稱、price 欄位代表 CD 的售價，product 結構定義寫法如下：

```
struct product {
    char no[10];
    char title[30];
    int price;
};
```

接著宣告一個名稱為 cd 的結構陣列，該陣列大小為 3，含有 cd[0]、cd[1]、cd[2] 三個陣列元素，每個陣列元素都含有三個欄位的 product 結構。寫法：

```
struct product cd[3];
```

若定義和宣告一起編寫，其寫法如下：

```
struct product {
    char no[10];
    char title[30];
    int price;
} cd[3];
```

	no	title	price
cd[0]	cd[0].no	cd[0].title	cd[0].price
cd[1]	cd[1].no	cd[1].title	cd[1].price
cd[2]	cd[2].no	cd[2].title	cd[2].price

若定義、宣告和初值設定三者一起編寫，其寫法如下：

```
struct product {
    char no[4];
    char title[20];
    int price;
}   cd[3] ={ "001", "綠鋼琴-Kevin", 300,
             "002", "舞動的大地", 350,
             "003", "仙境-班得瑞", 360};
```

下圖即是 cd[0]、cd[1]、cd[2] 三筆結構陣列中每個陣列元素在記憶體中的配置情形，每筆陣列元素裡面所存放的是一個含有三個欄位的結構：

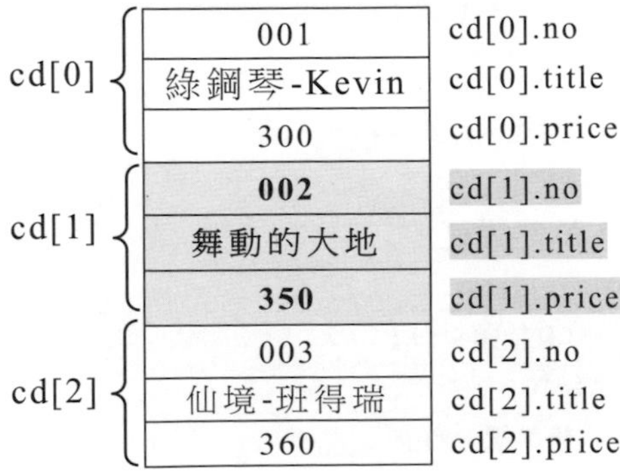

範例：structarray.c

延續上例定義一個 product 產品結構，擁有 no 編號、title 抬頭名稱、price 售價欄位成員。並宣告 product 結構陣列名稱為 cd，初值由鍵盤輸入並存入 cd 結構陣列中。最後讓使用者輸入 cd 編號來查詢結構陣列中是否有該項產品。

執行結果

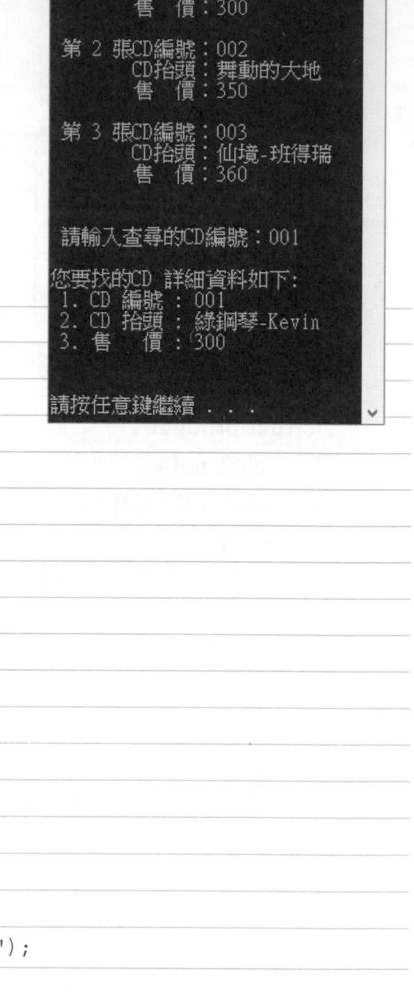

程式碼 FileName：structarray.c

```
#include <stdio.h>
#include <stdlib.h>
#include <string.h>
#include <conio.h>
#define MAX 3

struct product {
    char no[5];
    char title[20];
    int price;
};

int main(int argc, char *argv[]) {
    int i, num=-1;
    struct product cd[MAX];
    char price[5];
    char keyin[5];
    printf(" ====  CD唱片登入作業 ==== \n\n");
    for (i=0;i<MAX; i++) {
        printf(" 第 %d 張 CD 編號：", i+1);
        gets(cd[i].no);
        printf("        CD 抬頭：");
        gets(cd[i].title);
        printf("        售  價：");
        gets(price);
```

```
26        cd[i].price=atoi(price);  /* 使用 atoi()函式將字串轉成整數 */
27        printf("\n");
28    }
29    printf("\n");
30    printf(" 請輸入查尋的 CD 編號：");
31    gets(keyin);
32    /* 循序搜尋法 */
33    for(i=0; i<3; i++) {
34        if(strcmp(cd[i].no,keyin)==0) {
35            num=i;
36            break;
37        }
38    }
39    /* 顯示循序搜尋法的結果 */
40    if(num==-1) {
41        printf("\n   查無此資料 ! ....");
42    }
43    else {
44        printf("\n 您要找的 CD 詳細資料如下: \n");
45        printf(" 1. CD 編號 : %s \n", cd[num].no);
46        printf(" 2. CD 抬頭 : %s \n", cd[num].title);
47        printf(" 3. 售   價 : %d \n", cd[num].price);
48    }
49    printf(" \n\n");
50    system("PAUSE");
51    return 0;
52 }
```

說明

第 25 行先將使用者輸入的字串存放 price 字元陣列；第 26 行再使用 atoi() 函式將 price 字元陣列轉成整數並指定給 cd[i].price。這兩行敘述無法使用 **scanf("%d", cd[i].price);** 敘述，這是因為當使用者按下 <Enter> 鍵時會傳出 '\n' 字元並讓 gets() 函式接收，因此會跳過輸入 CD 編號，而導致使用者無法輸入 CD 編號的資料。

若採用指標指到結構陣列，其做法必須先將指標指到結構陣列的開頭即ptr=cd，此時所存取的是陣列的第一個元素 cd[0]，存取各欄位內容可改成指標方式：

cd[0].no	可改成	ptr->no	或	(*ptr).no
cd[0].title	可改成	ptr->title	或	(*ptr).title
cd[0].price	可改成	ptr->price	或	(*ptr).price

若目前 ptr 指標指到 cd[0]結構，使用 ptr++即可將指標移動到下一筆 cd[1]結構陣列元素。

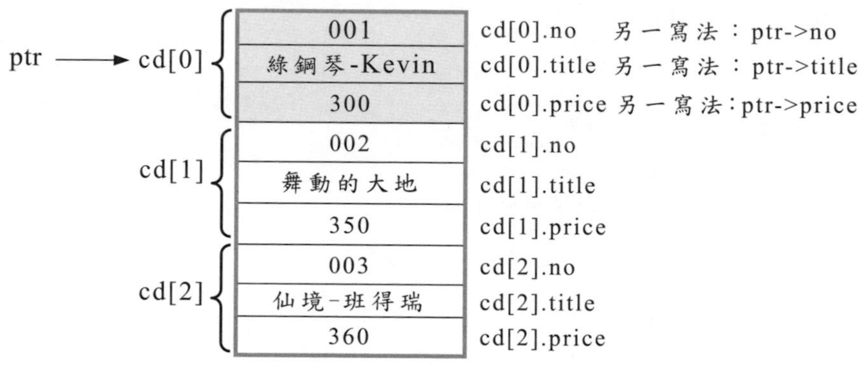

延續上例使用指標存取結構陣列的完整範例如下：

程式碼 FileName：struaryptr.c

```
#include <stdio.h>
#include <stdlib.h>
#include <string.h>
#include <conio.h>
#define MAX 3

struct product {
    char no[5];
    char title[20];
    int price;
};

int main(int argc, char *argv[]) {
    int i, num=-1;
    struct product cd[MAX],*ptr;
```

```c
    char price[5];
    char keyin[5];
    ptr=cd;
    printf(" ====  CD唱片登入作業 ==== \n\n");
    for (i=0;i<MAX; i++,ptr++) {
        printf(" 第 %d 張CD編號：",i+1);
        gets(ptr->no);
        printf("        CD抬頭：");
        gets(ptr->title);
        printf("        售  價：");
        gets(price);
        ptr->price=atoi(price);
        printf("\n");
    }
    printf("\n");
    ptr=cd;
    printf(" 請輸入查尋的CD編號：");
    gets(keyin);
    /* 循序搜尋法 */
    for(i=0; i<3; i++,ptr++) {
        if(strcmp(ptr->no,keyin)==0) {
            num=i;
            break;
        }
    }
    /* 顯示循序搜尋法的結果 */
    if(num==-1) {
        printf("\n  查無此資料 ! ....");
    } else {
        printf("\n您要找的CD 詳細資料如下: \n");
        printf(" 1. CD 編號 : %s \n", ptr->no);
        printf(" 2. CD 抬頭 : %s \n", ptr->title);
        printf(" 3. 售   價 : %d \n", ptr->price);
    }
    printf(" \n\n");
    system("PAUSE");
    return 0;
}
```

13.6 結構內欄位指標

本節所要探討的是如何在所定義結構內透過指標變數來存取欄位內容，也就是透過欄位指標變數間接存取欄位的內容。譬如：下面簡例介紹如何透過欄位指標來存取欄位資料：

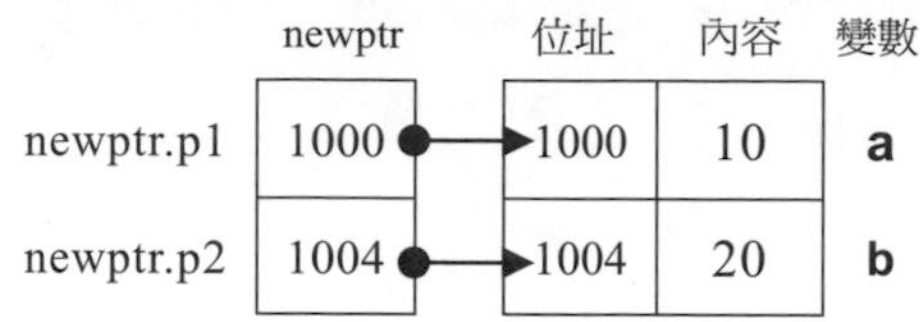

newptr 結構變數含有 p1 和 p2 兩個欄位，
p1 和 p2 都是指向具有整數資料型別的變數
newptr.p1 裡面存放 a 變數的位址
newptr.p2 裡面存放 b 變數的位址

其寫法如下：

```
struct iptr {
     int *p1;
     int *p2;
};

struct iptr newptr;

int a,b;
a=10;

newptr.p1=&a;      /* p1 欄位指到變數 a */
newptr.p2=&b;      /* p2 欄位指到變數 b */
*newptr.p2=20;     /*  將 20 放到 p2 欄位所指到的變數 b*/
printf(" a = %d    b = %d\n",a,b);        /* a=10    b=20 */
printf(" a = %d    b = %d\n",*newptr.p1,*newptr.p2);    /* a=10    b=20 */
```

上面所定義的欄位指標只能指到一個資料，若您希望所定義的結構中含有一個欄位指標能指到下一筆資料的位址，使得輸入的資料能夠一筆接一筆像鍊子一樣環環相扣，此種架構在資料結構(Data structure)中稱為「鏈結串列」(Linked List)。一般陣列在記憶體中的存放方式是第二筆接在第一筆後面，第三筆接在第二筆後面，以此類推下去，因此陣列中的元素在記憶體中是按照陣列的註標依序連在一起不能中斷，是占用一塊連續的記憶體位址。

至於鏈結串列每筆記錄比結構陣列多出一個欄位指標來存放下一筆資料的位址，因此鏈結串列中的每一筆記錄在記憶體中的位址是不連續，雖然它比結構陣列多出一個欄位占用較多記憶體，但是資料的插入和刪除，卻比陣列靈活且速度快，只要更動欲刪除或插入記錄的前後筆記錄中存放下一筆資料位址指標的欄位內容即可。如果是由陣列中來刪除一筆記錄，必須先將接在刪除那筆記錄後面的記錄都往前移。至於插入一筆記錄到陣列，則必須將欲插入位址後面的記錄全部往後移動一筆記錄，再將欲插入的資料插到空出的記錄位址。由此可知資料若經常增刪時，使用鏈結串列是較佳的選擇。

由於一個鏈結串列中的每一筆記錄在記憶體中允許不連續存放。因此，在程式中欲將新輸入的資料放到鏈結串列中，就必須透過 malloc()函式向系統要求動態配置一塊記憶體來存放該筆資料，接著再將此塊記憶體的起始位址存入上一筆的欄位指標內，使得上一筆資料能知道它的下一筆資料位於記憶體中何處便可串接起來。譬如欲建立下面鏈結串列，由於一個結構即是一筆記錄，因此共有三筆記錄(Record)也可稱為三個節點(Node)，有關建立一個含有三筆記錄鏈結串列的操作步驟如下：

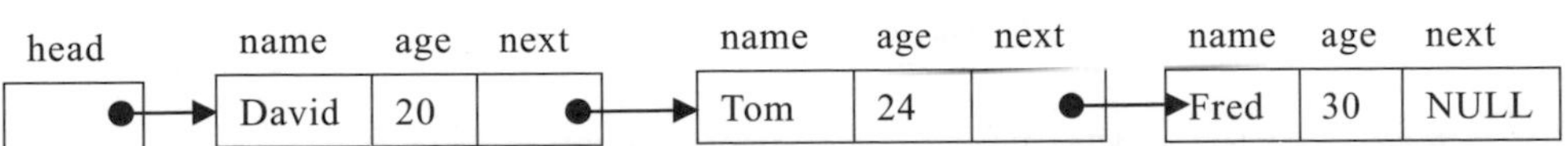

1. 定義一個結構名稱為 node 的結構，第一個欄位名稱為 name，其資料型別為字元陣列用來存放姓名字串；第二個欄位名稱為 age，其資料型別為整數用來存放年齡；第三個欄位名稱為 next 其資料型別為欄位指標，用來指到具有 node 結構的資料。其寫法如下：

```
struct node {
    char name[10];
    int age;
    struct node *next;
};
```

2. 宣告三個結構指標，*head 指到鏈結串列的第一節點(Node1)即第一筆記錄；*newptr 指到新產生節點記憶體的起始位址；*ptr 用來指到目前串列最後一個節點的起始位址：

```
struct node *head,*ptr,*newptr;
```

3. 產生第一個節點(Node1)用來存放 "David" 和 20

① 動態配置一塊可容納 node 結構的記憶體大小，並將啟始位址指定給 newptr，即 newptr 指到該記憶體的啟始位址：

```
newptr = (struct node*)malloc(sizeof(struct node));
```

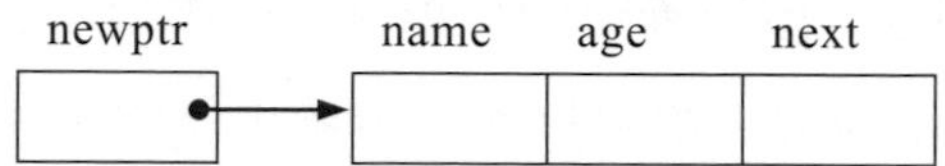

② 設定 Node1 的初值

```
strcpy(newptr->name, "David");
newptr->age = 20;
newptr->next = NULL;    /* 表示串列到此節點已經是最後一筆資料 */
```

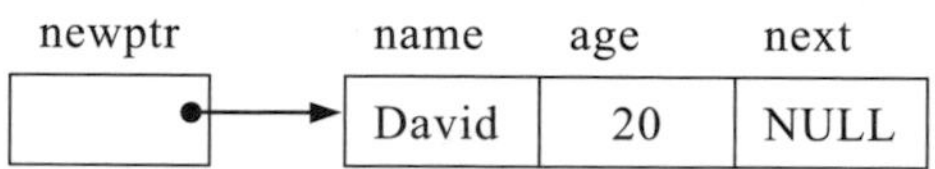

③ 將 head 和 ptr 都指到 newptr 所指的位址即指到 Node1

```
head = ptr = newptr ;
```

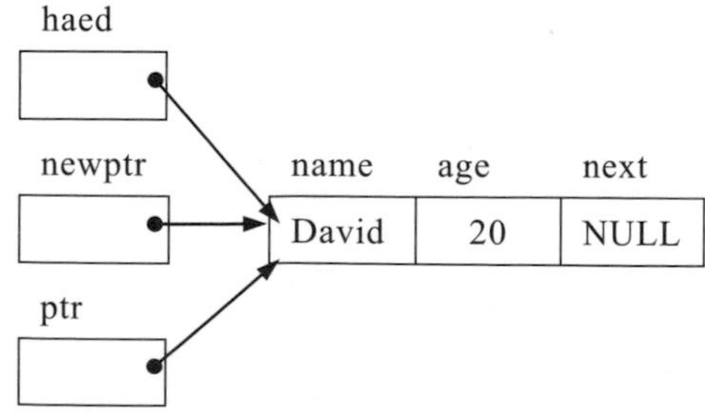

4. 產生第二個節點(Node2)

① 系統配置一塊可容納 node 結構的記憶體大小，並將啟始位址指定給 newptr，即 newptr 指到該記憶體的啟始位址：

```
newptr = (struct node*)malloc(sizeof(struct node));
```

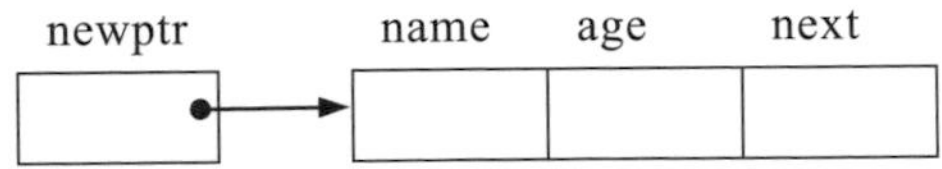

② 設定 Node2 的初值

```
strcpy(newptr->name,"Tom");
newptr->age = 24;
newptr->next = NULL;
```

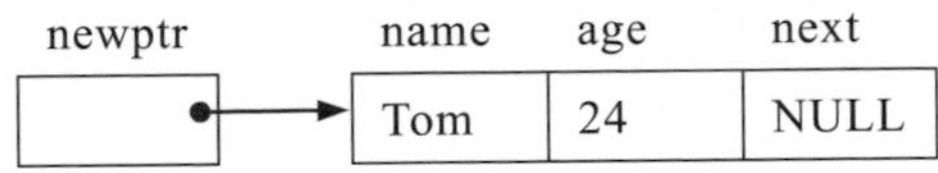

③ 使用 ptr->next=newptr 敘述，將 newptr 所指到的記憶體位址存入 ptr 目前所指 Node1 節點的 next 欄位，使得 Node1 連接到 Node2。接著使用 ptr = newptr 敘述，再將 ptr 指標指到 newptr 所指的 Node2 節點上面：

```
ptr->next = newptr;
ptr = newptr;
```

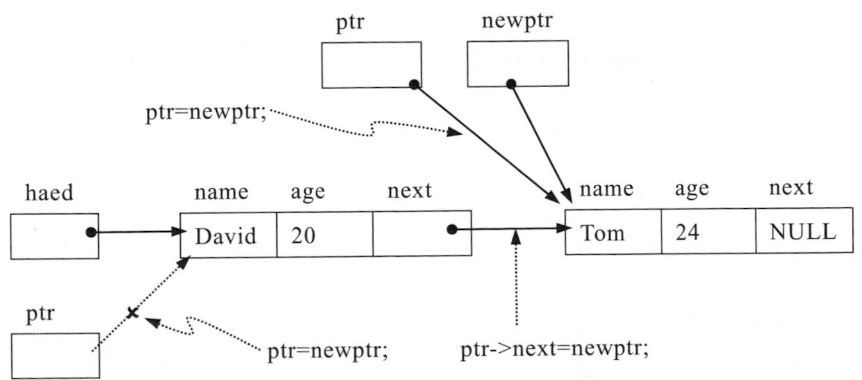

範例：linkedlist.c

延續上例寫成一個完整的程式。包括定義、宣告、連續建立三個節點，最後再由 head 指標所指到 Node1 節點，將所建立的三筆記錄顯示在螢幕上。顯示資料時，若檢查到欄位指標裡面存放的是 NULL，表示該節點後面已經沒有資料。

執行結果

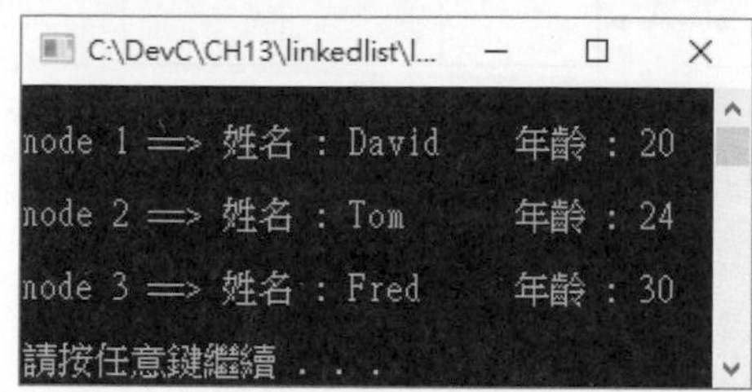

程式碼 FileName：linkedlist.c

```
#include <stdio.h>
#include <stdlib.h>
#include <string.h>
#include <conio.h>

int main(int argc, char *argv[]) {
    struct node {
        char name[10];
        int age;
        struct node *next;
    };

    struct node *head,*ptr,*newptr;
    int i;
    /*  產生 node 1  */
    newptr=(struct node*)malloc(sizeof(struct node));
    strcpy(newptr->name,"David");
    newptr->age=20;
    newptr->next=NULL;
    head=ptr=newptr;
    ptr=newptr;

    /*  產生 node 2  */
```

```
    newptr=(struct node*)malloc(sizeof(struct node));
    strcpy(newptr->name,"Tom");
    newptr->age=24;
    newptr->next=NULL;

    ptr->next=newptr;
    ptr=newptr;

    /*  產生 node 3  */
    newptr=(struct node*)malloc(sizeof(struct node));
    ptr->next=newptr;
    strcpy(newptr->name,"Fred");
    newptr->age=30;
    newptr->next=NULL;

    ptr->next=newptr;
    ptr=newptr;
    /*   顯示所有資料  */
    ptr=head;
    i=1;
    while(ptr!=NULL) {
        printf("\nnode %d ==> 姓名 : %s",i++,ptr->name);
        printf("\t   年齡 : %d\n",ptr->age);
        ptr=ptr->next;
    }
    printf("\n");
    system("PAUSE");
    return 0;
}
```

13.7 函式間結構的傳遞

結構變數和結構陣列都可以當成引數傳給函式做處理。而結構變數當引數的傳遞機制可以使用傳值呼叫(Call By Value)或傳址呼叫(Call By Address)；但結構陣列當引數傳遞機制則只能透過傳址呼叫。以下將陸續介紹如何將結構變數及結構陣列當引數傳給函式。

13.7.1 結構變數的傳值呼叫

結構變數若採傳值呼叫(Call By Value)方式是將整個結構變數即所有欄位一起傳給被呼叫的函式，但不將結果傳回給原呼叫的函式。譬如：以傳值呼叫方式將 peter 和 tom 兩個結構變數的內容互換為例，檢查是否互換成功？首先，宣告一個結構名稱為 grade 的結構，其中第一個欄位名稱為 course 以字串方式存放課程名稱；第二個欄位名稱為 score 存放該科成績。此結構定義於 main() 主函式外以便和 swap()函式共用結構。首先定義、宣告以及設定初值一次完成下面 grade 結構：

```
struct grade {
    char course[10];
    int score;
} peter = {"bcc", 80}, tom = {"math",65};
```

上面宣告 peter 和 tom 都是屬於 grade 的結構變數，並同時設定其初值。接著編寫 swap()函式的原型宣告，由於 swap()函式不傳回值，因此 swap()函式名稱前面使用 void，呼叫 swap()函式時是採傳值呼叫，必須將欲交換的兩個 grade 的結構變數傳入，其原型宣告寫法如下：

```
void swap(struct grade , struct grade);
```

接著在 main()主函式內，呼叫 swap()函式的地方，將接在 swap()函式後面小括號內的實引數寫上要傳入的結構變數名稱，由於本例是要將 peter 和 tom 結構變數的內容互換，因此必須將這兩個結構變數，傳送給被呼叫函式的虛引數。以傳值呼叫的寫法如下：

```
swap(peter,tom);
```

接著定義 swap()函式，由於 swap()函式採傳值呼叫不傳回值，因此 swap 函式名稱的前面使用 void。接著在 swap()函式後面小括號內的虛引數寫上要接收的結構變數名稱，將 peter 結構變數複製一份指定給 x1 結構變數，將 tom 結構變數複製一份指定給 x2 結構變數，相當於實引數和虛引數佔用不同的記憶體位址，其寫法如下：

```
void swap(struct grade x1, struct grade x2) {
      struct grade temp;
      temp = x1;  ┐
       x1 = x2;   ├ 整個結構互換函式
      x2 = temp;  ┘
}
```

在上面 swap()函式內是將傳入的 x1 和 x2 結構變數的內容做互換動作，結構變數內容互換必須透過第三個結構變數才可完成。延續上例，我們將它寫成一個採結構變數傳值方式的完整範例 pass_struct1.c。程式執行時，將主函式呼叫前後以及進入 swap() 函式前後的結果印出，觀察兩個結構變數各欄位內容的變化，由執行結果可看到傳值呼叫並未將結果傳回給原呼叫 main()函式：

執行結果

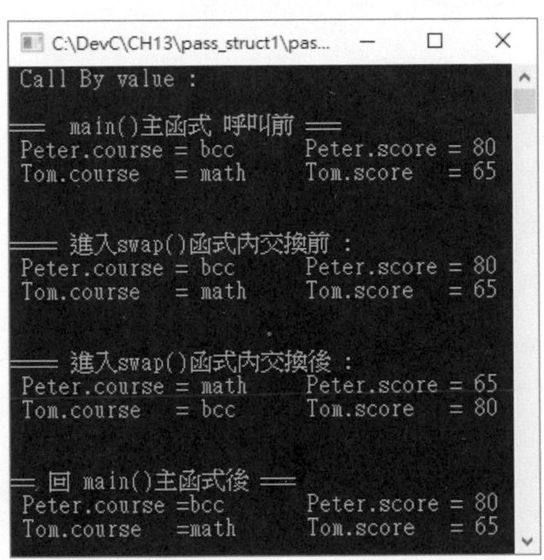

程式碼 FileName : pass_struct1.c

```
#include <stdio.h>
#include <stdlib.h>
#include <string.h>

struct grade {       /* 結構置於 main()函式外，以便和 swap()函式共用 */
    char course[10];
    int score;
} peter={"bcc", 80},tom={"math",65};
```

```
void swap(struct grade,struct grade);

int main(int argc, char *argv[]) {
    printf(" Call By value : \n\n");
    printf("===  main()主函式 呼叫前 === \n");
    printf (" Peter.course = %s \t Peter.score = %d \n",
            peter.course, peter.score);
    printf (" Tom.course   = %s \t Tom.score   = %d \n",
            tom.course, tom.score);
    swap(peter,tom);
    printf("\n\n== 回 main()主函式後 === \n");
    printf (" Peter.course =%s \t Peter.score = %d \n",
            peter.course, peter.score);
    printf (" Tom.course   =%s  \t Tom.score   = %d \n",
            tom.course, tom.score);
    printf("\n");
    system("PAUSE");
    return 0;
}

void swap(struct grade x1,struct grade x2) {
    struct grade temp;
    printf("\n\n==== 進入 swap()函式內交換前 : \n");
    printf (" Peter.course = %s \t Peter.score = %d \n", x1.course, x1.score);
    printf (" Tom.course   = %s \t Tom.score   = %d \n", x2.course, x2.score);

    temp=x1;
    x1=x2;
    x2=temp;
    printf(" \n\n==== 進入 swap()函式內交換後 : \n");
    printf (" Peter.course = %s \t Peter.score = %d \n", x1.course, x1.score);
    printf (" Tom.course   = %s \t Tom.score   = %d \n", x2.course, x2.score);
}
```

13.7.2 結構變數的傳址呼叫

結構變數若採傳址呼叫(Call By Address)是將整個結構變數即所有欄位一起傳給被呼叫的函式，再將結果以整個結構傳回給原呼叫的函式。譬如：以傳址呼叫方式將 peter 和 tom 兩個結構變數內容互換為例，檢查是否有互換成功？首先，同上一節宣告一個結構名稱為 grade 的結構，其中第一個欄位名稱為 course 以字串方式存放課程名稱；第二個欄位名稱為 score 存放該科成績。此結構定義於 main()主函式外以便和 swap()函式共用。grade 結構定義、宣告以及設定初值一次完成的寫法如下：

```
struct grade {
    char course[10];
    int score;
} peter={"bcc", 80},tom={"math",65};
```

上面宣告 peter 和 tom 都是屬於 grade 的結構變數，並同時設定其初值。接著編寫 swap()函式的原型宣告，呼叫 swap()函式時是採傳址方式呼叫，必須傳入兩個屬於 grade 的結構變數指標，其寫法如下：

```
void swap(struct grade * , struct grade *);
```

接著在 main()主函式內，在呼叫 swap()函式的地方，將接在 swap()函式後面小括號內的實引數寫上要傳入的結構變數名稱的位址，由於本例是要將 peter 和 tom 結構變數的內容互換，因此必須將這兩個結構變數的位址，傳送給被呼叫函式的虛引數。其寫法如下：

```
swap(&peter , &tom);
```

由於呼叫 swap()函式採傳址呼叫。因此緊接在定義 swap()函式後面小括號內的虛引數寫上要接收的結構變數指標，來存放傳進來結構變數的起始位址，也就使得虛引數 x1 指到實引數 peter 結構變數的起始位址，虛引數 x2 指到實引數 tom 結構變數的起始位址，相當於實引數和虛引數共用相同的記憶體位址，swap()函式定義寫法如下：

```
void swap(struct grade *x1, struct grade *x2) {
    struct grade temp;
    temp=*x1;     ┐
    *x1=*x2;      ├ 整個結構互換函式
    *x2=temp;     ┘
```

```
        x1->course .....;    或   (*x1).course  ┐
        x1->score ......;    或   (*x1).score   │
        x2->course .....;    或   (*x2).course  ├ 存取欄位方式
        x2->score ......;    或   (*x2).course  ┘
    }
```

上面 swap()函式內是列出欲存取欄位變數或整個結構的寫法。延續上例，我們將它寫成一個完整範例 pass_struct2.c，程式執行時將主函式呼叫前後以及進入 swap()函式前後的結果印出，觀察兩個結構變數各欄位內容的變化，由結果可看到傳址呼叫會將整個結構執行後的結果傳回給原呼叫 main()主函式：

執行結果

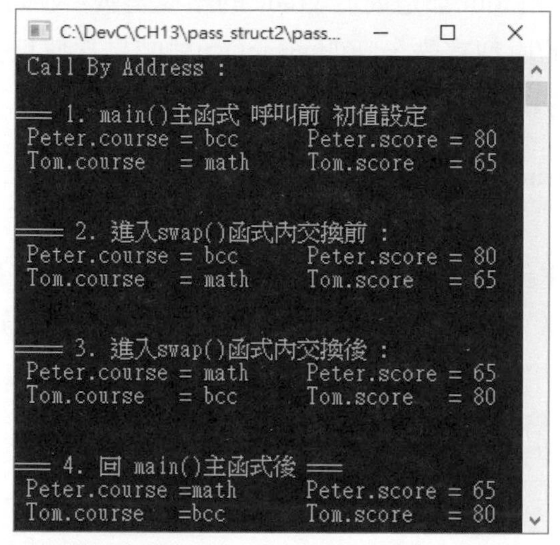

程式碼 FileName : pass_struct2.c

```
#include <stdio.h>
#include <stdlib.h>
#include <conio.h>
#include <string.h>

struct grade {
    char course[10];
    int score;
} peter={"bcc", 80},tom={"math",65};

void swap(struct grade *,struct grade *);
```

```c

int main(int argc, char *argv[]) {
    printf(" Call By Address : \n\n");
    printf("=== 1. main()主函式 呼叫前 初值設定 \n");
    printf (" Peter.course = %s \t Peter.score = %d \n",
             peter.course, peter.score);
    printf (" Tom.course   = %s \t Tom.score   = %d \n",
             tom.course, tom.score);
    swap(&peter,&tom);
    printf("\n\n=== 4. 回 main()主函式後 === \n");
    printf (" Peter.course =%s \t Peter.score = %d \n",
             peter.course, peter.score);
    printf (" Tom.course   =%s   \t Tom.score   = %d \n",
             tom.course, tom.score);
    printf("\n");
    system("PAUSE");
    return 0;
}

void swap(struct grade *x1,struct grade *x2) {
    struct grade temp;
    printf("\n\n==== 2. 進入 swap()函式內交換前 : \n");
    printf (" Peter.course = %s \t Peter.score = %d\n", x1->course, x1->score);
    printf(" Tom.course   = %s \t Tom.score   = %d\n", x2->course, x2->score);
    temp=*x1;
    *x1=*x2;
    *x2=temp;
    printf(" \n\n==== 3. 進入 swap()函式內交換後 : \n");
    printf (" Peter.course = %s \t Peter.score = %d\n", x1->course, x1->score);
    printf(" Tom.course   = %s \t Tom.score   = %d\n", x2->course, x2->score);
}
```

13.7.3 傳遞整個結構陣列給函式

程式中需將整個結構陣列傳給呼叫的函式必須以傳址方式，在函式原型宣告及函式定義的虛引數後面陣列名稱需加上[]，呼叫函式內虛引數需使用陣列名稱當引數。若欲存取結構陣列元素的欄位成員，可透過「結構指標->成員」或「結構陣列[索引].成員」來完成。

一. 函式原型宣告

語法

```
傳回值型別 函式名稱(struct 結構型別名稱 [ ]);
```

[例] void show(int, struct product[]);　/* 函式原型宣告 */

二. 函式定義

語法

```
傳回值型別 函式名稱(struct 結構型別名稱 虛引數 [ ]) {
    //方法 1.使用結構指標來存取結構陣列中元素的成員
    //方法 2.使用「結構陣列[索引].成員」來存取結構變數陣列中元素的成員
     ......
}
```

[例] void show(int arysize, struct product tary[]) {

方法 1：

```
    ⋮
tary[i].name;
    ⋮
```

方法 2：

```
struct product *ptr;
ptr=tary;
    ⋮
(*ptr).name ....
    ⋮
```

}

三. 呼叫函式

語法

```
int main(int argc, char *argv[]) {
        ⋮
    函式名稱(實引數) ;
        ⋮
}
```

[例]
```
int main(int argc, char *argv[]) {
    ⋮
    show(sizeof(book), book);
    ⋮
}
```

範例 ： fun_struct1.c

延續上例，將結構陣列採傳址方式傳給被呼叫的 show() 和 search()函式。show()函式可將結構陣列內的所有元素的欄位成員內容顯示在螢幕上；search()函式輸入書號，查詢結構陣列中是否有該書？若有，則顯示書名和售價；若找不到，則顯示 "查無此書 ！ …" 訊息。

執行結果

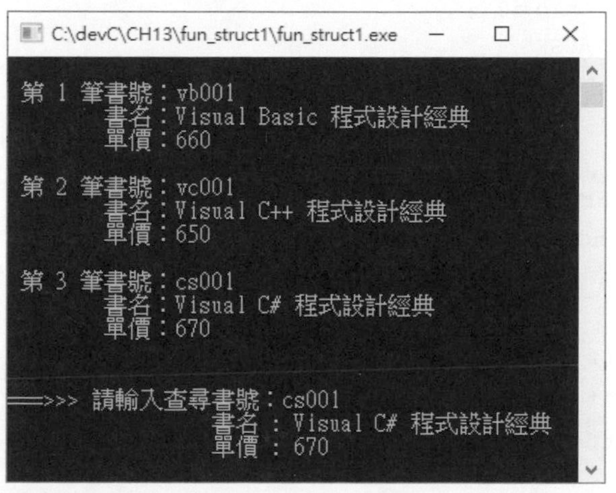

程式碼 FileName：fun_struct1.c

```
#include <stdio.h>
#include <stdlib.h>
#include <string.h>
#include <conio.h>
#define MAX 10

struct product {
    char id[MAX];
    char name[40];
    int price;
```

```
} book[] ={"vb001", "Visual Basic 程式設計經典", 660,
           "vc001", "Visual C++ 程式設計經典", 650,
           "cs001", "Visual C# 程式設計經典", 670, };

void show(int, struct product[]);

void search(int, struct product[], char[]);

int main(int argc, char *argv[]) {
    char keyin[MAX];
    show(sizeof(book),book);
    printf("\n\n");
    printf("===>>> 請輸入查尋書號：");
    gets(keyin);
    search(sizeof(book), book, keyin);
    printf(" \n\n");
    system("PAUSE");
    return 0;
}

void show(int arysize, struct product tary[]) {
    int aryindex = arysize/sizeof(struct product);
    int i=0;
    for(i=0; i<aryindex; i++) {
        printf("\n 第 %d 筆書號：%s\n",i+1 , tary[i].id);
        printf("         書名：%s\n", tary[i].name);
        printf("         單價：%d\n", tary[i].price);
    }
}

void search(int arysize, struct product tary[], char keyin[]) {
    int i=0, num=-1;
    int aryindex = arysize/sizeof(struct product);
    for(i=0; i<aryindex; i++) {
        if(strcmp(tary[i].id, keyin)==0) {
            num=i;
            break;
        }
    }
```

```

    if(num==-1) {
        printf(" 查無此書 ! …");
    }
    else {
        printf(" \t\t 書名 : %s \n" ,tary[num].name);
        printf(" \t\t 單價 : %d \n" ,tary[num].price);
    }
}
```

上面範例定義 swap() 函式是使用「結構陣列[索引].成員」來存取結構變數陣列中元素的欄位成員。而下面 fun_struct2.c 範例的反白處寫法，是使用結構指標來存取結構陣列中元素的欄位成員。

程式碼 FileName : fun_struct2.c

```
#include <stdio.h>
#include <stdlib.h>
#include <string.h>
#include <conio.h>
#define MAX 10

struct product {
    char id[MAX];
    char name[40];
    int price;
} book[] ={"vb001", "Visual Basic 程式設計經典", 660,
           "vc001", "Visual C++ 程式設計經典", 650,
           "cs001", "Visual C# 程式設計經典", 670, };

void show(int, struct product[]);

void search(int, struct product[], char[]);

int main(int argc, char *argv[]) {
    char keyin[MAX];
    show(sizeof(book),book);
    printf("\n\n");
    printf("===>>> 請輸入查尋書號：");
    gets(keyin);
```

```
    search(sizeof(book), book, keyin);
    printf(" \n\n");
    system("PAUSE");
    return 0;
}

void show(int arysize, struct product tary[]) {
    int aryindex = arysize/sizeof(struct product);
    int i=0;
    struct product *ptr;
    ptr=tary;
    for(i=0; i<aryindex; i++,ptr++) {
        printf("\n 第 %d 筆書號：%s\n",i+1 , ptr->id);
        printf("        書名：%s\n", ptr->name);
        printf("        單價：%d\n", ptr->price);
    }
}

void search(int arysize, struct product tary[], char keyin[]) {
    int i=0, num=-1;
    int aryindex;
    struct product *ptr;
    ptr=tary;
    aryindex = arysize/sizeof(struct product);
    for(i=0; i<aryindex; i++,ptr++) {
        if(strcmp(ptr->id, keyin)==0) {
            num=i;
            break;
        }
    }
    if(num==-1) {
        printf(" 查無此資料 !.... ");
    }
    else {
        printf(" \t\t 書名 : %s \n" ,ptr->name);
        printf(" \t\t 單價 : %d \n" ,ptr->price);
    }
}
```

注意

上面程式可將敘述中的 ptr->成員 改成 (*ptr).成員 方式亦可執行，若嘗試修改後無法執行可參考範例光碟的範例 fun_struct3.c。

13.8 實例 - 多項式相加

範例：polyadd_p.c

試撰寫一個兩個多項式相加的程式。程式執行時會詢問您要輸入的多項式共有多少項，接著再輸入每一項的係數和指數，係數與指數兩者之間使用空白區隔。說明如下：

1. 輸入「6.5△5」表示該項為 6.5x5(係數為 6.5，指數為 5)。
2. 輸入「-3.2△4」表示為該項為-3.2x4(係數為-3.2，指數為 4)，其他以此類推…。
3. 若指數為 0，表示該項數沒有指數。
4. 執行時先顯示 poly1(x)及 poly2(x)兩個多項式的值，接著算出兩個多項式相加的結果並存入 poly3(x)，最後再將 poly3(x)多項式結果顯示出來。要注意輸入係數和指數時，指數必須遞減。

執行結果

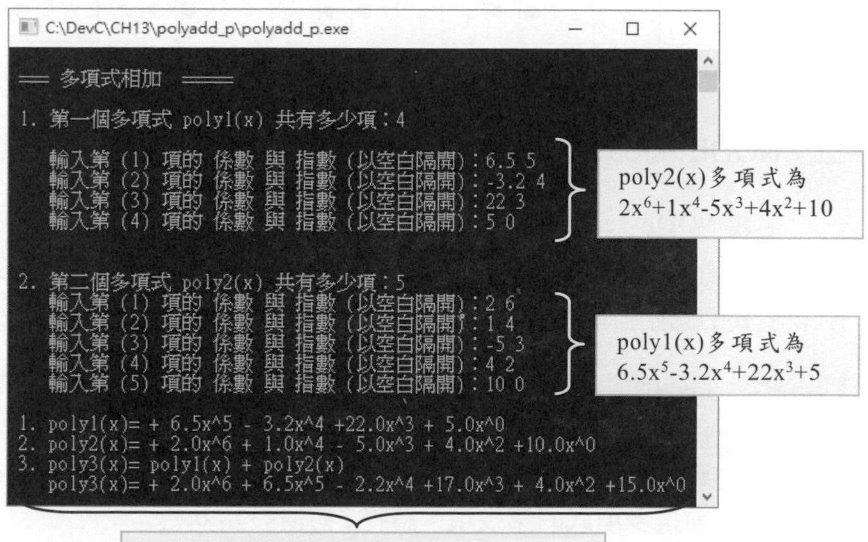

問題分析

一. 定義多項式結構成員

我們可以使用鏈結串列來表示多項式，因此開始時先定義 NODE 結構型別用來表示多項式的一個項，NODE 結構成員包括 coef 表示係數；exp 表示指數(即次方)；next 指標變數表示鏈結欄位，用來指定串列的下一個項的節點。寫法如下：

```
typedef struct polynode {
    float coef;
    int exp;
    struct polynode *next;
} NODE;
……
NODE *poly1, *poly2, *poly3;
```

[例] 多項式 $poly1(x)=6.5x^5-3.2x^4+22x^3+5$ 可使用下圖表示：

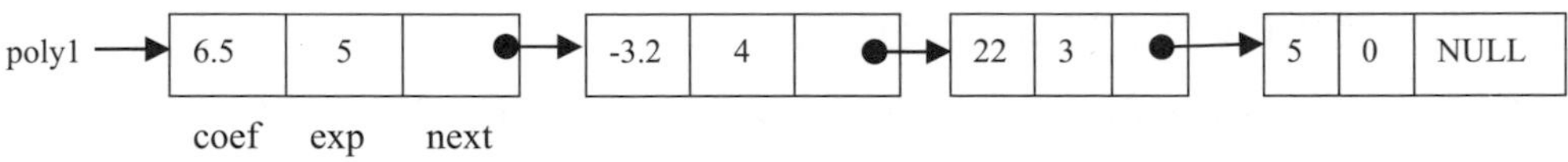

[例] 多項式 $poly2(x)=2x^6+1x^4-5x^3+4x^2+10$ 可使用下圖表示：

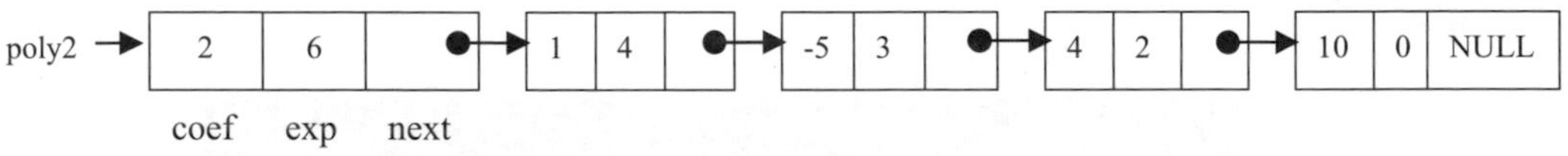

二. NODE *createpoly(int) 函式的演算法

定義 NODE *createpoly(int) 函式用來將多項式以鏈結串列來表示，呼叫此函式時必須傳入一個整數用來表示建立的多項式共有多少項，最後此函式會傳回多項式的起始節點位址，此函式可參考第 55~76 行，其演算法如下：

Step 01 呼叫此函式必須傳一個整數 n 用來表示該多項式共有多少項；宣告浮點數型別變數 coef 用來存放使用者輸入的係數；宣告整數型別變數 exp 用來存放使用者輸入的指數；宣告整數型別變數 i 用來表示目前是多項式的第幾項，請將 i 初值設為 0。

Step 02 宣告 NODE 結構指標變數 head、tail、ptr

① head：指到多項式的第一項。

② tail：指到多項式的最後一項。

③ ptr：指到目前處理多項式中的其中一項。

Step 03 開始時 head 和 tail 皆設為 NULL，表示目前未指向任何節點。

Step 04 將項目 i 加上 1，再使用 malloc()函式建立一個新的 ptr 節點。

Step 05 將使用者輸入的係數放入 ptr->coef；輸入的指數放入 ptr->exp；ptr->next 設為 NULL，表示後面未鏈結資料。

Step 06 檢查 head 是否為 NULL，若是則設定 head=ptr，表示 head 已指到多項式的第一個節點；若 head 不為 NULL，則將 tail->next=ptr，表示將目前產生的節點連接在目前最後一個節點之後面。

Step 07 設定 tail=ptr; ，tail 指標指到目前 ptr 所指到的節點，也就是說 tail 指到目前鏈結串列的最後一個節點。

Step 08 若 n>i，表示多項式還沒輸入完畢，此時跳回 Step4 ；否則跳到 Step9 。

Step 09 將 haed 指標傳回，即離開此函式。(head 指標已指到該多項試的第一個節點)

三. void printpoly(NODE *) 函式的演算法

定義 void printpoly(NODE *) 函式可以用來印出所傳入多項式的內容，此函式可參考第 41~53 行，其演算法如下：

Step 01 宣告字元變數 opr 用來表示 '+' 和 '-' 正、負號。

Step 02 檢查 ptr 指標是否不為 NULL，表示還有下一個的節點未印出，此時跳到 Step3；若 ptr 指標等於 NULL，表示目前已印完最後一個項的節點，因此跳到 Step6。

Step 03 若目前 ptr 指標所指向的那一個節點的係數(ptr->ceof)大於 0 則設定 opr='+' 正號；否則設定 opr='-' 負號。

Step 04 印出目前 ptr 指標所指向節點的係數與指數。

Step 05 設定 ptr=ptr->next，表示 ptr 指標指到下一個節點，接著再回 Step2。

Step 06 離開此函式。

四. NODE *polyadd(NODE *, NODE*) 函式的演算法

定義 NODE *polyadd(NODE *, NODE *) 函式用來將所傳入的兩個多項式 poly1(x)+poly2(x)進行相加，並傳回相加結果 poly3(x)，此函式可參考第 78~129 行，其演算法如下：

Step 01 宣告 NODE 結構指標變數 ptr1、ptr2、ptr3、tail、head。ptr1 用來指到 poly1(x)第一個多項式某一項的節點；ptr2 用來指到 poly2(x)第二個多項式某一項的節點；ptr3 用來指到 poly3(x)第三個多項式某一項的節點；tail 用來指到 poly3(x)第三個多項式最後一項的節點；head 用來指到 poly3(x)第三個多項式的第一項(即起始節點)。

Step 02 先將 ptr1 指標指到 poly1(x)第一個的節點；ptr2 指標指到 poly2(x)第一個的節點。

Step 03 比較目前 ptr1 及 ptr2 所指到節點中指數欄位內的大小：

① 使用 malloc()函式建立一個新的 ptr3 節點。

② 若 ptr1->exp 大於 ptr2->exp，則將 ptr1 的係數與指數指定給 ptr3 的係數與指數；再將 ptr1 移到下一個節點。

③ 若 ptr1->exp 小於 ptr2->exp，則將 ptr2 的係數與指數指定給 ptr3 的係數與指數；再將 ptr2 移到下一個節點。

④ 若 ptr1->exp 等於 ptr2->exp，則將 ptr1 及 ptr2 的係數相加結果放到 ptr3->coef，接著將 ptr1->exp 或 ptr2->exp 其中之一放到 ptr3->exp；再將 ptr1 及 ptr2 分別移到下一個節點。

⑤ 若 head 為 NULL 則設定 head=ptr3，表示 head 已指到第三個多項式的第一個節點；若 head 不為 NULL，則將 tail->next 指向 ptr3，表示讓目前 ptr3 新產生的節點連到目前第三個多項式鏈結串列中 tail 所指的最後一個節點的後面。

⑥ 設定 tail=ptr3; ，將 tail 指到目前 ptr3 產生的節點，表示新產生的節點已成為第三個多項式最後一個節點。

Step 04 重複 Step3，一直到 ptr1==NULL 或 ptr2==NULL 為止。

Step 05 若 ptr1==NULL，則將 ptr1 串列剩下的節點放到 ptr3 串列的最後面。

Step 06 若 ptr2==NULL，則將 ptr2 串列剩下的節點放到 ptr3 串列的最後面。

Step 07 傳回相加結果的第三多項式起始節點的 head 指標，並離開此函式。

程式碼 FileName : polyadd_p.c

```
#include <stdio.h>
#include <stdlib.h>
#include <conio.h>
#include <math.h>

typedef struct polynode {
    float coef;
    int exp;
    struct polynode *next;
} NODE;

void printpoly(NODE*);
NODE *createpoly(int);
NODE *polyadd(NODE*, NODE*);

int main(int argc, char *argv[]) {
    NODE *poly1, *poly2, *poly3;
    int keyin=0;
    printf("\n === 多項式相加  ===== \n");
    printf("\n 1. 第一個多項式 poly1(x) 共有多少項：");
    scanf("%d", &keyin);
    printf("\n");
    poly1=createpoly(keyin);
    printf("\n");
    printf("\n 2. 第二個多項式 poly2(x) 共有多少項：");
    scanf("%d", &keyin);
    poly2=createpoly(keyin);
    poly3=polyadd(poly1, poly2);
    printf("\n 1. poly1(x)=");
    printpoly(poly1);
    printf("\n 2. poly2(x)=");
    printpoly(poly2);
```

```
    printf("\n 3. poly3(x)= poly1(x) + poly2(x)");
    printf("\n    poly3(x)=");
    printpoly(poly3);
    printf("\n\n");
    system("PAUSE");
    return 0;
}

void printpoly(NODE *ptr) {
    char opr;
    while(ptr!=NULL) {
        if(ptr->coef > 0) {
            opr='+';
        }
        else {
            opr='-';
        }
        printf(" %c%4.1fx^%d", opr, fabs(ptr->coef), ptr->exp);
        ptr=ptr->next ;
    }
}

NODE *createpoly(int n) {
    float coef=0;
    int exp=0;
    int i=0;
    NODE *head, *tail, *ptr;
    head=tail=NULL;
    do {
        i++;
        ptr=(NODE*)malloc(sizeof(NODE));
        printf("    輸入第 (%d) 項的 係數 與 指數 (以空白隔開):", i);
        scanf("%f %d", &coef, &exp);
        ptr->coef = coef;
        ptr->exp = exp;
        ptr->next=NULL;
        if (head==NULL)
            head=ptr;
        else
            tail->next=ptr;
```

```
        tail=ptr;
    } while(n>i);
    return head;
}

NODE *polyadd(NODE *poly1, NODE *poly2) {
    NODE *tail, *head, *ptr1, *ptr2, *ptr3;
    ptr1=poly1;
    ptr2=poly2;
    head=tail=NULL;
    while(ptr1!=NULL && ptr2!=NULL) {
        ptr3=(NODE*)malloc(sizeof(NODE));
        if(ptr1->exp > ptr2->exp) {
            ptr3->coef = ptr1->coef ;
            ptr3->exp = ptr1->exp ;
            ptr1 = ptr1->next ;
        }
        else if(ptr1->exp < ptr2->exp) {
            ptr3->coef = ptr2->coef ;
            ptr3->exp = ptr2->exp ;
            ptr2 = ptr2->next ;
        }
        else {
            ptr3->coef = ptr1->coef + ptr2->coef ;
            ptr3->exp = ptr1->exp ;      /* 同ptr3->exp=ptr2->exp; */
            ptr1 = ptr1->next ;
            ptr2 = ptr2->next ;
        }
        ptr3->next=NULL;
        if (head==NULL)
            head=ptr3;
        else
            tail->next=ptr3;
        tail=ptr3;
    }
    if(ptr1==NULL) {
        while(ptr2!=NULL) {
            ptr3=(NODE*)malloc(sizeof(NODE));
            ptr3->coef = ptr2->coef ;
            ptr3->exp = ptr2->exp ;
```

```
            ptr2 = ptr2->next ;
            tail->next = ptr3 ;
            tail = ptr3 ;
        }
    }
    else {
        while(ptr1!=NULL) {
            ptr3=(NODE*)malloc(sizeof(NODE));
            ptr3->coef = ptr1->coef ;
            ptr3->exp = ptr1->exp ;
            ptr1 = ptr1->next ;
            tail->next = ptr3 ;
            tail = ptr3 ;
        }
    }
    return head;
}
```

CHAPTER 14

衍生資料型別

14.1 列舉資料型別

延續上一章繼續探討衍生資料型別：enumeration(列舉)、union(組合)和 typedef(重新定義)。列舉資料型別是允許在程式中依照需求，自定一組容易記憶的識別字(有意義名稱)來取代一組整數常數的集合。不但可以增加程式的可讀性，而且在程式中能彰顯其特定的意義。列舉就像 #define 一樣，用來定義一些常數名稱，只不過 #define 一次只能定義一個常數名稱，常數值可為任意資料型別。至於列舉一次可定義多個常數名稱，但是其值僅限整數型別。程式中若要使用 enum 關鍵字來定義列舉資料型別時，必須和 struct 一樣，先經過定義和宣告後才可使用。至於定義和宣告列舉資料的語法如下：

定義

```
enum 列舉型別名稱 {
   列舉成員 1 [=整數常值 1],
   列舉成員 2 [=整數常值 2],
    ......
   列舉成員 N [=整數常值 N]
} ;
```

宣告

```
enum 列舉型別名稱 列舉變數 1, 列舉變數 2, …, 列舉變數 N ;
```

說明

使用上面語法時要注意，每個列舉變數之間用逗號隔開。中括號內的整數常數值省略時，預設值由 0 開始。現以實例來說明：

```
enum weekday {
    SUN,    /* 預設值為 0 */
    MON,    /* 預設值為 1 */
    TUE,    /* 預設值為 2 */
    WED,    /* 預設值為 3 */
    THU,    /* 預設值為 4 */
    FRI,    /* 預設值為 5 */
    SAT,    /* 預設值為 6 */
};
enum weekday myday;
```

上面實例定義一個列舉型別名稱為 weekday，它包含七個列舉成員。接著宣告 myday 為 weekday 的列舉變數。由於定義 weekday 時並未指定常數初值，預設由 0 開始。上面定義也可以寫成一行：

```
enum weekday {SUN, MON, TUE, WED, THU, FRI, SAT};
```

也可以將上面定義和宣告合併寫成一行敘述：

```
enum weekday {SUN, MON, TUE, WED, THU, FRI, SAT} myday;
```

定義時可以同時設定常數值，若部分成員沒有指定常數值時，會依照前一個成員的常數值遞增，其寫法如下：

```
enum weekday {
    SUN=1,      /* 設定值為 1 */
    MON,        /* 預設值為 2 */
    TUE,        /* 預設值為 3 */
    WED=5,      /* 設定值為 5 */
    THU,        /* 預設值為 6 */
    FRI,        /* 預設值為 7 */
    SAT,        /* 預設值為 8 */
};
```

在定義初值時，亦允許列舉名稱和整數常數做整數運算：

```
enum market {
    BUYER=1,              /* BUYER = 1       */
    DEALER=BUYER+5,       /* DEALER = 6      */
    VIP,                  /* VIP = 7         */
    CUSTOMER              /* CUSTOMER = 8 */
};
```

下面列出較常見到的列舉使用方式：

1. enum direction { EAST, WEST, SOUTH, NORTH}; /* 方向 */
2. enum poker { CLUB, DIAMOND, HEART, SPADE}; /* 撲克牌 */
3. enum seasonr { SPRING, SUMMER, AUTOMN, WINTER}; /* 四季 */
4. enum number { ZERO, ONE, TWO, THREE, FOUR, FIVE}; /* 數字 */
5. enum color { BLACK, YELLOW, RED, GREEN, BLUE, WHITE}; /*顏色 */
6. enum animal { DOG, CAT, MONKEY, HORSE,BIRD}; /* 動物 */
7. enum fruit { APPLE, ORANGE, BANANA, PEARL}; /* 水果 */
8. enum boolean { FALSE,TRUE}; /* 布林值 */
9. enum months { /* 月份 */
   ```
       Jan=1, Feb, Mar, Apr, May, Jun,       /* Jun = 6 */
       Jul, Aug, Sep, Oct, Nov, Dec          /* Dec = 12 */
   };
   ```

接著定義一個列舉名稱為 weekday，共含有星期一到星期日的英文名稱的列舉成員名稱，宣告 mywk 為 weekday 的列舉變數來說明程式中使用列舉名稱的注意事項：

```
enum weekday {
    SUN=1, MON, TUE, WED,THU, FRI, SAT
};
enum weekday mywk;
```

1. int k=THU;
   ```
   printf("星期四  = %d \n", THU);
   printf("星期四  = %d \n", k);
   ```

[結果] 星期四 = 5
星期四 = 5

2. for (mywk=SUN ;mywk<=SAT ; ++mywk) {
printf(" %d ,", mywk);
}

[結果] 1, 2, 3, 4, 5, 6, 7,

執行結果不是 SUN, MON, TUE, WED, THU, FRI, SAT, 由此可知列印時只能顯示列舉常數而無法顯示列舉成員的名稱。

3. 不允許在程式中輸入列舉成員的整數初值。例如下面敘述是錯誤的：

```
scanf(" %s ,", mywk);    /* 錯誤 */
```

4. 欲顯示列舉名稱，只能在程式中使用 switch 敘述來做間接輸出。

```
switch(mywk) {
    case SUN:
        printf(" %d" , SUN);
        break;
    case MON:
        printf("MON");
        break;
        :
        :
}
```

5. 列舉型別是屬於使用者自定的資料型別，很像是下拉式功能選單，可由選單中選取項目，再將選取的項目轉換成對應的整數值。譬如：學歷下拉式清單中，"研究所"、"大學"、"高中"、"初中"、"小學" 分別以 10、20、30、40、50 代碼代替，便可使用下列列舉來定義：

```
enum degree
  { GRAD=10, COLLEGE=20, HIGH=30, MIDDLE=40, PRIMARY=50};
```

由上可知，列舉型別只是對一組整數常數的集合做管理，和一般整數變數的定義很像。但是列舉變數，並不對其有效範圍負責。以列舉型別 degree 來說，其實是用一個自定資料型別 degree 來替代一組數字 {10,20,30,40,50}，其中的數字又分別以 GRAD、COLLEGE、HIGH、MIDDLE、PRIMARY 等有意義的名稱來表示，藉此來提高程式的可讀性。

範例：enum1.c

定義名稱為 month 列舉資料型別，並使用 1~12 月份的英文單字來當做列舉成員，列舉成員對應的整數常值依序指定為 1~12。程式執行時讓使用者輸入日期，接著使用 switch 敘述，依據輸入的月份，顯示不同的訊息。

執行結果

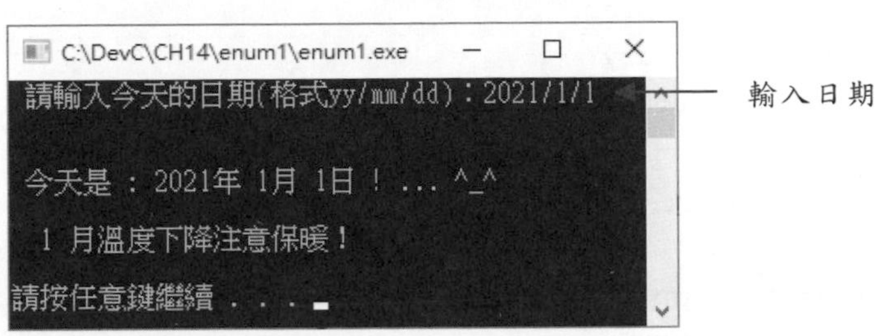

程式碼 FileName：enum1.c

```
#include <stdio.h>
#include <stdlib.h>

enum month {
    January = 1,February,March,April,May,June,July,
                August,September,October,November,December
};

int main(int argc, char *argv[]) {
    int year=0,month=0,day=0;
    printf(" 請輸入今天的日期(格式 yy/mm/dd)：");
    scanf("%d/%d/%d", &year, &month, &day);
    printf("\n\n 今天是 ： %d 年 %d 月 %d 日 ! ... ^_^\n\n", year, month, day);
    switch(month) {
        case March:
        case April:
        case May:
            printf(" %2d 月是春光明媚的季節！", month);
            break;
        case June:
        case July:
        case August:
            printf(" %2d 月天氣炎熱小心曬傷！", month );
```

```
            break;
        case September:
        case October:
        case November:
            printf(" %2d 月秋高氣爽旅遊好季節！", month );
            break;
        case December:
        case January:
        case February:
            printf(" %2d 月溫度下降注意保暖！", month);
            break;
    }
    printf("\n\n");
    system("PAUSE");
    return 0;
}
```

14.2 共用資料型別

union 是由 struct 結構衍生出來的資料型別。struct 結構中的欄位，都會有配置各自的記憶體位址供各欄位使用。至於 union 組合內的欄位，則是彼此共用相同的記憶體。因此 union 允許不相同的資料型別的變數宣告在同一組合中，編譯器會自動找出組合中需要最多記憶體的變數，配置足夠的記憶體空間供組合內的所有變數一起共用。union 組合使用時機是當有些欄位在同時間內，絕不會發生同時存取該塊記憶體內的資料。也就是說各欄位必須在不同的時間內使用該共用的記憶體空間，這些欄位就能夠以 union 型別來宣告，雖可達到節省記憶體空間之效，但要當心資料存入時，原先在記憶體的內容就會被蓋掉。

14.2.1 union 的定義與宣告

C 語言中提供 union 關鍵字來自定「共用資料型別」，其語法類似結構型別，必須經過定義和宣告後才可在程式中使用，有下列兩種方式：

方式一 同時定義和宣告

語法

```
union 共用型別名稱 {
    資料型別 成員名稱 1;
    資料型別 成員名稱 2;
         ⋮
    資料型別 成員名稱 N;
} 變數 1, 變數 2, …變數 N ;
```

方式二 定義和宣告分開

語法

```
union 共用型別名稱 {
    資料型別 成員名稱 1;
    資料型別 成員名稱 2;
         ⋮
    資料型別 成員名稱 N;
};

union 共用型別名稱 變數 1, 變數 2, …變數 N ;
```

至於存取共用資料型別成員時，可以在共用型別變數接上「.」點運算子，之後再加上共用型別的成員即可。其寫法如下：

語法

```
共用型別變數名稱.成員名稱
```

當撰寫程式時，無法確定這個數值變數是屬於哪種資料型別時，就可以使用 union 來表示。譬如在 union1.c 範例定義一個名稱為 unknown 的 union，該 union 組合可讓字元變數 c、整數變數 i、浮點變數 f 共用同一塊記憶體，並宣告 var1 和 var2 為 unknown 的 union 組合變數。

程式碼 FileName : union1.c

```
#include <stdio.h>
#include <stdlib.h>

union unknown {
```

```
    char c;
    int i;
    float f;
};

int main(int argc, char *argv[]) {
    union unknown var2;
    union unknown var1={3.1415926};
    printf("var1.i = %d\n",var1.i);
    printf("var1.f = %f\n",var1.f);
    var1.f=3.33333;
    printf("var1.f = %f\n",var1.f);
    printf("\n");
    var2.i=3;
    printf("var2.i=%d\n",var2.i);
    printf("Size of var2 = %d\n",sizeof(var2));
    var2.c='A';
    printf("var2.c=%d\n",var2.c);
    printf("Size of var1 = %d\n",sizeof(var2));
    var2.f=3.1415926;
    printf("var2.f=%d\n",var2.f);
    printf("Size of var1 = %d\n",sizeof(var2));
    system("PAUSE");
    return 0;
}
```

執行結果

上面程式經過執行後，可以發現四個變數都占用同一個四個 Bytes 的記憶體位址。使用方法很像結構，但是一個時間內 union 只能存放其中一種資料型

別的資料內容，四個變數若連續更改同一位址的內容，除了最後存放的資料外，其他都會被覆蓋掉。

14.2.2 union 與 struct 的記憶體配置比較

下圖以相同欄位名稱來比較 union 和 struct 兩者配置記憶體的差異處。前者 union 資料型別，c(占 1 Byte)、i(占 4 Bytes)、f(占 4 Bytes)三個變數中，以 float 佔用四個 Bytes 記憶體位址最大，因此三個變數共用 1001~1004 四個記憶體位址。至於後者 struct 資料型別，各欄位 c、i、f 分別占用 1、4、4 個 Bytes，由於電腦一次存取的記憶體以 4 個位址為單位，所以共占用 12 Bytes 記憶體位址：

union 資料型別	struct 資料型別

union unknown {
    char c;
    int i;
    float f;
};
union unknown var1;
	struct unknown {
	    char c;
	    int i;
	    float f;
	};
	struct unknown var1;

union（共占用 4 Bytes）：

1000	
1001	char c; int i; float f;
1002	
1003	
1004	
1005	
1006	
1007	
1008	
1009	
100A	
100B	
100C	

struct（共占用 12 Bytes）：

1000	
1001	char c;
1002	
1003	
1004	
1005	inti;
1006	
1007	
1008	
1009	float f;
100A	
100B	
100C	

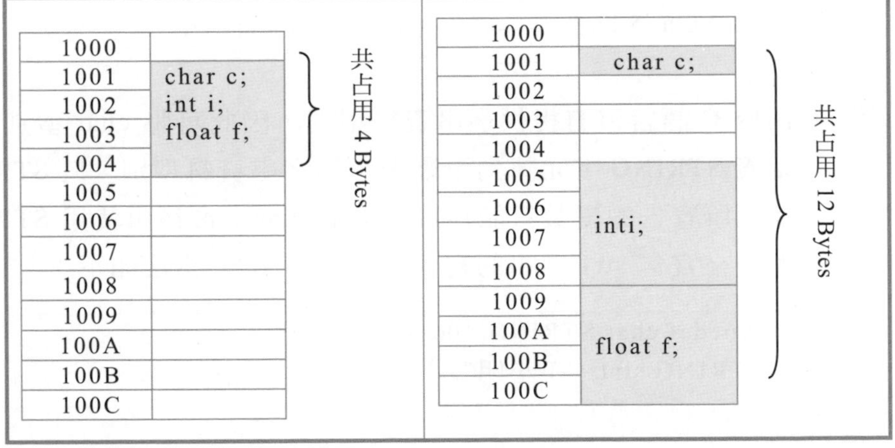

14.3 typedef 型別代名

使用 typedef 關鍵字可以重新定義資料型別名稱，譬如：為方便程式閱讀，將資料型別定義為一個更有意義的資料型別名稱；由於不同的電腦資料型別名稱不盡相同，為配合機器運作只要修改 typedef 這一行即可提高程式的可攜性；若資料型別名稱太長不易書寫，也可以透過 typedef 改成簡短、有意義且易記的名稱。

[例 1] 更改結構名稱 struct record 為 NODE。

正常結構定義和宣告	使用 typedef 定義和宣告結構

struct record {
   int data;
   struct node *next;
};
struct record first,*ptr;
	struct record {
	   int data;
	   struct node *next;
	};
	typedef struct record NODE;
	NODE first, *ptr;

[例 2] 更改 float 資料型別名稱為 REAL 識別字。

```
typedef float REAL;
REAL a=5,b;          /*  相當於 float a,b;   */
```

[例 3] 由於 C 語言沒有提供字串資料型別，因此可將 char 型別重新定義 STRING 字元陣列用來表示為字串資料型別，但 STRING 型別所宣告的變數只能存放 100 個字元；最後再使用 STRING 型別來宣告 str1 字串的初值為 "王小明"。寫法如下：

```
typedef char STRING[100];
STRING str1="王小明";
```

範例：typedef1.c

使用 typedef 重新定義資料型別，並用新的資料型別來定義一個結構，包含姓名、年齡、年收入和平均月薪四個欄位。利用此結構建立三個員工的資料，然後顯示員工薪資表。

執行結果

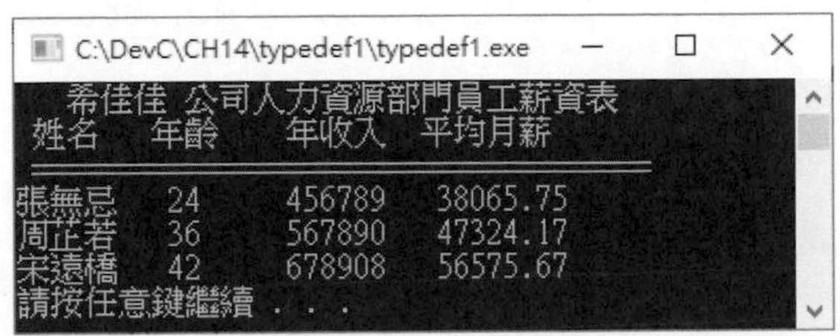

問題分析

1. 使用 typedef 分別重新定義 char、unsigned short、unsigned int、float 資料型別為 STRING[10]、UNSHORT、UNINT、REAL 新的資料型別。
2. 使用上述新的資料型別來定義一個名稱為 member_data 結構，包含 name (姓名，STRING[10])、age(年齡，UNSHORT)、income(年收入，UNINT) 以及 avg (平均月薪，REAL)四個欄位。
3. 建立可傳回 DATAS 結構的 aveage()函式，呼叫該函式時，將姓名、年齡、年收入資料傳入，將年收入除以 12 寫入 avg 欄位，最後將整個結構傳回。

程式碼 FileName：typedef1.c

```
#include <stdio.h>
#include <stdlib.h>
#include <string.h>

typedef char STRING[10];
typedef unsigned short UNSHORT;
typedef unsigned int UNINT;
typedef float REAL;

struct member_data {
    STRING name;    /* char name[10]; */
    UNSHORT age;    /* unsigned short age; */
```

```
13     UNINT income;    /* unsigned int income;  */
14     REAL avg;        /* float avg; */
15 };
16
17 typedef struct member_data DATAS;   /* DATAS 取代 struct member_data */
18 DATAS average(STRING tname, UNSHORT tage,UNINT tincome) {
19     DATAS ds;
20     strcpy(ds.name, tname);
21     ds.age = tage;
22     ds.income = tincome;
23     ds.avg = (REAL)tincome /12;
24     return ds;
25 }
26
27 int main(int argc, char *argv[]) {
28     DATAS hr[3];
29     hr[0] = average("張無忌", 24, 456789);  #第 1 個員工資料
30     hr[1] = average("周芷若", 36, 567890);  #第 2 個員工資料
31     hr[2] = average("宋遠橋", 42, 678908);  #第 3 個員工資料
32     printf("    希佳佳 公司人力資源部門員工薪資表 \n");
33     printf(" 姓名\t 年齡\t 年收入\t 平均月薪 \n");
34     printf(" ===================================== \n");
35     int i;
36     for(i=0; i<=2; i++) {
37        printf("%5s%5d%11d%11.2f\n",hr[i].name,hr[i].age,hr[i].income,hr[i].avg);
38     }
39     system("PAUSE");
40     return 0;
41 }
```

說明

1. 第 17 行：使用 typedef 將 struct member_data 重新命名為 DATAS。
2. 第 28~31 行：建立 DATAS 結構的陣列，並呼叫 aveage()函式指定三位員工的資料。
3. 第 36~38 行：使用 for 迴圈，顯示三位員工各欄位的內容。

檔案處理

CHAPTER 15

15.1 檔案函式簡介

在前面章節中都是透過鍵盤來輸入資料，並將輸入的資料放入指定的變數或陣列內，若要處理(運算、修改、刪除、排序...等)這些輸入的資料，可以從指定的變數或陣列內取出並進行處理。但是當電腦的電源關掉或程式重新執行時，這些資料都必須重新輸入，當資料量少時還可接受，可是若要輸入上百甚至上千筆資料，豈不浪費時間且易發生輸入錯誤。為了解決上述問題，可以透過 C 語言所提供的檔案處理函式，將這些輸入的資料儲存到指定的資料檔(data file)中，這些資料檔的副檔名通常設為 *.txt 或 *.dat。

當需要處理資料檔中的資料時，可以透過檔案處理函式取得資料檔內的資料，並存放到變數或陣列(主記憶體中)中進行處理，資料處理完畢再將資料寫回指定的資料檔內。如此，資料不但容易維護，而且同一份程式可處理相同資料格式的不同資料檔，增加程式的使用彈性。

15.2 資料流的觀念

資料的輸入與輸出都必須透過電腦的週邊設備，不同的週邊設備對於資料輸入與輸出的格式和方法有不同的處理方式，導致撰寫資料檔存取程式的困難度增加，且易產生週邊設備彼此不相容的問題。C 語言透過「資料流」(data stream)的觀念來解決這個問題，所謂的「資料流」就像水管內的水流一樣，只能由高往低處單方向流動，不能回流；資料流亦是採單向流動，無法回頭處理剛才處理過的字元，讓一串串的資料如下圖在記憶體中進進出出。

串流可由字元(character)或位元組(byte)組成，因此在資料處理上可分為「字元串流」與「位元組串流」。字元串流是用來處理 16 bits 的 UTF-8 或 Unicode 資料；而位元組串流是用來處理 8 bits 的資料。程式存取資料檔時，「輸入串流」來自鍵盤輸入的資料、或從檔案讀取的資料;「輸出串流」將在記憶體內經處理過的資料，存入指定的檔案、列印、或顯示在螢幕上。

MS-DOS 和 UNIX 處理資料也都是透過資料流觀念，存取方式採一個字元接一個字元方式處理，來簡化高階輸出入動作，使得任何輸出入的動作都在資料流上運作。如此在撰寫資料檔內資料的輸出入程式時，可以不用理會週邊裝置的多樣性。整個資料檔內的資料如下圖所示，視為一串連續的字元組成。資料流藉著檔案指標的移動來存取資料流上的資料，檔案指標目前所指的資料位置即是要處理的資料，經過存取後檔案指標會往後移動。由於每個資料檔最後面都有一個檔案結束符號(EOF)，用來告知該資料檔到此結束後面沒有資料，若檔案指標指到 EOF 便表示資料已經存取完畢。

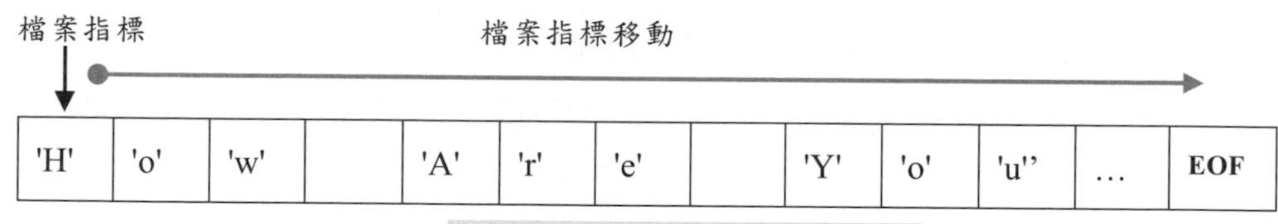

資料流可視為一串連續的字元

電腦週邊設備資料的存取可以使用「二進位檔」(binary file)和「文字檔」(text file)兩種格式。二進位檔內的資料是採用二進位格式進行儲存，例如聲音檔(*.wav)、影像檔(*.avi)、執行檔(*.exe)、圖形檔(*.bmp)都是採用二進位格式儲存檔案，採用二進位格式來儲存檔案會比較節省儲存空間。至於文字檔內的每個字元都是使用該字元所對應 ASCII 碼的格式來進行存檔，一個字元的 ASCII 碼就占用 1 byte，10 個字元就占用 10 bytes，因此採用文字檔的格式進行存檔會比較浪費儲存空間。本章介紹如何將資料檔以採用文字檔和二進位檔的格式，來進行讀取和儲存。

15.3 循序檔與隨機檔

循序存取檔(sequential acess file)簡稱循序檔，是一個不包含程式的純資料檔。此種資料在寫入時，是從資料檔的開頭開始按照資料寫入的先後順序逐筆寫入磁碟中，讀取時不管資料所在的位置，都必須從第一筆開始逐筆往後讀取，一直到檔案結束為止。此種資料檔每筆資料長度不拘，較節省磁碟空間，但查詢資料時都必須從第一筆開始找起較費時間。

隨機存取檔(random access file)簡稱隨機檔，亦是一個純資料檔。由於此種檔案大都使用結構方式來存放資料，因此每筆資料的長度是相同，存取此種資料不管資料在檔案的位置，都可以經過計算便可直接存取該筆資料，而不必像循序檔找尋資料時都必須從最開頭開始找起，而是採跳躍式直接存取。

15.4 C 語言檔案處理函式

C 語言的檔案處理函式按照有無提供緩衝區，可以區分為：提供緩衝區的標準輸出入(standard I/O)函式，以及無提供緩衝區的系統輸出入(system I/O)函式。所謂「緩衝區」(buffer)即是指資料在存取時，為了加快程式執行的速度，會在先主記憶體中建立一塊緩衝區來存放部分資料，接著再透過這個緩衝區來存取資料，而不直接和磁碟進行存取的動作。

一. 標準輸出入(standard I/O)函式

標準輸出入函式或稱「資料流輸出入」(stream I/O)函式，此種檔案處理函式會提供一個緩衝區做為資料檔與程式的溝通管道。使用標準輸入函式讀取資料檔內的資料時，若磁碟機指定資料檔開啟成功，會自動將資料檔最開頭的部分資料先讀入緩衝區內。此時系統會自動給予一個檔案指標，並指到資料的起始位置。緩衝區內的資料透過標準輸入函式，由檔案指標所指的位置逐一讀取資料，放入如下圖資料區所指定的變數、陣列或結構中。再透過指令來加以處理，當緩衝區內的資料讀取完畢，電腦會自動到磁碟中指定的資料檔再讀取另一部份資料到緩衝區繼續處理，一直到檔案指標指到 EOF 檔案結束符號才結束讀取的動作。

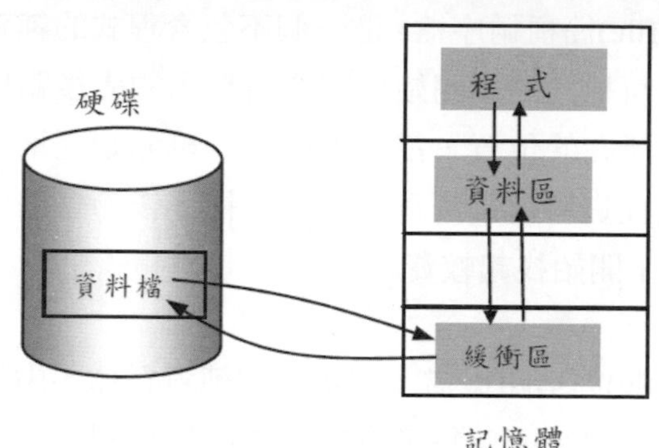

若要將資料寫入到磁碟中的資料檔內時，其方式和讀取資料檔相反。程式要使用標準輸出函式，將資料區中的變數、陣列或結構資料，在緩衝區內目前檔案指標所指位址開始存放。當資料放置完畢，檔案指標會往下移動到下一個空的位置。若緩衝區內的資料填滿時，電腦會自動將緩衝區內的資料寫入磁碟機中指定的資料檔，再將緩衝區清成空白，一直到關閉檔案才結束寫入的動作。

採用標準輸出入函式來存取資料檔，可避免磁碟讀寫次數太頻繁的現象發生。但是使用此種方式在寫入模式時要注意，程式結束時若忘記關檔或電腦突然當機，會導致緩衝區內的資料無法寫入至資料檔內，造成資料流失。標準輸出入函式具有資料格式轉換的功能，它可以將二進位格式的資料自動轉換成 ASCII 格式的文字檔，此類函式的原型宣告於 stdio.h 標頭檔中，因此必須在程式最開頭使用 #include 來匯入 stdio.h 標頭檔。

二. 系統輸出入(system I/O)函式

系統輸出入函式或稱低階 I/O 函式，用此種方式存取資料時，在記憶體內並未提供緩衝區，因此當資料需要做存取動作時，便直接向磁碟做讀寫動作。

此類檔案函式的優點是不必占用記憶體空間當緩衝區，直接向磁碟的資料檔進行讀寫的動作，如果不幸電腦當機，只會影響目前正在讀寫的資料。其缺點是資料存取時，會造成磁碟讀寫次數太頻繁而影響程式執行的速度。

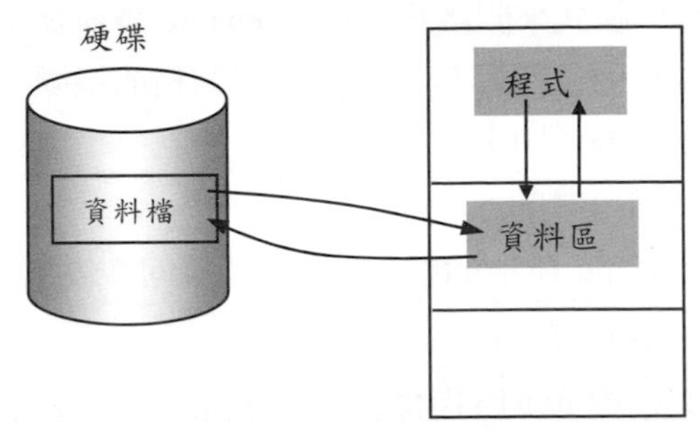

為了提升程式執行的速度，建議可宣告一個陣列充當緩衝區。因此可將資料檔一次載入部份的資料放到陣列中進行處理，完成之後再將陣列內的資料逐一的寫回資料檔中。

15.5 標準輸出入函式

15.5.1 標準輸出入函式簡介

使用標準輸出入函式產生的資料檔，當使用 fopen()函式開啟檔案成功時，會傳回一個具有 FILE 檔案型別的結構。FILE 結構內存放著一些開啟該資料檔的相關資訊；譬如：該檔案的位置、緩衝區的長度及其在記憶體中的位址等等。設計程式時可以不必理會這些資訊，只要記得使用標準輸出入函式之前，要先以「FILE *fptr;」敘述宣告，fptr 為檔案指標會指到具有 FILE 檔案型別的結構。將此 fptr 檔案指標指到 fopen()函式所傳回 FILE 檔案型別結構的位址，若該資料檔開啟成功，即可對開啟的檔案做相對應的處理。其宣告方式如下：

```
#include <stdio.h>
#include <stdlib.h>
FILE *fptr;                                /* 宣告 FILE 型別的指標 fptr */
fptr = fopen("開啟檔案", "開啟模式");
```

下表是常用的標準輸出入函式：

函式	功能說明
fopen	語法：FILE *fopen(const char *filename, const char *mode) 功能：使用 mode 模式來開啟指定的 filename 資料檔。若開啟檔案成功會傳回一個具有 FILE 檔案結構的指標；若開啟失敗，則會傳回 NULL。
fclose	語法：int fclose(FILE *fptr) 功能：將檔案指標 fptr 所指的檔案關閉，若傳回 0 表示關檔成功。
fgetc	語法：int fgetc(FILE *fptr) 功能：讀取檔案指標 fptr 所指位置中的字元後，檔案指標即往後移一個字元位置。若檔案指標已指到 EOF(檔案結束符號)，則傳回-1。
fputc	語法：int fputc(int ch, FILE *fptr) 功能：將字元變數 ch 寫入檔案指標 fptr 所指向檔案的位置。
fgets	語法：char *fgets(char *str, int n, FILE *fptr) 功能:在檔案指標 fptr 所指檔案位置讀取 n 個字元並放入 str 字串(即 str 指標所指的位址)。
fputs	語法：int fputs(const char *str, FILE *fptr) 功能：將字串 str(即 str 指標所指位址內的字串)寫入檔案指標 fptr 所指向檔案的位置。
fscanf	語法：int fscanf(FILE *fptr, "格式化字串", [引數串列]) 功能：以指定的格式由緩衝區中 fptr 所指位址讀取資料，並放入引數串列對應的變數，適用於循序檔。
fprintf	語法：int fprintf(FILE *fptr, "格式化字串", [引數串列]) 功能：以指定的格式將引數串列對應的變數資料分別寫入至 fptr 指標所指的檔案，適用於循序檔。
rewind	語法：void rewind(FILE *) 功能：將檔案指標移到檔案的最開頭。
fseek	語法：int fseek(FILE *fptr, long offset, int whence) 功能：檔案指標由 whence 移動 offset Bytes。

函式	功能說明
fwrite	語法：size_t fwrite(const void *ptr, size_t size, size_t n, FILE *fptr) 功能：將 ptr 結構指標所指的資料區塊內一次讀取 n 筆，每筆資料大小為 size Bytes，寫入至 fptr 檔案指標所指的資料檔內。若寫入成功會傳回所寫入的結構筆數，且 fptr 檔案指標會往後移動 n 筆結構的長度(即 n x size 大小)。此函式適用於隨機檔。
fread	語法：size_t fread(void *ptr, size_t size, size_t n, FILE *fptr) 功能：由 fptr 檔案指標所指的檔案內讀取 n 筆記錄至 ptr 結構指標所指的結構內，讀取時必須指定結構的大小 size。若讀取成功，傳回所讀取的結構筆數且檔案指標會往後移動 n 筆結構的長度(即 n x size 的大小)，若讀不到資料，則會傳回 0，此函式適用於隨機檔。
feof	語法：int feof(FILE *) 功能：判斷檔案指標是否已經指到檔案結尾符號(EOF)。若傳回 0(NULL)表示檔案尚未結束，傳回非 0 值表檔案已經結束。
fileno	語法：int fileno(FILE *) 功能：傳回所開啟檔案對應的檔案處理代碼(handle_no)。

另外，C 語言在輸出入函式中，提供 filelength()函式可傳回檔案代碼 (handle_no) 所對應檔案的檔案大小，它是以 Bytes 為單位，此函式原型宣告於 io.h 標頭檔內。

15.5.2 如何開啟檔案

欲開啟指定的檔案可使用 fopen()函式，並使用 mode 模式引數來開啟指定的 filename 檔案。若開啟檔案成功會傳回一個 FILE 結構的指標；開啟檔案失敗會傳回 NULL。其語法如下：

語法

```
FILE *fopen(const char *filename, const char *mode)
```

說明

1. 檔案若開啟成功，電腦會自動賦予一個屬於這個檔案的 FILE 結構型別的指標。FILE 結構內所宣告的成員會記錄所開啟檔案的相關資訊，透過這些結構成員可以取得所開啟檔案的檔案大小、緩衝區大小、資料緩衝區的位址...等相關訊息。若檔案開啟失敗，則傳回 NULL(0)。

2. fopen()函式的第一個引數 filename 用來設定欲開啟的資料檔。若開啟的資料檔與執行檔在相同路徑(資料夾)下只寫檔名即可。若資料檔和程式檔分別存放在不同的資料夾，就必須指定完整路徑和檔名。

   [例 1] 開啟一個和執行檔在相同路徑下 sample.txt 文字資料檔。

   ```
   FILE fptr;
   fptr=fopen("sample.txt", "r");
   ```

   [例 2] 開啟一個位於 C 磁碟 test 資料夾下的 sample.txt 文字資料檔。

   ```
   FILE fptr;
   fptr=fopen("C:\\test\\sample.txt", "r");      //方法 1
   fptr=fopen("C:/test/sample.txt", "r");        //方法 2
   ```

   使用方法 1 指定路徑時，由於「\」符號在 C 語言中被視為逸出字元，因此必須在該符號前面再插入一個「\」倒斜線，變成「\\」。或者如方法 2 改用「/」斜線。

   上面為絕對路徑的用法，另外也可以採用相對路徑，所謂的相對路徑是資料檔相對於程式檔的位置。相對路徑中「./」表示當前路徑，「./」可以省略。「../」表示程式檔的上一層路徑，「../../」表示上上一層路徑，以此類推。「./xxx」表示程式檔路徑下的 xxx 資料夾。

   [例 3] 開啟位於程式檔路徑下的 data 資料夾中 sample.txt 文字資料檔。

   ```
   FILE fptr;
   fptr=fopen("./data/sample.txt", "r");
   ```

[例 4] 開啟位於程式檔上一層路徑中的 sample.txt 文字資料檔。

```
FILE fptr;
fptr=fopen("../sample.txt", "r");
```

[例 5] 開啟位於程式檔上一層路徑下的 data 資料夾中 sample.txt 文字資料檔。

```
FILE fptr;
fptr=fopen("../data/sample.txt", "r");
```

3. fopen()函式的第二個引數 mode，用來設定欲開啟資料檔的類型和指定存取模式。第二個引數必須為字串格式，頭尾必須使用雙引號括住，為增加程式的彈性也可使用字串變數。存取模式如下表：

模式	功能說明
"w"	開啟一個可以寫入資料的檔案。若檔案存在，則該檔內的資料都會被刪除變成一個空檔；如果檔案不存在，則會建立一個新檔。
"a"	開啟一個可以寫入資料的檔案。若檔案存在，則新增的資料會附加在該檔案的最後面；如果檔案不存在，則會建立一個新檔。
"r"	開啟一個已經存在的檔案供讀取。若檔案不存在，則 fopen()函式會傳回 NULL。
"w+"	開啟一個可以讀寫資料的檔案。若檔案存在，則該檔內的資料都會被刪除變成一個空檔；如果檔案不存在，會建立一個新檔。
"a+"	開啟一個可以讀寫資料的檔案。若檔案存在，則新增的資料會附加在該檔案的最後面；如果檔案不存在，則會建立一個新檔。
"r+"	開啟一個可以讀寫資料的已存在檔案，若檔案不存在，則 fopen()函式會傳回 NULL。
"wb+"	開啟一個可以讀寫資料的二進位檔案。若檔案存在，則該檔內的資料都會被刪除變成一個空檔；如果檔案不存在，則會自動建立一個新檔。
"ab+"	開啟一個可以讀寫資料的二進位檔案。若檔案存在，新增的資料會附加在該檔案的最後面；如果檔案不存在，則會建立一個新檔。

模式	功能說明
"rb+"	開啟一個可以讀寫資料的已存在二進位檔案，若檔案不存在，則 fopen()函式會傳回 NULL。

4. 檔案指標的使用

通常在讀寫資料檔時，都要先判斷檔案是否開啟成功，如此才可以正確的讀寫檔案。一般標準輸入函式讀檔步驟如下：

Step 01 先宣告一個具有 FILE 檔案結構的 fptr 指標。

```
FILE *fptr;
```

Step 02 使用 fopen()函式指定欲開啟的資料檔。

例如 C 磁碟 gotop 資料夾下有 sample.txt 檔案，開啟模式設為 "r+" 表示要開啟一個已存在可讀寫的資料檔，程式碼如下：

```
fptr = fopen("C:\\gotop\\sample.txt", "r+");
```

Step 03 判斷資料檔是否開啟失敗。

因為若檔案開啟失敗會傳回 NULL(0)，所以可使用 if 選擇敘述來判斷檔案是否開啟失敗。

```
if(fptr==NULL) {    /* 判斷檔案是否開啟失敗 */
    printf("開檔失敗! .... ");
    exit(0);          /* 結束程式 */
}
  若開啟成功，繼續往下執行
        ⋮
```

若檔案開啟失敗可以結束程式，或是要求使用者重新指定要開啟的資料檔。若開啟檔案成功，則 fptr 指標會指到資料檔的最開頭，並在主記憶體中配置一個緩衝區以供使用，此時就可以直接進行檔案內資料的讀寫工作。

15.5.3 如何關閉檔案

檔案開啟後若不再繼續使用，要記得使用 fclose()函式將指定的檔案關閉，並將 FILE 檔案結構指標的相關資源，及所占用的緩衝區歸還給系統，否則最後放在緩衝區的資料便無法寫回資料檔內，而發生資料遺失的情形。

語法

```
int fclose(FILE *fptr)
```

說明

將檔案指標 fptr 所指的資料檔關閉。若傳回 0 表示關檔成功。

15.5.4 如何取得檔案大小

就像到醫院就醫，從掛號開始一直到離開醫院，掛號號碼就代表該病患。若離開醫院後，此號碼可以再供別人使用。當開啟一個檔案時，系統會自動賦予該檔一個檔案處理代碼(file handle number)，在程式中可以使用檔案處理代號來代替該檔案。如此可以在程式中以檔案代碼取代該檔案的全名，其功效有如使用 #define 來定義符號常數一樣，將來該程式欲存取不同檔名但同格式的資料檔時，只要更改設定檔案處理代碼的敘述，其他程式碼由於都使用檔案處理代碼代替檔名，所以不用更改。

若想知道某一個檔案的大小，可以使用 fileno()和 filelength()函式來取得。

1. fileno()函式

   用來傳回所開啟檔案指標 fptr 所對應的檔案代碼。當開啟檔案成功後會自動給予一個號碼，此號碼用來代表所開啟的檔案。使用此函式必須含入 stdlib.h 標頭檔。fileno()函式語法如下：

語法

```
int fileno(FILE *fptr)
```

2. filelength()函式

用來傳回檔案代碼所對應檔案的檔案大小，以 Bytes 為單位。使用此函式必須匯入 io.h 標頭檔。其語法如下：

語法

```
long filelength(int handle_no)
```

[例 1] 如何取得 C:\gotop 資料夾下的 sample.txt 資料檔的長度，寫法如下：

```
FILE *fptr ;
int fno, fsize ;
fptr=fopen("C:\\gotop\\sample.txt", "r") ;      /* 開啟檔案 */
fno=fileno(fptr);               /* 傳回檔案代碼並指定給 fno */
fsize=filelength(fno);          /* 傳回檔案代碼對應檔案的大小並指定給 fsize */
fclose(fptr);                   /* 關閉檔案 */
```

範例：fopen_fclose.c

由鍵盤輸入欲開啟的檔案，若檔案開啟成功，則顯示該檔案的大小，以 Bytes 為單位；若開啟檔案失敗，則顯示「開檔失敗…」訊息。

執行結果

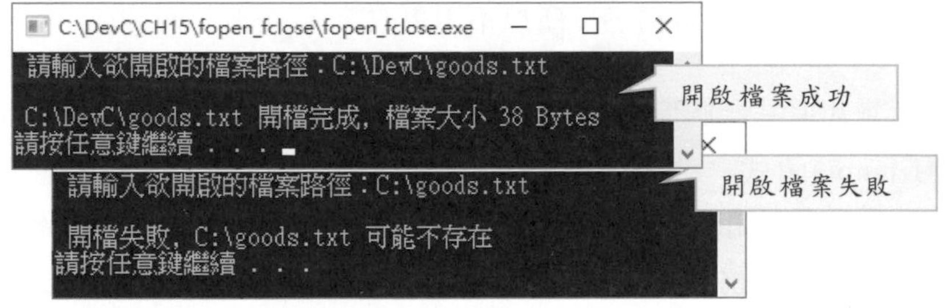

程式碼 FileName：fopen_fclose.c

```
#include <stdio.h>
#include <stdlib.h>
#include <io.h>
#define LEN 100

int main(int argc, char *argv[]){
```

```
    FILE *fptr;
    char fpath[LEN];
    int fno, fsize;
    printf(" 請輸入欲開啟的檔案路徑：");
    gets(fpath);                  /* 使用者輸入欲開啟的檔案並指定給 fpath */
    fptr=fopen(fpath, "r");       /* 開啟已經存在的檔案*/
    if(fptr==NULL) {              /* 判斷是否開檔失敗 */
       printf("\n 開檔失敗, %s 可能不存在\n", fpath);
       system("PAUSE");
       exit(0);                   /* 結束程式 */
    }
    fno=fileno(fptr);             /* 取得檔案代碼*/
    fsize=filelength(fno);        /* 取得檔案大小，以 Byte 為單位*/
    printf("\n %s 開檔完成, 檔案大小 %d Bytes\n", fpath, fsize);
    fclose(fptr);
    system("PAUSE");
    return 0;
}
```

15.5.5 如何以字元讀寫檔案

若想從資料檔讀取一個字元，可使用 fgetc()輸入函式。反之，欲將一個字元寫入檔案，則可使用 fputc()輸出函式。

1. fgetc()函式

   用來讀取檔案指標 fptr 目前所指到資料檔位置中的字元，讀取完畢後檔案指標會往下移一個字元位置。若檔案指標已經指到檔案結尾，會傳回-1。其語法如下：

   語法

   ```
   int fgetc(FILE *fptr)
   ```

2. fputc()函式

   用來將字元 ch 寫入檔案指標 fptr 所指向檔案的位置。其語法如下：

   語法

   ```
   int fputc(int ch, FILE *fptr)
   ```

範例：fgetc_p.c

練習使用 fgetc()函式來讀取指定的資料檔。

執行結果

1. 程式執行時會要求輸入要開啟檔案的完整路徑及檔名，開檔成功會顯示所開啟檔案的大小，且會將資料檔內所有資料讀出並顯示在螢幕上。
2. 開檔失敗會顯示「開檔失敗，XXX 可能不存在」的訊息。
3. 左圖是 goods.txt 資料檔的內容。右圖是指定要開啟 goods.txt 檔，此時即會印出 goods.txt 內的所有資料。

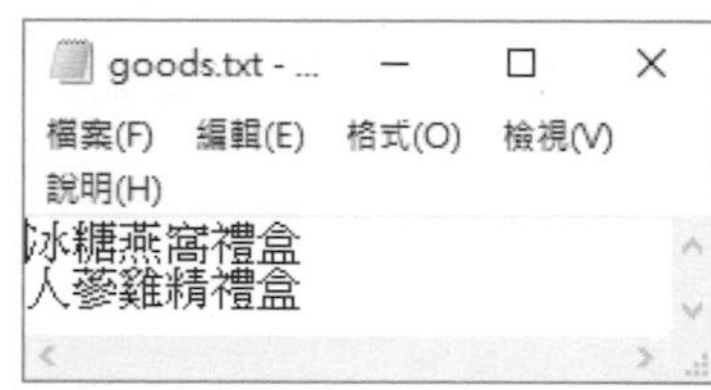

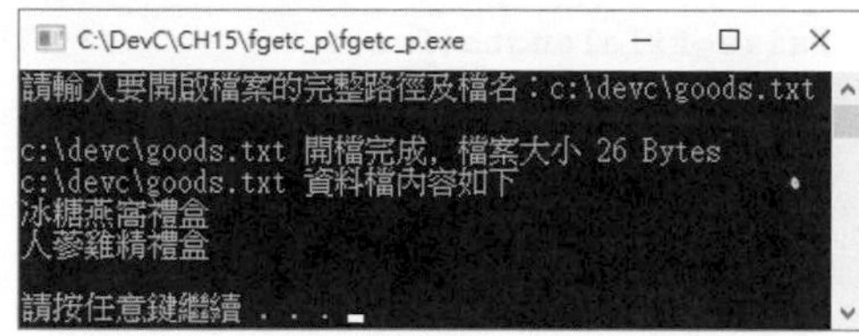

問題分析

Step 01 將使用者輸入檔案路徑名稱放入 fpath，接著建立一個可以讀取 fpath 資料檔的檔案指標 fptr。

Step 02 判斷檔案指標 fptr 是否為 NULL，若為 NULL 表示開檔失敗，此時結束程式的執行；若 fptr 不等於 NULL，則繼續下一步驟。

Step 03 開檔成功時，顯示使用 filelength()函式取得檔案的大小。

Step 04 透過 while 迴圈及 fgetc()函式來讀取資料檔內的所有資料，並顯示在螢幕上，其方式如下：

① 使用 fgetc()函式讀出檔案指標目前所指的字元並放入 ch 字元變數內，接著再判斷檔案指標是否未指到 EOF。若檔案指標未指到 EOF 則跳到 ② ；否則離開迴圈跳到 Step 05。

② 印出 ch 字元後，再執行 ①。

Step 05 使用 fclose()函式關閉檔案。

程式碼 FileName : fgetc_p.c

```
#include <stdio.h>
#include <stdlib.h>
#include <io.h>
#define LEN 100

int main(int argc, char *argv[]){
    FILE *fptr;
    char fpath[LEN] ;
    int fno, fsize;
    char ch;
    printf("請輸入要開啟檔案的完整路徑及檔名：");
    gets(fpath);
    fptr=fopen(fpath, "r");
    if(fptr==NULL) {
        printf("\n 開檔失敗, %s 可能不存在\n", fpath);
        system("PAUSE");
        exit(0);
    }
    fno=fileno(fptr);
    fsize=filelength(fno);
    printf("\n%s 開檔完成, 檔案大小 %d Bytes\n", fpath, fsize);
    printf("%s 資料檔內容如下\n", fpath);
    while((ch=fgetc(fptr))!=EOF) {
        printf("%c", ch);
    }
    fclose(fptr);
    printf("\n\n");
    system("PAUSE");
    return 0;
}
```

範例 ：fputc_p.c

練習使用 fputc()函式將鍵盤輸入的資料寫入指定的資料檔內。

執行結果

1. 程式執行時會要求輸入開啟檔案的路徑及檔名，開檔成功時會顯示檔案的大小。開檔失敗會顯示「開檔失敗，XXX 可能不存在」的訊息。

2. 若開檔成功時會詢問是否要新增資料，若按 'y' 或 'Y' 鍵則可由鍵盤輸入的資料寫入資料檔內，若按其他鍵則不寫入資料。如左下圖在指定的 C:\DevC\goods.txt 內，新增「高級茶葉禮盒」及「傳統雞精禮盒」資料。使用記事本查詢 goods.txt 資料檔，結果如右下圖資料已正確寫入。

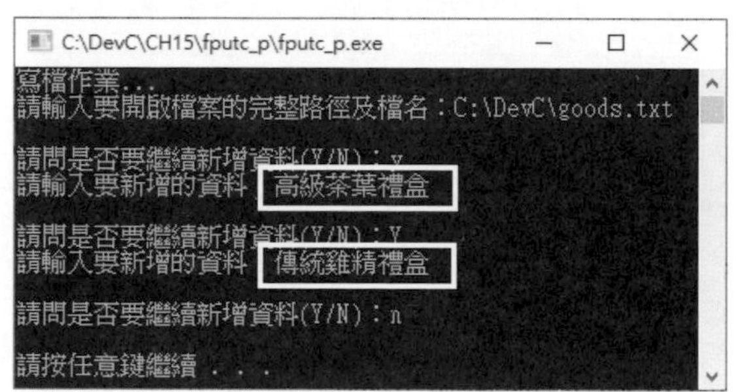

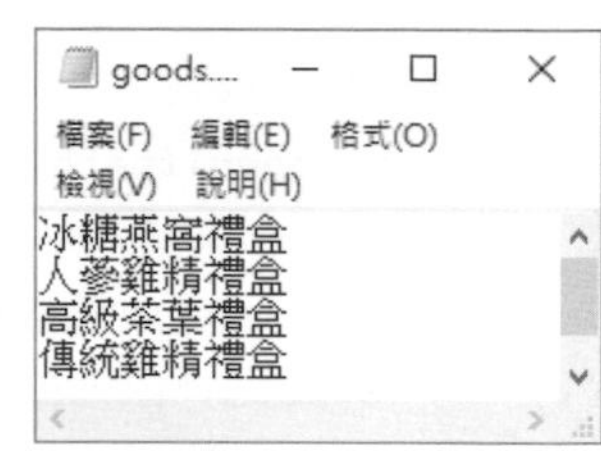

問題分析

Step 01 將輸入的檔案路徑名稱置入 fpath，再建立一個可以寫入附加資料到 fpath 資料檔的檔案指標 fptr。

Step 02 判斷檔案指標 fptr 是否為 NULL？若為 NULL 表示開檔失敗，此時結束程式的執行；若 fptr 不等於 NULL，則繼續下一步驟。

Step 03 透過 while 無窮迴圈，讓使用者可以持續的由鍵盤輸入要寫入資料檔的資料。其方式如下：

① 詢問是否要新增資料到資料檔中？按鍵盤的 'y' 或 'Y' 會跳到 ②；按其他鍵則跳到 ③。

② 將使用者輸入的字串放入 keyin 字元陣列，然後將 keyin 字元陣列中的字元依序取出，再使用 fputc()函式將取出的字元寫入到 fptr 所指向的資料檔。等到 keyin 所有的字元全部寫入到資料檔時即跳回到 ①。

③ 使用 fclose()函式關閉檔案，此時將緩衝區內的資料寫入資料檔，並離開無窮迴圈，執行 Step 04。

Step 04 結束程式。

程式碼 FileName : fputc_p.c

```
#include <stdio.h>
#include <stdlib.h>
#include <string.h>
#include <ctype.h>
#include <conio.h>
#include <io.h>
#define LEN 100

int main(int argc, char *argv[]){
    FILE *fptr;
    char fpath[LEN], keyin[LEN];
    int fno, fsize, i;
    char ch;
    printf("寫檔作業...\n");
    printf("請輸入要開啟檔案的完整路徑及檔名：");
    gets(fpath);
    fptr=fopen(fpath, "a+");
    if(fptr==NULL) {
        printf("\n開檔失敗, %s 可能不存在\n", fpath);
        exit(0);
    }
    while(1) {
        printf("\n請問是否要繼續新增資料(Y/N)：");
        if(toupper(getche())=='Y') {
            printf("\n請輸入要新增的資料：");
            gets(keyin);
            for(i=0; i<strlen(keyin); i++) {
                fputc(keyin[i], fptr);
            }
            fputc('\n', fptr);
        }
        else {
            fclose(fptr);
            break;
        }
    }
```

```
    printf("\n\n");
    system("PAUSE");
    return 0;
}
```

範例：fgetc_fputc.c

將 fget_p.c 及 fputc_p.c 兩個範例，整合成一個可讀寫指定資料檔的程式。

執行結果

1. 程式執行時出現兩個功能，按 '1' 表示要開新檔；按 '2' 或其他按鍵表示要開舊檔。
2. 接著要求輸入欲開新檔或開舊檔的完整路徑名稱和檔名。
3. 開檔成功後會顯示檔案路徑和檔案大小。
4. 接著會詢問您是否要輸入資料。若按 'y' 或 'Y'，即能新增資料，新增的資料會加在舊資料的後面；若按 'n' 或 'N' 或按其他鍵，即停止繼續新增資料。最後會顯示檔案路徑、檔案大小以及檔案內容。

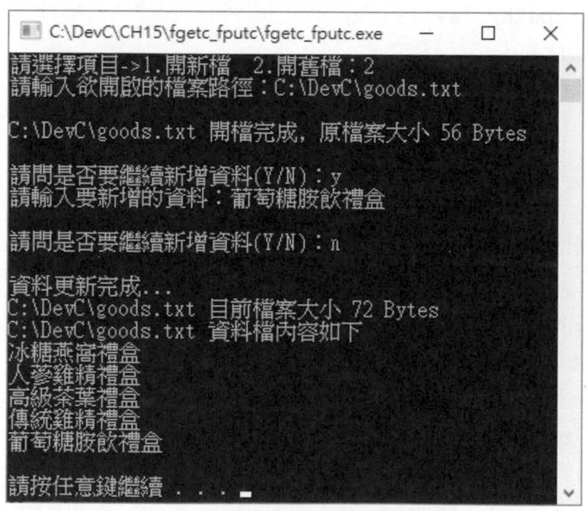

問題分析

1. 欲從資料檔依序讀取每一個字元並顯示螢幕上，可以使用 while{...} 迴圈判斷檔案指標是否已經指到檔案結尾 EOF，若成立則印出 fgetc()函式所讀到的字元；否則即離開迴圈停止顯示。程式寫法如下：

```
/* 使用 fgetc()函式取出字元並指定給 ch，再判斷檔案指標是否已經指到 EOF */
while((ch=fgetc(fptr))!=EOF)   {
   printf("%c", ch); /* 若檔案指標還沒指定 EOF，則印出 ch 字元變數的值 */
}
```

2. 使用 fputc()函式一次只能寫入一個字元到資料檔中，因此必須用 for 迴圈將所輸入字串內的字元逐一取出，接著再透過 fputc()函式將字元寫入到資料檔中。最後再寫入一個 '\n' 換行字元，如此下一次輸入的資料才會從檔案的下一行開始寫入。

```
char keyin[100];                      /* 宣告 keyin 字元陣列 */
gets(keyin);                          /* 使用者輸入的字串指定給 keyin 字元陣列 */
for(i=0; i<strlen(keyin) ; i++){      /* 逐一取出 keyin 字元陣列中的每一個字元 */
                                      /* 然後再將字元寫入資料檔中 */
   fputc(keyin[i], fptr);             /* 將 keyin 字元陣列中第 i 個字元寫入至資料檔中 */
}
fputc('\n', fptr);                    /* 最後寫入 '\n' 換行字元 */
```

程式碼 FileName：fgetc_fputc.c

```
#include <stdio.h>
#include <stdlib.h>
#include <string.h>
#include <ctype.h>
#include <conio.h>
#include <io.h>
#define LEN 100

int main(int argc, char *argv[]){
    FILE *fptr;                /* 宣告 fptr 檔案結構指標 */
    char fpath[LEN], keyin[LEN];
    int fno, fsize, i;
    char ch;
    printf("請選擇項目->1.開新檔  2.開舊檔：");
    if(getche()=='1') {
        printf("\n 請輸入新檔案路徑：");
        gets(fpath);
        fptr=fopen(fpath, "w+");
```

```
    }
    else {
        printf("\n 請輸入欲開啟的檔案路徑：");
        gets(fpath);
        fptr=fopen(fpath, "a+");
    }
    if(fptr==NULL) {
        printf("\n 開檔失敗, %s 可能不存在\n", fpath);
        exit(0);
    }
    fno=fileno(fptr);           /* 取得檔案代碼 */
    fsize=filelength(fno);      /* 取得檔案大小 */
    printf("\n%s 開檔完成, 原檔案大小 %d Bytes\n", fpath, fsize);
    while(1) {
        printf("\n 請問是否要繼續新增資料(Y/N)：");
        if(toupper(getche())=='Y') {
            printf("\n 請輸入要新增的資料：");
            gets(keyin);
            for(i=0; i<strlen(keyin) ; i++) {
                fputc(keyin[i], fptr);
            }
            fputc('\n', fptr);
        }
        else {
            fclose(fptr);
            break;
        }
    }
    fptr=fopen(fpath, "r");
    fno=fileno(fptr);
    fsize=filelength(fno);
    printf("\n\n 資料更新完成...");
    printf("\n%s 目前檔案大小 %d Bytes\n", fpath, fsize);
    printf("%s 資料檔內容如下\n", fpath);
    while((ch=fgetc(fptr))!=EOF) {
        printf("%c", ch);
    }
    fclose(fptr);
```

```
57     printf("\n");
58     system("PAUSE");
59     return 0;
60 }
```

說明

1. 第 10 行：宣告檔案結構指標 fptr。
2. 第 11 行：宣告 fpath 及 keyin 字元陣列，fpath 用來讓使用者輸入欲開啟的檔案路徑；keyin 用來讓使用者輸入欲新增至檔案的資料。
3. 第 15~24 行：按下 '1' 鍵會執行第 16~18 行，建立讀寫新檔的檔案指標 fptr；若按下其他鍵則會執行第 21~23 行，建立開啟舊檔採附加方式寫入的檔案指標 fptr。
4. 第 25~28 行：判斷 fptr 是否等於 NULL，若成立表示開檔失敗，此時會執行第 26~27 行結束程式執行。
5. 第 32~46 行：新增資料到指定檔案。若使用者按下 'y' 或 'Y' 鍵，會執行第 35~40 行讓使用者輸入欲新增的字串並指定給 keyin，然後再逐一將 keyin 每一個字元取出並寫入 fptr 所指向的檔案。若使用者按下其他鍵，則會執行第 43~44 行關閉檔案並離開迴圈。
6. 第 48 行：產生可以開啟已存在檔案的結構指標 fptr。
7. 第 53~55 行：將結構指標 fptr 所指到檔案內的資料，依序一個字元一個字元的取出。

15.5.6 如何以字串讀寫檔案

上一節是採字元方式，依序一個字元接一個字元來做檔案讀寫的動作，若希望每次讀取資料檔採字串方式，就必須透過 fgets()輸入函式來讀取，和使用 fputs()輸出函式來寫入，其語法分別如下：

1. fgets() 函式

   用來將檔案指標 fptr 目前所指資料檔位置中，讀取指定長度的字串，讀取完畢後檔案指標並往下移字串後的字元位置，若檔案指標已經指到檔案結尾，會傳回 -1。其語法如下：

語法

```
char *fgets(char *str, int n, FILE *fptr)
```

說明

在檔案指標 fptr 所指向檔案位置讀取 n 個字元並放入 str 字串。如果讀不到字串時會傳回 NULL。要特別注意 fgets()函式只能讀取 n-1 個字元(含換行符號)，而且當遇到換行符號 fgets()函式就會停止。所以只要指定的字串長度夠長，fgets()函式一次可以從檔案讀取一行字串。

2. fputs() 函式

用來將字串 str 寫入檔案指標 fptr 所指向檔案的位置。其語法如下：

語法

```
int fputs(const char *str, FILE *fptr)
```

說明

將字串 str 寫入檔案指標 fptr 所指向檔案的位置。寫入資料成功時會傳回非零值，寫入失敗會傳回 EOF。

範例：fgets_fputs.c

將 fgetc_fputc.c 範例以字元讀寫資料檔的方式，改成使用 fgets()及 fputs()函式來讀寫指定的資料檔。本例的執行結果與 fgetc_fputc.c 範例相同。

問題分析

1. 欲將字串寫入到指定的資料檔中，可以先使用 gets()函式接收使用者所輸入的字串，接著使用 fputs()函式，將欲新增的字串寫入到檔案指標所指的資料檔中。最後再寫入一個換行字元，這樣下一次輸入的資料才會從檔案的下一行開始寫入。程式寫法如下：

```
char keyin[100];
gets(keyin);            /* 將使用者輸入的字串指定給 keyin */
fputs(keyin, fptr);     /* 將keyin字串寫入到fptr檔案指標所指向的檔案 */
fputs("\n", fptr);      /* 寫入換行字元 */
```

2. 在 while 迴圈中，使用 fgets()函式從資料檔每次讀取 100 個字元並指定給 t 字串，接著顯示 t 字串變數的內容：若資料檔讀不到資料時，表示已到資料檔的最後，會傳回 NULL，此時離開 while 迴圈。

```
char t[100];
while(fgets(t, 100, fptr)!=NULL) {
    printf("%s", t);
}
```

程式碼 FileName : fgets_fputs.c

```
#include <stdio.h>
#include <stdlib.h>
#include <string.h>
#include <ctype.h>
#include <conio.h>
#include <io.h>
#define LEN 100

int main(int argc, char *argv[]){
    FILE *fptr;
    char fpath[LEN], keyin[LEN], t[LEN];
    int fno, fsize;
    printf("請選擇項目->1.開新檔  2.開舊檔：");
    if(getche()=='1') {
        printf("\n 請輸入新檔案路徑：");
        gets(fpath);
        fptr=fopen(fpath, "w+");   /* 讀寫新檔 */
    }
    else {
        printf("\n 請輸入欲開啟的檔案路徑：");
        gets(fpath);
        fptr=fopen(fpath,"a+");    /* 讀寫附加檔案模式 */
    }
    if(fptr==NULL) {
        printf("\n 開檔失敗, %s 可能不存在\n", fpath);
        exit(0);
    }
    fno=fileno(fptr);                /* 取得檔案代碼 */
```

```
    fsize=filelength(fno);              /* 取得檔案大小 */
    printf("\n%s 開檔完成, 原檔案大小 %d Bytes\n", fpath, fsize);
    while(1) {
        printf("\n 請問是否要繼續新增資料(Y/N):");
        if(toupper(getche())=='Y') {
            printf("\n 請輸入要新增的資料:");
            gets(keyin);                /* 使用者輸入字串指定給 keyin */
            fputs(keyin, fptr);         /* keyin 字串寫入 fptr 所指的檔案 */
            fputs("\n", fptr);          /* 將換行字元寫入 fptr 所指的檔案 */
        }
        else {
            fclose(fptr);
            break;
        }
    }
    fptr=fopen(fpath, "r");
    fno=fileno(fptr);                   /* 取得檔案代碼 */
    fsize=filelength(fno);              /* 取得檔案大小 */
    printf("\n 資料更新完成...");
    printf("\n%s 目前檔案大小 %d Bytes\n", fpath, fsize);
    printf("%s 資料檔內容如下\n", fpath);
    while(fgets(t, LEN, fptr)!=NULL) {  /* 以字串的方式讀取資料檔中的資料 */
        printf("%s", t);
    }
    fclose(fptr);
    printf("\n");
    system("PAUSE");
    return 0;
}
```

15.5.7 如何複製資料檔

複製檔案的技巧就是建立兩個檔案結構指標，一個指標當作讀取來源資料檔的檔案指標；另一個指標當作寫入到目的資料檔的檔案指標。兩個資料檔檔案指標會一起移動，待來源指標的檔案指標指到 EOF 時便結束複製的動作，接著再將兩個資料檔關閉。

範例：file_copy.c

試寫一個檔案的複製程式，程式執行先要求輸入來源和目地檔的路徑和檔名。若檔案複製成功，會顯示「檔案複製成功…」訊息，否則會顯示「開檔失敗, 無法複製... 」訊息。

執行結果

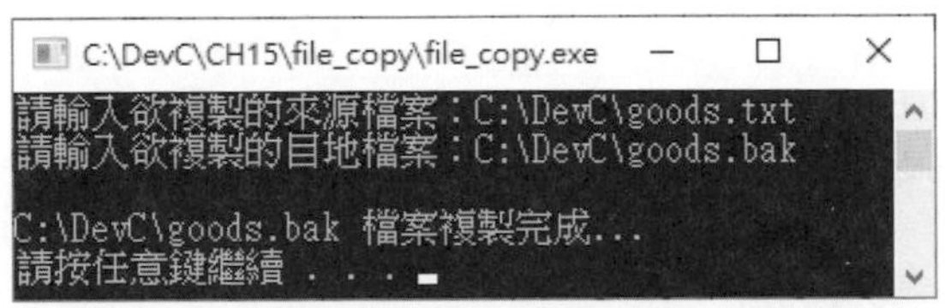

問題分析

1. 先使用 gets()函式分別輸入來源和目的路徑和檔名，存入 paths 和 patht 字元陣列中。
2. 以讀取模式開啟來源檔案，並以寫入模式開啟目的檔案。同時檢查是否開啟失敗，若開啟失敗提示開檔失敗，並使用 exit(0)結束程式。
3. 使用 fgets()函式每次由來源檔案讀取 100 個字元到 temp 字元陣列中，接著再使用 fputs()函式存入目的檔案，重覆此動作一直碰到 EOF 檔案結束符號為止。
4. 分別將來源和目的檔案關閉。

程式碼 FileName：file_copy.c

```c
#include <stdio.h>
#include <stdlib.h>
#include <ctype.h>
#include <io.h>
#define LEN 100

int main(int argc, char *argv[]){
    FILE *fptr_source, *fptr_target;
    char paths[LEN], patht[LEN];
    char keyin[LEN], temp[LEN];
    int fno, fsize;
    printf("請輸入欲複製的來源檔案：");
```

```
13     gets(paths);
14     fptr_source=fopen(paths, "r");
15     printf("請輸入欲複製的目地檔案：");
16     gets(patht);
17     fptr_target=fopen(patht, "w");
18     if(fptr_source==NULL || fptr_target==NULL) {
19         printf("\n 開檔失敗, 無法複製\n");
20         exit(0);
21     }
22     while(fgets(temp, LEN, fptr_source)!=NULL) {
23         fputs(temp, fptr_target);
24     }
25     fclose(fptr_source);
26     fclose(fptr_target);
27     printf("\n%s 檔案複製完成...\n", patht, fsize);
28     system("PAUSE");
29     return 0;
30 }
```

說明

1. 第 8 行：宣告兩個檔案結構指標，fptr_source 表示複製的來源檔案指標；fptr_target 表示目的檔案指標。
2. 第 9 行：宣告 paths 及 patht 字元陣列。paths 用來存放來源檔案路徑；patht 用來存放目的檔案路徑。
3. 第 13~14 行：建立來源檔案的結構指標 fptr_source。
4. 第 16~17 行：建立目的檔案的結構指標 fptr_target。
5. 第 22~24 行：以讀取字串的方式將來源檔案的資料寫入到目的檔案。

15.5.8 如何存取格式化的文字檔

fscanf()函式提供格式化讀取資料檔的功能；至於 fprintf()函式是以指定的格式將資料寫到指定的資料檔中。上述兩個函式的用法和 scanf()及 printf()函式差不多，差別在於後者是存取記憶體內的變數，至於 fscanf()及 fprintf()函式則是用來存取磁碟中的資料檔。其語法如下：

語法

```
int fscanf(FILE *fptr, "格式化字串", [引數串列])
```

說明

1. fptr：第一個引數 fptr 是指定欲讀取資料檔的檔案結構指標。
2. 格式化字串：第二個引數的用法與第四章 scanf()函式的第一個引數相同，可以使用 %s、%d、%c ... 等來設定欲讀取資料檔中資料的格式。
3. 引數串列：第三個引數的用法與第四章 scanf()函式的第二個引數相同，是用來設定將讀取的資料放至指定的變數位址。
4. 若 fscanf()函式讀取資料成功會傳回所讀取資料的個數，並將資料按照指定格式存入記憶體中的變數、陣列或結構，檔案指標同時會往下移；若讀取資料失敗則會傳回 EOF。

[例 1] 假設 C:\DevC\product.txt 檔中存有下面一筆資料，該筆資料含有編號、品名、單價三個欄位資料，每個資料之間是使用空白來區隔(△代表空白)。

```
A01△葡萄果汁△120
```

欲從 C:\DevC\product.txt 檔中讀取該筆資料給指定的變數，步驟如下：

① 宣告 pid、pname 字元陣列用來存放編號和品名的資料，宣告 price 整數變數用來存放單價：

```
char pid[5], pname[20];
int price;
```

② 宣告 fptr 是一個檔案指標，指到所開啟資料檔的起始位址，並將開啟的檔案設為讀取模式：

```
FILE fptr;
fptr=fopen("C:\\DevC\\product.txt", "r");
```

③ 使用 fscanf()函式以指定的格式讀取 product.txt 的資料，若讀取成功會傳回 3(因為設定的引數串列有三個)，則 pid⇦"A01"；pname⇦ "葡萄果汁"； price⇦120；若讀取失敗會傳回 EOF。

```
fscanf(fptr, "%s△%s△%d", pid, pname, price);
```

接著介紹 fprintf()函式，以指定的格式將引數串列對應的變數資料寫入至 fptr 指標所指的檔案，適用於循序檔，其語法如下：

語法

```
int fprintf(FILE *fptr, "格式化字串", [引數串列])
```

說明

1. fptr：第一個引數 fptr 用來指定欲寫入資料檔的檔案結構指標。
2. 格式化字串：第二個引數的用法與第四章 printf()函式的第一個引數相同，可以使用%s, %d, %c…等來設定欲寫入至資料檔中資料的格式。
3. 引數串列：第三個引數的用法與第四章 printf()函式的第二個引數相同，可將指定的引數串列中的變數，逐一寫入指定的資料檔中。

[例] 延續上例 C:\DevC\product.txt 檔中已存有一筆產品記錄，包含編號、品名、單價資料，每一個資料之間是使用空白來區隔(△代表空白)。

```
A01△碁峰果汁△160
```

如果希望在該資料檔的最後面再存入一筆資料，其寫法如下：

```
char pid[5]="A02", pname[20]="牛肉";
int price=200;                                  /* 宣告 price 整數變數 */
FILE fptr;                                      /* 宣告 fptr 檔案指標 */
fptr=fopen("C:\\DevC\\product.txt", "a+");      /*檔案存取模式設為附加模式*/
fprintf(fptr, "%s△%s△%d\n", pid, pname, price);  /*寫入資料 */
```

寫入成功後，C:\DevC\product.txt 檔案內容如下：

```
A01△碁峰果汁△160
A02△牛肉△200
```

範例：fscanf_fprintf.c

由鍵盤輸入欲新增或開啟的產品資料檔，接著程式會詢問是否要新增產品資料？若按 'y' 或 'Y' 鍵，則可以新增產品記錄的編號、品名、單價資料；若按其他鍵則會印出資料檔內所有的產品記錄。本例使用 fprintf()函式將使用者輸入的編號、品名、單價寫入至指定的資料檔；使用 fscanf()函式由資料檔中讀取所有的產品編號、品名及單價。

執行結果

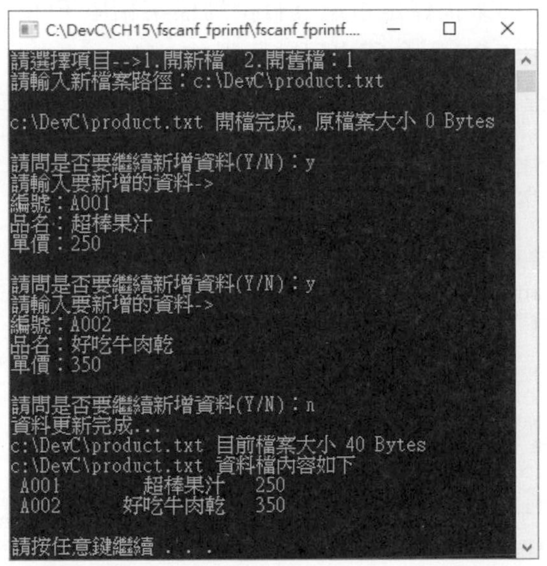

問題分析

1. 如果要將使用者輸入的編號、品名、單價寫入到資料檔中，首先可以宣告 pid、pname、str_price 字元陣列，宣告 price 整數變數；接著透過 gets() 函式將使用者輸入的編號、品名、單價依序指定給 pid、pname、str_price，接著將 str_price 字串轉成整數並指定給 price；最後再使用 fprintf()函式以指定的格式將 pid、pname、price 寫入到 fptr 所指向的檔案緩衝區中。程式寫法如下：

```
char pid[5], pname[30], str_price[5];
int price=0;
......
printf("編號：");
gets(pid);
```

```
printf("品名：");
gets(pname);
printf("單價：");
gets(str_price);
price=atoi(str_price);
fprintf(fptr, "%s△%s△%d\n", pid, pname, price);
```

2. 本例使用 fscanf()函式讀取資料檔的資料，可以使用 while 迴圈並配合 fscanf()函式，將讀出的編號、品名、單價等資料指定給 pid、pname 和 price，並判斷檔案指標是否還沒有指到檔案結尾 EOF；若檔案指標沒有指到檔案結尾 EOF 則會印出目前取得的 pid、pname、price；若檔案指標已經指到檔案結尾 EOF 則會離開 while 迴圈。其程式寫法如下：

```
char pid[5], pname[30];
int price=0;
……
/* 判斷檔案指標是否指到檔案結尾 */
while(fscanf(fptr, "%s %s %d", pid, pname, &price)!=EOF) {
    printf("%5s△%15s△%5d\n", pid, pname, price);
}
```

程式碼 FileName : fscanf_fprintf.c

```
#include <stdio.h>
#include <stdlib.h>
#include <string.h>
#include <ctype.h>
#include <conio.h>
#include <io.h>
#define LEN 100

int main(int argc, char *argv[]) {
    FILE *fptr;
    char fpath[LEN];
    char pid[5], pname[30], str_price[5];
    int fno, fsize, price=0;
    printf("請選擇項目-->1.開新檔  2.開舊檔：");
    if(getche()=='1') {
        printf("\n請輸入新檔案路徑：");
        gets(fpath);
```

```
        fptr=fopen(fpath,"w+");       /* 以建立新檔的模式開檔 */
    }
    else {
        printf("\n 請輸入欲開啟的檔案路徑：");
        gets(fpath);
        fptr=fopen(fpath, "a+");    /* 以建立新檔的模式開檔 */
    }
    if(fptr==NULL) {
        printf("\n 開檔失敗, %s 可能不存在\n", fpath);
        exit(0);
    }
    fno=fileno(fptr);
    fsize=filelength(fno);
    printf("\n%s 開檔完成, 原檔案大小 %d Bytes\n", fpath, fsize);
    while(1) {
        printf("\n 請問是否要繼續新增資料(Y/N)：");
        if(toupper(getche())=='Y') {     /* 按'y'或'Y'表示要新增資料 */
            printf("\n 請輸入要新增的資料->\n");
            printf("編號：");
            gets(pid);                  /* 輸入編號 */
            printf("品名：");
            gets(pname);                /* 輸入品名 */
            printf("單價：");
            gets(str_price);            /* 輸入單價指定給 str_price 字串 */
            price=atoi(str_price); /*將 str_price 字串轉成整數並指定給 price */
            /* 將 pid, pname, price 寫入到 fptr 所指的檔案緩衝區中 */
            fprintf(fptr, "%s %s %d\n", pid, pname, price);
        }
        else {
            fclose(fptr);               /* 關閉檔案 */
            break;
        }
    }
    fptr=fopen(fpath, "r");
    fno=fileno(fptr);                  /* 取得檔案代碼 */
    fsize=filelength(fno);             /* 取得檔案大小 */
    printf("\n 資料更新完成...");
```

```c
    printf("\n%s 目前檔案大小 %d Bytes\n", fpath, fsize);
    printf("%s 資料檔內容如下\n", fpath);
    /* 若檔案指標 fptr 還沒有指到檔案結尾，則印出資料檔的資料 */
    while(fscanf(fptr, "%s %s %d", pid, pname, &price)!=EOF) {
       printf("%5s %15s %5d\n", pid, pname, price); /* 將讀取的資料印出 */
    }
    fclose(fptr);                    /* 關閉檔案 */
    printf("\n");
    system("PAUSE");
    return 0;
}
```

如果在上面範例輸入如下兩筆含有空白字元的資料：

編號：cs001、品名：Visual△C#△2019 程式設計經典、單價：600

編號：vb001、品名：Visual△Basic△2019 程式設計經典、單價：580

如下圖，雖然這兩筆資料可以順利的寫入資料檔中，但是在讀取資料時會發生不如預期的輸出情形。原因是當 fscanf()函式讀取資料時，會以空白字元當做資料與資料之間的區隔。

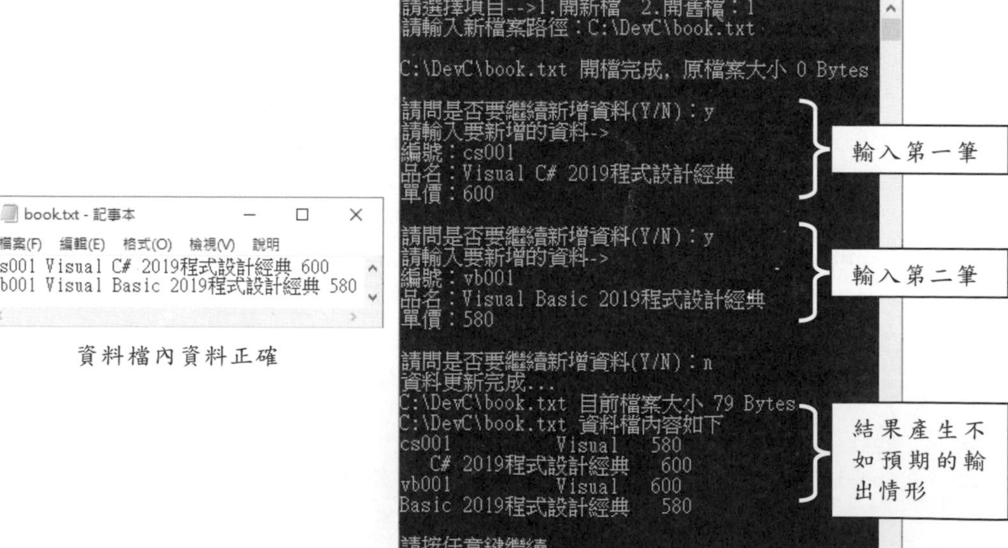

資料檔內資料正確

15.6 隨機檔

15.6.1 隨機檔的存取

在上節使用 fscanf()及 fprintf()函式來存取檔案的資料時，若遇到資料中有空白字元時，會發生不如預期的輸出結果。當輸出資料含有空白資料字元時，就可以使用 fread()及 fwrite()函式來製作結構化輸出入隨機檔來解決。隨機檔是每筆資料以結構的方式存入磁碟中。fwrite()函式可將整組資料即結構(即一筆或多筆資料)，寫入到檔案指標所指的檔案。而 fread()函式可從目前檔案指標的位置上讀取一組資料，並放入指定的結構中。因為資料存取都是採用結構的形式，因此每一筆資料的大小都是固定，讀取資料時只要告知要讀取第幾筆資料，即可利用公式算出該筆資料的位置，透過 fseek()函式即可將檔案指標快速移到該資料位置。因此隨機檔存取資料的速度比循序檔快，若經常要做資料的新增、刪除、修改或查詢的作業時，採用隨機檔會非常適合。至於 fwrite()與 fread()函式的語法如下：

1. fwrite() 函式

   此函式適用於隨機檔，用來從 ptr 結構指標所指的資料區塊內讀取 n 筆，每筆資料大小為 size Bytes，寫入至 fptr 檔案指標所指的資料檔內。若寫入成功會傳回所寫入的結構筆數，且 fptr 檔案指標會往後移動 n 筆結構的長度(即 n x size 大小)。其語法如下：

   語法

   ```
   size_t fwrite(const *ptr, size_t size, size_t n, FILE *fptr)
   ```

2. fread() 函式

   用來將由 fptr 檔案指標所指的檔案內讀取 n 筆記錄，至 ptr 結構指標所指的結構內，讀取時必須指定結構的大小 size。若讀取成功，會傳回所讀取的結構筆數，且檔案指標會往後移動 n 筆結構的長度(即 n x size 的大小)。若讀不到資料，則會傳回 0，此函式適用於隨機檔。其語法如下：

   語法

   ```
   size_t fread(void *ptr, size_t size, size_t n, FILE *fptr)
   ```

說明

上述 fwrite()及 fread()函式的第一個引數指標結構 ptr，必須設定該結構的位址，因此結構變數前面必須加上&。

範例：fread_fwrite.c

由鍵盤輸入欲新增或開啟的檔案，接著程式會詢問是否要新增歌曲？若按 'y' 或 'Y' 鍵，可新增歌曲的編號、歌名、年度、排名；若按其他鍵，則會顯示資料檔內所有的記錄以及紀錄筆數。

執行結果

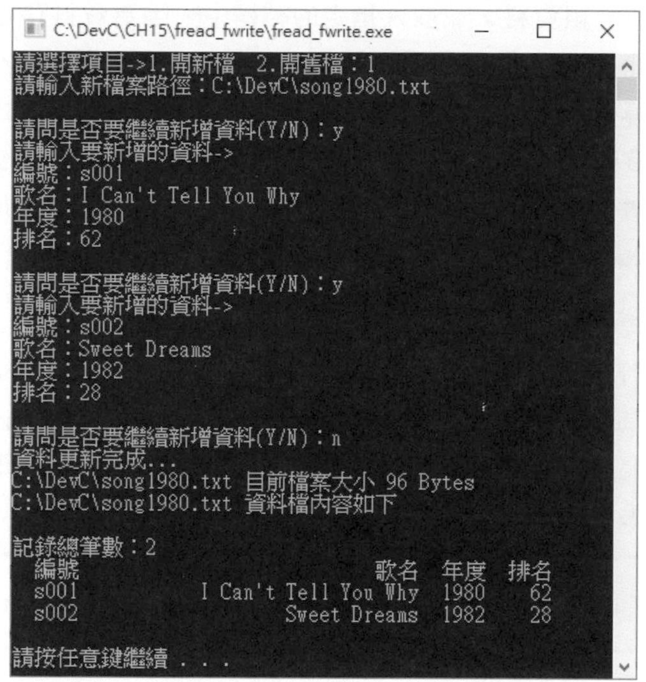

問題分析

1. 定義 song 結構：

   本例使用 fwrite()和 fread()函式，將一筆歌曲結構資料寫入到指定的資料檔中，所以要先定義如下的 song 結構。結構的欄位成員有 id(編號)、title(歌名)、year(年度)、rank(排名)、flag(表示是否被刪除)。若 flag 為 "*" 表示被刪除，flag 成員在修改、刪除的 update_del.c 範例才會使用。

```
typedef struct {
      char id[6];
      char title[30];
      int year;
      int rank;
      char flag[3];
} song ;
```

2. 宣告 mysong 結構變數具有 song 的結構，接著再將使用者所輸入的編號、歌名、年度、排名資料，依序指定給 mysong.id、mysong.title、mysong.year、mysong.rank 等欄位。

3. 使用 fwrite() 函式將一筆 myong 結構變數寫入到檔案中，其寫法如下：fwrite() 函式第一個引數必須指定要寫入結構變數的位址，第二個引數指定要寫入結構的長度，第三個引數指定要寫入的筆數，第四個引數指定要寫入到哪個檔案。

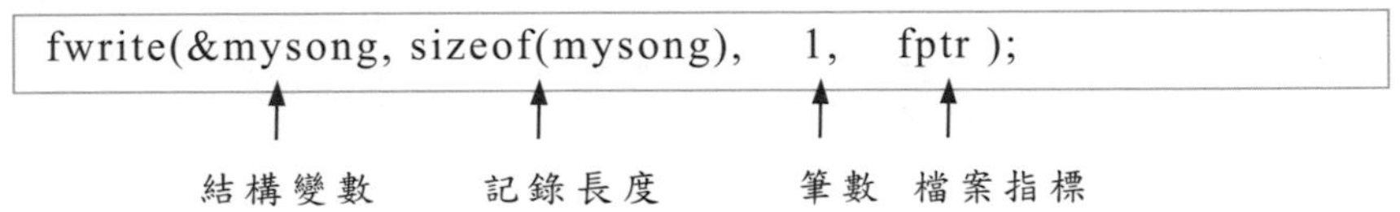

4. 使用 fread() 函式讀取多筆資料時，可以配合 while(){...}迴圈判斷檔案指標是否讀到資料，若有讀到資料可以進入 while 迴圈內顯示該筆資料的內容，否則離開迴圈。其寫法如下：

```
while(fread(&mysong, sizeof(mysong), 1, fptr)!=NULL){
     printf ("%6s %30s %5d %5d\n", mysong.id,
              mysong.title, mysong.year, mysong.rank);
}
```

5. 檔案大小除以結構大小可求出記錄筆數，其寫法如下：

```
rectot = filelength(fileno(fptr)) / sizeof(song);
```

記錄筆數　　檔案大小　　結構大小

程式碼 FileName：fread_fwrite.c

```
#include <stdio.h>
#include <stdlib.h>
#include <string.h>
#include <ctype.h>
#include <conio.h>
#include <io.h>
#define LEN 100
typedef struct{           /* 定義資料結構 */
    char id[6];           /* 編號 */
    char title[30];       /* 歌名 */
    int year;             /* 年度 */
    int rank;             /* 排名 */
    char flag[3];         /* 刪除旗標 */
} song;

int main(int argc, char *argv[]) {
    FILE *fptr;
    char fpath[LEN], t_year[10], t_rank[10];
    int fno, fsize, rectot;
    song mysong;
    printf("請選擇項目->1.開新檔  2.開舊檔：");
    if(getche()=='1') {
        printf("\n請輸入新檔案路徑：");
        gets(fpath);
        fptr=fopen(fpath, "w+");
    }
    else {
        printf("\n請輸入欲開啟的檔案路徑：");
        gets(fpath);
        fptr=fopen(fpath, "a+");
    }
    if(fptr==NULL) {
        printf("\n開檔失敗, %s 可能不存在\n", fpath);
        exit(0);
    }
    while(1) {
        printf("\n請問是否要繼續新增資料(Y/N)：");
        if(toupper(getche())=='Y') {
```

```
            printf("\n 請輸入要新增的資料->\n");
            printf("編號：");
            gets(mysong.id);
            printf("歌名：");
            gets(mysong.title );
            printf("年度：");
            gets(t_year);
            mysong.year = atoi(t_year);
            printf("排名：");
            gets(t_rank);
            mysong.rank = atoi(t_rank);
            fwrite(&mysong, sizeof(mysong), 1, fptr); /* 將結構寫入檔案 */
        }
        else {
            fclose(fptr);
            break;
        }
    }
    fptr=fopen(fpath, "r");
    fno=fileno(fptr);
    fsize=filelength(fno);
    rectot=filelength(fileno(fptr))/sizeof(song); /* 取得記錄總筆數 */
    printf("\n 資料更新完成...");
    printf("\n%s 目前檔案大小 %d Bytes\n", fpath, fsize);
    printf("%s 資料檔內容如下\n", fpath);
    printf("\n 記錄總筆數：%d\n", rectot);
    printf("%6s %30s %5s %5s\n","編號", "歌名", "年度", "排名");
    /* 判斷是否還有資料 */
    while(fread(&mysong, sizeof(mysong), 1, fptr)!=NULL) {
        /* 取出一筆記錄，檔案指標再往後移動一筆記錄的長度 */
        printf("%6s %30s %5d %5d\n",
        mysong.id, mysong.title, mysong.year, mysong.rank);
    }
    fclose(fptr);
    printf("\n");
    system("PAUSE");
    return 0;
}
```

15.6.2 隨機檔的修改與刪除

隨機檔內每筆資料的記錄長度都是相同的，因此可以透過 fseek()函式來指定檔案指標要往後移幾筆資料位址，接著再使用 fread()函式讀出指定的資料；或是使用 fwrite()函式更新指定的資料。若要再重新查詢資料就必須使用 rewind()函式將檔案指標移到檔案的最開頭，這樣檔案指標才會從檔案的最開頭開始往下移動。rewind()與 fseek()函式語法如下：

1. rewind() 函式

   用來將檔案指標 fptr 移到所指到資料檔的最開頭。其語法如下：

   語法
   ```
   void rewind(FILE *fptr)
   ```

2. fseek() 函式

   用來將檔案指標 fptr 所指到的資料檔，指標由 whence 位址移到 offset Bytes 的位址。其語法如下：

   語法
   ```
   int fseek(FILE *fptr, long offset, int whence)
   ```

[例 1] 檔案指標讀取第 n 筆的寫法：

```
rewind(fptr);                        /*檔案指標移到最開頭*/
fseek(fptr, sizeof(mysong)*n, 0); /*檔案指標由 0 位址往後移 sizeof(mysong)*n 位址 */
/*即表示檔案指標後移 n 筆資料的位址*/
fread(&mysong,sizeof(mysong), 1, fptr); /*讀出檔案指標目前所指的資料給 mysong*/
```

[例 2] 檔案指標更新第 n 筆的寫法：

```
rewind(fptr);                        /*檔案指標移到最開頭*/
fseek(fptr, sizeof(mysong)*n, 0);/*檔案指標由 0 位址後移 sizeof(mysong)*n 位址*/
/*即表示檔案指標後移 n 筆資料的位址*/
fwrite(&mysong, sizeof(mysong), 1, fptr);  /*將 mysong 寫入檔案指標目前所指資料*/
```

範例：update_del.c

使用 rewind()及 fseek()函式來製作可以刪除及修改隨機檔內指定的資料。如下圖可以開啟指定的檔案，並選擇功能清單「1.修改 2.刪除 3.離開」，接著依據要異動記錄的編號，來指定要修改的歌名、年度、排名。修改完後會再一次詢問是否(Y/N)確定要執行異動資料。

執行結果

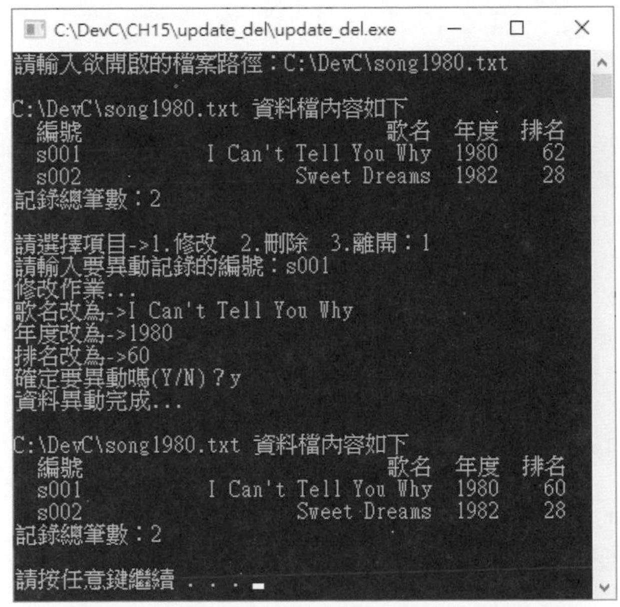

問題分析

1. song 結構中的 flag 成員用來表示是否被刪除，若 flag 為 "*" 表示該筆資料被刪除。

2. 撰寫 showfiledata()函式，印出指定隨機檔的所有資料(第 96~109 行)。

3. 使用 strcmp()函式比對 mysong.id 和 search_id(使用者輸入的編號)，若傳回值為 0 表找到對應的編號。另外，再用 strcmp()函式比對 mysong.flag 和 "*"，若傳回值不為 0 表該筆資料沒有被刪除(第 53 行)。

4. 若找到對應的編號而且未標註刪除，若選擇項目是"1"，就讓使用者重新輸入資料，並指定給 mysong 結構的對應成員，然後用 fwrite()函式寫入檔案(第 54~64 行)。若選擇項目是"2"，就將 mysong.flag 設為"*"標註為刪除(第 65~68 行)。若選擇項目是"3"，就用 fclose()關閉檔案(第 36~40 行)。

程式碼 FileName：update_del.c

```
01 #include <stdio.h>
02 #include <stdlib.h>
03 #include <string.h>
04 #include <ctype.h>
05 #include <conio.h>
06 #include <io.h>
07 #define LEN 100
08 
09 typedef struct {          /* 定義資料結構 */
10     char id[6];           /* 編號 */
11     char title[30];       /* 歌名 */
12     int year;             /* 年度 */
13     int rank;             /* 排名 */
14     char flag[3];         /* 刪除旗標 */
15 } song;
16 
17 void showfiledata(FILE *, char[]);
18 
19 int main(int argc, char *argv[]) {
20     FILE *fptr;
21     char fpath[LEN];
22     char search_id[6], t_year[10], t_rank[10];
23     song mysong;
24     int recno = 0;        /* 資料記錄編號 */
25     char ch;
26     printf("請輸入欲開啟的檔案路徑：");
27     gets(fpath);
28     fptr = fopen( fpath, "r+");
29     if(fptr == NULL) {
30         printf("\n開檔失敗, %s 可能不存在\n", fpath);
31         exit(0);
32     }
33     showfiledata(fptr, fpath);
34     printf("\n請選擇項目->1.修改  2.刪除  3.離開：");
```

```
    ch = getche();
    if(ch == '3' && ch != '1' && ch != '2') {     /* 選擇功能清單 */
        printf("\n\n 結束程式...\n");
        fclose(fptr);
        exit(0);
    }
    printf("\n 請輸入要異動記錄的編號：");
    gets(search_id);     /* 輸入要查詢的編號 */
    rewind(fptr);        /* 檔案指標移到檔案最開頭 */
    while(1) {
        /* 檔案指標移到最後結尾會傳回 NULL，表示找不到資料 */
        if(fread(&mysong, sizeof(mysong), 1, fptr) == NULL) {
            printf("\n 沒有編號 %s 這筆記錄...\n", search_id);
            fclose(fptr);
            exit(0);
        }
        else {          /* 找到資料 */
            /* 判斷資料是否被刪除 */
            if(strcmp(mysong.id, search_id) == 0 &&
                                    strcmp(mysong.flag, "*") != 0) {
                if(ch == '1') {       /* 輸入要修改的資料 */
                    printf("修改作業...\n");
                    printf("歌名改為->");
                    gets(mysong.title);
                    printf("年度改為->");
                    gets(t_year);
                    mysong.year = atoi(t_year);
                    printf("排名改為->");
                    gets(t_rank);
                    mysong.rank = atoi(t_rank);
                }
                else if(ch == '2') {
                    printf("刪除作業...\n");
                    strcpy(mysong.flag, "*"); /* 將 mysong.flag 設為"*" */
                }
                printf("確定要異動嗎(Y/N)？");   /* 詢問是否執行異動資料的作業 */
                if(toupper(getche()) == 'Y') {
                    /* 檔案指標移到第 recno 筆資料位址 */
                    fseek(fptr, sizeof(mysong) *recno, 0);
```

```
                    /* 將 mysong 結構資料寫入檔案指標目前所指的資料位址 */
                    fwrite(&mysong, sizeof(mysong), 1, fptr);
                    break;
                }
                else {
                    printf("\n\n放棄執行...\n");
                    fclose(fptr);
                    exit(0);
                }
            }
            else {
                recno++;        /* recno 記錄編號加 1，表示移到下一筆資料 */
            }
        }
    }
    printf("\n資料異動完成...\n");
    showfiledata(fptr, fpath);
    fclose(fptr);
    printf("\n");
    system("PAUSE");
    return 0;
}

void showfiledata(FILE * vfptr, char vfpath[]) {
    int rectot = 0;
    song vsong;
    rewind(vfptr);                      /* 檔案指標移到檔案最開頭 */
    printf("\n%s 資料檔內容如下\n", vfpath);
    printf("%6s %30s %5s %5s\n","編號", "歌名", "年度", "排名");
    while(fread(&vsong, sizeof(vsong), 1, vfptr) != NULL) {
        if(strcmp(vsong.flag, "*") != 0) {
            printf("%6s %30s %5d %5d\n",
                      vsong.id, vsong.title, vsong.year, vsong.rank);
            rectot++;
        }
    }
    printf("記錄總筆數：%d\n", rectot);
}
```

CHAPTER 16

C++整合開發環境介紹

16.1 C++的程式架構

C++ 的程式是由類別(Class)和函式(Function)所組成，由於 C++的標準函式庫中提供了許多可套用的類別和函式，所以靈活使用 C++標準函式庫不但可加快程式編寫速度以及增進程式的可攜性。由於 C++是由 C 延伸出來的，因此 C++ 當然包含 C 語言的所有功能，另外提供完整物件導向程式設計(**O**bject-**O**riented **P**rogramming：OOP)功能，所以，C++ 可說是 C 語言的加強版一點也不為過。至於 C++ 的程式架構和 C 語言很類似，而且程式的進入點都是由 main()函式開始。

一. 新式標頭

本書前面章節都是使用傳統 ANSI C 語言所提供的程式庫函式(Library Function)。譬如：C 程式中若有使用到 printf()和 scanf()輸出入函式時，由於這些函式的宣告都在 stdio.h 標頭檔內，因此必須先將此標頭檔含入到程式的最前面：

```
#include<stdio.h>
```

由於 C++ 取代傳統的 C 語言，為了能向下與 C 語言相容，標準的 ANSI / ISO C++ (簡稱標準 C++) 仍支援傳統 C 語言的標頭檔，只不過在 C++ 程式中，若有使用到這些 C 語言所提供的標頭檔時，我們建議使用新式標頭寫法，其做法就是在 stdio.h 標頭檔名稱最前面加上小寫的 c 和省略副檔名*.h 即可。寫法如下：

```
#include<cstdio>
```

標準 C++ 為了提升功能，引進新的 C++ 標準程式庫函式，當然也使用新式標頭檔寫法，以和 ANSI C 有所區別。由於新式標頭不是檔名而是一個標頭名稱，是由識別字組成，因此在含入新式標頭名稱時記得不要再加上 .h 副檔名。下列即是標準 C++ 所提供一些常用新式標頭名稱寫法：

```
#include<iostream>
#include<string>
#include<fstream>
#include<list>
#include<vector>
#include<map>
```

在前面章節撰寫 C 程式時，若使用 printf() 和 scanf()函式來輸出入資料，必須先含入 stdio.h 標頭檔。至於標準的 C++ 程式，則是使用 cout 和 cin 物件來輸出入資料。由於這兩個物件的宣告都定義在 C++ 標準程式庫中的 iostream。因此，在 C++ 的程式中，若有使用到 cin 或 cout 物件，都必須在程式最前面先將 iostream 含入進來。寫法如下：

```
#include<iostream>
```

譬如：我們使用 C++ 撰寫一個簡單 cout 程式，將 "Hello, " 和 "這是第一個 C++ 程式" 兩個字串分別用 cout 逐行輸出：

```
Hello,
這是第一個 C++ 程式
```

其程式架構如下：

```
// Program：greeting.cpp  ←—— 註解開頭

# include <iostream>  ←—— 程式中使用到 cout 必須含入此標頭名稱

int main(int argc, char** argv)  ←—— 程式由此開始執行，int 表示傳回值
                                      的資料型別為整數
{
    std::cout << "Hello,\n ";  ←—— 輸出雙引號括住字串常數，
                                   並將游標移到下一行開頭
    std::cout << "這是第一個 C++程式." << std::endl ;

    system("PAUSE");
                  將 0 傳回給系統表示系統正常結束
    return 0;  ←—— 若傳回非零值代表失敗
}
```

上面程式中，**std::cout<< "Hello, ";** 敘述會將雙引號括住的字串常數 "Hello, " 透過『<<』輸出運算子(output operator)寫入該符號左邊的標準輸出資料流 std::cout 上面。由於 C++的標準程式庫所提供的元件(Component)都被封裝在名稱為 std 這個命名空間(namespace)裡面，目前是使用該標準程式庫裡面的 cout 物件，所以必須寫成 std::cout。我們將這連續的兩個冒號稱為「範圍運算子」。

二. 命名空間

早期 C++未標準化前，程式中一旦含入某個標頭檔時，該標頭檔的所有內容即會放入全域化的命名空間(Global Namespace)中，因此使用 cin 或 cout 物件時，不必在前面加上 std:: 。至於目前已標準化後的 C++，標頭檔的所有內容放在 std 命名空間中，因此程式中使用到 cout 或 cin 時，就必須如上面敘述在前面加上 std::，此種寫法造成撰寫上的不方便。為解決此問題 C++ 提供 using directive 方式，即在程式之前加上 **using namespace std;** 敘述把 std 完全打開，讓 std 命名空間變得可見，如此上面範例在程式中便可將「**std::**」省略不寫。結果如下：

```
#include <cstdlib>
#include <iostream>
using namespace std;
int main(int argc, char** argv){
    cout << "Hello,\n ";
    cout << "這是第一個 C++程式.” <<endl;
    system("PAUSE");
    return 0;
}
```

命名空間最主要的功能就是可以避免不同區域的識別字彼此互相衝突。例如：C 語言所提供程式庫內的函式名稱我們是無法再重新定義，也就是說我們無法使用 C 語言再重新定義一個 printf()函式；但是在 C++ 的程式中允許使用 namespace 自定的 mynamespace 命名空間來重新定義一個 printf()函式，而若要呼叫此函式可以寫為 **mynamespace::printf();** 。因此傳統 C 語言的 printf()函式即和 mynamespace 下的 printf()區隔開來，就好像台中市的王小明和台北市的王小明不是同一個人。至於有關命名空間的詳細使用方式會在第十九章中介紹。

```
#include <cstdlib>
#include <iostream>

using namespace std;                // 引用 std 命名空間

namespace mynamespace{              // 宣告 mynamespace 為自定命名空間
      void printf(){          // 在 mynamespace 命名空間定義 printf()函式
          cout << "C++的 printf()函式\n";
      }
};

int main(int argc, char** argv) {
    printf("C 語言的 printf()函式\n"); // 呼叫標準程式庫 printf()函式
    mynamespace::printf();       // 呼叫 mynamespacee 下的 printf()函式
    system("PAUSE");
    return 0;
}
```

上述程式的執行結果會印出：

```
C 語言的 printf()函式
C++的 printf()函式
```

三. 單行註解與多行註解

C++ 除仍可繼續使用 /*.......*/ 來當做註解外，另外新提供 // ..... 來當做單行註解，允許使用在一行的開頭或接在該行敘述的後面。其寫法如下：

[例] 單行註解寫法

```
① // 這是註解 ......
② int i,k ;   // 這是註解 ......
```

[例] 多行註解寫法

```
/*
   第 1 行註解......
   第 2 行註解.....
        ⋮
   第 n 行註解.....
*/
```

16.2 使用 Dev C++

撰寫 C++程式的方式和 C 語言一樣，都可以使用 Dev C++整合開發環境來撰寫，C++程式的撰寫方式和第二章撰寫 C 語言的方式相同，不同的是 C++的副檔名為*.cpp，在上述這些整合開發環境撰寫 C++程式時記得要選擇 C++類型的專案來開發。

16.2.1 新增專案檔

Step 01 執行【開始/所有程式/ Bloodshed Dev-C++/Dev-C++】，此時即進入 Dev-C++ 整合開發環境內。

Step 02 請依下圖步驟指示，新增 Console Application 類型的專案，並設定該專案使用 C++來開發。

1. 請依序點選功能表的【檔案(F)/開新檔案(N)/專案(P)...】指令，接著會開啟「建立新專案」的對話方塊。
2. 在建立新專案對話方塊中切換到「Basic」標籤頁，然後選擇要新增專案的類型為「Console Application」，再選取「C++專案」，專案名稱設為「using_dev」，再按 ✔確定(O) 鈕。

3. 出現「另存新檔」對話方塊，請指定專案欲存檔的路徑，本例我們將 using_dev 專案儲存在「C:\DevC\CH16\using_dev」資料夾下。

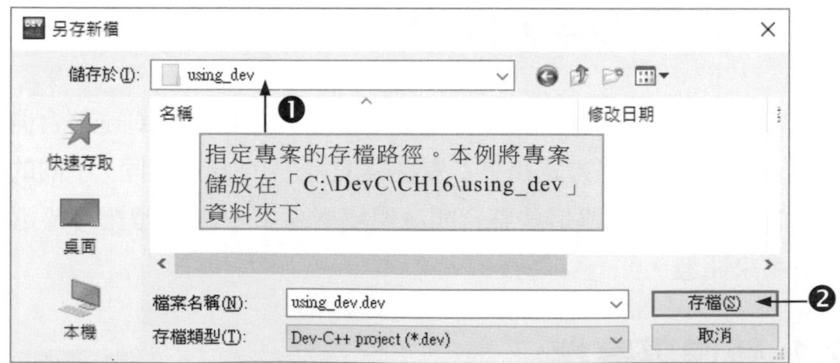

4. 開啟整合環境後，預設會有一個未存檔的 main.cpp 程式。

16.2.2 程式的撰寫、儲存與執行

延續前一節，我們繼續介紹如何在 Dev C++整合開發環境下撰寫、儲存與執行 C++程式。

Step 01 延續上面步驟，依序點選功能表的【檔案(F)/儲存(S)】開啟「儲存檔案」對話方塊，將 using_dev 專案中的 main.cpp 儲存並更名為 using_dev.cpp，並將 using_dev.cpp 儲存在「C:\DevC\CH16\using_dev」資料夾下。

Step 02 撰寫 using_dev.cpp 程式碼，如下：

```
#include <cstdlib>
#include <iostream>
using namespace std;

int main(int argc, char** argv) {
        cout << "=歡迎光臨=\n";
        cout << "第一個 C++的程式 \n\n";
        system("PAUSE");
        return 0;
}
```

Step 03 如下圖執行功能表的【執行(Z)/編譯並執行(O)】指令，或按下鍵盤的 F11，編譯、執行程式，並觀看程式的執行結果。結果如下：

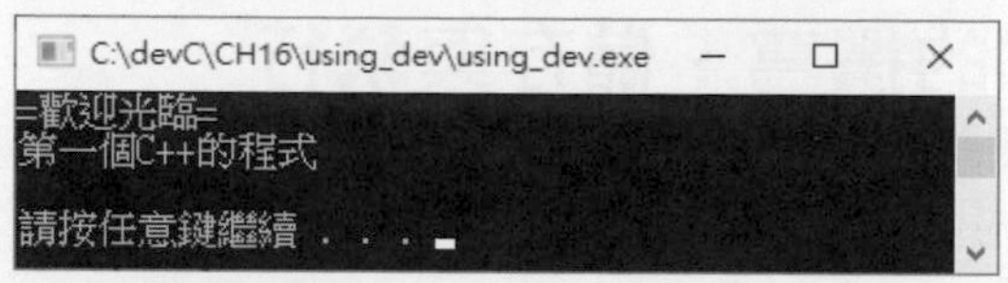

16.2.3 開啟與關閉專案檔

一. 關閉專案

若不想繼續編輯程式，可以依序點選功能表的【檔案(F)/關閉專案(L)】關閉目前正在編輯的所有程式檔以及專案，接著再按下 Dev C++整合開發環境的 × 鈕即可以離開 Dev C++的整合開發環境。

二. 開啟專案、開啟 C++程式檔

若想繼續編輯程式，首先必須先開啟專案檔，接著再開啟欲編輯的 C++ 程式檔。接著我們就以開啟 using_dev.dev 專案和 using_dev.cpp 檔為例。如下步驟操作：

Step 01 依序點選功能表的【檔案(F)/開啟舊檔(O)...】開啟「開啟檔案」對話方塊，選取欲開啟的 using_dev.dev 專案檔，再按 開啟(O) 鈕。

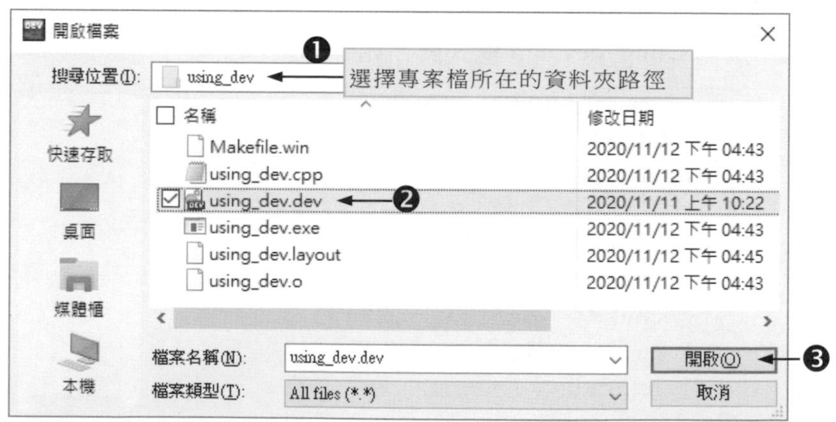

Step 02 開啟專案之後，若想繼續編輯 C++程式，可依序點選功能表的【檔案(F)/開啟舊檔(O)...】指令來開啟指定的 C++程式檔(副檔名為 *.cpp)。請您開啟 using_dev.cpp 檔，其操作方式與前一步驟相同。

CHAPTER 17

C++格式化輸出入

17.1 C++輸出入簡介

iostream.h 標頭檔內宣告了多種常用的標準輸出入物件，讓開發人員可以對程式做輸出入的處理動作。本章只介紹 cout 輸出物件，其預設標準輸出裝置為螢幕；以及介紹 cin 輸入物件，其預設標準輸入裝置為鍵盤，這兩個物件是宣告在 iostream 的 std 命名空間(namespace)中。因此欲使用 cout 及 cin 物件，必須在程式的最開頭撰寫如下敘述：

```
#include <iostream>
using namespace std;
```

17.2 cout 輸出物件

17.2.1 cout 物件的使用

在 std 命名空間中宣告下面敘述 cout (唸成 see out) 物件的宣告原型，cout 物件是由 ostream 類別所建立出來的物件，此物件的功能是用來將資料輸出到標準輸出裝置(螢幕)。例如下面敘述宣告 cout 為 extern，表示該物件為外部變數，因此 cout 可供其他外部檔案使用：

```
extern ostream cout ;   // cout 物件的宣告原型
```

使用 cout 物件將資料輸出到螢幕時，必須搭配 "<<"「輸出運算子」(output operator)指定要輸出的資料。"<<" 運算子右邊指定要輸出變數或運算式的資料會送到 cout 物件，再將該資料儲存在輸出串流內，當串流內填滿了資料時，或遇到 endl、"\n" 換行，或輸出列結束時，cout 物件才一次將資料輸出到螢幕上，如此即可以減少 I/O 的次數，增加程式的效率。其寫法如下：

```
cout << 變數或運算式;   // 將指定的變數或運算式的資料輸出到螢幕上
```

cout 物件可以輸出任何型別的資料，因此可以不必考慮輸出資料的型別。如下 cout1.cpp 範例分別做字串、整數、浮點數型別的輸出。

程式碼 FileName：cout1.cpp

```
#include <cstdlib>
#include <iostream>
#include <string>

using namespace std;

int main(int argc, char** argv) {
    char apname[]="C&C++主題遊樂園";
    int price=850;
    int number=30;
    double discount=0.8;
    cout << apname << "是一個好玩的地方~\n\n";        // 輸出 apname 字串
    cout << " 全票票價："<< price << "\n\n";          // 輸出 price 整數
    cout << " 學生折扣："<< discount << "\n\n";       // 輸出 discout 浮點數
    cout << " 學生人數："<< number << "\n\n";         // 輸出 number 整數
    cout << " 總價："<< price * discount * number << "\n\n"; // 輸出運算結果
    system("PAUSE");
    return 0;
}
```

執行結果

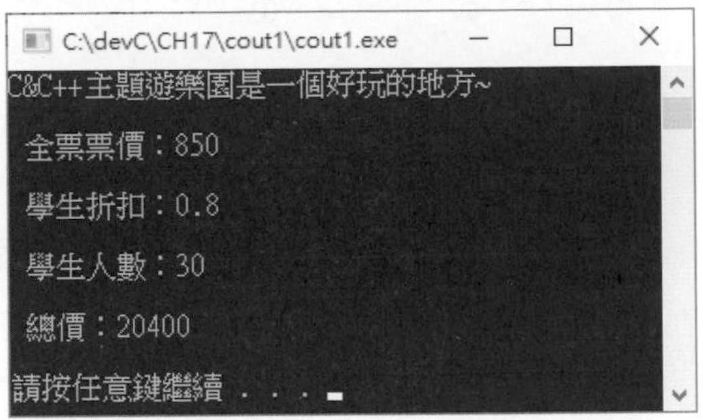

17.2.2 cout 物件的輸出方式

由上面的範例可知，我們可以使用 cout 物件及多個 "<<" 輸出運算子來輸出指定的變數或運算式。cout 物件配合 "<<" 輸出運算子在輸出資料時，其處理方式是採由右至左將資料放到堆疊中，等到碰到 cout 物件時，即將堆疊中的資料採後進先出的方式逐一輸出資料。因此使用 cout 物件若配合多個 "<<" 運算子來輸出遞增或遞減運算式的結果時，會發生一些副作用。

副作用如下說明，我們先宣告 i = 2，假設我們要輸出 **i = 2, i + 1 = 3** 到螢幕上，若使用下面敘述，此時會輸出 **i = 3, i + 1 = 3** 到螢幕上，發現輸出非預期結果 **i = 2, i + 1 = 3**。

```
01    int i = 2;
02    cout << "i = " << i << " , i + 1 = " << ++i ;
```

現說明上述第 2 行敘述的 cout 物件運作過程。

Step 01

cout 物件的輸出敘述會由右到左逐一將資料放入堆疊中，因此先放入 ++i，此時 i 為 3；再放入 "i + 1=" 字串；再放入 i；此時 i 為 3；最後再放入 "i =" 字串。

cout << "i = " << i << " ,i + 1 = " << ++i ; //由右到左逐一放入堆疊中
④ ③ ② ①

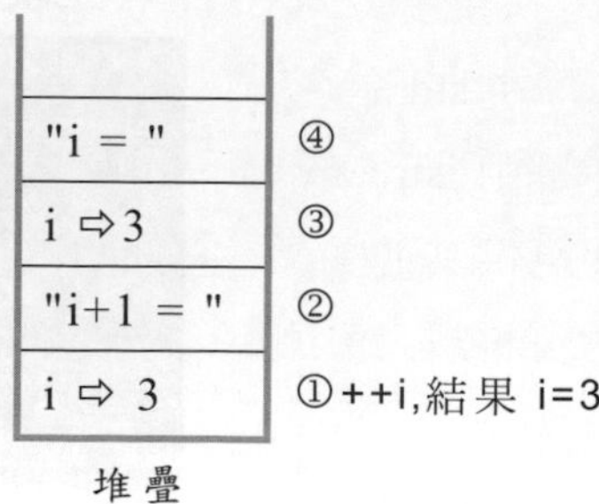

Step 02

接著當遇到 cout 物件時，會將堆疊內的資料採後進先出的方式逐一由堆疊輸出。所以會先輸出 "i = " 字串；再輸出 i 的內容 3；再輸出 "i + 1 =" 字串；最後再輸出 i 的內容 3，所以輸出的結果為 i = 3, i + 1 = 3。

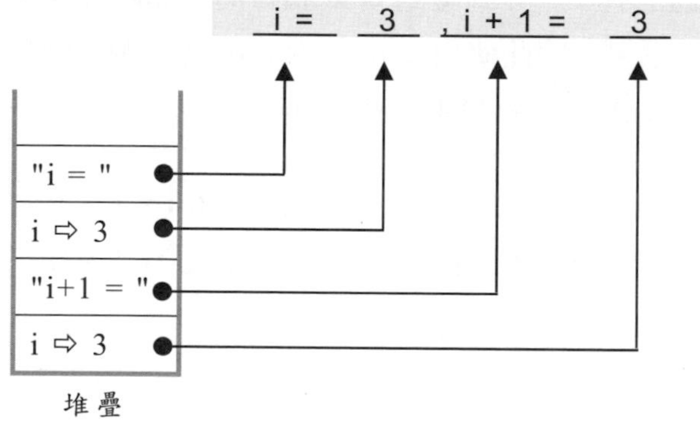

若要得到正確的結果 i = 2, i + 1 = 3，就必須將上面敘述改寫成下面兩行敘述，因此使用 cout 物件輸出使用遞增或遞減運算式時應加以注意：

```
cout << "i = " << i ;
cout << " , i + 1 = " << ++i;
```

17.3 cin 輸入物件

在 std 命名空間中宣告如下敘述 cin (唸成 see in) 物件的宣告原型，cin 物件是由 istream 類別所建立出來的物件，且宣告為 extern 外部變數，因此 cin 物件可供其他外部檔案使用。cin 物件的功能可將標準輸入裝置(例如：鍵盤)輸入的資料放入到程式中指定的變數。

```
extern istream cin ;   // cin 物件的宣告原型
```

使用 cin 物件由標準輸入裝置所輸入資料並指定給變數時，必須搭配 ">>"「輸入運算子」(input operator)。其寫法如下：

```
cin >>  變數;  //  將標準輸入裝置所輸入的資料放到指定的變數內
```

cin 物件可以接收任何型別的資料再指定給變數，因此可以不必考慮輸入資料的型別。如下 cin1.cpp 範例分別做字串、整數、浮點數型別的資料輸入，最後再將所輸入的字串、整數、浮點數的資料輸出。

程式碼 FileName：cin1.cpp

```
#include <cstdlib>
#include <iostream>
#include <string>

using namespace std;

int main(int argc, char** argv) {
    char miname[30];         // 宣告 miname 字元陣列(字串)
    int price;               // 宣告 price 整數變數
    double discount;         // 宣告 discount 浮點變數
    cout << "請輸入樂器名稱：";
    cin >> miname;           // 將鍵盤輸入的資料指定給 miname
    cout << "請輸入單價：";
    cin >> price;            // 將鍵盤輸入的資料指定給 price
    cout << "請輸入折扣：";
```

```
    cin >> discount;          // 將鍵盤輸入的資料指定給 discount
    cout << "\n===印出資料如下===\n";
    cout << miname << "是一支好樂器~\n";
    cout << " 單價："<< price  << "\n";
    cout << " 折扣："<< discount << "\n";
    cout << " 總價："<< price * discount << "\n";
    system("PAUSE");
    return 0;
}
```

執行結果

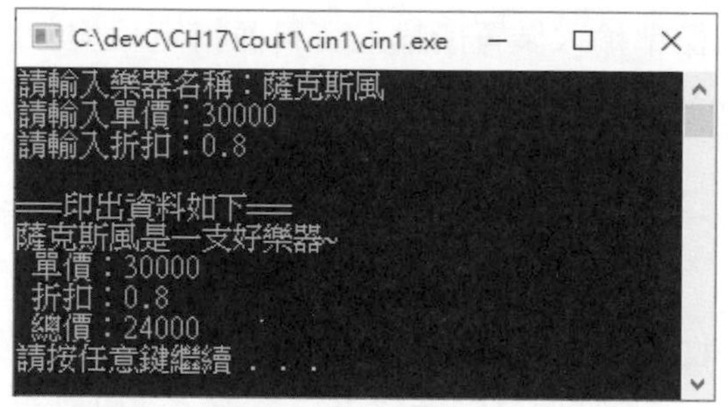

cin 物件用來輸入資料有些限制，如果遇到字串中含有空白時，則馬上會停止讀取輸入的資料，而形成空白後面的字串無法讀取。如下圖在 cin1.cpp 輸入 "Tenor△薩克斯風" 字串，結果卻造成不可預期的輸出情形。

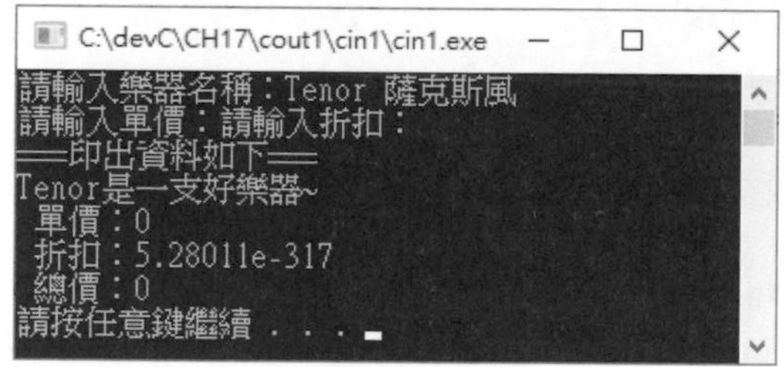

至於上面問題可使用 C 語言的 gets()函式來解決。例如 cin2.cpp 範例即是使用 gets()函式來解決 cin1.cpp 所發生的問題。

執行結果

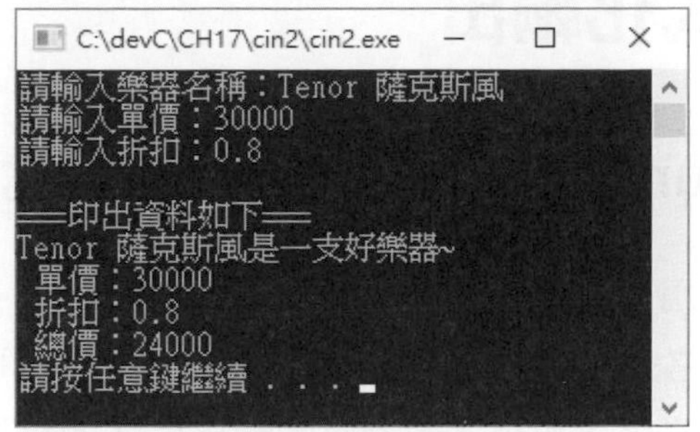

程式碼 FileName：cin2.cpp

```
#include <cstdlib>
#include <iostream>
#include <string>

using namespace std;

int main(int argc, char** argv) {
    char miname[50];
    int price;
    double discount;
    cout << "請輸入樂器名稱：";
    gets(miname);
    cout << "請輸入單價：";
    cin >> price;
    cout << "請輸入折扣：";
    cin >> discount;
    cout << "\n===印出資料如下===\n";
    cout << miname << "是一支好樂器~\n";
    cout << " 單價："<< price  << "\n";
    cout << " 折扣："<< discount << "\n";
    cout << " 總價："<< price * discount << "\n";
    system("PAUSE");
    return 0;
}
```

17.4 格式化輸出

17.4.1 setf()、unsetf() 成員函式及格式化旗標的使用

前面範例都是使用 C++預設格式進行輸出，在 C++ 如果想和 C 語言的 printf()函式一樣進行格式化輸出資料，可以使用 ios 類別的 setf()以及 unsetf() 成員函式，再配合格式化旗標來控制資料的輸出格式即可達成。

1. setf() 語法

   用來設定 flags 格式化旗標的輸出格式。

語法

```
stream.setf(fmtflags flags);    // 寫法為 cout.setf()
```

2. unsetf() 語法

   用來取消 flags 格式化旗標的輸出格式。

語法

```
stream.unsetf(fmtflags flags);     // 寫法為 cout.unsetf()
```

上述兩個語法中 stream 代表目前欲影響的串流，通常是指 cout 物件。因此要設定格式化旗標的寫法為 cout.setf()，取消格式化旗標的寫法為 cout.unsetf()。

格式化旗標是屬於 ios 類別中的 fmtflags 列舉型別，因此要設定這些旗標不能直接在 setf()或 unsetf()成員函式內撰寫旗標的名稱，而必須在該旗標前面加上 ios::。例如：格式化旗標 showpos 可設定輸出正整數前面會加上「+」符號，此時必須寫為 cout.setf(ios::showpos); ，而不能寫為 cout.setf(showpos); 。「::」是範圍運算子，設定「ios::showpos」即表示 showpos 是 ios 類別中的列舉成員。在下表我們列出設定或取消數字系統、浮點數、布林值、對齊方式的輸出寫法：

寫法	說明
cout.setf(ios::dec, ios::basefield);	十進制輸出(預設值)。
cout.setf(ios::oct, ios::basefield);	八進制輸出。
cout.setf(ios::hex, ios::basefield);	十六進制輸出。
cout.unsetf(ios::basefield);	取消八進制、十六進制，改用預設的十進制輸出。
cout.setf(ios::showbase);	設定完整的數字系統做輸出。例如輸出八進位，此時輸出字元的最前面會加上 0(是數字 0 而非英文字的 O)；若輸出十六進位，則輸出字元的最前面會加上 0x。
cout.unsetf(ios::showbase);	取消完整數字系統的輸出。
cout.setf(ios::uppercase);	當設定輸出十六進制的小寫英文字 a~z 時，改用大寫英文字 A~Z 來代替輸出。
cout.unsetf(ios::uppercase);	取消 cout.setf(ios::uppercase); 的設定，十六進制英文字母改使用小寫英文字輸出。
cout.setf(ios::fixed, ios::floatfield);	設定浮點數輸出。若搭配 cout. Precision() 成員函式可以用來設定小數位數的輸出個數。
cout.setf(ios::scrientific, ios::floatfield);	設定浮點數使用科學記號來輸出。
cout.unsetf(ios::floatfield);	取消浮點數或科學記號的輸出。
cout.setf(ios::showpos);	設定輸出正整數(正整數包含 0)時，則在輸出字元的最前面會加上「+」；若為負整數，則在輸出字元的最前面加上「-」。
cout.unsetf(ios::showpos);	取消 cout.setf(ios::showpos); 設定。
cout.setf(ios::boolalpha);	設定輸出的布林值(bool)使用 true 和 false 表示。
cout.unsetf(ios::boolalpha);	取消 cout.setf(ios::boolapha); 設定。
cout.setf(ios::left, ios::adjustfield);	設定靠左對齊。
cout.setf(ios::right, ios::adjustfield);	設定靠右對齊。
cout.unsetf(ios::adjustfield);	取消對齊。

範例：fmtoutput1.cpp

練習使用 setf()、unsetf)函式及上表的格式化旗標來設定數字系統、浮點數、布林值、正負數、對齊方式的格式化輸出。

執行結果

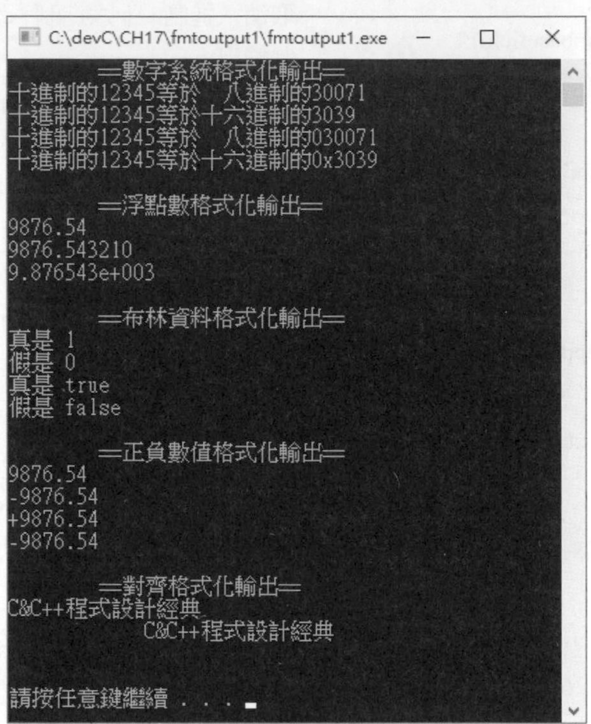

程式碼 FileName：fmtoutput1.cpp

```
#include <cstdlib>
#include <iostream>
#include <string>

using namespace std;

int main(int argc, char** argv) {
        cout << "\t==數字系統格式化輸出==\n";
        cout << "十進制的" << 12345 << "等於　八進制的";
        cout.setf(ios::oct, ios::basefield);  //設定八進制的輸出
        cout << 12345 << "\n";                //印出 30071
```

```
    cout.unsetf(ios::basefield);              //取消八進制的輸出
    cout << "十進制的" << 12345 << "等於十六進制的";
    cout.setf(ios::hex, ios::basefield);  //設定十六進制的輸出
    cout << 12345 << "\n";                    //印出 3039
    cout.unsetf(ios::basefield);              //取消十六進制的輸出
    cout.setf(ios::showbase);                 //設定輸出完整的數字系統進制
    cout << "十進制的" << 12345 << "等於　八進制的";
    cout.setf(ios::oct, ios::basefield);  //設定八進制的輸出
    cout << 12345 << "\n";                    //印出 030071
    cout.unsetf(ios::basefield);              //取消八進制的輸出
    cout << "十進制的" << 12345 << "等於十六進制的";
    cout.setf(ios::hex, ios::basefield);  //設定十六進制的輸出
    cout << 12345 << "\n";                    //印出 0x3039
    cout.unsetf(ios::basefield);              //取消十六進制的輸出
    cout.unsetf(ios::showbase);               //取消輸出完整的數字系統進制

    cout << "\n\t==浮點數格式化輸出==\n";
    cout << 9876.54321 << "\n";                   //印出 9876.54
    cout.setf(ios::fixed, ios::floatfield); //設定以浮點數的方式來輸出
    cout << 9876.54321 << "\n";                  //印出 9876.543210
    //設定浮點數以科學記號的方式來輸出
    cout.setf(ios::scientific, ios::floatfield);
    cout << 9876.54321 << "\n";               //印出 9.876543e+003
    cout.unsetf(ios::floatfield);             //取消以浮點數的方式來輸出
    cout << "\n\t==布林資料格式化輸出==\n";
    bool t=true, f=false;   //宣告布林型別的變數，其中 t 為 true, f 為 false
    cout << "真是 " << t << "\n";             //印出 1
    cout << "假是 " << f << "\n";             //印出 0
    cout.setf(ios::boolalpha);                //設定以布林值的方式來輸出
    cout << "真是 " << t << "\n";             //印出 true
    cout << "假是 " << f << "\n";             //印出 false
    cout.unsetf(ios::boolalpha);              //取消以布林值的方式來輸出

    cout << "\n\t==正負數值格式化輸出==\n";
    cout << +9876.54321 << "\n";              //印出 9876.54
    cout << -9876.54321 << "\n";              //印出-9876.54
```

```
        cout.setf(ios::showpos);                        //正整數之前加上「+」,否則加上「-」
        cout << +9876.54321 << "\n";                    //印出+9876.54
        cout << -9876.54321 << "\n";                    //印出-9876.54
        cout.unsetf(ios::showpos);   //取消 cout.setf(ios::showpos);的設定

        cout << "\n\t==對齊格式化輸出==\n";
        cout.width(30);                             //設定實際輸出字元為 30 個
        cout.setf(ios::left, ios::adjustfield);         //設定靠左對齊
        cout << "C&C++程式設計經典";
        cout << "\n";                               //換行
        cout.unsetf(ios::adjustfield);              //取消靠左對齊
        cout.width(30);                             //設定實際輸出字元為 30 個
        cout.setf(ios::right, ios::adjustfield);        //設定靠右對齊
        cout << "C&C++程式設計經典\n";
        cout << "\n";                               //換行
        cout.unsetf(ios::adjustfield);              //取消靠右對齊
        cout << "\n";
        system("PAUSE");
        return 0;
}
```

17.4.2 width()、precision()、fill() 函式的使用

除了前一節介紹的格式化旗標之外，在 ios 類別中還提供了 width()、precision()、fill()成員函式，只要透過 cout 物件並使用上述成員函式，即可以設定字元個數、準確位數、填滿字元的輸出。這些函式的語法說明如下：

一. 使用 width() 函式

width()成員函式可用來設定或取得輸出字元的個數(寬度)。若實際要輸出字元的個數小於 width()所設定的字元個數，則其餘字元個數的部份會使用空白來輸出；若實際輸出字元的個數大於 width()所設定的字元個數，則會輸出所設定的全部字元，此函式的效用只有一次而已。

語法

```
1.cout.width(int n) ;        // 設定輸出字元的個數(寬度)
2.變數=cout.width();         // 取得輸出字元的個數
```

【例】

```
cout .width(8);                  // 設定輸出字元的個數為 8 個
int n = cout.width();            // 取得輸出字元的個數，結果 n 為 8
cout << 98765 << "\n";           // 印出△△△98765，△等於一個空白
cout << 98765 << "\n";           // 印出 98765, 因為 width()效用只有一次;
cout.width(10);                  // 設定輸出字元的個數為 10 個
cout << "碁峰資訊" << "\n";      // 印出 "△△碁峰資訊"，一個中文字使用 2 個字元表示
```

二. 使用 precision() 函式

precision() 函式用來設定或取得輸出有效位數的數目。若配合 cout.setf(ios::fixed, ios::floatfield); 敘述表示用來設定小數位數要輸出的位數；若未配合 cout.setf(ios::fixed, ios::floatfield); 敘述，表示設定包含整數與小數所要輸出的有效位數。一般來說若使用 cout.setf (ios::fixed,ios:: floatfield); 則預設輸出的小數位數為 6 位。precision()函式的語法如下：

語法

```
1.cout.width(int n) ;        // 設定輸出字元的個數(寬度)
2.變數 = cout.width();       // 取得輸出字元的個數
```

【例 1】

```
cout << 987.654321 << "\n";      // 印出 987.654
cout.precision(4);               // 設定有效精確度的個數是 4 個
cout << 987.654321 << "\n";      // 印出 987.7
```

【例 2】

```
cout.setf(ios::fixed, ios::floatfield);   // 設定以浮點數的方式來輸出
cout << 987.654321 << "\n";               // 印出 987.654321
cout.precision(4);                        // 設定小數位數的個數是 4 個
cout << 987.654321 << "\n";               // 印出 987.6543
int n=cout.precision();                   // n 的等於 4
```

三. 使用 fill() 函式

fill()函式用來設定輸出要填滿的字元，若沒有設定要填滿的字元，則預設使用空白來當填滿的字元。此函式通常搭配 width()函式一起使用。fill()函式其語法如下：

寫法

```
cout.fill(char ch);
```

【例 1】

```
cout.width(8);        // 設定輸出字元個數是 8 個
cout << 98765 ;       // 印出△△△98765
```

【例 2】

```
cout.fill('#');       // 設定填滿字元為 '#'
cout.width(8);        // 設定輸出字元個數是 8 個
cout << 98765 ;       // 印出***98765
```

範例：fmtoutput2.cpp

練習使用 width()、precision()、fill()函式來指定字元個數、有效位數、填滿字元的格式化輸出。執行結果如下圖：

執行結果

程式碼 FileName : fmtoutput2.cpp

```
#include <cstdlib>
#include <iostream>
#include <string>

using namespace std;

int main(int argc, char** argv) {
 cout.width(35);                          //設定要輸出 35 個字元
 cout << "C&C++ 程式設計經典";
 cout << "\n\n";

 cout.width(35);                          //設定要輸出 35 個字元
 cout.fill('*');                          //設定填滿字元為 '*'
 cout << "Viusal C# 2019 程式設計經典";
 cout << "\n\n";

 cout.width(35);                          //設定要輸出 35 個字元
 cout.setf(ios::left, ios::adjustfield);  //靠左對齊
 cout << "Viusal Basic 2019 程式設計經典";
 cout << "\n\n";
 cout.unsetf(ios::adjustfield);           //取消靠左對齊

 cout.precision(5);                       //設定有效位數 5 位
 cout << 98.7654321 << "\n\n";            //印出 98.765

 cout.setf(ios::fixed, ios::floatfield);  //設定浮點數的輸出格式
 cout << 98.7654321 << "\n\n";            //印出 98.76543
 cout.unsetf(ios::floatfield);            //取消浮點數的輸出格式
 cout << "\n";
 system("PAUSE");
 return 0;
}
```

17.4.3 I/O 控制器的使用

在 C++的 I/O 系統中，可以使用兩種方式來達成格式化輸出，一種是之前介紹的 ios 的格式化旗標與函式；另外一種是控制格式化輸出入的「I/O 控制器」(I/O Manipulator)，I/O 控制器的使用方式比 ios 的格式化旗標更容易。若要使用含有引數的 I/O 控制器，如：setw(int n)、setfill(char c)、setprecision(int n)等，必須在程式最開頭撰寫 #include <iomanip> 敘述含入這個標頭檔。例如要設定輸出 20 個字元且靠右對齊，則 ios 的格式化旗標寫法如下：

```
cout.width(20);
cout.setf(ios::right, ios::adjustfield);
cout << "海賊王";
cout.unsetf(ios::adjustfield);
```

上面程式敘述，如果使用 I/O 控制器，則只要撰寫一行敘述即可。

```
cout << setw(20) << right << "海賊王\n";
```

由上面可知 I/O 控制器寫法比 ios 的格式化旗標與函式更加簡潔。下表是 C++常用的 I/O 控制器的功能說明。

I/O 控制器	說明
endl	設定換行。功能與 '\n' 相同。
dec	設定十進制輸出(預設值)。功能和 cout.setf(ios::dec, ios::basefield); 相同，可使用 cout.unsetf(ios::basefield); 來取消設定。
oct	設定八進制輸出。功能和 cout.setf(ios::oct, ios::basefield); 相同，可使用 cout.unsetf(ios::basefield); 來取消設定。
hex	設定十六進制輸出，功能和 cout.setf(ios::hex, ios::basefield); 相同，可使用 cout.unsetf(ios::basefield); 來取消設定。
showbase	設定完整的數字系統進制來做輸出的動作。例如輸出八進位，此時輸出字元的最前面會加上 0(是數字 0 而非英文字的 O)；若輸出十六進位，則輸出字元的最前面會加上 0x。功能和 cout.setf(ios::showbase); 相同。

I/O 控制器	說明
noshowbase	取消完整的數字系統輸出。功能和 cout.unsetf(ios::showbase); 相同。
uppercase	當設定輸出十六進制的小寫英文字 a~z 時，改使用大寫英文字 A~Z 來代替輸出。功能與 cout.setf(ios::uppercase); 相同。
nouppercase	取消 uppercase 或 cout.setf(ios::uppercase); 的設定，十六進制英文字母改使用小寫英文字輸出。功能和 cout.unsetf (ios::uppercase); 相同。
fixed	設定浮點數輸出。若搭配 cout.precision()或 setprecision(n) 可用來設定小數位數的輸出個數。功能和 cout.setf(ios::fixed, ios::floatfield); 相同，可使用 cout.unsetf(ios::floatfield); 來取消設定。
scientific	設定浮點數使用科學記號來輸出。 功能和 cout.setf(ios::scrientific, ios::floatfield); 相同， 可用 cout.unsetf (ios::floatfield); 來取消設定。
boolalpha	設定輸出的布林值(bool)使用 true 和 false 表示。功能和 cout.setf(ios::boolalpha); 相同。
noboolalpha	取消 boolalpha 或 cout.setf(ios::boolapha); 的設定。功能和 cout.unsetf(ios::boolalpha); 相同。
showpos	設定輸出正整數(正整數包含 0)時，則在輸出字元的最前面會加上「+」；若為負整數，則在輸出字元的最前面加上「-」。功能和 cout.setf(ios::showpos); 相同。
noshowpos	取消 showpos 或 cout.setf(ios::showpos); 的設定。功能和 cout.unsetf(ios::showpos); 相同。
left	設定靠左對齊。功能和 cout.setf(ios::left, ios::adjustfield); 相同，可使用 cout.unsetf(ios::adjustfield); 來取消對齊設定。
right	設定靠右對齊。功能和 cout.setf(ios::right, ios::adjustfield); 相同，可使用 cout.unsetf(ios::adjustfield); 來取消對齊設定。
setw(n)	設定輸出字元個數(寬度)，效用只有一次。功能和 cout.width(n); 相同。
setprecision(n)	設定輸出有效精確度或浮點小數位數的個數。功能與 cout.precision(n); 相同。
setfill(c)	設定輸出填滿的字元。功能和 cout.fill(char c); 相同。

範例：fmtoutput3.cpp

請將 fmtoutput1.cpp 範例改成使用 I/O 控制器來設定數字系統、浮點數、布林值、正負數、對齊方式的格式化輸出。本例的執行結果與 fmtoutput1.cpp 相同。

執行結果

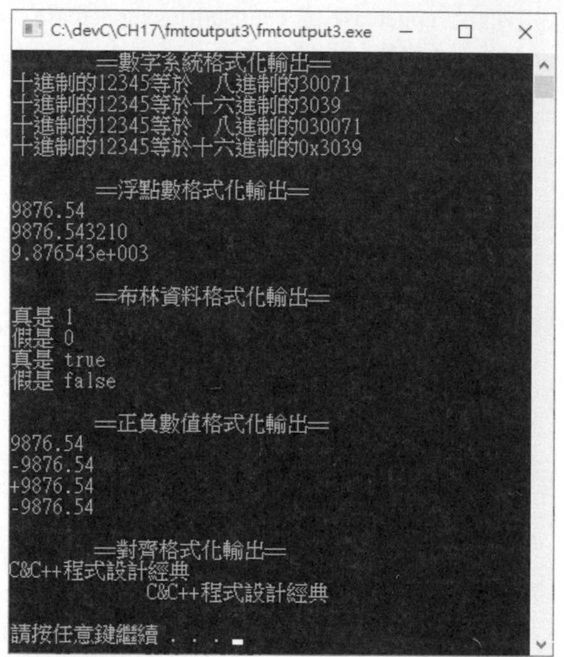

程式碼 FileName：fmtoutput3.cpp

```
#include <cstdlib>
#include <iostream>
#include <iomanip>
#include <string>

using namespace std;

int main(int argc, char** argv) {
 cout << "\t==數字系統格式化輸出==\n";
 cout << "十進制的" << 12345 << "等於  八進制的";
 cout << oct << 12345 << endl;            //以八進制輸出，印出 30071
 cout.unsetf(ios::basefield);             //取消八進制輸出
```

```
cout << "十進制的" << 12345 << "等於十六進制的";
cout << hex << 12345 << endl;            //以十六進制輸出，印出 3039
cout.unsetf(ios::basefield);             //取消十六進制輸出
cout << showbase;                        //設定輸出完整的數字系統進制
cout << "十進制的" << 12345 << "等於  八進制的";
cout << oct << 12345 << endl;            //以八進制輸出，印出 030071
cout.unsetf(ios::basefield);             //取消八進制輸出
cout << "十進制的" << 12345 << "等於十六進制的";
cout << hex << 12345 << endl;            //以十六進制輸出，印出 0x3039
cout << noshowbase ;   //取消輸出完整的數字系統進制
cout.unsetf(ios::basefield);             //取消十六進制的輸出

cout << "\n\t==浮點數格式化輸出==\n";
cout << 9876.54321 << endl;              //印出 9876.54
cout << fixed << 9876.54321 << endl; //以浮點數輸出，印出 9876.543210
  //設定浮點數以科學記號方式輸出，印出 9.876543e+003
cout << scientific << 9876.54321 << endl;
cout.unsetf(ios::floatfield);            //取消以浮點數的方式來輸出

cout << "\n\t==布林資料格式化輸出==\n";
bool t=true, f=false; //宣告布林型別變數, 其中 t 為 true, f 為 false
cout << "真是 " << t << endl;            //印出 1
cout << "假是 " << f << endl;            //印出 0
cout << boolalpha ;                      //設定以布林值的方式來輸出
cout << "真是 " << t << endl;            //印出 true
cout << "假是 " << f << endl;            //印出 false
cout << noboolalpha;                     //取消以布林值的方式來輸出

cout << "\n\t==正負數值格式化輸出==\n";
cout << +9876.54321 << endl;             //印出 9876.54
cout << -9876.54321 << endl;             //印出-9876.54
cout << showpos;                         //正整數之前加上「+」，否則加上「-」
cout << +9876.54321 << endl;             //印出+9876.54
cout << -9876.54321 << endl;             //印出-9876.54
cout << noshowpos;                       //取消 showpos 的設定

```

```
cout << "\n\t==對齊格式化輸出==\n";
//輸出 30 個字元，並設定靠左對齊
cout << setw(30) << left << "C&C++程式設計經典";
cout << endl;                                 //換行
cout.unsetf(ios::adjustfield);                //取消靠左對齊
//輸出 30 個字元，並設定靠右對齊
cout << setw(30) << right << "C&C++程式設計經典";
cout << endl;                                 //換行
cout.unsetf(ios::adjustfield);                //取消靠右對齊
cout << endl;                                 //換行
 system("PAUSE");
 return 0;
}
```

CHAPTER 18

C 與 C++的差異

18.1 C 與 C++的差異簡介

C 語言語法簡潔、精確並且靈活，甚至能操作記憶體，所以廣為程式設計師使用。C++語言延續 C 語言的優點，再加入效率和彈性，使撰寫程式更加快速而輕鬆。在前一章已經介紹 C 和 C++ 格式化輸出入的不同使用方式。基本上 C++是 C 語言的超集合，因此絕大部分 C 語言的相關語法及函式也可以在 C++中使用，下表列出 C 語言與 C++的差異處：

功能	C 語言	C++語言
註解	/* … */ 為單行註解	//…、/*…*/ 為單行註解； /*…*/ 也可以當做多行註解
變數宣告	必須在程式或函式的最開頭先宣告才能使用	可以在任何位置宣告變數
資料型別	int、char、float、double、指標、陣列、union、struct、enum	除了可使用 C 語言提供的資料型別，還提供 bool、參考型別、類別(class)…等。(本章介紹)
多載函式 或 多載運算子	無	可讓相同名稱的函式或運算子擁有不同的功能。(本章介紹多載函式，第 20 章介紹多載運算子)
inline 函式	無	inline 函式內的敘述會直接取代該函式，如此會省略呼叫函式時所須往返的時間，因此執行速度較快。(本章介紹)

功能	C 語言	C++語言
常數定義	設定 const 常數時允許不指定初值	設定 const 常數時一定要同時指定初值
格式化 I/O	使用 scanf()和 printf()函式	使用 cout 和 cin 物件，並配合 ios 類別的格式化旗標以及 I/O 控制器。(第 17 章介紹)
string 類別	無	透過 string 類別可以建立字串物件。(本章介紹)
動態配置記憶體	使用 malloc()函式動態配置記憶體；透過 free()函式釋放記憶體。	使用 new 動態配置記憶體；透過 delete 釋放記憶體。(第 19 章介紹)
物件導向技術	無	C++物件導向程式設計提供封裝、繼承、多型的特性。(封裝第 19 章介紹、繼承與多型第 20 章介紹)
樣版	無	透過樣版的技術只要撰寫一個函式或類別，即可以讓不同的型別的資料做相同的處理動作。(第 21 章介紹)
例外處理	無	透過例外處理機制，可以即時回應程式執行時期的錯誤。(第 21 章介紹)

C 和 C++共用的關鍵字請參考第三章的說明，下表為 C++專屬的關鍵字：

asm	explicit	operator	this	using
bool	false	private	throw	virtual
catch	friend	protected	true	wchar_t
class	inline	public	try	
const_cast	mutable	reinterpret_cast		
delete	namespace	static_cast	typeid	
dynamic_cast	new	template	typename	

18.2 布林資料型別

C++ 定義了布林資料型別，它可以用來存放 true(真)和 false(假)，bool 布林資料型別常被使用在關係運算式或邏輯運算式的條件式中。在 C 語言是使用數值來表示布林值，在 C++ 也可以接受，即用「0」表示「false」；用非零值表示「true」。下表即是做 And(&&)、Or(||)、Not(!)布林運算的結果：

x	y	x && y (x And y)	x || y (x Or y)	! x (Not x)
true	true	true	true	false
true	false	false	true	false
false	true	false	true	true
false	false	false	false	true

譬如宣告 t 和 f 為 bool 型別變數，t 為 true，f 為 false，其寫法如下：

```
bool t = true, f = false ;
```

18.3 多載函式

所謂的「多載函式」(overloaded function)，就是允許在 C++程式(*.cpp)或同一類別中使用相同函式名稱。多載函式是藉由不同的引數串列個數或引數的不同資料型別，來區隔相同名稱的函式。

如下簡例中，定義兩個名稱同為「add」的函式，一個 add 函式用來傳回兩個整數相加的結果，另一個 add 函式用來傳回三個浮點數(倍精確度)相加的結果。

```
int add(int, int);
double add(double, double, double);
int main(void) {
            int total1, x, y;
            x=10 ; y=15;
            double total2, i, j ,k ;
            i=1.3 ; j=5.6 ; k=45.3;
            total1 = add(x, y)  ;          //total=25
            total2 = add(i, j ,k);         //total=52.2
            ……
        return 0;
}

int add(int a, int b) {
        return    a+b;              //傳回兩個整數相加的結果
}

double add(double a , double b , double c) {
        return a+b+c;               //傳回三個單精確度相加的結果
}
```

範例：overloading.cpp

練習撰寫兩個名稱皆為 area()的計算三角形面積函式。第一個 area()函式用兩個整數(底和高的長度)來計算三角形面積 (公式：底 x 高 / 2)；
第二個 area()函式用三個整數(三個邊的長度)來計算三角形面積
(公式：$\sqrt{s(s-a)(s-b)(s-c)}$ 其中 s = (a + b + c) / 2)。

執行結果

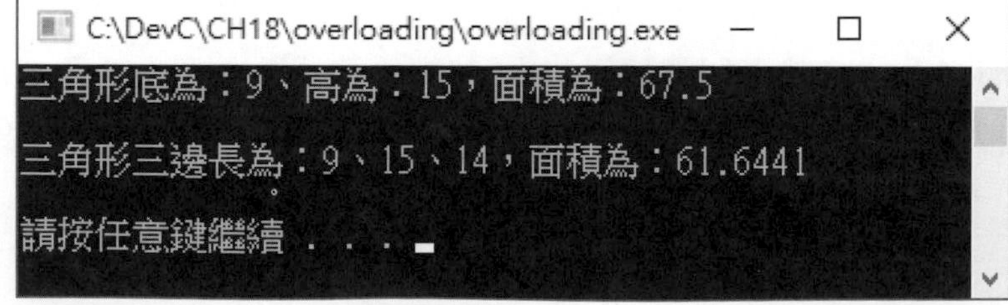

程式碼 FileName : overloading.cpp

```
01 #include <cstdlib>
02 #include <iostream>
03 #include <iomanip>
04 #include <string>
05 #include <math.h>
06 using namespace std;
07
08 double area(int, int);
09 double area(int, int, int);
10
11 int main(int argc, char** argv) {
12     int x=9, y=15, z=14;
13     cout<<"三角形底為："<<x<<"、高為："<<y<<"，面積為："<<area(x,y)<<"\n\n";
14     cout<<"三角形三邊長為："<<x<<"、"<<y<<"、"<<z<<
               "，面積為："<<area(x,y,z)<<"\n\n";
15     system("PAUSE");
16     return 0;
17 }
18
19 double area(int d, int h) {
20     return (double)d * (double)h /2;
21 }
22
23 double area(int a, int b, int c) {
24     double s = (double)(a+b+c)/2;
25     return sqrt(s*(s-a)*(s-b)*(s-c));
26 }
```

說明

1. 第 19~21 行：這個 area() 函式用來計算兩個整數 (底和高) 的三角形面積。
2. 第 23~26：這個 area() 函式用來計算三個整數 (三角形邊長) 的三角形面積。

18.4 inline 函式

傳統的 C 語言並未提供 inline 函式。如果函式內的程式只有一行敘述時，可以將該函式定義成 inline 函式。inline 函式的特點如下：

1. inline 函式類似 C 語言參數化巨集的運作方式，其優點是 C++編譯時會將呼叫函式直接替換成 inline 函式內的敘述，因此執行時不必像呼叫一般函式，必須跳到函式所在處，待執行完再返回原呼叫處的下一個敘述，因此 inline 函式的執行速度較快。

2. inline 函式的缺點是：如果 inline 函式本身敘述很長，而且呼叫次數相當頻繁時，則程式的長度會變長。

3. inline 函式比巨集展開更能被 C++ 編譯器最佳化，因此建議在 C++可以使用 inline 函式取代巨集，來避免呼叫函式時往返所需的時間。

4. 若 inline 函式內有迴圈敘述、switch 敘述、goto 敘述或 static 變數，或是 inline 函式內的敘述太長時，則此 inline 函式會被 C++編譯器視為一般函式來處理。

5. 巨集內的參數不會做資料型別的檢查；但 inline 函式因為有引數串列，因此呼叫 inline 函式時會檢查所傳入引數串列的資料型別是否有錯誤。

下面即是 inline 函式的宣告語法，宣告和定義 inline 函式時，必須在傳回值型別之前加上「inline」，呼叫 inline 函式與呼叫一般函式的方式相同。

語法

```
inline 傳回值型別 函式名稱( [引數串列]);
```

範例：inlinefun.cpp

利用 inline 配合多載函式撰寫三個相同名稱的 getmin()函式。其中呼叫 getmin()函式可以用來取得兩個整數或兩個浮點數，或兩個字元之中的最小數。

執行結果

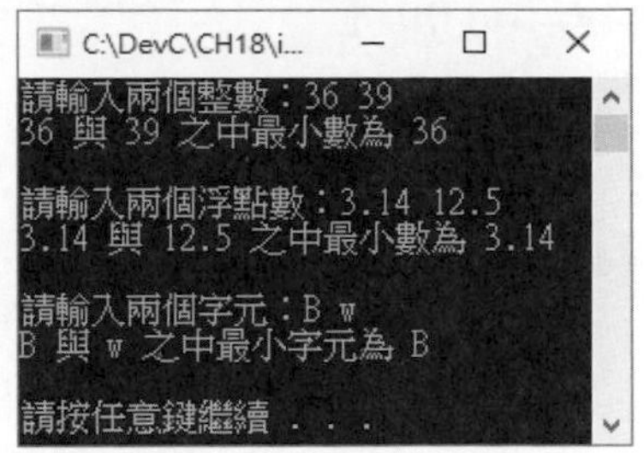

程式碼 FileName : inlinefun.cpp

```
#include <cstdlib>
#include <iomanip>
#include <iostream>
#include <string>

using namespace std;
inline int getmin(int, int);
inline double getmin(double, double);
inline char getmin(char, char);

int main(int argc, char *argv[]) {
    int n1, n2;
    cout << "請輸入兩個整數：" ;
    cin >> n1 >> n2;
    cout << n1 << " 與 " << n2 << " 之中最小數為 " << getmin(n1, n2) << "\n\n";

    double d1, d2;
    cout << "請輸入兩個浮點數：" ;
    cin >> d1 >> d2;
    cout << d1 << " 與 " << d2 << " 之中最小數為 " << getmin(d1, d2) << "\n\n";

    char c1, c2;
    cout << "請輸入兩個字元：" ;
    cin >> c1 >> c2;
    cout << c1 << " 與 " << c2 << " 之中最小字元為 " << getmin(c1, c2) << "\n\n";

    system("PAUSE");
    return 0;
}

```

```
31 inline int getmin(int a, int b) {
32     return a<b ? a : b;
33 }
34
35 inline double getmin(double a, double b) {
36     return a<b ? a : b;
37 }
38
39 inline char getmin(char a, char b) {
40     return a<b ? a : b;
41 }
```

說明

1. 第 7~9 行：宣告三個 inline 多載函式 getmin，以引數的資料型別不同做為區隔。
2. 第 31~33 行：呼叫此函式時，會傳回兩個整數之中的最小數。
3. 第 35~37 行：呼叫此函式時，會傳回兩個浮點數之中的最小數。
4. 第 39~41 行：呼叫此函式時，會傳回兩個字元之中的最小字元。

18.5 參考變數

18.5.1 參考變數的使用

C++中所提供的參考(reference)，可以為變數或常數建立新的別名，也就是說新的別名和原來的變數名稱占用相同的記憶體位址，一般統稱為「參考變數」。參考變數的宣告方式就是在變數名稱之前加上「&」位址運算子，下面即是參考變數的宣告方式與使用方式簡例：

```
int a = 5;      // 宣告整數變數 a 的值為 5
int &b = a;     // 宣告整數型別的參考變數 b，並設定 b 與 a 占用相同記憶體位址,
                // 此時 a 和 b 兩者的值皆為 5
b = 10;         // 參考變數 b 設為 10，因 a 和 b 記憶體位址相同，a 和 b 的值皆為 10
```

乍看之下，參考變數就好像是指標變數。其實不然，參考變數和一般變數占用相同記憶體位址，因此兩者皆可以直接取得記憶體位址的內容。但是指標變數和其他變數是分別存放在不同的記憶體位址，目前指標變數本身存放的是某一個變數的記憶體位址，表示指標變數指向某一個變數的位址，因此指標變數要取得所指向變數的值，必須在指標變數之前加上「*」間接運算子。

18.5.2 參考呼叫

函式中的虛引數之前若加上&，表示將此函式的引數傳遞方式設為參考呼叫(call by reference)。所謂的「參考呼叫」就是呼叫程式的實引數與被呼叫程式的虛引數兩者占用同一個記憶體位址，也就是說進行參數傳遞時，呼叫程式中的實引數是將自己本身的記憶體位址傳給被呼叫程式的虛引數，因此虛引數即可以直接取值，並不用像傳址呼叫一樣必須在變數之前加上「*」間接運算子才能取值。因此，以參考呼叫傳遞引數的好處就是被呼叫程式可以透過該引數將值傳回給呼叫程式。下面即為參考呼叫函式宣告與定義的寫法簡例：

```
// 宣告函式時，在參考呼叫虛引數的資料型別後加上&
  void fun(int &, double &);
          ⋮
// 定義函式時，在參考呼叫的虛引數之前加上&
  void fun(int &n, double &d) {
          ⋮    // 函式主體
  }
```

範例：swap.cpp

使用參考呼叫與傳址呼叫兩種方式來交換兩個變數內的值，並觀察兩者之間虛引數與實引數變化的情形。

執行結果

```
C:\DevC\CH18\swap\swap.exe
==使用參考呼叫進行兩數交換==
請輸入整數 x 的值：10
請輸入整數 y 的值：5
x=10, y=5, x位址=0x6ffe3c, y位址=0x6ffe38
a=10, b=5, a位址=0x6ffe3c, b位址=0x6ffe38, 進入swapbyref()函式進行兩數交換

a=5, b=10, a位址=0x6ffe3c, b位址=0x6ffe38, 離開swapbyref()函式完成兩數交換

兩數交換完成, 結果如下
x=5, y=10, x位址=0x6ffe3c, y位址=0x6ffe38


==使用傳址呼叫進行兩數交換==
請輸入整數 k 的值：10
請輸入整數 z 的值：5
k=10, z=5, k位址=0x6ffe34, z位址=0x6ffe30
進入swapbyadd()函式進行兩數交換
a=0x6ffe34, b=0x6ffe30 *a=10, *b=5, a位址=0x6ffe10, b位址=0x6ffe18
離開swapbyadd()函式完成兩數交換
a=0x6ffe34, b=0x6ffe30 *a=5, *b=10, a位址=0x6ffe10, b位址=0x6ffe18
兩數交換完成, 結果如下
k=5, z=10, k位址=0x6ffe34, z位址=0x6ffe30
請按任意鍵繼續 . . .
```

參考呼叫中實引數與虛引數兩者占用相同記憶體位址

傳址呼叫中虛引數是指標，因此虛引數指標變數會指向實引數的記憶體位址，且虛引數本身也擁有一個記憶體

程式碼 FileName：swap.cpp

```
#include <cstdlib>
#include <iostream>
#include <iomanip>
#include <string>
using namespace std;

void swapbyref(int &, int &);
void swapbyadd(int *, int *);

int main(int argc, char *argv[]) {
    cout << " ==使用參考呼叫進行兩數交換==" << endl;
    int x, y;
    cout << " 請輸入整數 x 的值：" ;
    cin >> x;
    cout << " 請輸入整數 y 的值：" ;
    cin >> y;
    cout << " x=" << x << ", y=" << y
         << ", x位址=" << &x << ", y位址=" << &y << endl;
    swapbyref(x, y);
    cout << " 兩數交換完成, 結果如下" << endl;
    cout << " x=" << x << ", y=" << y
         << ", x位址=" << &x << ", y位址=" << &y << endl;

```

```
    cout << endl << endl;

    cout << " ==使用傳址呼叫進行兩數交換==" << endl;
    int k, z;
    cout << " 請輸入整數 k 的值：" ;
    cin >> k;
    cout << " 請輸入整數 z 的值：" ;
    cin >> z;
    cout << " k=" << k << ", z=" << z
         << ", k位址=" << &k << ", z位址=" << &z << endl;
    swapbyadd(&k, &z);
    cout << " 兩數交換完成，結果如下" << endl;
    cout << " k=" << k << ", z=" << z
         << ", k位址=" << &k << ", z位址=" << &z << endl;
    system("PAUSE");
    return 0;
}

void swapbyref(int &a, int &b) {
    int t;
    cout << " a=" << a << ", b=" << b
         << ", a位址=" << &a << ", b位址=" << &b
         << ", 進入swapbyref()函式進行兩數交換" << endl;
    t=a;
    a=b;
    b=t;
    cout << " a=" << a << ", b=" << b
         << ", a位址=" << &a << ", b位址=" << &b
         << ", 離開swapbyref()函式完成兩數交換" << endl;
}

void swapbyadd(int *a, int *b) {
    int t;
    cout << " 進入swapbyadd()函式進行兩數交換" << endl;
    cout << " a=" << a << ", b=" << b
         << " *a=" << *a << ", *b=" << *b
         << ", a位址=" << &a << ", b位址=" << &b << endl;
    t=*a;
    *a=*b;
    *b=t;
    cout << " 離開swapbyadd()函式完成兩數交換" << endl;
```

```
    cout << " a=" << a << ", b=" << b
         << " *a=" << *a << ", *b=" << *b
         << ", a位址=" << &a << ", b位址=" << &b  << endl;
}
```

由這個範例可以知道參考變數比指標變數更容易使用，優點如下：

1. 使用參考呼叫時不必將實引數的位址傳給虛引數。
2. 參考呼叫的函式寫法比傳址呼叫更加簡潔，不必使用「*」間接運算子來取值。
3. 參考呼叫的實引數與虛引數占用相同記憶體位址，而傳址呼叫必須額外產生存放指標變數的記憶體位址，因此參考呼叫較節省記憶體空間。

18.6 string 字串類別

18.6.1 使用 string 類別建立字串物件

傳統 C 語言使用字元陣列來建立字串，且使用 string.h 標頭檔內的字串函式來處理字串。在 C++ 中可以使用 string 類別來建立字串物件，以及透過 string 類別所提供的成員函式來處理字串，因此使用 C++ 中的 string 類別可以簡化傳統 C 語言的字串處理方式。

在 C++ 中若要使用 string 類別，必須在程式最開頭先以「#include <string>」匯入標頭檔。在 C++ 中若要使用傳統 C 所提供的字串處理函式，則必須在程式最開頭撰寫「#include <cstring>」或「#include <string.h>」前置處理指令。下面是使用 string 類別建立字串物件的四種寫法：

```
 #include <string>
…
 string s1("");                // 建立 s1 字串物件，s1 是一個空字串
 string gotop="碁峰";          // 建立 gotop 字串物件，字串內容為 "碁峰"
 string movie("魔物獵人");     // 建立 movie 字串物件, 字串內容是 "魔物獵人"
 string name(gotop);           // 建立 name 字串物件，其內容是使用 gotop 字串物件的內容
```

18.6.2 string 類別的運算子

string 類別中定義了許多運算子，不需使用傳統 C 語言字串處理函式，可以在運算式中使用運算子直接處理字串。例如在 C 語言要連接兩個字串必須使用 strcat()函式，但是在 C++中只要使用 + 運算子即可以將兩個字串做連接的動作。string 類別常用的運算子說明如下，表中以 str1="abc"、str2="def" 為例。

運算子	功能說明	例	結果
=	將等號右邊的字串指定給左邊的字串物件	str1=str2	str1 = "def"
==	比較兩個字串是否相等	str1==str2	false
!=	比較兩個字串是否不相等	str1!=str2	true
+	連接字串	str1+str2	"abcdef"
+=	連接字串後再指定	str1+=str2	str1="abcdef"
<	比較此運算子左邊的字串是否小於右邊的字串	str1<str2	true
<=	比較此運算子左邊的字串是否小於等於右邊的字串	str1<=str2	true
>	比較此運算子左邊的字串是否大於右邊的字串	str1>str2	false
>=	比較此運算子左邊的字串是否大於等於右邊的字串	str1>=str2	false

範例：stropr.cpp

讓使用者輸入帳號與密碼，分別存入 string 類別的 id 及 pwd。接著使用 == 運算子比較 id 是否為 "gotop"，且 pwd 是否為 "168"。若兩者同時成立表示帳號與密碼兩者皆正確，即顯示歡迎光臨的訊息；否則顯示離開系統的訊息。

執行結果

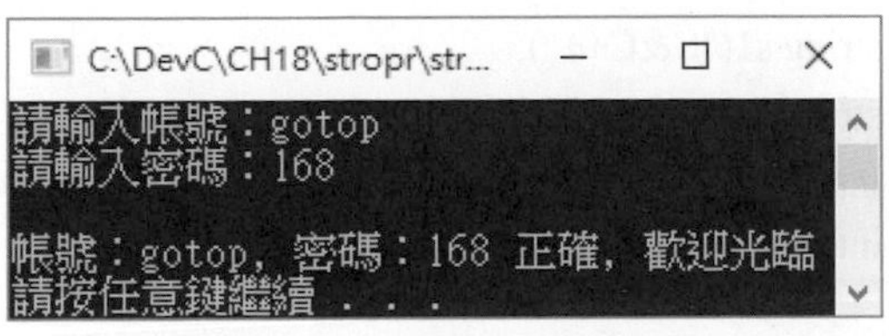

程式碼 FileName：stropr.cpp

```
#include <cstdlib>
#include <iostream>
#include <iomanip>
#include <string>

using namespace std;

int main(int argc, char *argv[]) {
    string id, pwd;
    cout << "請輸入帳號：";
    cin >> id;
    cout << "請輸入密碼：";
    cin >> pwd;
    cout << endl;
    if(id=="gotop" && pwd=="168") {
        cout << "帳號：" + id + ", 密碼：" + pwd + " 正確, 歡迎光臨";
    }
    else {
        cout << "帳號：" + id + ", 密碼：" + pwd + " 錯誤, 請離開系統";
    }
    cout << endl;
    system("PAUSE");
    return 0;
}
```

18.6.3 string 類別常用的成員函式(方法)

下表介紹 string 類別常用的成員函式，說明如下：

函式	功能說明

length	語法：size_t length( );
	功能：取得 string 字串物件的長度。
	範例：string s1("C&C++");
	string s2 = "程式設計經典" ;
	int a = s1.length(); // a=5
	int b = s2.length(); // b=12

函式	功能說明
c_str	語法：const char *c_str( ); 功能：將 string 字串轉換成傳統 C 語言的字串型別。 範例：#include <cstring> char *s1; string s2("C&C++"); s1 = s2.c_str();　// s2 字串轉成 C 語言字串，再指定給 s1 字元指標
empty	語法：bool empty( ); 功能：判斷字串是否為空字串，若為空字串傳回 true，反之傳回 false。 範例：if(s1.empty() !=true){…}　　//若 s1 不是空字串就執行…
swap	語法：void swap(string& str); 功能：將字串物件與指定的 str 進行互換。 範例：string s1="gotop"; string s2="碁峰"; s1.swap(s2);　　// s1="碁峰", s2="gotop"
erase	語法：string& erase(size_t first, size_t n); 功能：將字串物件的第 first+1 個字開始，刪除 n 個字。 範例：string s1="1234567890"; s1.erase(4, 3);　　　// s1="1234890"
substr	語法：string substr(size_t s, size_t n=npos); 功能：由字串物件中第 s+1 個字開始取得 n 個字，然後再傳回。 範例：string s1("1234567890"); string s2, s3; s2=s1.substr(7);　　// s2="890" s3=s1.substr(2, 6);　// s3="345678"
find	語法：size_t find(const string& str, size_t pos=0); 功能：由 pos+1 個字開始往右尋找字串物件中 str 子字串出現的位置，若傳回 -1 表示找不到子字串。 範例：string s1="12345678901234567890 "; int a=s1.find("345");　　// a=2 int b=s1.find("345", 10);　// b=12 int c=s1.find("345", 13);　// c=-1 因第 13 個字之後沒有"345"子字串
rfind	語法：size_t rfind(const string& str, size_t pos=npos); 功能：由 pos+1 個字開始往左尋找字串物件中 str 子字串出現的位置，若傳回 -1 表示找不到子字串。

函式	功能說明

	範例：string s1="12345678901234567890";
	int a=s1.rfind("345"); // a=12
	int b=s1.rfind("345", 10); // b=2
	int c=s1.rfind("345", 1); // c=-1

assign	語法：string& assign(string& str, size_t start, size_t n);
	功能：由 str 字串的第 start+1 個字開始取出 n 個字，並存放到呼叫 assign 成員函式的字串物件內。
	簡例：① string s("");
	s.assign("123456", 1, 4); // s="2345"
	② string s("");
	string s2("程式設計");
	s.assign(s2, 2, 4); // s="式設"，一個中文字表示兩個字元

append	語法：string& append(string& str, size_t start, size_t n);
	功能：由 str 字串的第 start+1 個字開始取出 n 個字，並連接到呼叫 append 成員函式的字串物件後面。
	簡例：string s1("程式設計");
	string s2("超經典系列");
	string s3("abcd");
	s1.append(s2, 2, 4); // s1="程式設計經典"
	s3.append("1234567890", 5, 7); // s3="abcd67890"

insert	語法：string& insert(size_t start, string& str, size_t s, size_t n); 功能：將 str 字串的第 s+1 個字到第 n 個字之間的字串，插入到字串物件的第 start 個字後面。 範例：string s1="程式經典"; string s2="Super 設計師"; s1.insert(4, s2, 5, 4); // s1="程式設計經典"
begin	語法：const_iterator begin( ); 功能：傳回 string 字串物件的起始指標。
end	語法：const_iterator end( ); 功能：傳回 string 字串物件的終止指標。 範例：string s1("C&C++"); string s2("△is△good"); s1.append(s2.begin(), s2.end()); // s1="C&C++△is△good"

範例：stringfun.cpp

本例有 str 字串物件內容為 "C++是精確的程式語言！"，執行時會顯示該字串的內容和長度。然後可指定由第幾個字之後開始刪除幾個字，接著顯示刪除後的結果。再來輸入要插入的子字串，以及子字串要插入到哪個字串之後，接著顯示插入後的結果。

【注意】因為一個中文字占兩個字元，如果刪除中文字的半個字元時，會產生亂碼的現象。

執行結果

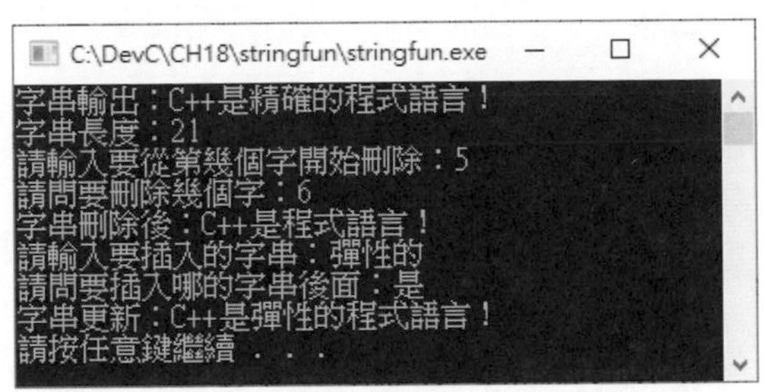

程式碼　FileName：stringfun.cpp

```
#include <cstdlib>
#include <iostream>
#include <iomanip>
#include <string>
using namespace std;

int main(int argc, char *argv[]) {
    string str("C++是精確的程式語言！");
    int s, e;
    cout << "字串輸出：" << str << endl;
    cout << "字串長度：" << str.length() << endl;
    cout << "請輸入要從第幾個字開始刪除：";
    cin >> s;
    cout << "請問要刪除幾個字：";
    cin >> e;
    str.erase(s, e);            // 將 str 字串中第 s 個字開始刪除 e 個字
    cout << "字串刪除後：" << str << endl;
    string i_str;
```

```
    cout << "請輸入要插入的字串：" ;
    cin >> i_str;
    string f_str;
    cout << "請問要插入哪的字串後面：";
    cin >> f_str;
    int n = str.find(f_str);        // 從頭在 str 字串中搜尋 f_str 字串的位置
    str.insert(n + f_str.length(), i_str, 0, i_str.length());
    cout << "字串更新：" << str << endl;
    system("PAUSE");
    return 0;
}
```

CHAPTER 19

物件與類別

19.1 物件導向程式設計簡介

在物件導向程式設計觀念未成熟前，軟體開發人員大都採用程序導向(procedure oriented)的觀念來設計程式。一個好的程序導向程式，結構化程式設計是必要的基本要件，結構化程式的優點就是可讀性高且易偵錯與維護。至於結構化程式除了必須使用結構化的程式語言來設計外，應朝：

1. 由上而下(top-down design)方式來分析問題。
2. 採模組化(modulize)程式設計。
3. 有足夠流程控制敘述如選擇結構、重複結構以供不同流程變換。

程序導向程式設計是一種程式設計的方法，將一個問題細分成電腦所能處理的程序或函式，透過主程式整合為一個解決專案。使用程序導向程式設計撰寫完成的程序或函式，雖可重複使用但是不具擴充性。譬如：較大的問題當然需要較複雜的程式，雖然可以用模組化來處理，但是也會面臨模組間資料結構的多樣化與多量化、程式整合時的測試、維護和擴充性都會產生困擾，導致對程序或函式所傳入的資料結構無控制能力。

物件導向(object oriented)程式設計是另一種程式設計的方法，它按照人類真實的想法來分析和解決問題，使得物件與真實世界有直接的關係，不需經過任何轉換所以更易於了解。

微軟早期的 MS-DOS 作業系統，其操作介面是透過硬梆梆的文字來下達命令，對初學者易造成挫折感。隨著視窗作業系統(Windows)的崛起，以圖形化當使用者操作介面 (graphic user interface，簡稱 GUI)以及統一的操作介面，讓初學者容易駕輕就熟。但是所付出的代價是系統產生龐大的資料量，以及複雜的介面處理機制，早已不是傳統程式設計所能完全掌控。結構化程式設計已無法應付日益複雜程式的需求，新的解決方案 - 物件導向程式設計 (object oriented programming，簡稱 OOP) 的物件化軟體元件概念應運而生。因而造就出 Windows 如此史無前例的龐大巨獸，當然在 Windows 下的大大小小的應用程式也要遵循物件導向程式設計精神來設計程式。

19.2 物件與類別

19.2.1 何謂物件

在真實世界中，物件(object)就是指各種物體。例如：人是一個物件、車子是一個物件、電腦也是一個物件，每個物件都有其特徵和行為。而在程式設計領域中所謂的物件，則是使用程式技巧模擬真實世界中的物件而得到的程式碼與資料。由於真實世界中的物件各有其特徵、行為等諸多特性，因此模擬真實世界中的物件，就必須使用程式碼與資料來模擬出物件的各種特徵、行為。物件導向程式設計必須先對物件的特徵和行為加以分類，物件的特徵以屬性(property)來描述，物件的行為以方法(method)描述，並用程式碼來加以模擬。所以「物件」是具有屬性和方法的資料，而傳統的資料只有屬性沒有方法。物件構成的要素為具有屬性、具有方法、有訊息傳遞和能被識別，分別說明如下：

一. 物件具有屬性

在電腦領域中有時使用 attribute 來代表「屬性」，不過一般在物件導向程式語言是使用 property。通常在描述物件時，都會針對物件的外觀、特質加以描述。例如：David 的身高是 180 公分，轉換成物件導向程式 David 是物件的物件名稱，身高(tall)是屬性名稱，180 是身高屬性的屬性值(單位為公分)。在 C++ 程式中，則可以使用下面兩種方式來描述 David 的身高：

```
David.tall=180;
David->tall=180;   // 若 David 為指標，則可以使用->符號來設定屬性
```

物件名稱和屬性名稱中間使用「.」點號加以區隔；若物件為指標時可以使用「->」符號。當然物件可能不止一個屬性，例如 David 還有「體重」、「生日」、「血型」等其他屬性名稱，物件有各種屬性之後，就可以完整描述物件的各項特質。同類的物件可能會具有相同的屬性，但其屬性內容可以是不相同。譬如：David 和 Tom 同樣是人(物件)，David 的身高(屬性)比 Tom 高，David 的體重(屬性)較輕。物件的屬性也可能由物件自行改變，例如人會自動長高、變老。物件的屬性也可以由外界來改變，例如將頭髮染色由黑髮變成棕髮。

二. 物件具有方法

每個物件除了具有特徵外還會有一些「行為」，像人會走路、車子會跑，更重要的是物件之間可以透過這些行為進行互動。例如開車的時候用手轉動方向盤、車子就會轉彎，這些動作稱為「方法」(method)。例如：將一部車子(Car1)移動(Move)到座標為(100, 200)的位置，在 C++ 中的表示方法為：

```
Car1.Move(100, 200) ;
```

由上例可看得出來，物件的方法還可附帶有引數，其中 100 表示 X 座標、200 表示 Y 座標。有一點要特別留意的是，物件的方法通常會使用引數來減少方法的數量，例如設計一個讓車子具有排檔(Gear)的方法，如果汽車的排檔的方法有三種，就必須定義三種方法，若排檔數更多方法也要隨之增加：

```
Car1.Gear1();   // 一檔
Car1.Gear2();   // 二檔
Car1.Gear3();   // 倒檔
```

若在方法中能夠加上引數，則只要使用一種方法便可解決上面問題：

```
Car1.Gear(Forward, 1);      // 使用往前 排檔 1
Car1.Gear(Forward, 2);      // 使用往前 排檔 2
Car1.Gear(Backward, 1);     // 使用往後 排檔 1
```

如此操作車子排檔只用一個 Gear 方法，至於往前或往後、使用哪個排檔都是使用引數來指定。

三. 物件要有訊息傳遞

世界萬物基本上是由許多物件所組成，而每個物件之間是藉由訊息來互相交流，所以訊息是物件活動的動力來源。沒有了訊息傳播，物件會是沒生命無法進行運作。就像人若無法和外界溝通(傳遞、處理訊息)，此時和植物人有什麼兩樣，因此訊息是物件不可或缺的一項特性。方法用來定義物件接受訊息時的反應，方法名稱後面小括號內的引數就可以視為訊息(message)。

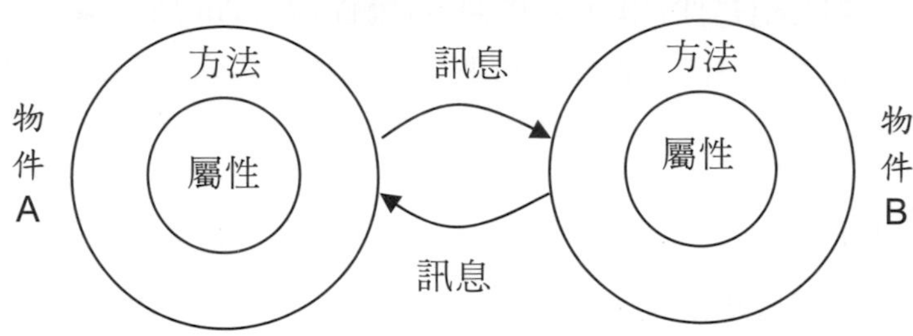

四. 物件要能被識別

同一類別的物件在程式執行時，必須能夠清楚辨別到底是存取哪個物件的屬性或執行哪個物件的方法，否則程式無法正確執行。例如：要命令一號車前進、二號車後退，就必須在下達命令時，能夠分辨出到底對哪個物件下達命令。物件就是用物件名稱，來做物件的識別。例如：下面兩個敘述分別使用 Car1 和 Car2 當一號車和二號車的物件名稱，Forward()和 Backward()為兩個物件的方法，哪個物件使用哪個方法，中間使用點號隔開就能清楚地識別，此時 C++ 對不同 Car1 和 Car2 物件會分別配置不同記憶體空間來使用：

```
Car1.Fordward();  // 前進
Car2.Backward();  // 倒退
```

19.2.2 何謂類別

類別(class)是用來對物件做分門別類，以數學角度來看類別就像是一個集合，所以類別是一群具有相同性質物件的集合。類別也是一種設計的方法，相當於一個模板(template)，物件就是根據類別的設計方法(模板)所製作出來的成品。簡言之，類別就是建構某些相似物件的藍圖，物件可視為依類別的描述所建構出來的類別實體(instances)。類別只是用來描述這些類似物件的屬性、方法，類別本身並不是實際的物件。

例如：腳踏車、越野車、三輪車、轎車、公車等都是實際存在的物件，都屬於「車子」這個類別，都有屬性(輪子、方向盤、煞車裝置...)和執行方法(會跑、會停、會轉彎....)。「車子」這個類別只是用來描述腳踏車、越野車、三輪車、轎車、公車..這些車子的統稱，定義「車子」這種類別含有哪些屬性和方法。但是「車子」類別卻無法執行方法，因為它只是一種描述而已，實際上是不存在的，只有由「車子」類別所衍生出來的物件(腳踏車、越野車、三輪車、轎車、公車等)才可以真正執行方法。從程式設計的觀點來看，類別只是一種抽象的資料型別，而物件則是屬於該種資料型別的實體變數。例如：在 C++ 的 int 其實是一種整數類別，無法直接用 int 類別來做加減運算(方法)，必須先宣告(建構)成變數(物件)，才能操作變數(執行物件方法)，例如：

```
int a;          // 宣告變數 a 是一個整數(物件)
int b;          // 宣告變數 b 是一個整數(物件)
a = 10;         // 正確
b = a + 5;      // 正確
int = 20;       // 錯誤
```

由上面的程式片段得知：類別(int)可透過宣告來衍生出物件(a 和 b)，但是類別本身卻不是物件，所以不可直接用來執行。假設腳踏車物件和摩托車物件都是由同一類別(車子)衍生而來，卻是代表不同的個體。在一般討論物件的書籍中也將同一個類別所衍生出來物件叫做該類別的 instance (實體、個體或執行個體)，在這裡我們就不細分了。

19.3 物件導向程式設計特性

在開始使用物件導向觀念來設計程式之前，除了要先暸解物件和類別彼此間的關係外，也必須先了解物件導向程式設計到底有哪些特性，方能寫出符合需求的物件導向程式。物件導向程式設計的特性包含：抽象化(abstraction)、封裝(encapsulation)、繼承(inheritance)、多形(polymorphism)、動態繫結(dynamic binding)。

19.3.1 抽象化

抽象化(abstraction)顧名思義，若以它的動詞 abstract(萃取) 來思考或許會更加清楚。人們在思考物件時，往往會以抽象化來處理複雜的事物，而不是鑽牛角尖朝物件的實體來思考。例如：對於電腦(物件)，只在乎它的功能：搬移檔案、複製檔案... (抽象化)，而不是去深入了解電腦內部的線路、元件...(實體)構造。又例如對於燈光的使用只在乎如何營造出美好的氣氛(抽象化)，而不去深入了解燈泡如何構成(實體)。

一般的高階語言都將變數抽象化，利用資料抽象化可使資料隱藏，抽象化只注重物件和外界溝通的行為，而與資料內部執行細節沒有關係。例如：單價以 price 當作變數名稱，而不以 A、B 這種無意義的方式來進行資料處理。在物件導向程式設計中，更將抽象化擴展到物件上，程式設計者可以直覺方式針對 Car1 (汽車) 物件，以 Car1.Weight 代表汽車的重量、Car1.Start()啟動汽車方法，而不用 GetWeight(Car1)函式來取得汽車的重量、用 Start(Car1)函式來啟動汽車。程式中可以使用 enum 來模擬抽象化，**enum** (列舉) 其實是一個資料型別，通常是用來將一組無意義的資料用有意義的方式表現出來(詳見 14 章)，例如：

```
enum WeekDays: int {
        Sunday = 0,
        Monday = 1,
        Tuesday = 2,
        Wednesday = 3,
        Thursday = 4,
        Friday = 5,
        Saturday = 6
} ;
```

這樣就可以用 WeekDays::Friday 來表示 5 這個數字了，例如：

```
int Today = (int)WeekDays::Friday;          // 相當於設定 Today = 5
```

這就是所謂的「抽象資料型態」(簡稱 ADT)，除了 **enum** 外，另一個最常見的 **ADT** 就是結構 **struct**，例如：要依照學生的國文成績遞增排序學生資料 (學號、姓名、國文、英文、數學)，若不用 **struct** 而是宣告五個陣列來做的話：

```
int student_No[50] ;
string student_Name[50];
int student_Chinese[50];
int student_English[50];
int student_Math[50];
int I, J, Tmp;
string S;
for (I=0 ; I<50 ; I++) {
    for(J=I+1 ; J<50 ; J++) {
        if (student_Chinese[J] < student_Chinese[I]) {
            Tmp = student_No[I];
            student_No[I] = student_No[J];
            student_No[J] = Tmp;
            S = student_Name[I];
            student_Name[I] = student_Name[J];
            student_Name[J] = S;
            Tmp = student_Chinese[I];
            student_Chinese[I] = student_Chinese[J];
            student_Chinese[J] = Tmp;
            //.......
            Tmp = student_English[I];
            student_English[I] = student_English[J];
            student_English[J] = Tmp;
            Tmp = student_Math[I];
            student_Math[I] = student_Math[J];
            student_Math[J] = Tmp;
        }
    }
}
```

由上面可知，每次交換時都要做五次交換。如果改用 **struct** 來做就變成結構陣列，可以整個結構互換，此時交換只要做一次。

```
struct Student {
public :
    int No;
    string Name;
    int Chinese;
    int English;
    int Math;
};
……
……

int _tmain(int argc, _TCHAR* argv[]) {
    Student stu[50];
    int I, J ;
    Student Tmp;
    for (I=0 ; I<50 ; I++) {
        for(J=I+1 ; J<50 ; J++){
            if (stu[J].Chinese > stu[I].Chinese) {
                Tmp = stu[I];
                stu [I] = stu [J];
                stu [J] = Tmp;
            }
        }
    }
    //……
    system("pause");
    return 0;
}
```

使用 struct 結構陣列，程式碼是不是簡潔多了呢？這就是所謂的 abstraction 了，換句話說：在程式語言中就是使用 **ADT** 將眾多資料的一般化規則 abstract (萃取、抽) 出來，以達到程式語言 abstraction 的特性。類別(**class**) 其實也是一種更為抽象的 **ADT**，這個部份稍後會詳細說明。

19.3.2 封裝

每個人都有自己的隱私，若喪失了隱私就讓別人一覽無遺，毫無祕密可言。資料的封裝就有如人類的隱私。物件也是一樣，或多或少都有屬於物件內部的私有部份(屬性、方法…)，而這些部份必須是外界無法直接存取，如此才能保有物件的完整性。例如：對於一般人來說，PS 遊戲機(物件)只是學習如何透過面板來操控(方法)遊戲，對於 PS 內部的元件構造(實體)並不需要去了解，若一時好奇打開遊戲機盒自行拆解(破壞封裝)，那麼有可能弄壞遊戲機，而無法恢復原來的功能。因此物件必須將私有的部份封裝在物件的內部，而使用者只能藉由物件所提供的方法、屬性來操控物件，以保持物件的完整性。

至於物件導向程式語言，將資料結構和用來操作該資料結構的所有方法都封裝在物件的類別定義中。外界無法直接存取該物件內部的資料結構，僅能透過物件開放的存取介面來進行存取，因此可以保護物件的完整性。譬如使用提款機提款，提款人只能經由提款機所提供的螢幕與按鈕，經過密碼確認後才可進行提款作業，無法自行直接由提款機內部存取現金，如此便可以確保提款程序的正確性。

「軟體 IC」其實就包含了封裝的概念，在資訊硬體領域中，不論是多複雜的電子產品，都是由小小的 IC 所組成。不管每一顆 IC 內部電路設計有多複雜，只要瞭解每一個 IC 接腳 (介面) 所代表的功能，就可以組合出不同的產品 (例如網路卡、音效卡、主機板...)。將這個概念應用在軟體設計上，就是物件的概念了。因此「封裝」這個特性可以有效隱藏物件複雜的內部設計，只將有用的介面提供給外部來使用，就像 IC 一樣，可以大幅度提昇軟體的安全性。

19.3.3 繼承

在真實世界中，有許多物件的特徵和行為很類似，而這些性質相似的物件往往都是經由繼承(inheritance)而來。譬如：兒子長得像父親，主要是由於兒子遺傳了父親的諸多特性 (髮色、膚色...)，但是兒子會因外在因素而產生一些新的特性，這是父親所沒有的，像是兒子會電腦而父親不會...等等，但是基本上兒子的大部份特性都是由父親所遺傳下來的。所以，一個物件 A 得到另一個物件 B 特性的過程稱為「A 繼承(inheritance)B」，物件 B 是屬於父類別 (super class) 或稱基礎類別(base class)，物件 A 則是屬於子類別(subclass)或稱衍生類別 (derived class)，其中 derived 這個字是「衍生」的意思，也就是以 base class 為基礎所「衍生」出來的類別。

父類別中的屬性和方法在子類別中的物件就可繼承使用，子類別往下延伸的次子類別物件也可繼承使用。由於物件具有繼承的特性，使得物件導向程式設計具有可再用(reused)和擴充性。例如一部新型汽車可以繼承柴油汽車的大部份特性：方向盤、輪子、汽車座椅...，而改用噴射引擎、ABS、四輪傳動系統...，就可以造出一部功能更強、跑得更快的新車了。所以，物件有了繼承的特性，就可以快速製作出一個新的物件。

在以往的結構化程式設計中，程式設計者如果要對於原來的程式庫做功能上的增減，就必須修改原始碼或重新撰寫程式庫。在物件導向程式設計中，程式設計者只要重新設計一個新的類別，並繼承舊有的類別，就可以在不更動舊有程式庫的情況下，增減物件的功能。例如下圖的 RaceCar(賽車)物件繼承自 Car(汽車)物件，並新增了 Turbo()方法：

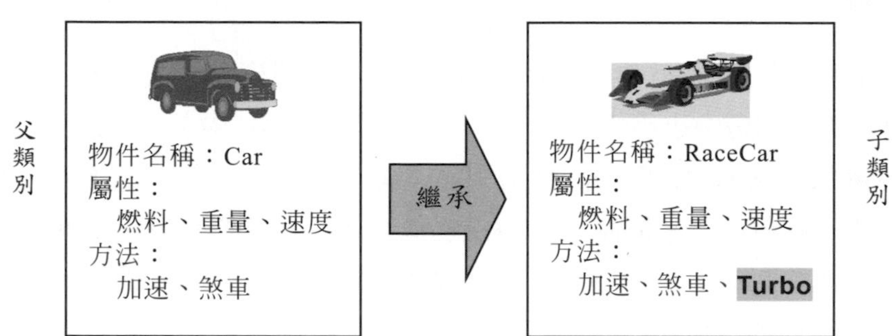

如此只要在新的 RaceCar 類別中新增一個 Turbo()方法即可，其餘 Car 類別所有的屬性(燃料、重量、速度)和方法(加速、煞車)都可以延用(繼承)。就好像改裝車子一樣，只要加裝 Turbo 裝置，改裝後的車子就可以跑得更快了。

19.3.4 多形

多形(polymorphism)又稱「同名異式」。所謂「多形」就是物件可使用相同功能(方法)介面，來操作不同類型的物件，而產生不同行為的一種機制，簡言之就是「一個介面，多個方法」。例如：一個人(物件)要去看電影(方法)，那麼他到底會看哪類的電影(方法執行的結果)呢？這就要視看電影的人是誰而定，如果是小明會去看卡通片、如果是爸爸則會去看武俠片。方法雖相同，但會因不同的物件而產生不同的結果。物件有了多形的特性，可以簡化很多物件處理的過程。也就是說物件允許它的方法名稱相同，卻依引數個數或引數資料型別的不同而產生多個方法。程式執行時會選擇合適的方法來執行，例如下圖中，RaceCar (賽車)和 PoliceCar(警車) 都繼承自 Car 物件類別：

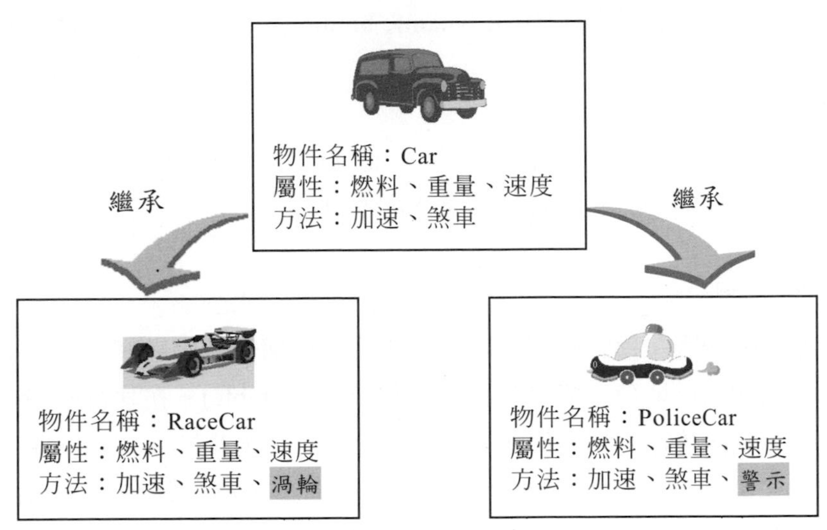

假設 A 是 RaceCar 物件、B 是 PoliceCar 物件，C 是 Car 物件，若執行下列敘述後，則 C->Accelerate(加速)所執行的是哪個物件的 Accelerate()方法呢？這就要看所繫結的物件(也就是指標指到那個物件)為何了，譬如：

```
Car *C;               // 宣告 C 是 Car 類別的指標
RaceCar A;            // 宣告 A 是 RaceCar 類別的物件
C = &A;               // 表示 C 指向物件 A
C->Accelerate();      // 執行 RaceCar 類別物件的 Accelerate 方法
```

反之

```
Car *C;               // 宣告 C 是 Car 類別的指標
PoliceCar B           // 宣告 B 是 PoliceCar 類別的物件
C = &B;               // 表示 C 指向物件 B
C->Accelerate();      // 執行 PoliceCar 類別物件的 Accelerate()方法
```

由此可知，可以使用相同的敘述執行不同的物件中的相同方法，這就叫做多型(polymorphism)，這也是物件導向中的技術精華所在，至於如何能達成多型的特性，就必須透過另一個物件導向程式的特性：動態繫結(dynamic binding)來達成。

19.3.5 靜態繫結與動態繫結

一般在呼叫物件方法，有兩種與物件的繫結方式，一種是靜態繫結(static binding) 另一種方式是動態繫結(dynamic binding)。

一. 靜態繫結

指的是編譯器在程式編譯的階段，就將物件與方法繫結在一起。例如：A.DoIt() 編譯成機器碼會直接呼叫 A 物件的 DoIt()方法。

二. 動態繫結

指的是編譯器在程式編譯的階段並不將物件與方法繫結在一起，而是將物件的方法函式的位址建立成一個虛擬表格(virtual table)。在執行階段時，再由虛擬表格中判斷該呼叫哪一個物件的方法函式，例如執行 A->DoIt()時，先判斷 A->DoIt()是哪一個物件的 DoIt()方法，再由虛擬表格中找到該方法函式的位址，進行函式呼叫，因此可以做到物件多型 (polymorphism)。

不同程式語言在處理動態繫結所使用的 virtual table 技術不見得相同(例如函式命名方式)，就連同樣是 C++語言，在不同編譯器(Visual C++、Borland C++ Builder ...) 下就有不同的內部處理方式，不過這並不會影響程式設計的方式，因為低階的部分已經完全由編譯器處理掉了。

19.4 物件與類別的建立

19.4.1 如何建立類別

在 C++ 中，使用 class{...}; 來定義一個類別。要特別注意類別的定義哪裡都可以放，就是不能放在方法(函式)中(包含事件)，也不能放在 namespace{...} 外，也就是類別定義一定是全域性的宣告。現在先來練習宣告一個空白的類別 MyFirstClass，並且使用這個類別來建立一個物件。

程式碼　FileName：EmptyClass.cpp

```
01 #include <cstdlib>
02 #include <iostream>
03 using namespace std;
04 //定義類別，名稱為 MyFirstClass
05 class MyFirstClass {
06 
07 };
08 
09 int main(int argc, char** argv) {
10     cout << "宣告一個 MyFirstClass 物件 A ...\n";
11     MyFirstClass A ;      //宣告 MyFirstClass 類別的 A 物件
12     cout << "A 物件建立完成 !!\n";
13     system("PAUSE");
14     return 0;
15 }
```

執行結果

說明

1. 第 5~7 行：定義一個空白的類別，該類別名稱為 MyFirstClass。
2. 第 11 行：使用 MyFirstClass A；敘述，建立出一個屬於 MyFirstClass 類別的新物件 A。

19.4.2 命名空間

假設要在同一個 C++ 程式檔中宣告兩個名稱相同的類別，C++ 編譯器會因名稱重覆而出現錯誤，此時可利用命名空間(namespace)來解決這個問題。例如 IBM 和 Acer 兩家電腦公司都生產 Notebook (筆記型電腦)，這時候就可以用 **namespace{ … }** 來定義 IBM 和 Acer 兩個不同的命名空間，然後在各自的命名空間內各自定義相同的 Notebook 類別，就不會相互影響。

程式碼 FileName : Namespace.cpp

```
#include <cstdlib>
#include <iostream>

using namespace std;
// 定義 IBM 命名空間
namespace IBM {
    class Notebook {

    };
}

// 定義 Acer 命名空間
namespace Acer {
    class Notebook {

    };
}

int main(int argc, char** argv) {
    IBM::Notebook A;
    Acer::Notebook B;

    system("PAUSE");
    return 0;
}
```

「::」範圍運算子可以用來指定命名空間下的成員，因此 IBM::Notebook 表示 IBM 命名空間內的 Notebook 類別；而 Acer::Notebook 就表示 Acer 命名空間內的 Notebook 類別。這樣就可以避免宣告出 AcerNotebook 和 IBMNotebook 這種太長而且不具分類的類別名稱，這又是另一種抽象化概念的具體實現。

要特別注意的就是 namespace{ … } 敘述只能放在檔案層級，也就是說不可以放在方法(函式)或 class 宣告中。不過在 namespace 中，還是可以有「子命名空間」。

程式碼　FileName : SubNamespace.cpp

```
#include <cstdlib>
#include <iostream>

using namespace std;
namespace IBM {
    namespace Taiwan {            // 子命名空間 Taiwan
        class Notebook {

        };
    }
    namespace Japan {             // 子命名空間 Japan
        class Notebook {

        };
    }
}

namespace Acer {
    class Notebook {

    };
}

int main(int argc, char** argv) {
    IBM::Taiwan::Notebook A;
    IBM::Japan::Notebook B;
    Acer::Notebook C;
    system("PAUSE");
    return 0;
}
```

最常使用到 namespace 的時機，就是要避免類別名稱相同。例如：想要定義一個 Graphics 類別，但 .NET Framework 中已有 System::Drawing::Graphics 類別了，此時只要將自訂的 Graphics 類別放在一個自訂的 namespace 中，然後在宣告物件時指定所在的 namespace 即可，例如：MyNamespace::Graphics A ;。

19.4.3 如何建立屬性

建立屬性的方式，可以直接在類別中宣告 public(公有)權限的變數。請看下面範例介紹如何在類別中建立屬性，以及設定屬性值：

一. 使用 public 變數建立物件屬性

程式碼 FileName：PropertyVariables.cpp

```
#include <cstdlib>
#include <iostream>

using namespace std;
class Car {           // 定義 Car 類別有 X 和 Y 屬性
public:
    int X;
    int Y;
};

int main(int argc, char** argv) {
    Car Benz;          // 宣告 Car 類別的 Benz 物件
    Benz.X = 100;   // 設定 Benz 物件的 X 屬性值等於 100
    Benz.Y = 200;   // 設定 Benz 物件的 Y 屬性值等於 200
    system("PAUSE");
    return 0;
}
```

可以在 Car 類別宣告中，直接加上 public 變數 X, Y，這樣就可以直接做出兩個屬性了，此種做法和使用 struct{ … }; 相似。

二. public 變數的潛在缺點

直接在 class 中宣告 public 變數，雖然是建立屬性最快速的方式，但是對於這類型屬性的存取並無法做任何的控制。例如要為 Car 類別加上 Speed (速度) 屬性，但是希望 Speed 屬性的值能夠限制速度在 0~200 之間，這時候如果用 public 變數來做，寫法如下：

```
class Car {
public:
     int Speed;
};

int main(int argc, char **argv) {
     Car Benz;
     Benz.Speed = 500;      // 屬性值超過 200
     ......
     return 0;
}
```

此時會發現 Speed 的屬性值可以隨便設定，就算設成負數也可以。因此如果希望對於屬性的存取都能做一些額外的處理時，例如控制 Speed 屬性值的範圍，就必須使用方法(或稱成員函式)來定義屬性。

三. 如何使用方法來建立屬性

要限制類別屬性的範圍，可以在類別中將該屬性設為 private(私有)，然後在建立一個 public(公有)方法(或稱成員函式)，來存取該屬性值。物件在宣告其成員時，可以使用 private:、public: 或 protected: 來指定該成員的存取權限，如果沒有宣告時預設為 private 權限。物件的 private 成員只有同一個物件的其他成員才可以使用。protected 成員只有同一個物件的其他成員，或該物件的 subclasse (子類別) 才可以使用這些成員。public 成員使用範圍最廣，任何可以看到此物件的地方都可使用這些成員。(詳細說明請看第 20 章)

例如限制_speed 屬性值的範圍是 0 ~ 200，如下範例：

程式碼 FileName : PropertyEmulationUsingFunction.cpp

```
#include <cstdlib>
#include <iostream>
using namespace std;
class Car {
private:
    int _speed;
public:
    int GetSpeed() {
        return _speed;
    }
```

```
    void SetSpeed(int vSpeed) {
        if(vSpeed < 0) {        // 速度不得低於 0
            vSpeed = 0;
        }
        if(vSpeed > 200) {      // 速度不得高於 200
            vSpeed = 200;
        }
        _speed = vSpeed;
    }
};
int main(int argc, char** argv) {
    Car Benz ;
    Benz.SetSpeed(500);  // 速度值超過 200
    cout << Benz.GetSpeed() << endl;
    system("PAUSE");
    return 0;
}
```

執行結果

說明

在 Car 類別中宣告一個 private 私有變數_speed 來存放速度屬性值，由於_speed 是 private 私有型態，因此不可以直接存取_speed 屬性值，達到保護物件成員的效果。然後定義 public 的 GetSpeed()和 SetSpeed()方法，前者用來取得_speed 屬性值，後者用來設定屬性值。由於是使用方法(函式)，因此可以限制屬性值的範圍，例如在 SetSpeed()方法中限制_speed 屬性值必須在 0 ~ 200 之間。

19.4.4 如何建立方法

一. 建立方法

物件的方法(也稱為成員函式 member function)就是定義在類別中的函式，而方法中的引數也就是函式的引數。例如定義 Car 類別的 Move()方法：

程式碼 FileName：Method.cpp

```
#include <cstdlib>
#include <iostream>
using namespace std;
class Car {
private:
    int _x, _y;
public:
    void Move(int vX, int vY) {            // 定義 car 類別擁有 Move 方法
        _x = vX;
        _y = vY;
    }
};

int main(int argc, char** argv) {
    Car Benz ;
    Benz.Move (100, 200);
    system("PAUSE");
    return 0;
}
```

只要定義一個包含兩個引數 public 公開型態的 void Move()方法，就可以了就能達成移動的效果。但是。如果要配合之前定義的 SetSpeed()方法，另外再定義一個加速的方法 Accelerate()時，就會出現一些缺點。由於 SetSpeed()方法設定_speed 屬性的範圍在 0 ~ 200 之間，因此 Accelerate()方法中也必須做_speed 屬性的範圍檢查與設定。程式碼如下：

程式碼 FileName：CallingFunctionMethod-1.cpp

```
#include <cstdlib>
#include <iostream>
using namespace std;

class Car {
private:
    int _speed ;

public:
    int GetSpeed(){                      // GetSpeed()方法用來取得速度屬性值
```

```
        return _speed;
    }
    void SetSpeed(int value) {    // SetSpeed()方法用來設定速度屬性值，範圍 0~200
        if(value < 0) {
            value = 0;
        }
        if(value > 200) {
            value = 200;
        }
        _speed = value;
    }
    void Accelerate() {           // Accelerate()方法用來設定目前速度屬性值加 1
        _speed ++;                // 速度 + 1
        if(_speed > 200) {        // 檢查速度不可超過 200
            _speed = 200;
        }
    }
};

int main(int argc, char** argv) {
    Car Benz ;                    // 宣告 Car 類別的 Benz 物件
    Benz.SetSpeed(199);
    cout << "現在速度:" << Benz.GetSpeed() << endl;
    cout << "加速 ...\n";
    Benz.Accelerate();
    cout << "現在速度:" << Benz.GetSpeed() << endl;
    cout << "加速 ...\n";
    Benz.Accelerate();
    cout << "現在速度:" << Benz.GetSpeed() << endl;
    system("PAUSE");
    return 0;
}
```

執行結果

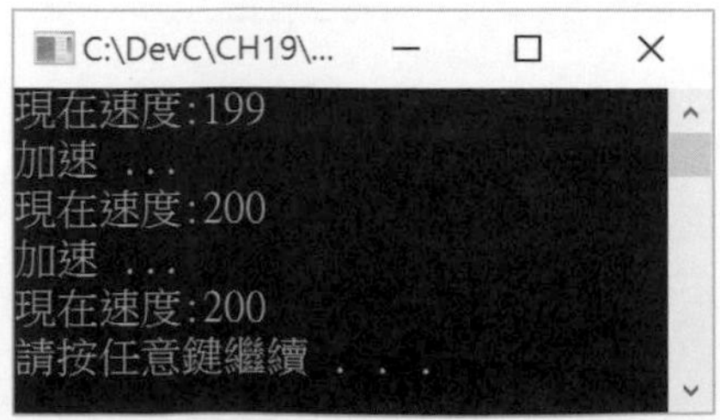

二. 如何呼叫自身類別的屬性與方法

上述範例 Accelerate()方法中的程式碼，可以改成下面的寫法：

```
// ***********CallingFunctionMethod-2.cpp*************
void Accelerate() {
        this->_speed ++;            // 速度 + 1
        if (_speed > 200) {         // 檢查速度不可超過 200
              _speed = 200;
        }
}
```

其中 **this** 指標是用來指向目前正在處理的物件，也就是目前物件本身，也就是說使用物件本身的_speed 屬性值加上 1，之後再檢查速度是否超過 200，若_speed 超過 200，則_speed 自動設為 200。因此將來呼叫 Accelerate()方法來加速時，速度最高只能到 200，不會超出範圍。當然如果要在物件中呼叫自己的方法也可以，例如要呼叫物件自己的 Move 方法，就用 **this->Move(100, 200);** 敘述，而指向物件內部的變數也是一樣，例如 this->_speed。

其實在這個範例中是可以省略 **this**，直接用 _speed++; 即可。不過萬一在方法(函式)中有另一個區域變數名稱也叫做 _speed，那就一定要加上 **this**，否則指的是區域變數 _speed，而不是物件屬性 _speed，例如：

```
// ******************************************************
 public void Accelerate(){
      int _speed;              // 定義區域變數 _speed
      _speed ++;               // 指的是區域變數 _speed
      this->_speed++;          // 指的是物件的 _speed 屬性
 }
```

因此只要是要指到物件自己的方法、屬性或變數，最好在前面加上 **this->**，比較妥當。

三. 方法多載

假設希望 Car 類別中的 Accelerate()方法能夠有多種加速的方式，例如：

```
Accelerate();                   // 速度加 1
Accelerate(50);                 // 速度加 50
Accelerate("STOP");             // 停車
```

由於上述三種 Accelerate()方法的引數個數與引數資料型別不一樣，因此可以將上面三個方法使用方法多載(overloading)來達成：

程式碼 FileName：Overloading-1.cpp

```cpp
#include <cstdlib>
#include <iostream>
#include <string>
using namespace std;
class Car {
private:
    int _speed ;
public:
    int GetSpeed() {
        return _speed;
    }
    void SetSpeed(int value) {
        if(value < 0) {
            value = 0;
        }
        if(value > 200) {
            value = 200;
        }
        _speed = value;
    }
    void Accelerate() {
        this->_speed++;
    }
    void Accelerate(int addSpeed) {
        this->_speed += addSpeed;
    }
    void Accelerate(string S) {
        if(S == "STOP") {
            this->_speed  = 0;
        }
    }
};

int main(int argc, char** argv) {
    Car Benz;
```

```
    Benz.SetSpeed(0);
    cout << "現在速度:" << Benz.GetSpeed() << endl;
    cout << "加速 ...\n";
    Benz.Accelerate();
    cout << "現在速度:" << Benz.GetSpeed() << endl;
    cout << "加速 10 ...\n";
    Benz.Accelerate(10);
    cout << "現在速度:" << Benz.GetSpeed() << endl;
    cout << "停車 ...\n";
    Benz.Accelerate("STOP");
    cout << "現在速度:" << Benz.GetSpeed() << endl;
    system("PAUSE");
    return 0;
}
```

執行結果

方法多載(overloading)指的就是讓引數型別或引數個數不同的方法，可以使用相同的方法名稱。例如上述範例中的 Accelerate()方法，可以有多種引數型態提供選擇。

四. 範圍運算子

前面的範例都是將成員函式(或稱方法)定義在類別內，若類別內只是宣告成員函式的原型，而定義在類別外的成員函式，就必須在成員函式名稱之前加上類別名稱及「::」範圍運算子，如此 C++的編譯器才會知道類別外的成員函式是屬於哪個類別的成員。語法如下：

語法

```
class 類別名稱{
  //成員函式宣告
};

函式傳回值 類別名稱::成員函式名稱([引數串列]){
  //函式主體
}
```

類別名稱與成員函式之間加上::

前面的 Overloading-1.cpp 範例，可以將 Car 類別的所有成員函式宣告在類別內，並配合「::」範圍運算子將 Car 類別的所有成員函式定義在類別外。完整程式碼如下(Overloading-2.cpp)，其執行結果與 Overloading-1.cpp 相同。

程式碼 FileName : Overloading-2.cpp

```cpp
#include <cstdlib>
#include <iostream>
#include <string>
using namespace std;

class Car {
private:
    int _speed ;

public:
    int GetSpeed ();                    // 宣告 GetSpeed()方法
    void SetSpeed(int );                // 宣告 SetSpeed()方法
    void Accelerate();                  // 宣告 Accelerate()方法
    void Accelerate(int);               // 宣告 Accelerate(int)方法
    void Accelerate(string) ;           // 宣告 Accelerate(string)方法
};

int Car::GetSpeed() {                   // 定義 Car 類別的 GetSpeed()方法
    return _speed;
}
void Car::SetSpeed(int value) {         // 定義 Car 類別的 SetSpeed()方法
    if(value < 0) {
        value = 0;
    }
    if(value > 200) {
```

```
        value = 200;
    }
    _speed = value;
}
void Car::Accelerate() {                // 定義 Car 類別的 Accelerate()方法
    this->_speed++;
}
void Car::Accelerate(int addSpeed) { // 定義 Car 類別的 Accelerate(int)方法
    this->_speed += addSpeed;
}
void Car::Accelerate(string S) {    // 定義 Car 類別的 Accelerate(string)方法
    if(S == "STOP") {
        this->_speed  = 0;
    }
}

int main(int argc, char** argv) {
    Car Benz;
    Benz.SetSpeed (0);
    cout << "現在速度:" << Benz.GetSpeed() << endl;
    cout << "加速 ...\n";
    Benz.Accelerate();
    cout << "現在速度:" << Benz.GetSpeed() << endl;
    cout << "加速 10 ...\n";
    Benz.Accelerate(10);
    cout << "現在速度:" << Benz.GetSpeed() << endl;
    cout << "停車 ...\n";
    Benz.Accelerate("STOP");
    cout << "現在速度:" << Benz.GetSpeed() << endl;
    system("PAUSE");
    return 0;
}
```

五. 物件指標

若將類別宣告成物件指標，再將物件指標指向某一個類別物件，此時物件指標即可以使用「->」運算子來存取該類別物件的所有方法或屬性。例如將範例 Overloading-1.cpp，改成使用物件指標的方式來存取類別的方法，請參考下面 ObjPointer.cpp 範例程式碼灰底字的部份。

程式碼 FileName：ObjPointer.cpp

```
#include <cstdlib>
#include <iostream>
#include <string>
using namespace std;

class Car {
private:
    int _speed ;

public:
    int GetSpeed() {
      return _speed;
    }
    void SetSpeed(int value) {
      if(value < 0) {
          value = 0;
      }
      if(value > 200) {
          value = 200;
      }
      _speed = value;
    }
    void Accelerate(){
      this->_speed++;
    }
    void Accelerate(int addSpeed) {
      this->_speed += addSpeed;
    }
    void Accelerate(string S) {
      if(S == "STOP") {
          this->_speed  = 0;
      }
    }
};

```

```
int main(int argc, char** argv) {
    Car Benz;               // 宣告 Car 類別的 Benz 物件
    Car *ptr;               // 宣告 Car 類別的 ptr 指標，此時 ptr 可指向 Car 類別物件
    ptr = &Benz;            // ptr 指向 Benz 物件
    ptr->SetSpeed (0);      // 因為 ptr 是指標，所以可以使用「->」來存取成員函式
    cout << "現在速度:" << ptr->GetSpeed() << endl;
    cout << "加速 ...\n";
    ptr->Accelerate();
    cout << "現在速度:" << ptr->GetSpeed() << endl;
    cout << "加速 10 ...\n";
    ptr->Accelerate(10);
    cout << "現在速度:" << ptr->GetSpeed() << endl;
    cout << "停車 ...\n";
    ptr->Accelerate("STOP");
    cout << "現在速度:" << ptr->GetSpeed() << endl;
    system("PAUSE");
    return 0;
}
```

19.4.5 建構式與解構式

類別定義中有兩種很特別的方法，分別是建構式 (constructor) 與解構式 (destructor)。當程式執行到 **Car Benz;** 宣告 Benz 是 Car 物件時，會自動去執行該物件中的預設建構式，在建構式中可以做一些物件的初始化動作 (例如：開啟資料檔案、配置記憶體…)。宣告物件時允許有多個建構式，C++ 會依建構式的引數不同而尋找符合的建構式來設定初值。而當物件消滅時，就會執行物件的解構式，在解構式中可以做一些物件結束動作 (例如：關閉資料檔案、釋放所配置的記憶體…)。

類別中可以建立引數多樣化的建構式，但是解構式只能有一個，建構式的名稱一定要和類別的名稱相同，且可以根據所傳入的引數來呼叫不同的建構式，而解構式名稱則是「~」再加上類別名稱，例如類別 **class Car{…};** ，Car 類別的解構式名稱則為「**~Car**」。建構式與解構式兩者都是方法(成員函式)。關於建構式與解構式必須注意到下面七點：

1. 若未寫建構式時，系統會自動提供一個不做任何事的預設建構式(default constructor)。
2. 建構式的名稱必須和類別的名稱一樣。
3. 建構式沒有傳回型別，即使 void 也不需要。
4. 建構式也可以多載，其做法和多載成員函式一樣，是使用不同的引數串列的個數或資料型別來加以區隔。
5. 解構式的名稱必須和類別一樣，且解構式名稱之前要加上「~」符號。
6. 解構式是無接受引數的函式，且只能有一個，因此解構式無法多載。
7. 解構式無法直接呼叫，只有在物件被破壞時才會執行。

例如下面範例為 Car 類別加上兩個建構式，用來設定速度的初始值，並且加上解構式，顯示「車子物件消滅了...」一行訊息。其中一個建構式不需傳入引數；另一個建構式必須傳入一個整數。

程式碼 FileName：Constructor-Destructor-1.cpp

```cpp
#include <cstdlib>
#include <iostream>

using namespace std;
class Car {
private:
    int _speed;

public:
    // 物件的建構式 #1
    Car() {
       _speed = 0;
       cout << "初始化後速度 = " << _speed << endl;
    }
    // 物件的建構式 #2
    Car(int vSpeed) {
       _speed = vSpeed;
       cout << "初始化後速度 = " << _speed << endl;
    }
    // 物件的解構式
```

```
    ~Car() {
        cout << "車子物件消滅了 ..." << "\n\n";
    }
};

void DoSomething() {
    cout << "進入程序，並宣告 BMW 物件 ...\n";
    Car BMW(10) ;    // 執行第 16~19 行含有初值的建構式
    cout << "BMW 物件宣告完成，準備離開方法 ...\n";
} // BMW 物件是此函式的區域變數，離開此函式時 BMW 物件會被消滅，此時執行 21~23 行

int main(int argc, char** argv) {
     DoSomething();
     cout << "宣告 Benz 物件 ..\n";
     Car Benz ;
     cout << "Benz 物件宣告完成 ..\n";
     system("PAUSE");
     return 0;
} // Benz 是 main 函式的區域變數，離開 main 函式時 Benz 會被消滅，此時執行 21~23 行
```

執行結果

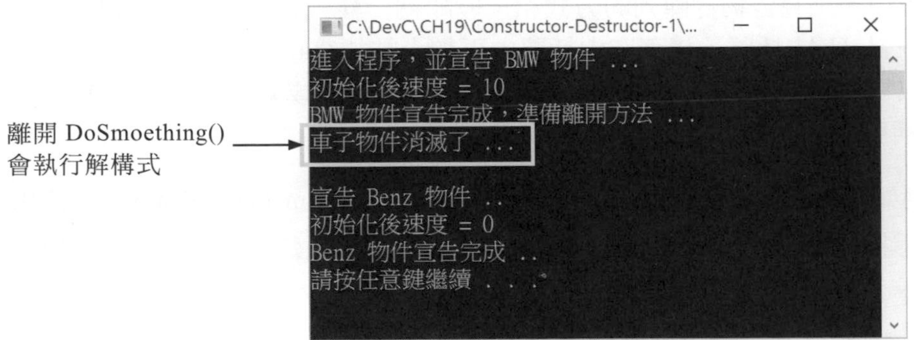

執行結果如上圖，其中 BMW 物件是在 DoSomething() 函式中宣告的區域物件，而 Benz 物件則是在 main() 函式中宣告的。結果當離開 DoSomething() 函式時，BMW 物件會自動執行物件解構式~Car。

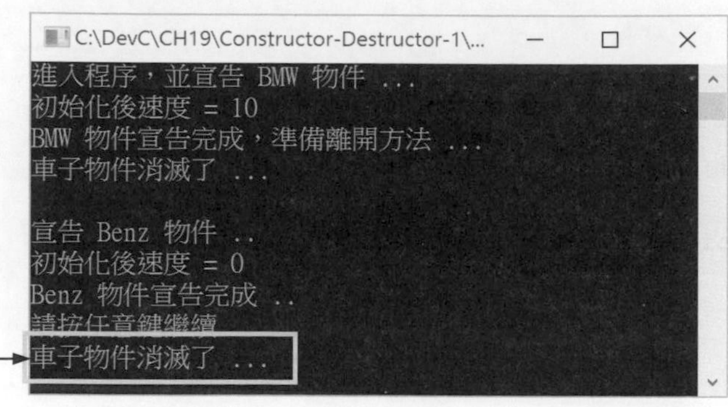

結束程式時，會再執行解構式

如上圖，若程式執行時按下 Enter 鍵結束程式離開 main()時，此時 Benz 物件會被破壞，即馬上再自動執行物件解構式~Car，並關閉主控台視窗馬上返回整合開發環境。如果想要在程式執行過程中動態執行解構式的話，可以配合 new 來建立物件以及使用 delete 來刪除物件，當執行到 delete 時，該物件即會被刪除而自動執行解構式。此部分在本章第 19.6 節有詳細介紹。

19.5 物件陣列

使用類別宣告物件陣列的方式和一般陣列一樣，只要在物件陣列名稱之後加上一對 [] 中括號，接著在中括號內再加上註標來指定該陣列的大小。如果要存取物件陣列中某一個陣列元素的方法(成員函式)或屬性(資料成員)，只要在 [] 中括號之後加上「.」運算子即可。

例如下面範例在 Employee 員工類別中定義 setName()、getName()方法用來存取姓名，定義 setSalary()、getSalary()方法用來存取薪資，且薪資範圍只能設定介於 22000~60000 之間，定義 print()方法可印出員工的姓名與薪資。同時在 main()主函式內宣告 Employee 類別的 aryEmployee 物件陣列，陣列元素為 aryEmployee[0] ~ aryEmployee[4] 代表五位員工，接著設定五位員工的姓名與薪資，最後再印出所有員工的資訊。

程式碼 FileName：ObjArray.cpp

```
#include <cstdlib>
#include <iostream>
#include <string>
```

```

using namespace std;
// 定義 Employee 員工類別
class Employee {
private :
    string _name;
    int _salary;

public :
    // 設定員工姓名
    void setName(string value) {
        _name = value;
    }
    // 取得員工姓名
    string getName() {
        return _name;
    }
    // 設定員工薪資範圍 22000~60000
    void setSalary(int value) {
        if (value < 22000 || value > 60000) {
            _salary = 22000;
        } else {
            _salary = value;
        }
    }
    // 取得員工薪資
    int getSalary() {
        return _salary;
    }
    // 印出員工的姓名與薪資
    void print() {
        cout << getName() << "\t" << getSalary()  << endl;
    }
};

int main(int argc, char** argv) {
    string name;
    int i, salary;

```

```
    Employee aryEmployee[5];  // 宣告 aryEmployee[0]~aryEmployee[4]
    cout << "請輸入 5 位員工的姓名與薪資\n";
    for(i=0; i<5; i++) {
        cout << "第 " << (i+1) << " 位員工姓名：";
        cin >> name;
        aryEmployee[i].setName(name);      //設定第 i 位員工的姓名
        cout << "第 "  << (i+1) << " 位員工薪資：";
        cin >> salary;
        aryEmployee[i].setSalary(salary); //設定第 i 位員工的薪資
    }
    cout << "\n 印出所有員工的姓名與薪資\n";
    cout << "編號\t 姓名\t 薪資\n";
    cout << "==================\n";
    for (i=0; i<5; i++) {      // 印出第 i 位員工的姓名與薪資
        cout <<" " << (i+1) << "\t";
        aryEmployee[i].print();
    }
    system("PAUSE");
    return 0;
}
```

執行結果

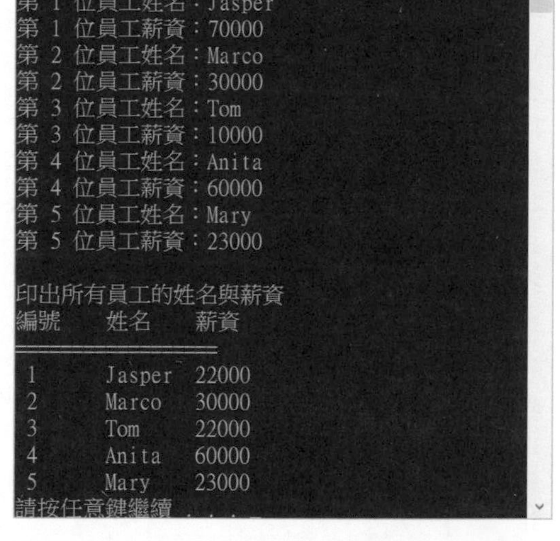

也可以使用指標的方式來存取物件陣列，做法與一般指標處理陣列的方式相同。一開始可將指標指到物件陣列的第一個元素，接著再透過指標的運算(如 ptr++, 或 ptr--)來跳到指定的陣列元素，最後即可使用指標配合「->」運算子來存取類別的成員。寫法如下：

```
Employee aryEmployee[5];     //宣告 aryEmployee[0]~aryEmployee[4]
Employee *ptr;               //宣告 Employee 類別的 ptr 指標
ptr = aryEmployee;           //ptr 指到陣列元素 aryEmployee[0]的位址
.....
ptr->getName();              //使用->存取類別的成員
```

將前一個 ObjArray.cpp 範例改使用指標的方式來處理，完整程式參考下面 ObjArrayPtr.cpp 範例，下面程式碼灰底字部份為修改的程式敘述。

程式碼 FileName：ObjArrayPtr.cpp

```
#include <cstdlib>
#include <iostream>
#include <string>

using namespace std;

// 定義 Employee 員工類別
class Employee {
private :
    string _name;
    int _salary;

public :
    // 設定員工姓名
    void setName(string value) {
        _name = value;
    }
    // 取得員工姓名
    string getName() {
        return _name;
    }
    // 設定員工薪資範圍 22000~60000
    void setSalary(int value) {
        if(value < 22000 || value > 60000) {
            _salary = 22000;
        } else {
            _salary = value;
        }
    }
```

```
    // 取得員工薪資
    int getSalary() {
        return _salary;
    }
    // 印出員工的姓名與薪資
    void print() {
        cout << getName() << "\t" << getSalary()  << endl;
    }
};

int main(int argc, char** argv) {
    string name;
    int i, salary;

    Employee aryEmployee[5];  // 宣告 aryEmployee[0]~aryEmployee[4]
    Employee *ptr;            // 宣告 Employee 類別的 ptr 指標
    ptr = aryEmployee;        // ptr 指到陣列元素 aryEmployee[0]的位址

    cout << "請輸入 5 位員工的姓名與薪資\n";
    for (i=0; i<5; i++) {
        cout << "第 " << (i+1) << " 位員工姓名：" ;
        cin >> name;
        ptr->setName(name);      // 使用指標設定姓名
        cout << "第 "  << (i+1) << " 位員工薪資：";
        cin >> salary;
        ptr->setSalary(salary); // 使用指標設定薪資
        ptr++;                   // 指標往下移，相當於陣列元素跳下一個註標
    }
    cout << "\n印出所有員工的姓名與薪資\n";
    cout << "編號\t姓名\t薪資\n";
    cout << "==================\n";
    ptr = aryEmployee;           // ptr 指到陣列元素 aryEmployee[0]
    for (i=0; i<5; i++) {
        //印出第 i 位員工的姓名與薪資
        cout <<" " << (i+1) << "\t";
        ptr->print();
        ptr++;                  // 指標往下移，相當於陣列元素跳下一個註標
    }
```

```
    system("PAUSE");
    return 0;
}
```

19.6 動態配置記憶體

ANSI C++ 提供 new 及 delete 運算子來動態配置記憶體。new 運算子是用來在程式執行時期才動態配置記憶體，它在配置記憶體的同時會傳回指向記憶體啟始位址。至於 delete 運算子是用來釋放先前 new 運算子所配置的記憶體。其語法如下：

語法 1

```
資料型別 *ptr;            //宣告指標變數
ptr = new 資料型別;       //使用 new 動態配置記憶體
delete ptr;               //當指標不使用時，可使用 delete 釋放記憶體
```

語法 2

```
資料型別 *ptr;                       //宣告指標變數
ptr = new 資料型別([引數串例]);//使用 new 動態配置記憶體，並傳入建構式的引數
delete ptr;                          //當指標不使用時，可使用 delete 釋放記憶體
                                     //此時即會執行類別的解構式
```

例如下例定義 Student 學生類別，該類別含有_name 姓名和_score 成績屬性、預設建構式、必須傳入姓名和成績的建構式、解構式、以及可顯示學生姓名和成績資料的 ShowStudent()方法。接著在 main()主函式內宣告 Student 類別的 ptr1 及 ptr2 指標，再透過 new 運算子動態配置記憶體並呼叫 Student 類別的建構式，最後使用 delete 運算子釋放記憶體並呼叫 Student 類別的解構式。

程式碼 FileName : new_delete.cpp

```
#include <cstdlib>
#include <iostream>
#include <string>
using namespace std;

```

```
class Student {
private :
    string _name;
    int _score;

public :
    void setName(string value) {
        _name = value;
    }
    string getName() {
        return _name;
    }
    void setScore(int value){          // 分數範圍限制在 0~100
        if(value < 0 ){
            _score=0;
        }
        else if(value > 100) {
            _score = 100;
        } else {
            _score = value;
        }
    }
    int getScore() {
        return _score;
    }
    void print(){
        cout << getName() << "\t" << getScore() << endl;
    }
    Student() {        // 預設建構式，沒有引數的建構式
    }
    Student(string name, int score) {         // 此建構式必須傳入姓名和薪資
        this->setName(name);
        this->setScore(score);
    }
    ~Student() {          // 解構式, 執行 delete 時會執行解構式
        cout << "學生->" << this->getName() << "被刪除了" << endl;
    }
    void ShowStudent() {
      cout << "姓名：" << this->getName() << "  成績：" << this->getScore()<< endl;
```

```
    }
};

int main(int argc, char** argv) {
    Student *ptr1, *ptr2;         // 宣告屬於 Student 類別的 ptr1 及 ptr2 指標
    ptr1 = new Student;           // 使用 new 動態記置憶體,此時執行預設建構式
    ptr1->setName("張無忌");      // 指定姓名
    ptr1->setScore(120);          // 指定成績
    ptr1->ShowStudent ();         // 執行 Student 類別的 ShowStudent()方法
    // 使用 new 動態配置記憶體，並傳入姓名及成績
    ptr2 = new Student("小龍女", 80);
    ptr2->ShowStudent ();         // 執行 Student 類別的 ShowStudent()方法
    cout << "delete ptr1  " ;
    delete ptr1;                  // 使用 delete 運算子釋放記憶體，並執行解構式
    cout << "delete ptr2  ";
    delete ptr2;                  // 使用 delete 運算子釋放記憶體，並執行解構式
    system("PAUSE");
    return 0;
}
```

執行結果

也可以使用 new 運算子來動態配置陣列，其語法如下：

語法

```
資料型別 *ptr;                  //宣告指標變數
ptr = new 資料型別[索引大小];   //使用 new 動態配置陣列
delete[] ptr;                   //當指標不使用時，可使用 delete 釋放配置陣列
```

使用 new 運算子動態配置 Student 學生物件陣列，並讓使用者自己指定學生人數，接著再逐一輸入每位學生的姓名與成績，最後再印出所輸入的所有學生資料。

程式碼 FileName：new_delete_array.cpp

```
#include <cstdlib>
#include <iostream>
#include <string>
using namespace std;
// 定義 Student 學生類別

class Student {
private :
    string _name;
    int _score;
public :
    void setName(string value) {   // 設定學生姓名
        _name = value;
    }
    string getName() {              // 取得學生姓名
        return _name;
    }
    void setScore(int value) {          // 設定學生成績範圍 0~100
        if(value < 0 ){
            _score=0;
        }
        else if(value > 100) {
            _score = 100;
        } else {
            _score = value;
        }
    }
    int getScore() {                // 取得學生成績
        return _score;
    }
    void print() {                  // 印出學生的姓名與成績
        cout << getName() << "\t" << getScore()  << endl;
    }
};

int main(int argc, char** argv) {
    string name;
    int i, score, num;
```

```
    cout << "請輸入學生的人數：";
    cin >> num;
    Student *ptr;              // 宣告 Student 類別的指標
    // 動態配置陣列，ptr 指向物件陣列的第一個元素的位址
    ptr=new Student[num];      // 產生 num 個陣列元素
    cout << "請輸入 " << num << " 位學生的姓名與成績\n";
    for(i=0; i<num; i++) {
        cout << "第 " << (i+1) << " 位學生姓名：";
        cin >> name;
        ptr->setName(name);     // 使用指標設定姓名
        cout << "第 "  << (i+1) << " 位學生成績：";
        cin >> score;
        ptr->setScore(score);   // 使用指標設定成績
        ptr++;                  // 指標往下移，相當於陣列元素跳下一個註標
    }
    cout << "\n 印出所有學生的姓名與成績\n";
    cout << "編號\t 姓名\t 成績\n";
    cout << "==================\n";
    ptr-=num;              // ptr 指向物件陣列的第一個元素的位址
    for(i=0; i<num; i++) {
        // 印出第 i 位學生的姓名與成績
        cout <<" " << (i+1) << "\t";
        ptr->print();
        ptr++;                  // 指標往下移，相當於陣列元素跳下一個註標
    }
    system("PAUSE");
    return 0;
}
```

執行結果

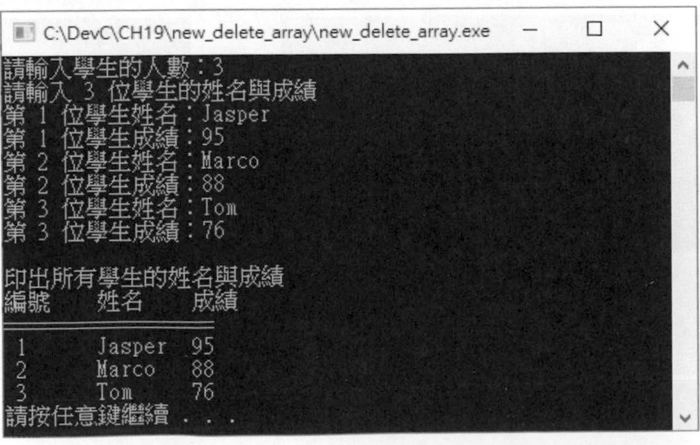

19.7 實例 - 堆疊

堆疊(stack)是一種線性串列資料結構，是後進先出(LIFO)的概念，就像一疊盤子最後放上去的盤子在最上層會最先被取用。在程式中資料要加入(push)堆疊時，資料會放在串列的最上(前)端，刪除(pop)資料也會從最上端移除。

範例：stack_demo.cpp

建立 Stack 堆疊類別。使用功能選單呼叫 Stack 堆疊類別的 Push()、Pop()、PrintStack()三個方法，分別將資料置入堆疊、由堆疊提取資料、依序顯示堆疊裡面的資料。輸出入介面按照下面八張畫面設計。

執行結果

1. 輸入堆疊物件可存放多少個元素，以及功能選單畫面

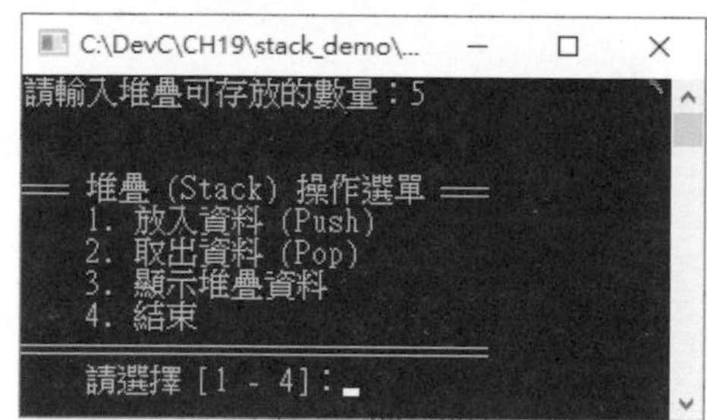

2. 輸入"5"-超出範圍時顯示錯誤畫面

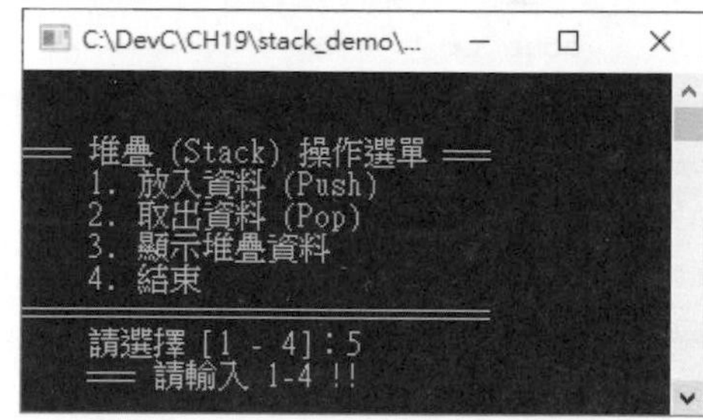

3. 選"1"-將輸入的資料放入堆疊畫面

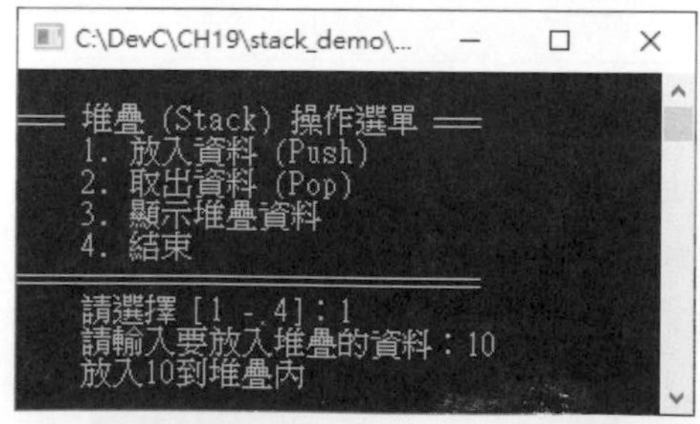

4. 選"3"-顯示目前堆疊內容畫面

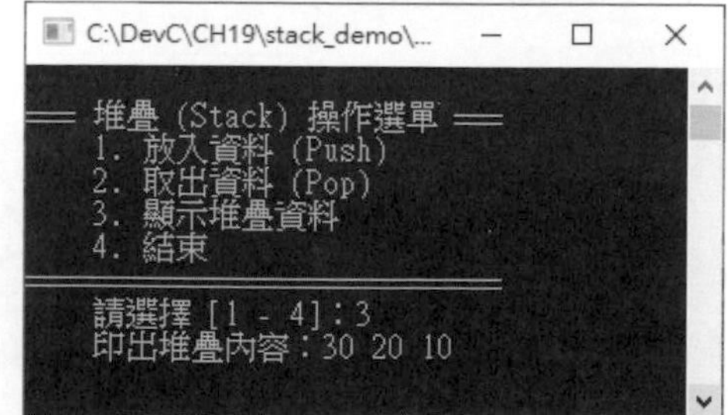

5. 選"1"-堆疊滿時畫面提示

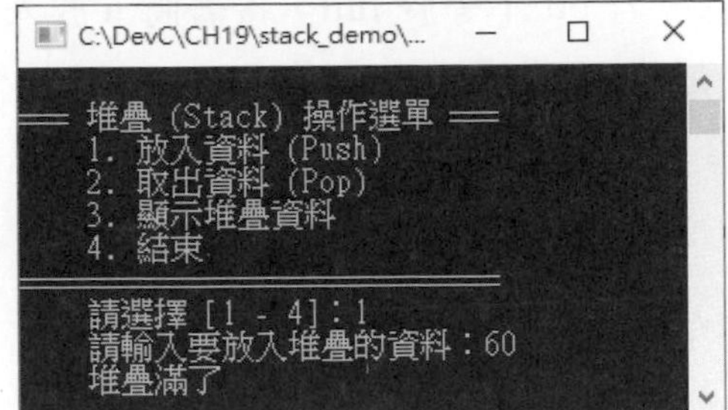

6. 選"2"-將資料由堆疊中拿出畫面

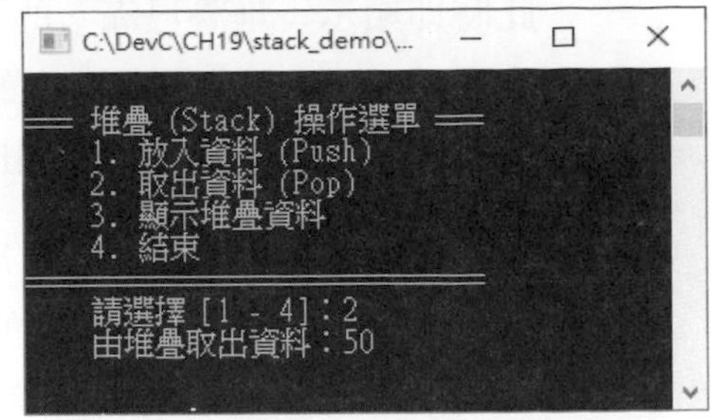

7. 選"3"-顯示目前堆疊內容畫面

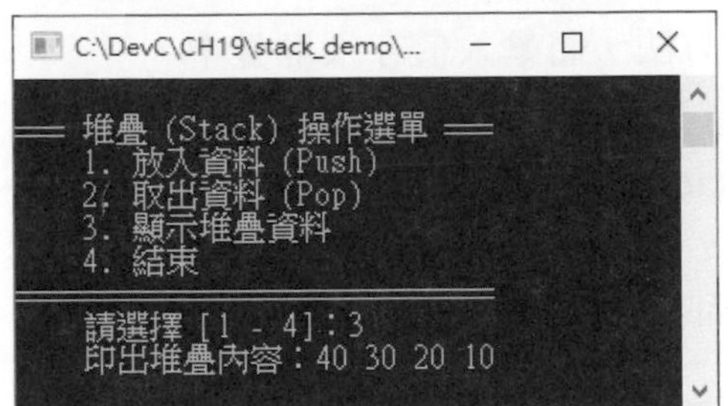

8. 選"2"-堆疊內資料被拿空畫面

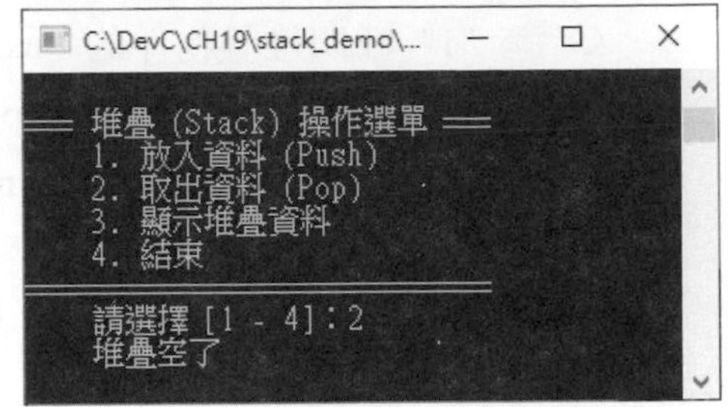

問題分析

1. 定義一個 Stack 類別可用來建立存放整數資料的堆疊物件。該類別的成員說明如下：

   ① ptr 整數指標：屬於私有成員，是處理堆疊指標，用來表示目前指向堆疊的位置。

   ② full 整數指標：屬於私有成員，用來指向堆疊的頂端。

   ③ empty 整數指標：屬於私有成員，用來指向堆疊的底部。

   ④ Stack(int n)建構式：屬於公開成員。使用 new 建立可存放 n 個整數資料的堆疊物件，若堆疊物件建立成功，此時 ptr 指標即指向堆疊的底部。在建構式中同時設定 full 指標指向堆疊的頂端，empty 指向堆疊的底部。

   ⑤ Pop()方法：屬於公開成員。若 ptr 等於 empty 則表示堆疊無資料，此時即顯示「堆疊空了」的訊息。若 ptr 不等於 empty，則表示堆疊中有資料，此時 ptr 指標往下移，接著取出目前 ptr 指向堆疊中的一個整數並顯示出來。

⑥ Push(int n)方法：屬於公開成員。若 ptr 等於 full 則表示堆疊已滿，此時即顯示「堆疊已滿」的訊息。若 ptr 不等於 full，接著將 n 放入到目前 ptr 指向堆疊中的位置，最後 ptr 指標再往上移。

⑦ PrintStack()方法：屬於公開成員，用來印出堆疊內所有的元素。

2. main() 主函式演算法

① 使用者輸入 Stack 堆疊物件的大小。

② 使用 do{…}while(1); 無窮迴圈，迴圈內透過 if…else if…else…敘述製作一個功能表目錄，利用數字(1-4)提供選擇，依數字呼叫指定的物件方法。

③ 選 "1" 呼叫堆疊物件的 Push()方法，將輸入值存入堆疊中。

④ 選 "2" 呼叫堆疊物件的 Pop()方法，由堆疊中取資料出來。

⑤ 選 "3" 呼叫堆疊物件的 PrintStack()方法，顯示堆疊內的資料。

⑥ 選 "4" 結束程式。

⑦ 其他數字，顯示錯誤訊息，重回目錄再選擇一次。

程式碼 FileName：stack_demo.cpp

```
#include <cstdlib>
#include <iostream>
using namespace std;

class Stack{                    // 定義 Stack 堆疊類別
private:
    // 宣告三個指標
    // full 表示堆疊頂端, empty 表示堆疊底部, ptr 表示目前堆疊移到的位置
    int *full, *empty,  *ptr;

public:
    Stack(int n){               // 建構式
        ptr = new int[n];       // 動態配置堆疊的數量
        full = ptr + n ;        // 設定 full 堆疊頂端
        empty = ptr;            // 設定 empty 堆疊底部
    }
    void Push(int n){           // 將資料放入堆疊的 Push()方法
        if(ptr==full){          // 判斷堆疊是否已滿
```

```
            cout << "  堆疊滿了";
            return;
        }
        *ptr = n ;              // 將整數存入目前指標指向堆疊的位置
        cout << "  放入" << *ptr << "到堆疊內";
        ptr++;                  // 堆疊指標位置往上移
    }
    void Pop(){                 // 將堆疊的資料彈出的 Pop()方法
        if(ptr==empty){         // 判斷堆疊是否已空
            cout << "  堆疊空了";
            return;
        }
        ptr--;                  // 堆疊指標位置往下移
        cout << "  由堆疊取出資料：" << *ptr;
    }
    void PrintStack(){          // 印出堆疊的所有資料的 PrintStack()方法
        if(ptr==empty){         // 判斷堆疊是否已空
            cout << "  堆疊內沒有資料";
            return;
        }
        cout << "  印出堆疊內容：";
        int *lptr;
        lptr = ptr;
        do{                     // 由目前堆疊位置開始印資料一直印到堆疊底部
            if(lptr!=empty){
                lptr--;
                cout << *lptr << " ";
            }
            else {
                break;
            }
        } while(1);
        cout << endl;
    }
};

int main(int argc, char** argv) {
    cout << "請輸入堆疊可存放的數量：";
```

```
    int num ;
    cin >> num;
    Stack s(num);         // 建立 Stack 堆疊物件 s，s 物件可存放 num 個整數資料
    int sel, input;
    do {
        cout << "\n\n=== 堆疊 (Stack) 操作選單 ===\n";
        cout << "    1. 放入資料 (Push) \n";
        cout << "    2. 取出資料 (Pop) \n";
        cout << "    3. 顯示堆疊資料 \n";
        cout << "    4. 結束 \n";
        cout << "============================== \n";
        cout << "    請選擇 [1 - 4]：";
        cin >> sel ;
        if(sel == 1) {
            cout << "    請輸入要放入堆疊的資料：";
            cin >> input ;
            s.Push(input);      // 將 input 輸入的資料放入堆疊中
        }
        else if(sel == 2){
            s.Pop();            // 由堆疊內彈出資料
        }
        else if (sel == 3){
            s.PrintStack();     //印出堆疊內所有的資料
        }
        else if(sel == 4) {
            cout << "    離開系統 \n";
            break;
        }
        else {
            cout << "    === 請輸入 1-4 !! \n";
        }
    } while(1);
    system("PAUSE");
    return 0;
}
```

CHAPTER 20

繼承與多型

20.1 繼承

20.1.1 類別繼承

程式設計中的繼承就類似真實世界的遺傳、傳承和創新一樣，例如兒子除了會遺傳爸爸或媽媽的特色(屬性)，也傳承技能(方法)外，且兒子會再擁有自己新的特色和技能。透過繼承的機制可以快速產生新的類別外，還可以讓新的類別延伸出更強的功能。通常將被繼承的類別稱為基底類別(base class)、父類別(parent class)或超類別(super class)，而繼承的類別稱為衍生類別(derived class)、子類別(child class)或次類別(sub class)。當子類別繼承自父類別之後，子類別會擁有父類別所有的成員(屬性、方法、欄位)。如下為 C++ 的繼承語法：

語法

```
class 子類別: 繼承存取權限 1  父類別 1,          // 子類別繼承自父類別
              繼承存取權限 1  父類別 2,
                 ......
              繼承存取權限 N  父類別 N
{
    ......
};
```

下面範例定義 Employee 員工類別有_salary 薪水屬性，使用 GetSalary()方法用來取得_salary 屬性，使用 SetSalary()方法設定_salary 屬性值介於 20,000~40,000 之間。

然後再定義一個繼承自 Employee 員工類別的 Manager 經理類別，並在經理類別中新增一個 Bonus 獎金屬性，以及顯示實領薪水的 ShowTotal()方法。因為 Manager 經理類別繼承自 Employee 員工類別，所以 Manager 類別擁有 Employee 類別的所有成員(屬性及方法)。下圖即為範例的 UML 類別圖，粗體字表示類別名稱，「-」符號的成員表示屬於 private 私有成員，「+」符號的成員表示屬於 public 公開成員。

程式碼 FileName：Inherits-1.cpp

```
#include <cstdlib>
#include <iostream>
#include <string>
using namespace std;

class Employee {           // 定義 Employee 員工類別
private :
   int _salary;            // Employee 員工類別有_Salary 薪水私有成員
public:
   int GetSalary() {       // 取得薪水方法(成員函式)
      return _salary;
   }
   // 設定薪水方法(成員函式)，薪水介於 20000~40000 之間
   void SetSalary(int value) {
      if(value < 20000)            // 薪水最少 20000
         _salary = 20000;
      else if (value > 40000)      // 薪水最多 40000
         _salary = 40000;
      else
         _salary = value;
   }
};
// Manager 經理類別繼承自 Employee 員工類別，因為繼承存取權限設為 public
// 因此 Manager 子類別的 Bonus 和 ShowTotal()成員可以由外界直接存取
```

```
class Manager : public Employee {
public :
    int Bonus;                       // 加入 Bonus 獎金公開成員
    void ShowTotal() {               // 加入顯示實領獎金方法(成員函式)
        cout << "實領薪水：" << ( Bonus + GetSalary()) << endl;
    }
};

int main(int argc, char** argv) {
    Employee tom ;                   // 建立 Employee 員工類別的 tom 物件
    tom.SetSalary (50000);           // 設定薪水
    cout << "tom 員工薪水" << tom.GetSalary() << endl;        // 顯示薪水
    cout << "================\n\n";
    Manager peter ;                  // 建立 Manager 經理類別 peter 物件
    peter.SetSalary(50000);          // 設定薪水
    cout << "peter 經理薪水 " << peter.GetSalary() << endl;  // 顯示薪水
    peter.Bonus = 30000;             // 設定 peter 的獎金 30000
    cout << "peter 經理獎金 " << peter.Bonus << endl;        // 顯示獎金
    peter.ShowTotal();               // 顯示 peter 實領薪水
    system("PAUSE");
    return 0;
}
```

執行結果

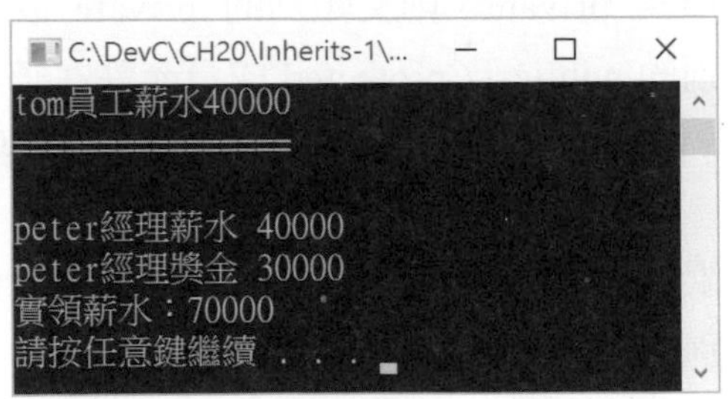

20.1.2 類別成員的存取限制

類別的成員存取修飾詞除了可以使用 private 和 public 之外，還可以使用 protected。類別的成員存取修飾詞說明如下：

1. **public**

   public 成員的存取沒有限制，是屬於公開層級的成員，可以在類別、子類別或宣告的物件中使用 public 成員。

2. **private**

   private 成員只能在自身類別內做存取的動作，是屬於私有層級的成員，無法給外界使用。

3. **protected**

   protected 成員除了可以讓自身類別存取之外，也可以讓子類別做存取，是屬於保護層級的成員。

20.1.3 繼承存取權限對成員的存取限制

類別的繼承存取權限可以使用 private、public、protected 修飾詞，存取限制說明如下：

1. **public**

   若繼承存取權限為 public，則父類別的 private 的成員無法在子類別中使用，只有父類別的 public 及 protected 成員允許在子類別中使用。但子類別的 public 成員允許外界存取，而子類別的 private 及 protected 成員無法允許外界存取。此種繼承存取權限是最常使用的方式之一。

2. **private**

   若繼承存取權限為 private，則父類別的 private 成員無法在子類別中使用，只有父類別的 public 及 protected 成員允許在子類別中使用。但是子類別的 public、private 及 protected 成員無法允許外界存取。

3. **protected**

   若繼承存取權限為 protected，則父類別的 private 成員無法在子類別中使用，只有父類別的 public 及 protected 成員允許在子類別中使用。但是子類別的 public、private 及 protected 成員無法允許外界存取，其衍生的子類別可存取 public 及 protected 成員。

由成員存取權限與繼承存取權限的組合方式可知道，若父類別的成員只給子類別使用而不給外界存取，此時子類別的成員就必須宣告為 protected 保護層級。父類別的各種權限成員，在不同繼承存取權限的子類別中的存取權限如下：

	父類別	public 權限 繼承的子類別	private 權限 繼承的子類別	protected 權限 繼承的子類別
成員權限	private	不能存取	不能存取	不能存取
	protected	protected	private	protected
	public	public	private	protected

20.1.4 多重繼承的方式

子類別若要同時繼承兩個以上的父類別，只要使用「,」逗號來區隔父類別的名稱就行了。下面範例定義 MathA 類別擁有 GetMax()方法用來取兩數之最大數、定義 MathB 類別擁有 GetAbs()方法用來設定某一個數的絕對值。接著讓 MathC 類別以 public 權限繼承自 MathA 及 MathB 類別，並在 MathC 類別新增 GetFactorial()方法用來取得某數的階層，結果可發現 MathC 類別擁有 GetFactorial()、GetMax()及 GetAbs()方法。下圖為三個類別的繼承關係圖，由圖可知，MathA 和 MathB 兩者之間沒有任何關係：

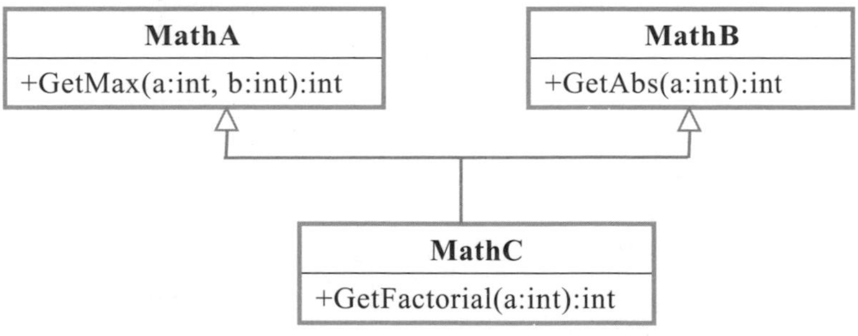

程式碼 FileName：Inherits-2.cpp

```
#include <cstdlib>
#include <iostream>
#include <string>
using namespace std;

class MathA {
public:
    int GetMax(int a, int b) {          // 取兩數之最大數
```

```
        return  (a>b) ? a:b;
    }
};

class MathB {
public:
    int GetAbs(int a) {              // 取某數絕對值
        return  (a>0) ? a : -(a) ;
    }
};
// MathC 繼承自 MathA 和 MathB 類別
// 因此 MathC 類別有 GetMax, GetAbs, GetFactorial 方法
class MathC: public MathA, public MathB {
public :
    int GetFactorial(int a) {       // 求某數階層
        if(a==0) {
            return 1;
        }
        else {
            return (a * GetFactorial(a-1));
        }
    }
};

int main(int argc, char** argv) {
    MathC objC;
    cout << "100 和 65 最大數是：" << objC.GetMax (100, 65) << endl;
    cout << "-99 的絕對值：" << objC.GetAbs (-99) << endl;
    cout << "5 ! 階層：" << objC.GetFactorial (5) << endl;
    system("PAUSE");
    return 0;
}
```

執行結果

```
C:\DevC\CH20\Inherits-2...
100和65最大數是：100
-99的絕對值：99
5 ! 階層：120
請按任意鍵繼續 . . .
```

子類別也可以再做為某一個子類別的父類別，一直往下繼承下去。例如 MathB 繼承 MathA，再讓 MathC 繼承 MathB，寫法如下：

```
class MathA {......}
class MathB :public MathA   //MathB 繼承自 MathA
{......}
class MathC :public MathB   //MathC 繼承自 MathB
{......}
```

修改前一個範例，讓 MathB 繼承 MathA，再讓 MathC 繼承 MathB，結果可發現 MathC 類別擁有 GetFactorial()、GetMax()及 GetAbs()方法，本例的執行結果與前一個範例相同。右圖為三個類別的繼承關係圖，由圖可知，MathA 是 MathB 的父類別，MathB 是 MathC 的父類別：

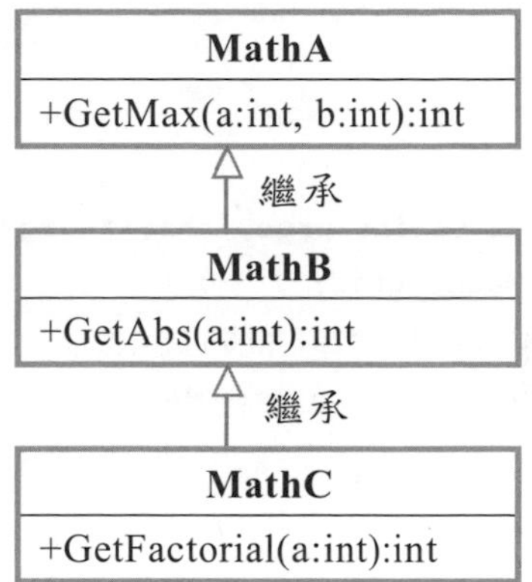

程式碼 FileName：Inherits-3.cpp

```
#include <cstdlib>
#include <iostream>
#include <string>
using namespace std;

class MathA{
public:
   int GetMax(int a, int b) {      //取兩數之最大數
      return  (a>b) ? a:b;
   }
};

class MathB:public MathA{          //MathB 繼承 MathA
  public:
     int GetAbs(int a) {           //取某數絕對值
        return  (a>0) ? a : -(a) ;
     }
};
```

```
class MathC: public MathB{    //MathC 繼承 MathB
public :
    int GetFactorial(int a) { //求某數階層
        if (a==0) {
          return 1;
        }
        else{
          return (a * GetFactorial(a-1));
        }
    }
};

int main(int argc, char** argv) {
    MathC objC;
    cout << "100 和 65 最大數是：" << objC.GetMax (100, 65) << endl;
    cout << "-99 的絕對值：" << objC.GetAbs (-99) << endl;
    cout << "5 ! 階層：" << objC.GetFactorial (5) << endl;
    system("PAUSE");
    return 0;
}
```

20.2 靜態成員

類別中除了上述 private、protected、public 三種不同等級的成員宣告方式之外，在某些特殊狀況下還可以使用 static 敘述來宣告「靜態成員」，使用 static 宣告的成員不需要建立物件就可以直接透過類別來使用。靜態成員在類別中只會儲存一份，static 成員並不會為每一個物件複製一份，不管產生多少個物件，該類別的靜態成員只有一份，而且類別所產生的物件都可以一起共用靜態成員。資料成員宣告為 static 即稱為「靜態資料成員」，若成員函式宣告為 static 即稱為「靜態成員函式」(即靜態方法)。靜態成員函式主要的功能是用來存取靜態資料成員或處理整個類別的事情，其寫法為「類別名稱::靜態成員函式」。下面的範例使用靜態成員來計算共產生多少個 Student 類別物件。

程式碼 FileName : staticMember.cpp

```
#include <cstdlib>
#include <iostream>
#include <string>
using namespace std;

class Student {
public:
    int No;                    // 用來記錄是第幾位學生
    static int Total ;         // 靜態資料成員(靜態變數)，記錄學生總數
    string Name;               // 記錄學生姓名
    static void ShowTotalStudents() {    // 靜態成員函式(靜態方法)
        cout << "現在共有 " << Total << " 位學生" << endl ;
    }
    void ShowMe() {
        cout << this->Name << " 是第 " << No << " 位學生。" << endl;
    }
    Student(string vStudentName) {       // 建構式
        Total += 1;
        No = Total;        // 記錄學生總數
        Name = vStudentName;
    }
    ~Student() {           // 解構式
        Total -= 1;
    }
};

int Student::Total = 0; // Student 類別的靜態資料成員學生總數為 0

int main(int argc, char** argv) {
    Student::ShowTotalStudents(); // 呼叫靜態成員函式
    Student Jack("Jack") ;        // 宣告第一位學生
    Jack.ShowMe();
    Student Winnie("Winnie") ;    // 宣告第二位學生
    Winnie.ShowMe();
    Student Max("Max");           // 宣告第三位學生
    Max.ShowMe();
    Student::ShowTotalStudents();
```

```
    Student *MyStudent;                    // 宣告一個 Student 的參考
    MyStudent = &Winnie;                   // 將 MyStudent 指向學生 Winnie
    MyStudent->ShowMe();
    Student::ShowTotalStudents();
    system("PAUSE");
    return 0;
}
```

執行結果

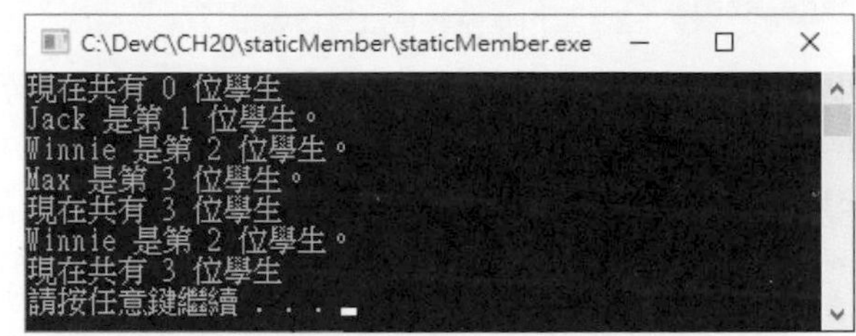

可以直接使用 Student::Total 來存取 Total 靜態資料成員(靜態變數)，也可以直接使用 Student::ShowTotalStudents()來執行 ShowTotalStudents 靜態成員函式(靜態方法)。由於 Total 是靜態成員，因此不管是在這個類別的哪一個物件實體中，看到的都是同一個 Total 變數，所以可以用來累加。但是 No 則是物件中的成員變數，在每一個物件實體中都各有一份。

20.3 多型

20.3.1 覆寫

子類別想要重新定義父類別的方法即稱為「覆寫」。其使用時機是當父類別的方法不適用，此時即可設定子類別的方法取代父類別中不適用的方法。子類別的方法覆寫(覆蓋)父類別的方法時，子類別與父類別的方法必須是相同個數的引數與相同的資料型別。

一般來說員工和經理的底薪一定不相同。例如在 Polymorphism-1.cpp 範例中的 Employee 員工類別定義一個設定薪水 SetSalary()方法，該方法可設定 _salary 屬性值介於 20,000~40,000 之間；接著讓 Manager 經理類別的 SetSalary()

方法覆寫 Employee 父類別的 SetSalary()方法，且重新定義 Manager 經理類別的 SetSalary()方法，使_salary 屬性值介於 30000~60000。完整程式碼如下：

程式碼 FileName : Polymorphism-1.cpp

```
#include <cstdlib>
#include <iostream>
#include <string>
using namespace std;

class Employee {          // 定義 Employee 員工類別
protected:
    //_salary 宣告為保護層級,此欄位可以在子類別中使用
    int _salary;
public:
    int GetSalary() {
        return _salary;
    }

    void SetSalary(int value) {          // 設定薪水介於 20000~40000
        if((value >= 20000) && (value <= 40000)) {
            _salary = value;
        }
        else {
            _salary = 20000;
        }
    }
};

class Manager:public Employee { //定義 Manager 經理類別繼承自 Employee 員工類別
public:
    int Bonus;
    int GetSalary () {
        return _salary;                  // 使用父類別的 m_salary
    }
    void SetSalary(int value) {          // 設定薪水介於 30000~60000
        if((value >= 30000) && (value <= 60000)) {
            _salary = value;
        }
```

```
        else {
            _salary = 30000;
        }
    }
    void ShowTotal() {
       cout << "實領薪水：" << ( Bonus + GetSalary()) << endl;
    }
};

int main(int argc, char** argv) {
    Manager peter;
    peter.SetSalary(70000);
    cout << "peter 經理薪水" << peter.GetSalary() << endl;
    peter.Bonus = 30000;
    cout << "peter 經理獎金" << peter.Bonus << endl;
    peter.ShowTotal();
    system("PAUSE");
    return 0;
}
```

執行結果

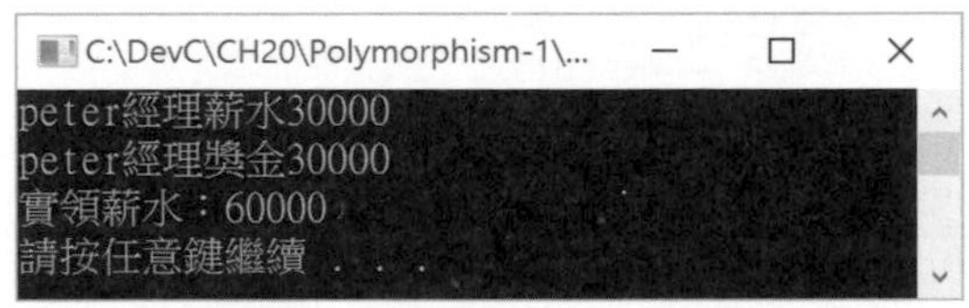

20.3.2 子類別如何呼叫父類別的屬性或方法

如果子類別只是要加強父類別方法而已，在子類別方法中並不需要重新撰寫和父類別中相同的方法，只要在子類別的方法中呼叫父類別的方法，然後在子類別方法內加上新的功能即可。至於呼叫父類別的屬性或方法語法如下：

語法

```
父類別::父類別的方法([引數串列])      //呼叫父類別的方法
父類別::父類別的屬性                  //呼叫父類別的屬性
```

下面例子中 Employee 父類別的 ShowTotal()方法會顯示底薪，而 Manager 子類別的 ShowTotal()方法除了要顯示底薪之外，還必須顯示薪水+獎金的總額。因此在 Manager 類別 ShowTotal()方法中只需要使用 Employee::ShowTotal() 來呼叫 Employee 的 ShowTotal()方法，然後再加上要顯示薪水+獎金的程式敘述就可以了(參考第 41~44 行敘述)。

程式碼 FileName：Polymorphism-2.cpp

```
01 #include <cstdlib>
02 #include <iostream>
03 #include <string>
04 using namespace std;
05
06 class Employee {
07 protected:
08     // _salary 宣告為 Protected 保護層級,此成員可以在子類別中使用
09     int _salary;
10 public:
11     int GetSalary() {
12         return _salary;
13     }
14     void SetSalary(int value) {
15         if((value >= 20000) & (value <= 40000)) {
16             _salary = value;
17         }
18         else {
19             _salary = 20000;
20         }
21     }
22     void ShowTotal() {    // ShowTotal 方法允許被覆寫
23         cout << "底薪：" << GetSalary() << endl;
24     }
25 };
26
27 class Manager : public Employee {
28 public:
29     int Bonus;
30     int GetSalary() {
31         return _salary;   // 使用父類別的 m_salary
32     }
```

```
    void SetSalary(int value) {
        if((value >= 30000) && (value <= 60000)) {
            _salary = value;
        }
        else {
            _salary = 30000;
        }
    }
    void ShowTotal() {              // 覆寫 Employee 的 ShowTotal 方法
        Employee::ShowTotal();      // 呼叫父類別 Employee 的 ShowTotal 方法
        cout << "薪水+獎金共：" << (Bonus + GetSalary()) << endl;
    }
};

int main(int argc, char** argv) {
    Employee tom;
    tom.SetSalary( 40000);
    cout << "tom員工薪水" <<  tom.GetSalary() << endl;
    tom.ShowTotal();
    cout << "==================\n\n";
    Manager peter;
    peter.SetSalary(70000);
    cout << "peter經理薪水" << peter.GetSalary() << endl;
    peter.Bonus = 30000;
    cout << "peter經理獎金" << peter.Bonus << endl;
    peter.ShowTotal();
    system("PAUSE");
    return 0;
}
```

執行結果

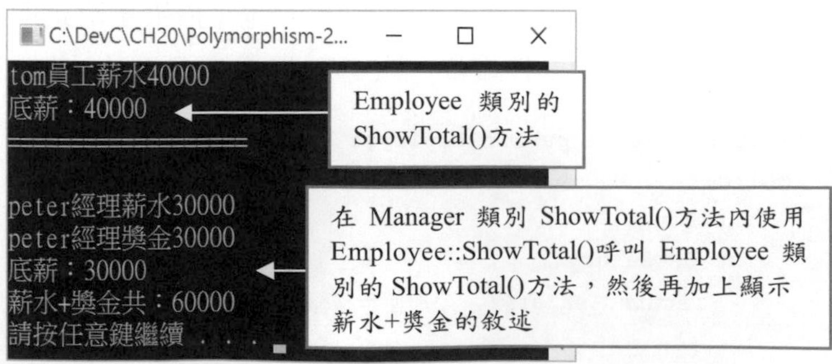

20.3.3 虛擬函式

若類別最少擁有一個虛擬函式時，該類別即為「抽象類別」。抽象類別無法直接建立實體物件，但抽象類別可以定義屬性、方法、建構式。常用於將抽象類別中的某些功能繼承給子類別(衍生類別)，然後再由子類別對所繼承的抽象類別中的虛擬函式進行實作。虛擬函式最常應用在多型的技巧，請參閱下節動態繫結說明。至於虛擬函式的宣告語法如下：

語法

```
class 抽象類別{
 public :
    virtual 傳回值 函式名稱([引數串例])=0;    //純虛擬函式
    virtual 傳回值 函式名稱([引數串列]);      //虛擬函式
};
```

說明

1. 在函式的傳回值之前加上 virtual 保留字，該函式即被宣告為虛擬函式(virtual function)，此函式並沒有包含實作的部分。
2. 虛擬函式沒有程式主體，只有方法宣告及「( )」和用「；」結束而已。
3. 如果虛擬函式宣告等於 0，即為「純虛擬函式」(pure virtual function)，此時會告知 C++編譯器該函式沒有任何定義。
4. 假若虛擬函式被宣告為純虛擬函式，則該函式必須在子類別被覆寫，否則會產生編譯時期的錯誤。

20.3.4 動態繫結

一般程式在編譯階段時，物件指標即會決定自己要執行的方法。動態繫結(dynamic binding)則是程式執行階段時，物件指標才決定所要執行的方法。其做法是使用父類別的物件指標，來選擇所要執行子類別物件實體的方法，透過這種技巧才可以做到真正的多型。

下面範例模擬使用者可選擇駕駛車子及飛機，然後顯示共前進幾公里。範例中 Traffic 交通工具類別中，包含_miles 靜態成員用來記錄已前進的公里數，而且還有一個 SpeedUp()加速方法，該方法為純虛擬函式，因此 Traffic 即為抽象類別。子類別 Car 和 Airplane 類別分別繼承 Traffic(車子和飛機都屬交通工具)，且覆寫了 Traffic 父類別 SpeedUp()方法，Car 類別的 SpeedUp()方法每一次加速是前進 2 公里；Airplane 類別的 SpeedUp()方法每一次加速是前進 15 公里。

在 main()主函式中設定一個無窮迴圈，讓使用者選擇要駕駛車子或飛機。若按「1」選擇車子，即將 Traffic 的物件指標 r 指向 Car 的 myCar 物件實體的記憶體位址，此時執行 r->SpeedUp()敘述，即會呼叫 Car 類別的 SpeedUp()方法。若按「2」選擇飛機，即將 Traffic 的物件指標 r 指向 Airplane 的 myAirplane 物件實體的記憶體位址，此時執行 r->SpeedUp()敘述，則會呼叫 Airplane 的 SpeedUp()方法。此種方式即為「動態繫結」。

程式碼 FileName : Polymorphism-3.cpp

```
#include <cstdlib>
#include <iostream>
#include <string>
using namespace std;

class Traffic {
protected:
    static int _miles;             // _miles 用來記錄前進的公里數
public:
    virtual void SpeedUp()=0;  // SpeedUp 為純虛擬函式，表示 Traffic 為抽象類別
};

int Traffic::_miles = 0;       // _miles 靜態成員初始化為 0

class Car : public Traffic {
public:
    void SpeedUp() {               // Car 子類別必須覆寫 SpeedUp()方法
        _miles += 2;
        cout << "駕駛車子, 加速中, 前進" << _miles <<"公里" << endl;
    }
};

class Plane : public Traffic {
public:
```

```
    void SpeedUp() {                   // Plane 子類別必須覆寫 SpeedUp()方法
        _miles += 15;
        cout << "駕駛飛機, 加速中, 前進" << _miles << "公里" << endl;
    }
};

int main(int argc, char** argv) {
    Traffic *t;              // t 是 Taffic 類別的物件指標
    Car myCar;               // myCar 是 Car 的物件實體，繼承 Taffic
    Plane myPlane ;          // myPlane 是 Plane 的物件實體，繼承 Taffic
    int input;
    while(true) {
        cout <<"請問要駕駛->1.車子  2.飛機  其他.離開：";
        cin >> input;
        if(input == 1)  {
            t = &myCar;      // 開車子, t 指標指向 myCar 物件實體的位址
        }
        else if(input == 2) {
            t = &myPlane;    // 開飛機, t 指標指向 myPlane 物件實體的位址
        }
        else {
            break;
        }
        t->SpeedUp();        // 呼叫 t 指標指向物件實體的 SpeedUp()方法
        cout << endl;
    }
    system("PAUSE");
    return 0;
}
```

執行結果

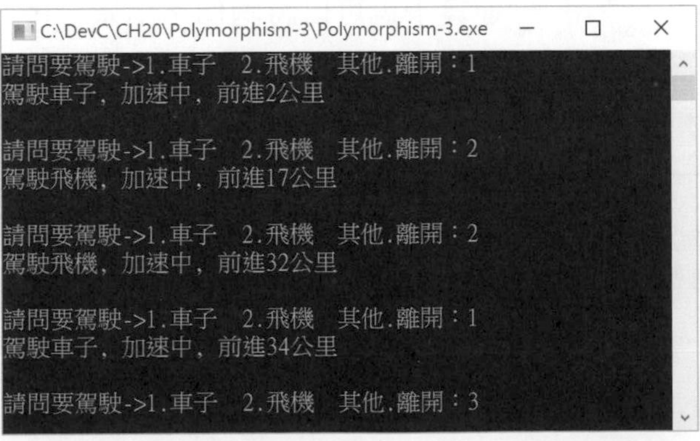

由這個範例可以知道，父類別的指標都可以動態指向同一類別的物件實體，或子類別的物件實體的記憶體位址，進而操作指標所指向物件實體的方法或屬性。這就是所謂的「多型」。

說明

1. 第 40 行：讓 t 指標指向 myCar 物件實體的位址，此時 t 即等於 myCar 物件，所以操作 t 就是操作 myCar 物件。記憶體配置圖如下：

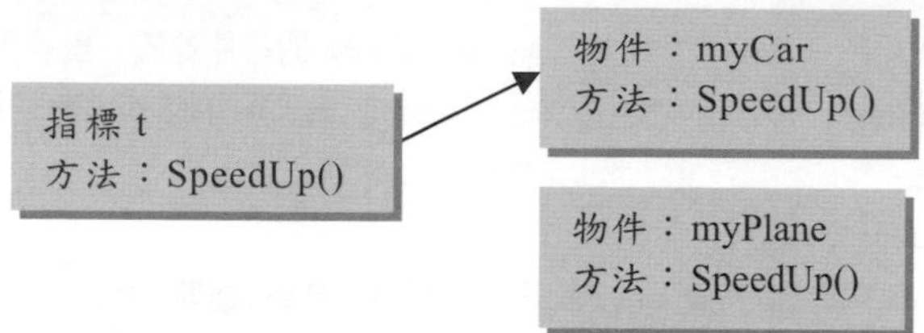

2. 第 43 行：讓 t 指標指向 myPlane 物件實體的位址，此時 t 即等於 myPlane 物件，所以操作 t 就是操作 myPlane 物件。記憶體配置圖如下：

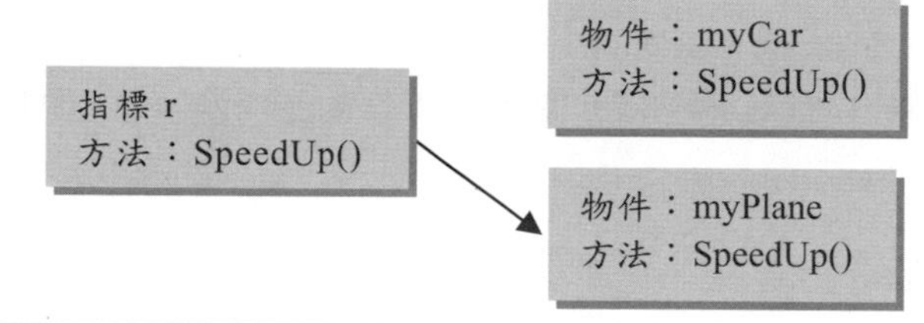

20.4 多載運算子

多載運算子可以讓原來的運算子增加額外的功能，例如使用 + 運算子可以相加兩個數值，使用 + 運算子也可以將兩個字串做合併。雖然都是使用 + 運算子，但是它會根據物件來判斷是要做數值相加還是要做字串合併，因此多載運算子通常和使用者自定型別(類別)一起使用。多載運算子的語法如下：

語法

```
傳回值 類別名稱::operator#([引數串列]) {
  //敘述區段
}
```

說明

1. #：代表多載運算子，因為它是屬於特殊功能的運算子函式，因此必須要在多載的運算子之前加上 operator。
2. 「傳回值」代表當使用多載運算子進行運算時，會傳回什麼型別的資料。
3. 除了 . 、::、?、* 這四個運算子之外，其他的運算子都可以多載。
4. 若多載一元運算子時，因為運算元只有一個，所以運算子函式不接受任何引數。
5. 使用多載運算子時，左邊的運算元會隱含到目前運算子函式的 this 指標，而右邊的運算元即是傳入運算子函式的引數。

透過下面範例來介紹多載運算子的定義和使用方法。

範例：overload_opr.cpp

定義一個 Point(點)的類別擁有 x 及 y 座標資料成員，再透過 Point 類別宣告 p1(10, 20), p2(15, 23), p3(0, 0)三個物件。最後多載 + 一元運算子(前置運算)及 + 二元運算子的功能。運算子功能分別說明如下：

① p3=p1+p2 ⇨ (25,43)=(10,20)+(15,23)

② p3=p3+ 6 ⇨ (31,49)=(25,43)+(6, 6) //表示 x、y 座標都加 6

③ ++p3 ⇨ (32,50)=(25,43)+(1, 1) //表示 x、y 座標都加 1

執行結果

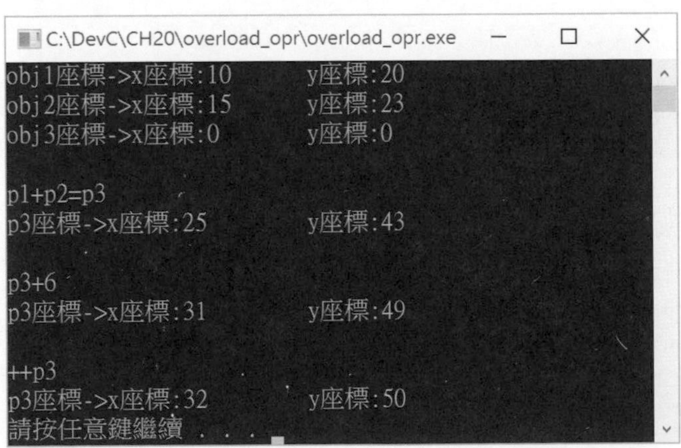

程式碼 FileName : overload_opr.cpp

```
#include <cstdlib>
#include <iostream>
#include <iomanip>
#include <string>
using namespace std;

class Point {
private:
    int x, y;
public:
    Point();
    Point operator+(Point);    // 多載+二元運算子
    Point operator+(int);      // 多載+二元運算子
    Point operator++();        // 多載+一元運算子(前置運算)
    void getxy();
    void setxy(int, int);
};

Point::Point() {
    x=0;
    y=0;
}

Point Point::operator+(Point obj) {
    Point t;
    t.x=x+obj.x;
    t.y=y+obj.y;
    return t;
}

Point Point::operator+(int n) {
    Point t;
    t.x=x+n;
    t.y=y+n;
    return t;
}

Point Point::operator++() {
    x=x+1;
```

```
    y=y+1;
    return *this;
}

void Point::getxy() {
    cout << "x座標:" << x << "\ty座標:" << y << endl;
}

void Point::setxy(int x1, int y1) {
    x=x1;
    y=y1;
}

int main(int argc, char** argv) {
    Point p1, p2, p3;
    p1.setxy(10,20);
    cout << "obj1座標->";
    p1.getxy();
    p2.setxy(15,23);
    cout << "obj2座標->";
    p2.getxy();
    p3.setxy (0,0);
    cout << "obj3座標->";
    p3.getxy();
    cout << endl;
    p3=p1+p2;
    cout << "p1+p2=p3\np3座標->";
    p3.getxy ();
    cout << endl;
    p3=p3+6;
    cout << "p3+6\np3座標->";
    p3.getxy ();
    cout << endl;
    ++p3;
    cout << "++p3\np3座標->";
    p3.getxy ();
    system("PAUSE");
    return 0;
}
```

說明

1. 第 54~61 行：透過 point 類別宣告 p1、p2、p3 三個物件，並設定這三個物件的 x、y 座標初值。
2. 第 65 行：執行 **p3=p1+p2;** 時，會執行第 24~29 行。其中 + 運算子左邊的 p1 會隱含到目前運算子函式的 this 指標，因此函式中 x, y 為 p1 的成員；+ 運算子右邊的 p2 會傳給運算子函式的 obj 虛引數，因此函式中 obj.x 代表 p2.x，obj.y 代表 p2.y；運算子函式中 **t.x=x+obj.x;** 及 **t.y=y+obj.y;** 執行後，會傳回 t，此時 t 會指定給 = 等號左邊的 p3。

```
Point Point::operator+(Point obj){
    Point t;
    t.x=x+obj.x;
    t.y=y+obj.y;
    return t;
}
```

3. 第 69 行：執行 **p3=p3+6;** 時會執行第 31~36 行。
4. 第 73 行：執行 **++p3;** 進行前置運算時，會執行第 38~42 行。其中 + 運算子右邊的 p3 會隱含到目前運算子函式的 this 指標，因此函式中 x, y 為 p3 的成員，將 p3 的 x 及 y 成員各別加 1 之後，最後再執行 **return *this ;**，表示傳回自己本身的物件。

```
Point Point::operator++() {
    x=x+1;
    y=y+1;
    return *this ;
}
```

CHAPTER 21

樣版與例外處理

21.1 樣版簡介

當設計一個求絕對值的 GetAbs()函式，該函式能按照函式引數內的資料型別傳回該資料型別的絕對值，此時便要使用多載函式(Overload Function)來達成。譬如：下面敘述是定義多載的 GetAbs() 函式可用來分別傳回整數型別、長整數型別、單精確度型別、倍精確度型別資料的絕對值。

```
int GetAbs(int num){              // 取得整數型別資料的絕對值
   return (num>0 ? num : -(num));
}
// ------------------------------------------------------
long GetAbs(long num){            // 取得長整數型別資料的絕對值
   return (num>0 ? num : -(num));
}
// ------------------------------------------------------
float GetAbs(float num){          // 取得單精確度型別資料的絕對值
  return (num>0 ? num : -(num));
}
// ------------------------------------------------------
double GetAbs(double num){        // 取得倍精確度型別資料的絕對值
  return (num>0 ? num : -(num));
}
```

由上可知，必須為每種資料型別定義一個函式，這四個函式內的主體寫法一模一樣，只是函式傳入和傳回的引數資料型別不一樣而已，難道都要為每個資料型別寫一個函式嗎？C++ 提供樣版(Template)可輕鬆解決此問題。首先，把樣版放在函式上就成為函式樣版，也就是將資料型別改以引數來表示。「函式樣版」是在呼叫函式時，才決定函式的引數型別，至於多載函式是在撰寫函式時，就已經決定函式引數的資料型別。透過樣版的觀念可讓程式碼做重複的使用。上面多載函式改採用樣版的話，就可將上面四個 GetAbs()函式的定義改成下面一個 GetAbs()函式樣版的定義：

```
template <class T>
T GetAbs(T num) {
    return (num>0 ? num : -(num));
}
```

上面的 GetAbs() 函式透過一個型別代名 T (型別代名 T 可自行命名)，用來表示所傳入及傳回的 int、long、float、double 資料型別；也就是說當呼叫 GetAbs(5)時，才決定引數型別為整數，此時以 int 自動取代為 T，即呼叫 **int GetAbs(int num)** 函式；呼叫 GetAbs(5.66)，表示 double 即自動取代為 T，即呼叫 **double GetAbs(double num)** 函式。由此可知透過函式樣版我們可以使用一個函式來處理不同資料型別的運算。C++ 透過「template」這個保留字可定義下列兩種樣版：

1. 函式樣版 (Function Template)
2. 類別樣版 (Class Template)

21.2 函式樣版

「函式樣版」可定義相同運算過程，但使用不同資料型別的函式。在定義或宣告函式樣版時，必須在函式傳回值之前加上「template」保留字，並使用 class 宣告資料型別的代名；函式樣版被呼叫執行時，代名會以實際的資料型別來取代。至於函式樣版的宣告及定義語法如下：

語法

```
1. 函式樣版宣告
   template<class Ttype> 傳回值 函式名稱([引數串列]);

2. 函式樣版定義
   template<class Ttype> 傳回值 函式名稱([引數串列]) {
       // 函式主體
   }
```

說明

1. 使用關鍵字 template 宣告一個樣版，template 內的引數是使用角括號括住，而一般自定函式內的引數是使用小括號括住，以茲區別。
2. Ttype 是資料型別的代名，即函式所使用的資料型別代名，此代名可在函式主體中使用。編譯器會自動以實際資料型別取代該代名。若要宣告多個資料型別的代名，可使用「,」逗號加以區隔。如：class T1, class T2, …class Tn。
3. class 關鍵字在樣版宣告是用來指定共用型別代名，此時會依照呼叫時所傳入的引數來改變型別代名(Ttype)，如下：

```
template <class T> T GetAbs(T num) {

    return (num>0? num : -(num));

}
```

呼叫 GetAbs(5)時，傳入引數 5 為整數，那麼 T 就是 int，此時函式樣版 T GetAbs(T num) 以 int 自動取代為 T， 即呼叫 int GetAbs(int num)函式，將整數取絕對值，並將結果以整數傳回。接著以下例來示範函式樣版。

範例：template_1.cpp

定義函式樣版 abs1()用來傳回某一數值的絕對值。例如呼叫 abs1(-5)會傳回 5；呼叫 abs1(-95.36)會傳回 95.36。執行結果如下圖：

執行結果

```
C:\DevC\CH21\template_1\...
 請輸入一個整數 i：-5
請輸入一個浮點數 d：-95.36
i 的絕對值：5
d 的絕對值：95.36
請按任意鍵繼續 . . .
```

問題分析

1. 使用 template 宣告一個函式樣版 abs1()，並使用 class 宣告 T 為資料型別代名，宣告 T abs1(T); 表示此函式的傳回值和傳入引數的資料型別為 T。其寫法如下：

```
template<class T>    // 宣告函式樣版 abs1()，傳回值及傳入引數型別為 T
T abs1(T);
```

2. 定義函式樣版 abs1()所傳入的虛引數 a 為 T 資料型別代名，函式的傳回值型別也是 T。當呼叫 abs1()函式時所傳入的值為整數時，T 會代換為 int 資料型別；若呼叫 abs1()函式時所傳入的值為浮點數時，T 會代換為 double。其寫法如下：

```
template<class T>
T abs1(T a)  {        // 定義函式樣版 abs1()傳回值及傳入引數型別為 T
    if(a<0) {
        a = -(a);
    }
    return a;
}
```

上述 if 的寫法也可以使用三元運算子，其寫法如下：

```
template <class T>
T abs1(T a) {
   return ( a>0 ? a : -(a) ) ;
}
```

3. 下面程式片段執行 abs1(-5) 會傳回 5，若執行 abs1(-63.5) 會傳回 63.5。

```
cout << abs1(-5);          // 顯示 5
cout << abs1(-63.5);       // 顯示 63.5
```

程式碼 FileName：template_1.cpp

```
#include <cstdlib>
#include <iostream>
#include <iomanip>
#include <string>

using namespace std;
template<class T>
T abs1(T);                    // 宣告 abs1 的樣版函式，並宣告 T 為型別代名

int main(int argc, char** argv) {
    int i;
    double d;
    cout << "  請輸入一個整數 i：" ;
    cin >> i;
    cout << "請輸入一個浮點數 d：";
    cin >> d;
    cout << "i 的絕對值：" << abs1(i) << endl;
    cout << "d 的絕對值：" << abs1(d) << endl;

    system("PAUSE");
    return 0;
}

// 定義 abs1 樣版函式的主體，傳入及傳回的資料型別為代名 T
template<class T>
T abs1(T a) {
    if(a<0) {
        a = -(a);
    }
    return a;
}
```

若樣版中指定多個資料型別的代名，則必須在 template<...> 之中使用「,」逗號區隔 class 宣告的代名。請看下例說明：

範例：template_2.cpp

撰寫函式樣版 printAry()用來顯示各種資料型別陣列中的元素，以及函式樣版 sortAry()用來將各種資料型別陣列中的元素由小到大排序。

執行結果

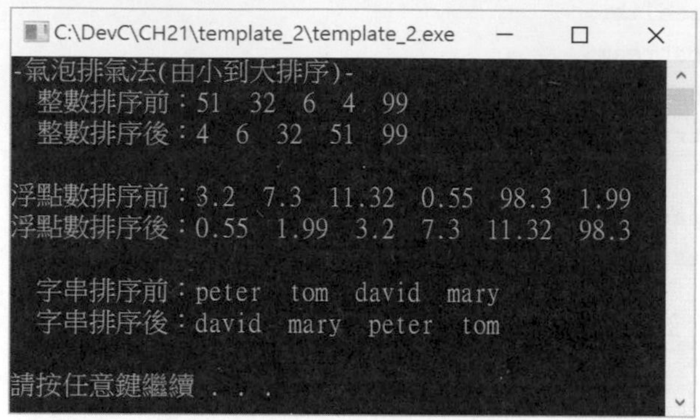

問題分析

1. 定義函式樣版 printAry()，接著宣告 ary 為 T1，ary 是指要顯示的陣列，因此 ary 虛引數宣告為指標用來取得傳入陣列的起始位址；宣告 ary_size 為 T2，ary_size 為陣列的最大索引。當執行 printAry()函式所傳入第一個引數的陣列為 string 型別，則 T1 會代換為 string 類別；傳入第二個引數為整數，則 T2 為代換為 int，...其他以此類推。

```
template<class T1, class T2>
void printAry(T1 *ary, T2 ary_size) {
    T2 i;
    for(i=0;i<ary_size; i++) {
        cout << ary[i] << "    ";
    }
}
```

2. 定義函式樣版 soryary()。此函式透過 class 宣告代名的方式與 printAry() 函式相同，其功能用來將任意型別陣列中的元素做由小到大排序。

```
template<class T1, class T2>
void sortAry(T1 *ary, T2 ary_size) {
    T2 i, j;
    T1 t;       // 因為進行兩數交換, 所以 t 的型別必須和 ary 型別相同
```

```
    for(i=ary_size-2;i>=0;i--) {
        for(j=0;j<=i;j++) {
            if(ary[j]>ary[j+1]) {
                t=ary[j];
                ary[j]=ary[j+1];
                ary[j+1]=t;
            }
        }
    }
}
```

程式碼 FileName : template_2.cpp

```
#include <cstdlib>
#include <iostream>
#include <iomanip>
#include <string>

using namespace std;
// 印出陣列資料
template<class T1, class T2>
void printAry(T1 *ary, T2 ary_size) {
    T2 i;
    for(i=0;i<ary_size; i++) {
        cout << ary[i] << "  ";
    }
}

// 氣泡排序法
template<class T1, class T2>
void sortAry(T1 *ary, T2 ary_size) {
    T2 i, j;
    T1 t;
    for(i=ary_size-2;i>=0;i--) {
        for(j=0;j<=i;j++) {
            if(ary[j]>ary[j+1]) {
                t=ary[j];
                ary[j]=ary[j+1];
                ary[j+1]=t;
            }
        }
```

```
    }
}

int main(int argc, char** argv) {
    cout << "-氣泡排氣法(由小到大排序)-\n";
    // 宣告 idata 整數陣列並存放 5 個初值
    int idata[]={51, 32, 6, 4, 99};
    // 印出整數陣列排序前及排序後
    cout << "  整數排序前：";
    printAry(idata, 5);
    cout << endl;
    sortAry(idata, 5);
    cout << "  整數排序後：";
    printAry(idata, 5);
    cout << "\n\n" ;

    // 宣告 fdata 浮點數陣列並存放 5 個初值
    double fdata[]={3.2, 7.3, 11.32, 0.55, 98.3, 1.99};
    // 印出浮點數陣列排序前及排序後
    cout << "浮點數排序前：";
    printAry(fdata, 6);
    cout << endl;
    sortAry(fdata, 6);
    cout << "浮點數排序後：";
    printAry(fdata, 6);
    cout << "\n\n" ;
    string sdata[]={"peter", "tom", "david", "mary"};
    // 顯示字串陣列排序前及排序後
    cout << "  字串排序前：";
    printAry(sdata, 4);
    cout << endl;
    sortAry(sdata, 4);
    cout << "  字串排序後：";
    printAry(sdata, 4);
    printf("\n\n");
    system("PAUSE");
    return 0;
}
```

21.3 類別樣版

「類別樣版」(Class Template)可以使用代名來替換類別中資料成員的資料型別，因此透過類別樣版可用來產生處理不同型別資料成員的物件，它的使用方式和函式樣版類似，函式樣版是針對引數資料型別，而類別樣版是針對類別中的成員的資料型別。在定義類別樣版時，必須在 class 之前加上「template」保留字，以及使用 class 宣告資料型別的代名；當使用類別樣版建立物件時，代名會以實際的資料型別來取代。若要宣告多個資料型別的代名，可以使用「,」來加以區隔。類別樣版的宣告及定義語法如下：

語法

```
template<class T1, class T2, …class Tn>  //類別樣版的宣告
class 類別名稱 {
   // 敘述區段
};
```

說明

若類別定義為類別樣版，可使用下面語法來建立物件，建立物件時<...> 符號內的資料型別會取代類別樣版中的資料型別代名。語法如下：

語法

```
類別名稱<資料型別 1, 資料型別 2, …資料型別 N> 物件名稱;
```

最後請注意一點，類別樣版中的成員函式自然也是函式樣版，因此不必再使用 template 保留字來定義該函式。

範例：template_3.cpp

定義 Student 類別樣版擁有姓名、身高、體重私有資料成員；以及可顯示兩數最大數 GetMax()公開成員函式；顯示學生姓名、身高、體重的 Show()公開成員函式。其中身高、體重、兩數最大數使用代名來宣告，說明如下：

1. 使用 Student<int>來建立學生物件時，表示該名學生的身高及體重會使用整數來表示，且該名學生呼叫 GetMax()會找出兩個整數中的最大數。

2. 使用 Student<double>來建立學生物件，表示該名學生的身高及體重會使用浮點數來表示，且該名學生呼叫 GetMax()會找出兩個浮點數中的最大數。

執行結果

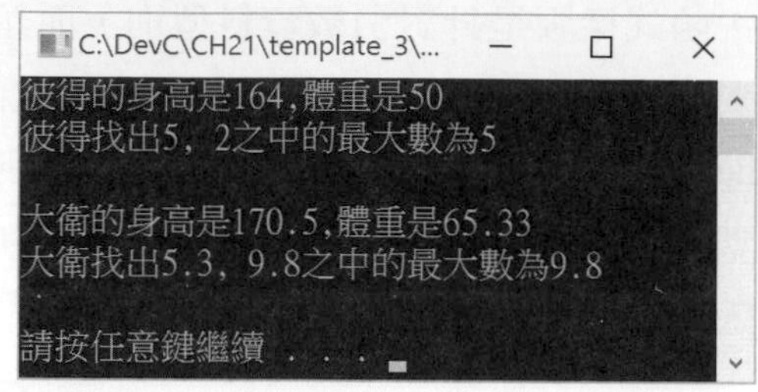

程式碼 FileName：template_3.cpp

```
#include <cstdlib>
#include <iostream>
#include<iomanip>
#include<string>

using namespace std;
template<class T>
class Student {
   private:
      string Name;
      T Height, Weight;
   public:
      Student(string n, T h, T w) {
         Name=n;
         Height=h;
         Weight=w;
      }
      void Show() {
         cout << Name << "的身高是"  << Height << ",體重是" << Weight << endl;
      }
      void GetMax(T a, T b) {
         T max;
         if(a>b) {
            max=a;
         }
```

```
26          else {
27             max=b;
28          }
29          cout << Name << "找出" << a << ", "
                 << b << "之中的最大數為" << max << "\n\n";
30       }
31 };
32
33 int main(int argc, char** argv) {
34    Student<int> peter("彼得", 164, 50);
35    peter.Show();
36    peter.GetMax(5, 2);
37    Student<double> david("大衛", 170.5, 65.33);
38    david.Show();
39    david.GetMax(5.3, 9.8);
40    system("PAUSE");
41    return 0;
42 }
```

說明

第 7~31 行的 student 類別樣版使用代名 T 來宣告 Height、Weight、max。因此執行第 34 行時，int 將會取代 T 型別代名；執行第 37 行時，double 會取代 T 型別代名。

21.4 例外處理

程式執行時發生問題或有異常狀況發生，導致程式中斷而無法繼續執行，此種情形稱為「例外」(Exception)。譬如，陣列索引超出範圍、除數為零、開啟不存在的檔案…等。在 C++ 中提供解決上述程式的錯誤處理機制稱為「例外處理」(Exception Handling)。C++ 可使用 try…throw…catch 敘述來處理例外，將可能發生例外的程式碼寫在 try{...} 區塊內，當 try{...} 區塊內的程式執行時發生例外，即透過 throw 敘述丟出例外的錯誤類型，接著程式會自動交由 catch 敘述來比對錯誤類型的資料型別，若找到符合的資料型別，即執行該 catch{...}區塊內的程式錯誤處理區塊。其語法如下：

語法

```
try {
    // 受監視的程式碼
    throw (錯誤類型);
}
catch (錯誤類型資料型別 1 變數) {
    // 程式錯誤處理區塊 1
}
catch (錯誤類型資料型別 2 變數) {
    // 程式錯誤處理區塊 2
}
    ……
catch (錯誤類型資料型別 3 變數) {
    // 程式錯誤處理區塊 3
}
```

範例：Exception_1.cpp

試寫一個兩數相除的程式，先輸入被除數與除數，將兩數相除求其商，若分母的輸入值為 0 時，程式自動中斷執行且顯示錯誤訊息。

程式碼 FileName：Exception_1.cpp

```
#include <cstdlib>
#include <iostream>

using namespace std;

int main(int argc, char** argv) {
    int x, y, result ;
    cout << "請輸入被除數 x：" ;
    cin >> x;
    cout << "請輸入  除數 y：" ;
    cin >> y;
    result = x / y;         // 若除數 y 等於 0，則會產生執行時期的例外
    cout << "x / y = " << result << endl;
    system("PAUSE");
    return 0;
}
```

執行結果

1. 若除法運算未發生錯誤，則程式正常執行，結果如右圖：

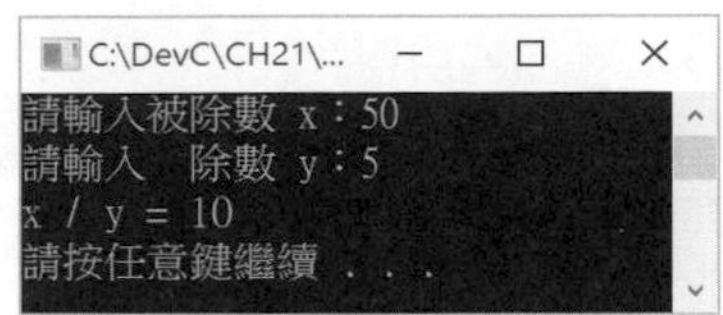

2. 若使用者輸入的除數為 0，則程式會產生錯誤，此時程式會中斷執行並出現下圖視窗，要求使用者關閉程式。

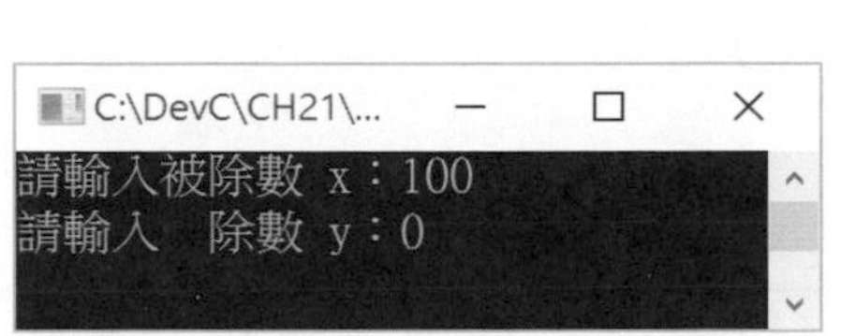

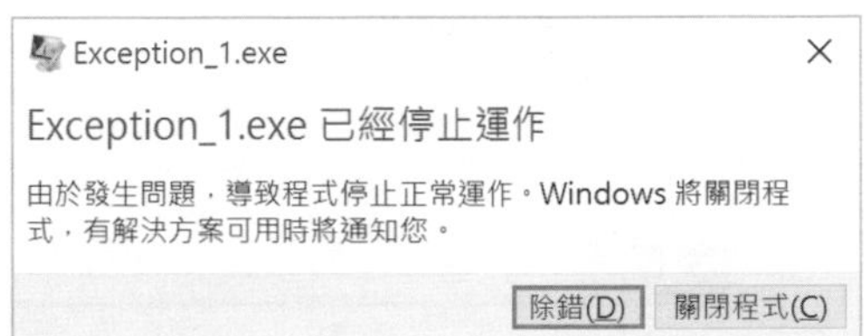

為了解決除法運算發生除數為 0 的錯誤，此處可以使用 C++的例外處理來解決這個問題。

範例：Exception_2.cpp

延續上例，在程式執行可能發生例外的程式區塊加入 try{…}catch {…} 例外處理機制。

程式碼 FileName：Exception_2.cpp

```
#include <cstdlib>
#include <iostream>

using namespace std;

int main(int argc, char** argv) {
    try {
        int x, y, result ;
        cout << "請輸入被除數 x：" ;
        cin >> x;
        cout << "請輸入　除數 y：" ;
        cin >> y;
        if (y==0) throw (0) ;  // 若除數 y 等於 0，則丟出整數 0
        // if (y==0) throw ("除數不可為零"); // 若除數 y 等於 0，則丟出字串常值
        result = x / y;
```

```
16          cout << "x / y = " << result;
17      }
18      catch(int ex) {                   // 若丟出整數型別會執行此區塊
19          cout << "產生例外，除數不可為 " << ex ;
20      }
21      catch(const char *ex) {           // 若丟出字串常值會執行此區塊
22          cout << "產生例外，錯誤訊息為" << ex ;
23      }
24      cout << endl << endl;
25      system("PAUSE");
26      return 0;
27  }
```

說明

1. 第 13 行：若除數 y 等於 0，則丟出整數 0。由於 0 符合 int 整數資料型別，因此會執行 18~20 行並將「0」指定給例外變數 ex，接著顯示 "產生例外，除數不可為 0" 的訊息。

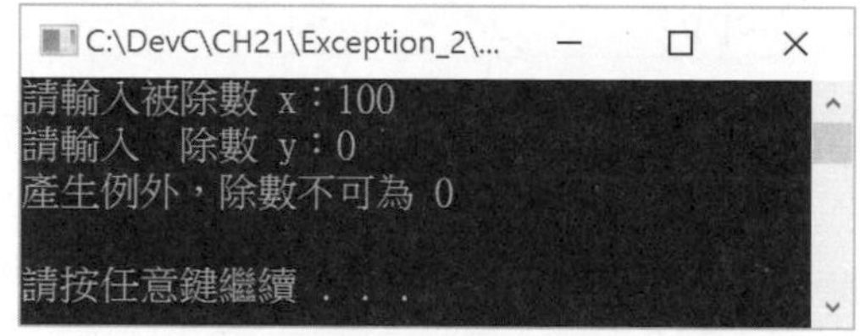

2. 第 14 行：取代第 13 行，若除數 y 等於 0，則丟出字串常值 "除數不可為零"。由於該字串常值符合 char 型別，因此會執行 21~23 行並將 "除數不可為零" 指定給例外指標變數 ex，接著顯示 "產生例外，錯誤訊息為除數不可為零" 的訊息。

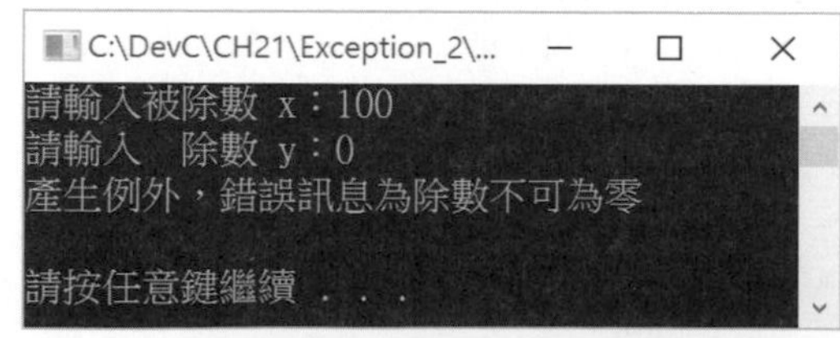

範例：Exception_3.cpp

使用例外處理偵測開啟檔案成功與否。檔案開啟成功則顯示檔案所有內容，如圖 1；若檔案開啟失敗則使用 throw 敘述丟出例外，本例丟出 0，此時使用 catch 補捉錯誤類型 int 型別，並顯示「開檔失敗, xxx 可能不存在」訊息，如圖 2。

執行結果

C:\DevC\ch21\Exception_3\Exception_3.exe
請輸入要開啟檔案的完整路徑及檔名：C:\DEVC\goods.txt
C:\DEVC\goods.txt 開檔完成, 檔案大小 26 Bytes
C:\DEVC\goods.txt 資料檔內容如下
冰糖燕窩禮盒
人蔘雞精禮盒
請按任意鍵繼續 . . .

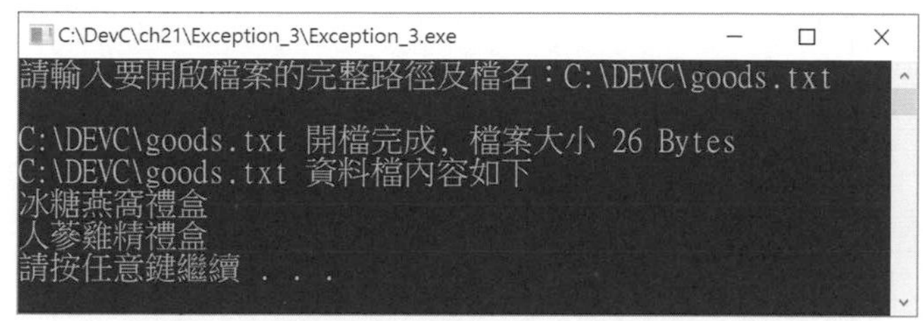

▲圖 1：檔案開啟成功，並讀取檔案內容

C:\DevC\ch21\Exception_3\Exception_3.exe
請輸入要開啟檔案的完整路徑及檔名：C:\CPlus\goods.txt
開檔失敗, C:\CPlus\goods.txt 可能不存在
請按任意鍵繼續 . . .

▲圖 2：檔案開啟失敗

程式碼 FileName：Exception_3.cpp

```
#include <iostream>
#include <cstdio>
#include <cstdlib>
#include <io.h>
#define LEN 100

using namespace std;

int main(int argc, char** argv) {
    FILE *fptr;
    char fpath[LEN] ;
    int fno, fsize;
    char ch;
    try {
```

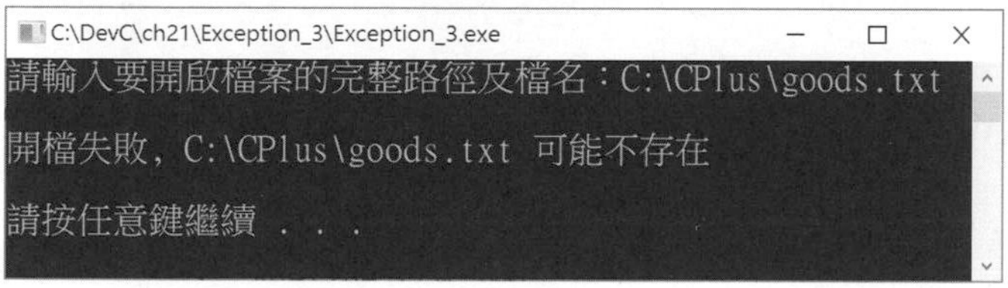

```
        // 輸入檔案路徑並指定給 fpath 字元陣列
        printf("請輸入要開啟檔案的完整路徑及檔名：");
        gets(fpath);
        fptr=fopen(fpath, "r");       // 以唯檔方式開檔並傳回檔案指標 fptr
        if(fptr==NULL) {              // 檔案指標傳回 NULL，則丟出整數 0
            throw (0) ;
        }
        fno=fileno(fptr);             // 取得檔案代碼
        fsize=filelength(fno);  //取得檔案大小
        printf("\n%s 開檔完成, 檔案大小 %d Bytes\n", fpath, fsize);
        printf("%s 資料檔內容如下\n", fpath);
        // 印出檔案內所有資料
        while((ch=fgetc(fptr))!=EOF) {
            printf("%c", ch);
        }
        fclose(fptr);
    } catch(int ex) {   // 若丟出整數型別會執行此區塊，表示開檔失敗
        printf("\n 開檔失敗, %s 可能不存在\n", fpath);
        fclose(fptr);
    }
    cout << endl;
    system("PAUSE");
    return 0;
}
```

CHAPTER 22

標準樣版函式庫(一) －資料結構的使用

22.1 標準樣版函式庫簡介

標準樣版函式庫(Standard Template Library)簡稱 STL，它提供開發人員常用的資料結構與演算法，例如：Stack、Queue、Linked List…等資料結構，或是 Swap、Sort、Find…等泛用演算法。標準樣版函式庫的發展已經非常成熟，程式的執行速度與記憶體使用空間都已經達到最佳化。至於標準樣版函式庫是屬於泛型函式庫 STL，它是使用樣版(Template)來實作的，也就是說標準樣版函式庫可以處理不同資料型別的資料，因此使用標準樣版函式庫之前，建議開發人員必須先具備樣版的觀念。標準樣版函式庫包含三個部份，分別是容器(Container)、指位器(Iterator)與演算法(Generic Algorithm)，本章將介紹 STL 常用容器與指位器，至於演算法待下一章再做介紹。

22.2 容器

22.2.1 容器簡介

容器(Container)是指可用來儲存物件的物件，在 STL 中每一種容器都有不同儲存物件的方式。指位器可以用來存取容器內的資料，不同的容器必須配合相對應的指位器，下列是 STL 常用的容器：

vector、list、deque、set、multiset、map、multimap

STL 的容器是使用樣版(template)來實作，因此容器內可以存放不同資料型別的物件或資料，我們可以將容器想像成傳統 C 語言的陣列一樣，但容器的使用又比 C 語言的陣列更方便更有效率。例如：容器可以動態增加大小，不需要自行配置記憶體，可以使用 STL 提供的泛型函式對容器做排序、反轉、搜尋等動作。

例如下面示範如何宣告 container 為 vector 容器物件用來存放整數，container 的範圍是 container[0]~container[1]，如果想要再增加容器的大小，可使用 push_back 方法，在容器的最後面插入一個元素，此時 container 的範圍變成 container[0]~container[2]。

```
vector<int> container(2);    //容器範圍 container[0]~container[1]，可存放整數資料
container[0]=7;              //指定 container[0]等於 7
container[1]=2;              //指定 container[1]等於 2
container.push_back(4);      //在容器的最後面插入一個元素，其資料為 4
                             //即指定 container[2]等於 4
```

如果容器想要存放 string 字串資料，只要將上例的<int>改成<string>，將指定給容器的 int 整數改成 string 字串資料就可以了。寫法如下：

```
vector<string> container(2);      //容器範圍 container[0]~container[1]，可存放字串
container[0]="Peter";             //指定 container[0]等於"Peter"
container[1]="Lung";              //指定 container[1]等於"Lung"
container.push_back("Mary");      //在容器的最後面插入一個元素，資料為"Mary"
                                  //即指定 container[2]等於"Mary"
```

如果容器內的元素想要進行由小到大排序，則可以使用泛用演算法的 sort() 樣版函式，sort()函式會指定容器中某個範圍內的元素進行由小到大排序，begin() 方法會傳回第一個元素的指標，end()方法會傳回最後一個元素的指標。所以下面敘述 **sort(container.bigin(), container.end());** 即是將 container 內的所有元素進行由小到大排序。

```
vector<int> container(2);   //容器範圍 container[0]~container[1]，可存放整數
container[0]=7;             //指定 container[0]等於 7
container[1]=2;             //指定 container[1]等於 2
container.push_back(4);     //在容器的最後面插入一個元素，其資料為 4
                            //即指定 container[2]等於 4
//begin()方法會傳回第一個元素的指標、end()方法會傳回最後一個元素的指標
//sort 函式可以對容器中某個範圍內的元素進行由小到大排序
sort(container.begin(), container.end());
```

經過 sort()函式排序後，結果 contain[0]=2, contain[1]=4, contain[2]=7。由此可知，C++ STL 容器的使用比傳統 C 語言更加方便更有效率，不僅可以處理複雜的資料結構，就連程式的執行效能和記憶體空間的使用都不用讓開發人員煩惱。而在 STL 中提供了序列容器與關聯容器，這兩種類型容器的特性不相同，可參閱下節說明。

22.2.2 序列容器

序列容器(Sequence Container)中的資料是以線性的方式來儲存，就好像傳統 C 語言的陣列，或是資料結構中的堆疊、佇列、鏈結串列一樣皆是以線性的方式來儲存，因此序列容器內的資料前後順序皆已經被確定，常用的序列容器說明如下表：

容器名稱	功能說明
vector	屬於動態陣列。它在記憶體內是以連續空間來儲存的，且容器大小可以動態增加。資料插入到容器的最後面時速度較快，資料插入到容器前端(最前面)或中間時速度較慢。vector 可以使用 [] 中括號來存取資料，如 v[0]、v[1]...等。
deque	性質與 vector 類似。但 deque 在記憶體內是以不連續空間來儲存的，且容器大小可以動態增加。資料插入到容器的最前面與最後面(前後端)所花費時間較少，資料插入到容器的中間所花費的時間多。deque 可以使用 [] 中括號來存取資料，如 q[0]、q[1]...等。
list	屬於雙向鏈結串列。容器內的每一個元素都有指標會指向前一個元素與後一個元素，資料新增在容器的任何一個位置的速度都很快。list 無法使用 [] 中括號來存取資料。

22.2.3 關聯容器

關聯容器(Associate Container)不是以線性的方式來儲存，容器內元素的順序並不是以資料元素的插入順序來排列，而是以元素的鍵(key)來決定容器內元素的排列順序，因此當資料插入到關聯容器內的速度很快，常用的關聯容器說明如下：

容器名稱	功能說明
set	容器中的資料只能儲存鍵(key)，不儲存對應的值，同一個容器中的資料，無法儲存相同的鍵。
multiset	容器中的資料只能儲存鍵(key)，不儲存對應的值，同一個容器中的資料，可以儲存相同的鍵。
map	容器中的資料可以儲存鍵(key)與對應的值(value)，同一個容器中的資料，無法儲存相同的鍵。
multimap	容器中的資料可以儲存鍵(key)與對應的值(value)，同一個容器中的資料，可以儲存相同的鍵。

22.3 指位器

22.3.1 指位器簡介

指位器(Iterator)可以指向容器內元素的位址，您可以將指位器想成是一種特殊指標，指位器可以用來存取容器內的資料元素，不同的容器必須配合適當的指位器，才能讓程式的執行更有效率，在 STL 中每一種容器皆定義不同功能的指位器，一般常用的指位器有下列五種，其說明如下：

指位器種類	功能說明
輸入(Input)	用來處理資料的輸入。指位器先往下移動一個元素的位置，再將新資料加入到目前指向的位置。
輸出(Output)	用來處理資料的輸出。先輸出指位器目前指向位置的資料，接著指位器再往下移動一個元素的位置。

指位器種類	功能說明
向前(Forward)	同時具有輸入和輸出功能的指位器。
雙向(Bidirectional)	具有向前指位器的功能。但指位器的存取方向可向前移動一個元素的位置。
隨機存取(Random Access)	具有雙向指位器的功能。可以透過指位器直接存取容器內某個元素。

22.3.2 如何使用指位器

如果要使用容器中的指位器，必須先透過以下語法宣告才能使用指位器。

語法

```
容器<資料型別>::指位器種類 指位器名稱;
```

下面簡例示範指位器的用法：

```
例 1：vector<int>::iterator ptr1;        //宣告可指向存放整數 vector 容器的 ptr1 指位器
例 2：vector<string>::iterator ptr2      //宣告可指向存放字串 vector 容器的 ptr2 指位器
例 3：list<float>::iterator ptr3;        //宣告可指向存放浮點數 list 容器的 ptr3 指位器
```

可以使用 for 迴圈配合指位器將容器內的資料元素讀取出來。如下簡例，宣告 container 為 vector 容器物件用來存放整數，容器範圍為 container[0]~container[2]，接著再宣告可以指向存放整數 vector 容器的 ptr 指位器，在 for 迴圈首先透過 ptr=container.begin() 讓 ptr 指向容器內的第一個元素，透過 ptr!=container.end() 判斷 ptr 是否尚未指向容器的最後一個元素？如果 ptr 未指到最後一個元素，則進入迴圈並透過*ptr 取得目前指位器所指到的元素，接著利用 ptr++將指位器往下移一個元素的位置，一直到 ptr 指到最後一個元素才離開 for 迴圈。

```
vector<int> container(3);    //容器範圍 container[0]~container[2]，可存放整數
container[0]=7;              //指定 container[0]等於 7
container[1]=2;              //指定 container[1]等於 2
container[2]=4;              //指定 container[2]等於 4

vector<int>::iterator ptr;   //宣告可以指向存放整數 vector 容器的 ptr 指位器
//當 ptr 指位器尚未指到最後一個元素之後，則執行 for 迴圈內的敘述
```

```
for(ptr=container.begin(); ptr!=container.end(); ptr++) {
    cout << *ptr << endl;        // *ptr 會取得目前指位器指到的元素
                                 // 並將該元素顯示在螢幕上
}
```

22.4 STL 常用容器

22.4.1 vector

vector 是屬於序列容器，它和傳統 C 語言的陣列很類似，兩者皆存放在連續的記憶體空間，差別在於 C 語言的陣列一經宣告記憶體大小即被固定，但 vector 宣告不需明確指定陣列大小，vector 可以動態配置記體給容器使用，加入的資料會從容器的最後面(尾端)增加。欲使用 vector 必須在程式最開頭含入 vector 標頭檔。

```
#include <vector>
```

vector 的宣告語法如下：

語法

```
vector<資料型別> 變數名稱;
```

說明

vector 的建構式如下。

```
vector()                              //建立容器，不指定大小
vector(size_type n)                   //建立大小為 n 的容器
vector(size_type n, const T& t)       //建立大小為 n 的容器，初值使用 t 來指定
vector(const vector& x)               //建立大小、初值與 x 相同的容器
```

至於 vector 常用的成員函式(方法)如下表：

成員函式	功能說明
push_back	語法：void push_back(const T& x) 功能：在容器內最後面插入資料 x。
insert	語法：void insert(iterator pos, const T& x) 功能：在容器內第 pos 位置的前面插入資料 x。
pop_back	語法：void pop_back() 功能：刪除容器內最後面一個資料。
erase	語法 1：void erase(iterator pos) 功能 1：刪除容器內第 pos 位置的資料。 語法 2：void erase(iteraror first, iterator last) 功能 2：刪除容器內 first 到 last 範圍的資料。
clear	語法：void clear() 功能：刪除容器內所有的資料。
at	語法：reference at(size_type pos) 功能：傳回容器內第 pos 個元素的資料。
front	語法：reference front() 功能：傳回容器內第一個元素的資料。
back	語法：reference back() 功能：傳回容器內最後一個元素的資料。
begin	語法：iterator begin() 功能：傳回指向第一個元素位置的指位器。
end	語法：iterator end () 功能：傳回指向最後一個元素位置的指位器。
empty	語法：bool empty() 功能：判斷容器是否為空。若容器為空則傳回 true，若容器不為空則傳回 false。
size	語法：size_type size() 功能：傳回目前容器內的元素數目。
max_size	語法：size_type max_size() 功能：傳回目前容器內可存放最大的元素數目。
swap	語法：void swap(vector& x) 功能：將容器的內容與 x 容器交換。

範例：vector_1.cpp

練習使用 vector 容器，並透過 vector 提供的方法將容器內的資料進行插入與取出。首先在容器先置入初值 1 和 2，然後在容器尾端置入 3 和 4，刪除容器前端的資料 1，在容器尾端置入 5，刪除容器尾端兩個元素 4 和 5，最後顯示容器有多少個元素以及容器最多可存放多少個元素。試觀察容器插入與取出的情形。

執行結果

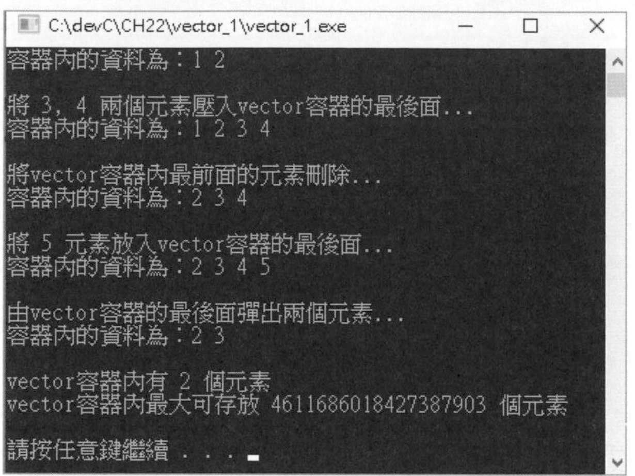

程式碼 FileName：vector_1.cpp

```
#include <cstdlib>
#include <iostream>
#include <vector>
using namespace std;

template <class T>
void PrintOut(T& container);

int main(int argc, char** argv) {
    vector<int> container(2);
    container[0]=1;
    container[1]=2;
    PrintOut(container);

    cout << "將 3, 4 兩個元素壓入 vector 容器的最後面...\n";
    container.push_back(3);
    container.push_back(4);
    PrintOut(container);
```

```
19
20     cout << "將 vector 容器內最前面的元素刪除...\n";
21     container.erase(container.begin());
22     PrintOut(container);
23
24     cout << "將 5 元素放入 vector 容器的最後面...\n";
25     container.insert(container.end(), 5);
26     PrintOut(container);
27
28     cout << "由 vector 容器的最後面彈出兩個元素...\n";
29     container.pop_back();
30     container.pop_back();
31     PrintOut(container);
32
33     cout << "vector 容器內有 " << container.size() << " 個元素\n";
34     cout << "vector 容器內最大可存放 " << container.max_size() << " 個元素\n\n";
35     system("PAUSE");
36     return 0;
37 }
38
39 template <class T>
40 void PrintOut(T& container) {
41     if(container.empty()) {
42         cout << "容器為空";
43     }
44     else {
45         vector<int>::iterator ptr;
46         cout << "容器內的資料為：";
47         for(ptr=container.begin(); ptr!=container.end(); ptr++) {
48             cout << *ptr << " ";
49         }
50         cout << "\n\n";
51     }
52 }
```

說明

1. 第 6~7 行：宣告 PrintOut()樣版函式，傳入參數型別為 T，為參考呼叫。此函式的功能用來顯示容器內的所有元素資料。
2. 第 10~12 行：宣告存放 int 整數的 vector 容器，其物件名稱為 container。並指定 container[0]~container[1] 的初值。

3. 第 13 行：呼叫 PrintOut()樣版函式，此時會執行 39~52 行。
4. 第 39~52 行：定義 PrintOut()樣版函式，此函式的功能用來顯示容器內的所有元素資料。
5. 第 41 行：判斷容器是否為空，若容器為空則執行第 42 行，若容器不為空則執行第 45~51 行。
6. 第 45 行：宣告 ptr 指位器。
7. 第 47~59 行：使用 for 迴圈與指位器將目前容器內的所有元素資料印出來。

22.4.2 deque

deque 是屬於序列容器，和 vector 很類似，但 deque 將資料存放在不連續的記憶體空間，新增資料時可加入到容器的最前面(前端)與最後面(尾端)。欲使用 deque 必須在程式最開頭含入 deque 標頭檔：

```
#include <deque>
```

deque 的宣告語法如下：

語法

```
deque<資料型別> 變數名稱;
```

deque 的建構式如下：

```
deque()                          //建立容器，不指定大小
deque(size_type n)               //建立大小為 n 的容器
deque(size_type n, const T& t)   //建立大小為 n 的容器，初值使用 t 來指定
deque(const vector& x)           //建立大小、初值與 x 相同的容器
```

deque 常用的成員函式(方法)如下表：

成員函式	功能說明
push_front	語法：void push_front(const T& x) 功能：在容器內最前面插入資料 x。

成員函式	功能說明
push_back	語法：void push_back(const T& x) 功能：在容器內最後面插入資料 x。
insert	語法：void insert(iterator pos, const T& x) 功能：在容器內第 pos 位置的前面插入資料 x。
pop_front	語法：void pop_front() 功能：刪除容器內最前面的資料。
pop_back	語法：void pop_back() 功能：刪除容器內最後面的資料。
erase	語法 1：void erase(iterator pos) 功能 1：刪除容器內第 pos 位置的資料。 語法 2：void erase(iteraror first, iterator last) 功能 2：刪除容器內 first 到 last 範圍的資料。
clear	語法：void clear() 功能：刪除容器內所有的資料。
at	語法：reference at(size_type pos) 功能：傳回容器內第 pos 個元素的資料。
front	語法：reference front() 功能：傳回容器內第一個元素的資料。
back	語法：reference back() 功能：傳回容器內最後一個元素的資料。
begin	語法：iterator begin() 功能：傳回指向第一個元素位置的指位器。
end	語法：iterator end() 功能：傳回指向最後一個元素位置的指位器。
empty	語法：bool empty() 功能：判斷容器是否為空。若容器為空則傳回 true，若容器不為空則傳回 false。
size	語法：size_type size() 功能：傳回目前容器內的元素數目。
max_size	語法：size_type max_size() 功能：傳回目前容器內可存放最大的元素數目。
swap	語法：swap(deque& x) 功能：將容器的內容與 x 容器交換。

範例：deque_1.cpp

練習使用 deque 容器，透過 deque 提供的方法將容器內的資料進行插入與取出，同時觀察容器插入與取出的情形。執行方法的步驟如下：

① 在容器置入 1 和 2。
② 在容器尾端置入 3 和 4。
③ 刪除容器前端的 1。
④ 在容器尾端置入 5。
⑤ 在容器前端插入 6 和 7。
⑥ 刪除容器前端的 7 和 6。
⑦ 刪除容器尾端的 5 和 4。
⑧ 最後顯示容器有多少個元素以及容器最多可存放多少個元素。

```
容器內的資料為：1 2

將 3, 4 兩個元素壓入deque容器的最後面...
容器內的資料為：1 2 3 4

將deque容器內最前面的元素刪除...
容器內的資料為：2 3 4

將 5 元素放入deque容器的最後面...
容器內的資料為：2 3 4 5

將 6,7 兩個元素壓入deque容器的最前面...
容器內的資料為：7 6 2 3 4 5

由deque容器內最前面彈出兩個元素...
容器內的資料為：2 3 4 5

由deque容器內最後面彈出兩個元素...
容器內的資料為：2 3

deque容器內有 2 個元素
deque容器內最大可存放 4611686018427387903 個元素

請按任意鍵繼續 . . .
```

程式碼 FileName：deque_1.cpp

```
#include <cstdlib>
#include <iostream>
#include <deque>
using namespace std;

template <class T>
void PrintOut(T& container);

int main(int argc, char** argv) {
    deque<int> container(2);
    container[0]=1;
    container[1]=2;
    PrintOut(container);

    cout << "將 3, 4 兩個元素壓入 deque 容器的最後面...\n";
    container.push_back(3);
    container.push_back(4);
    PrintOut(container);
```

```

    cout << "將 deque 容器內最前面的元素刪除...\n";
    container.erase(container.begin());
    PrintOut(container);

    cout << "將 5 元素放入 deque 容器的最後面...\n";
    container.insert(container.end(), 5);
    PrintOut(container);

    cout << "將 6,7 兩個元素壓入 deque 容器的最前面...\n";
    container.push_front(6);
    container.push_front(7);
    PrintOut(container);

    cout << "由 deque 容器內最前面彈出兩個元素...\n";
    container.pop_front();
    container.pop_front();
    PrintOut(container);

    cout << "由 deque 容器內最後面彈出兩個元素...\n";
    container.pop_back();
    container.pop_back();
    PrintOut(container);

    cout << "deque 容器內有 " << container.size() << " 個元素\n";
    cout << "deque 容器內最大可存放 " << container.max_size() << " 個元素\n\n";
    system("PAUSE");
    return 0;
}
template <class T>
void PrintOut(T& container) {
    if(container.empty()) {
        cout << "容器為空";
    }
    else {
        deque<int>::iterator ptr;
        cout << "容器內的資料為：";
        for(ptr=container.begin(); ptr!=container.end(); ptr++) {
            cout << *ptr << " ";
        }
```

```
        cout << "\n\n";
    }
}
```

22.4.3 list

list 容器是雙向鏈結串列，使用方式和 vector、deque 很類似，list 容器內的元素會指向前一個元素與後一個元素，因此資料插入到容器的任何一個位置都很快，但是 list 容器不能使用 [] 中括號來存取容器內元素的資料。欲使用 list 必須在程式最開頭含入 list 標頭檔。

#include <list>

list 的宣告語法如下：

語法

```
list<資料型別> 變數名稱;
```

list 的建構式如下：

list()	//建立容器，不指定大小
list(size_type n)	//建立大小為 n 的容器
list(size_type n, const T& t)	//建立大小為 n 的容器，初值使用 t 來指定
list(const vector& x)	//建立大小、初值與 x 相同的容器

下表是 list 常用的成員函式(方法)：

成員函式	功能說明
push_front	語法：void push_front(const T& x) 功能：在容器內最前面插入資料 x。
push_back	語法：void push_back(const T& x) 功能：在容器內最後面插入資料 x。
insert	語法：void insert(iterator pos, const T& x) 功能：在容器內第 pos 位置的前面插入資料 x。
pop_front	語法：void pop_front() 功能：刪除容器內最前面的資料。
pop_back	語法：void pop_back() 功能：刪除容器內最後面的資料。

成員函式	功能說明
erase	語法 1：void erase(iterator pos) 功能 1：刪除容器內第 pos 位置的資料。 語法 2：void erase(iteraror first, iterator last) 功能 2：刪除容器內 first 到 last 範圍的資料。
clear	語法：void clear() 功能：刪除容器內所有的資料。
at	語法：reference at(size_type pos) 功能：傳回容器內第 pos 個元素的資料。
front	語法：reference front() 功能：傳回容器內第一個元素的資料。
back	語法：reference back() 功能：傳回容器內最後一個元素的資料。
begin	語法：iterator begin() 功能：傳回指向第一個元素位置的指位器。
end	語法：iterator end() 功能：傳回指向最後一個元素位置的指位器。
empty	語法：bool empty() 功能：判斷容器是否為空。若容器為空則傳回 true，若容器不為空則傳回 false。
size	語法：size_type size() 功能：傳回目前容器內的元素數目。
max_size	語法：size_type max_size() 功能：傳回目前容器內可存放最大的元素數目。
sort	語法：void sort() 功能：容器內的元素進行遞增排序。
swap	語法：void swap(list& x) 功能：將容器的內容與 x 容器交換。

範例：list_1.cpp

練習使用 list 容器，並透過 list 提供的方法將容器內的資料進行插入、取出與排序，試觀察容器插入與取出的情形。

①在容器先置入初值 3 和 4。
②刪除容器前端的資料 3。
③在容器尾端置入 5。
④在容器前端插入 6 和 7。
⑤將容器的所有元素進行遞增排序。
⑥刪除容器前端的 4 和 5。
⑦刪除容器內的所有元素。
⑧顯示容器目前有多少個元素以及容器最多可存放多少個元素。

執行結果

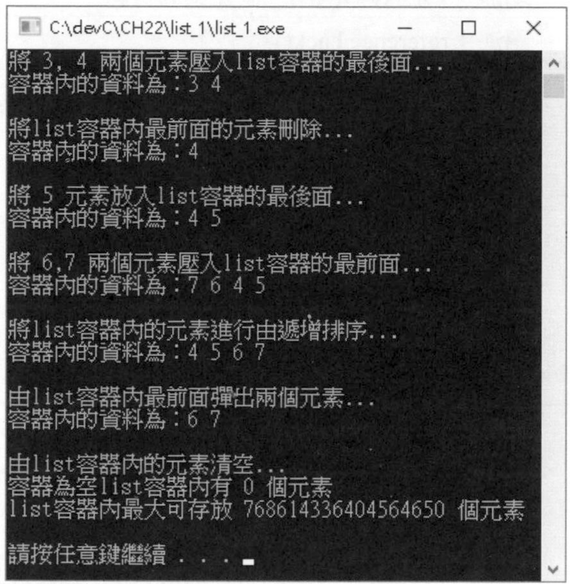

程式碼 FileName：list_1.cpp

```
#include <cstdlib>
#include <iostream>
#include <list>
using namespace std;

template <class T>
void PrintOut(T& container);

int main(int argc, char** argv) {
```

```
    list<int> container;

    cout << "將 3, 4 兩個元素壓入 list 容器的最後面...\n";
    container.push_back(3);
    container.push_back(4);
    PrintOut(container);

    cout << "將 list 容器內最前面的元素刪除...\n";
    container.erase (container.begin());
    PrintOut(container);

    cout << "將 5 元素放入 list 容器的最後面...\n";
    container.insert  (container.end(), 5);
    PrintOut(container);

    cout << "將 6,7 兩個元素壓入 list 容器的最前面...\n";
    container.push_front(6);
    container.push_front(7);
    PrintOut(container);

    cout << "將 list 容器內的元素進行由遞增排序...\n";
    container.sort();
    PrintOut(container);

    cout << "由 list 容器內最前面彈出兩個元素...\n";
    container.pop_front();
    container.pop_front();
    PrintOut(container);

    cout << "由 list 容器內的元素清空...\n";
    container.clear();
    PrintOut(container);

    cout << "list 容器內有 " << container.size() << " 個元素\n";
    cout << "list 容器內最大可存放 " << container.max_size() << " 個元素\n\n";
    system("PAUSE");
    return 0;
}

template <class T>
```

```
void PrintOut(T& container) {
    if(container.empty()) {
        cout << "容器為空";
    }
    else {
        list<int>::iterator ptr;
        cout << "容器內的資料為：";
        for(ptr=container.begin(); ptr!=container.end(); ptr++) {
            cout << *ptr << " ";
        }
        cout << "\n\n";
    }
}
```

22.4.4 set 與 multiset

set 與 multiset 兩者的功能類似，兩者皆可以存放鍵(key)，容器內的資料是依鍵來做排列的順序，差別在於 set 無法儲存相同的鍵，但 multiset 可以儲存相同的鍵。欲使用 set 或 multiset 必須在程式最開頭含入 set 標頭檔：

```
#include <set>
```

set 和 multiset 常用的宣告語法如下：

語法

```
set<資料型別, 函式物件<排序資料型別>△> 變數名稱;
multiset<資料型別, 函式物件<排序資料型別>△> 變數名稱;
```

說明

1. 資料型別

   用來指定 set 或 multiset 所要儲存鍵的資料型別。

2. 函式物件<排序資料型別>

   函式物件用來指定 set 或 multiset 所要儲存鍵的排序方式，而<排序資料型別>可以指定鍵是依哪種資料型別做排序。若函式物件未指定預設為 less，less 表示使用遞增排序(由小到大)，關於常用的函式物件可參閱 22.5 節。

3. 要注意的是，上述語法倒數第二個「>」和最後一個「>」中間要加一個空白，不然會被編譯器視為「>>」運算子，例如下面寫法：
   set<string, less<string>△>container; //△：表示空白字元

set 的建構式如下：

```
set()                                  //建立容器，不指定大小
set(const key_compare& comp)           //建立容器，不指定大小，依 comp 的排列方式
set(const set& x)                      //建立大小、初值與 x 相同的容器
```

multiset 的建構式如下：

```
multiset()                             //建立容器，不指定大小
multiset(const key_compare& comp)      //建立容器不指定大小依 comp 排列方式
multiset(const set& x)                 //建立大小、初值與 x 相同的容器
```

下表為 set 與 multiset 常用的成員函式(方法)：

成員函式	功能說明
insert	語法：void insert(value_type x) 功能：在容器插入資料 x。
erase	語法 1：void erase(iterator pos) 功能 1：刪除容器內第 pos 位置的資料。 語法 2：void erase(const key_type& k) 功能 2：刪除容器內鍵 k 的元素資料。
clear	語法：void clear() 功能：刪除容器內所有的資料。
begin	語法：iterator begin() 功能：傳回指向第一個元素位置的指位器。
end	語法：iterator end() 功能：傳回指向最後一個元素位置的指位器。
find	語法：iterator find(const key_type& k) 功能：傳回鍵 k 元素位置的指位器。
upper_bound	語法：iterator upper_bound(const key_type& k) 功能：傳回第一個不小於鍵 k 元素位置的指位器。
lower_bound	語法：iterator lower_bound(const key_type& k) 功能：傳回第一個不大於鍵 k 元素位置的指位器。

成員函式	功能說明
empty	語法：bool empty() 功能：判斷容器是否為空。若容器為空則傳回 true，若容器不為空則傳回 false。
size	語法：size_type size() 功能：傳回目前容器內的元素數目。
max_size	語法：size_type max_size() 功能：傳回目前容器內可存放最大的元素數目。
swap	語法 1：void swap(set& x) 語法 2：void swap(multiset& x) 功能：將容器的內容與 x 容器交換。

範例：set_1.cpp

練習使用 set 容器，並透過 set 提供的方法將容器內的資料進行插入與搜尋。首先在容器內先置入"John"、"Mary"、"Peter"、"Tom"字串，接著讓使用者自行輸入要插入的資料，本例輸入"David"，再讓使用者輸入要搜尋的姓名「Mary」，最後容器顯示搜尋的結果與容器內有多少元素，以及容器最多可存放的元素個數。由於使用 set 容器，因此不允許置入相同鍵的資料。

執行結果

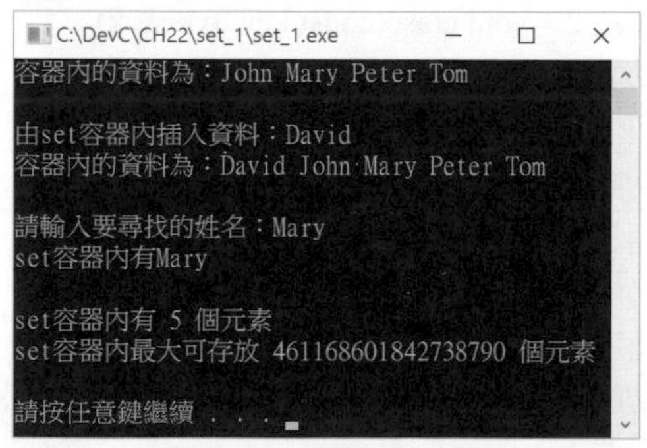

程式碼 FileName：set_1.cpp

```
#include <cstdlib>
#include <iostream>
#include <string>
#include <set>

```

```
using namespace std;
template <class T>
void PrintOut(T& container);

int main(int argc, char** argv) {
    string name[]={"Peter", "John", "Tom", "Mary"};
    set<string, less<string> > container(name, name+4);
    PrintOut(container);

    string input_name;
    cout << "由 set 容器內插入資料：";
    cin >> input_name;
    container.insert(input_name);
    PrintOut(container);

    string s_name;
    cout << "請輸入要尋找的姓名：";
    cin >> s_name;
    set<string>::iterator ptr;
    ptr = container.find(s_name);
    if(ptr==container.end()) {
        cout << "set 容器內沒有" << s_name << "\n";
    }
    else {
        cout << "set 容器內有" << s_name << "\n";
    }
    cout << "\n";
    cout << "set 容器內有 " << container.size() << " 個元素\n";
    cout << "set 容器內最大可存放 " << container.max_size() << " 個元素\n\n";
    system("PAUSE");
    return 0;
}

template <class T>
void PrintOut(T& container) {
    if(container.empty()) {
        cout << "容器為空";
    }
    else {
        set<string>::iterator ptr;
```

```
46         cout << "容器內的資料為：";
47         for(ptr=container.begin(); ptr!=container.end(); ptr++) {
48             cout << *ptr << " ";
49         }
50         cout << "\n\n";
51     }
52 }
```

說明

1. 第 11 行：宣告字串陣列 name 並給予初值。
2. 第 12 行：將字串陣列 name 放入 container (set 容器)中，並透過 less<string>使容器 container 內的元素由小到大進行排序。
3. 第 17~18 行：插入資料到 container(set 容器)內。若鍵重複，則如下圖鍵將無法放入 container 內。

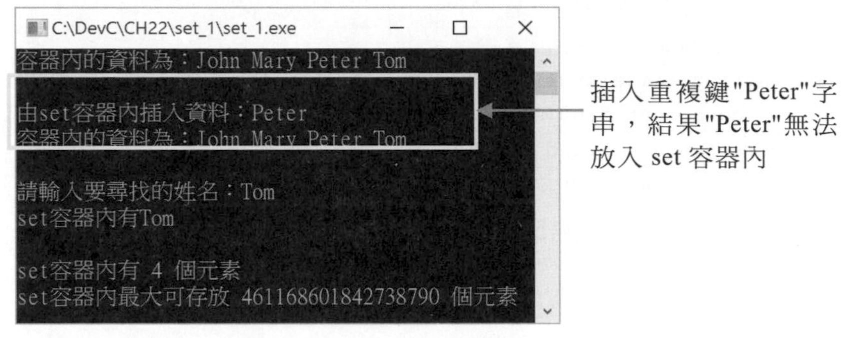

範例：multiset_1.cpp

練習使用 multiset 容器，並透過 multiset 提供的方法將容器內的資料進行插入與搜尋。首先在容器內先置入"John"、"Mary"、"Peter"、"Tom"字串，接著讓使用者自行輸入要插入的資料，本例輸入"David"，再讓使用者輸入要搜尋的姓名「Mary」，最後容器顯示搜尋的結果與容器內有多少元素，以及容器最多可存放的元素個數。由於使用 multiset 容器，因此允許置入相同鍵的資料。

執行結果

```
C:\DevC\CH22\multiset_1\multiset_1.exe
容器內的資料為：John Mary Peter Tom

由multiset容器內插入資料：David
容器內的資料為：David John Mary Peter Tom

請輸入要尋找的姓名：Mary
multiset容器內有Mary

multiset容器內有 5 個元素
multiset容器內最大可存放 461168601842738790 個元素
```

程式碼 FileName：multiset_1.cpp

```
#include <cstdlib>
#include <iostream>
#include <string>
#include <set>

using namespace std;
template <class T>
void PrintOut(T& container);

int main(int argc, char** argv) {
    string name[]={"Peter", "John", "Tom", "Mary"};
    multiset<string, less<string> > container(name, name+4);
    PrintOut(container);

    string input_name;
    cout << "由 multiset 容器內插入資料：";
    cin >> input_name;
    container.insert(input_name);
    PrintOut(container);

    string s_name;
    cout << "請輸入要尋找的姓名：";
    cin >> s_name;
    multiset<string>::iterator ptr;
    ptr = container.find (s_name);
    if (ptr==container.end()) {
        cout << "multiset 容器內沒有" << s_name << "\n";
    }
    else {
        cout << "multiset 容器內有" << s_name << "\n";
    }
```

```
32     cout << "\n";
33     cout << "multiset 容器內有 " << container.size() << " 個元素\n";
34     cout << "multiset 容器內最大可存放 " << container.max_size() <<
            " 個元素\n\n";
35     system("PAUSE");
36     return 0;
37 }
38 
39 template <class T>
40 void PrintOut(T& container) {
41     if(container.empty()) {
42         cout << "容器為空";
43     }
44     else {
45         multiset<string>::iterator ptr;
46         cout << "容器內的資料為：";
47         for(ptr=container.begin(); ptr!=container.end(); ptr++) {
48             cout << *ptr << " ";
49         }
50         cout << "\n\n";
51     }
52 }
```

說明

1. 第 11 行：宣告字串陣列 name 並給予初值。
2. 第 12 行：將字串陣列 name 放入 container 容器(multiset 容器)中，並透過 less<string>使容器 container 內的元素由小到大進行排序。
3. 第 17~18 行：插入資料到 container(multiset 容器)內。若鍵重複，則如下圖鍵可以放入 container 內。

22.4.5 map 與 multimap

map/multimap 和 set/multiset 功能很類似。map 和 multimap 的鍵(key)還可以存放所對應的值(value)。例如員工編號(鍵)對應一筆員工基本資料(值)，書號(鍵)對應一本書籍資料(值)。map/multimap 容器內的資料是依鍵來做排列的順序，差別在於 map 無法儲存相同的鍵，但 multimap 可以儲存相同的鍵。欲使用 map 或 multimap 必須在程式的最開頭含入 map 標頭檔。

```
#include <map>
```

至於 map 和 multimap 常用的宣告語法如下：

語法

```
map<鍵資料型別, 值資料型別, 函式物件<排序資料型別>△> 變數名稱;
multimap<鍵資料型別, 值資料型別, 函式物件<排序資料型別>△> 變數名稱;
```

說明

1. 鍵資料型別

   指定 map 或 multimap 要儲存鍵的資料型別。

2. 值資料型別

   指定 map 或 multimap 要儲存值的資料型別。

3. 函式物件<排序資料型別>

   函式物件用來指定 map 或 multimap 鍵的排序方式，而<排序資料型別>可以指定鍵是依哪種資料型別做排序。若函式物件未指定預設為 less，less 表示使用遞增排序(由小到大)，關於常用的函式物件可參閱 22.5 節。

4. 要注意的是，上述語法倒數第二個「>」和最後一個「>」中間要加一個空白，不然會被編譯器視為「>>」運算子，例如下面寫法：

   map<string, string, less<string>△>container;

map 的建構式如下：

map()	//建立容器，不指定大小
map(const key_compare& comp)	//建立容器不指定大小，依 comp 的排列方式
map(const map& x)	//建立大小、初值與 x 相同的容器

multiset 的建構式如下：

```
multiset()                               //建立容器，不指定大小
multiset(const key_compare& comp)        //建立容器不指定大小依 comp 排列方式
multiset(const multimap& x)              //建立大小、初值與 x 相同的容器
```

下表是 map 與 multimap 常用的成員函式(方法)：

成員函式	功能說明
insert	語法：void insert(value_type x) 功能：在容器中插入 x，x 包含鍵與對應值。
clear	語法：void clear() 功能：刪除容器內所有的資料。
erase	語法 1：void erase(iterator pos) 功能 1：刪除容器內第 pos 位置的資料。 語法 2：void erase(const key_type& k) 功能 2：刪除容器內鍵 k 的元素資料。
begin	語法：iterator begin() 功能：傳回指向第一個元素位置的指位器。
end	語法：iterator end() 功能：傳回指向最後一個元素位置的指位器。
find	語法：iterator find(const key_type& k) 能：傳回鍵 k 元素位置的指位器。
upper_bound	語法：iterator upper_bound(const key_type& k) 功能：傳回第一個不小於鍵 k 元素位置的指位器。
lower_bound	語法：iterator lower_bound(const key_type& k) 功能：傳回第一個不大於鍵 k 元素位置的指位器。
empty	語法：bool empty() 功能：判斷容器是否為空。若容器為空則傳回 true，若容器不為空則傳回 false。
size	語法：size_type size() 功能：傳回目前容器內的元素數目。
max_size	語法：size_type max_size() 功能：傳回目前容器內可存放最大的元素數目。
swap	語法 1：void swap(map& x) 語法 2：void swap(multimap& x) 功能：將容器的內容與 x 容器交換。

範例：map_1.cpp

練習使用 map 容器，並透過 map 提供的方法在容器放入書籍資料，使用鍵存放書號，值存放書名，依下圖放入三本書籍資料。

執行結果

鍵值使用遞增排序

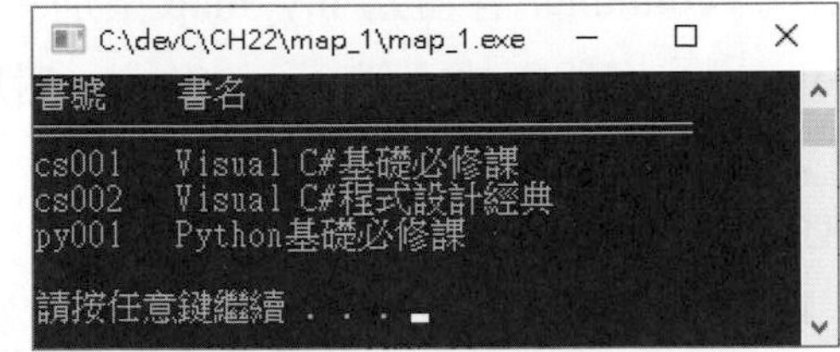

程式碼 FileName：map_1.cpp

```
#include <cstdlib>
#include <iostream>
#include <string>
#include <map>
using namespace std;

int main(int argc, char** argv) {
    typedef map<string, string, less<string> > my_map ;

    my_map container;
    container.insert(my_map::value_type("py001", "Python基礎必修課"));
    container.insert(my_map::value_type("cs001", "Visual C#基礎必修課"));
    container.insert(my_map::value_type("cs002", "Visual C#程式設計經典"));
    my_map::iterator ptr;
    cout << "書號\t書名\n";
    cout << "=======================================\n";
    for(ptr=container.begin(); ptr!=container.end(); ptr++) {
        cout << ptr->first << "\t" << ptr->second << "\n";
    }
    cout << "\n";
    system("PAUSE");
    return 0;
}
```

說明

1. 第 8 行：使用與 typedef 與 map 重新定義 my_map 型別，my_map 鍵和對應值為字串型別，使用 less<string>設定 my_map 鍵由小到大排序。
2. 第 10 行：使用宣告 container 容器為 my_map 型別。
3. 第 11 行：在 container 容器內放入鍵「py001」，對應值為「Python 基礎必修課」。
4. 第 12,13 行：執行方式同第 11 行。
5. 第 18 行：first 屬性可取得 map 容器的鍵；second 屬性可取得 map 容器的值。

範例：map_2.cpp

定義 Book 書籍類別擁有 Id(書號)、Name(書名)、Price(單價)三個屬性。先使用 Book 類別建立三筆書籍記錄並放入 map 容器內，以書號當鍵，其對應值為 Book 類別物件，接著印出三筆書籍資料，最後可使用鍵查詢 map 容器中的書籍資料。執行結果如下：

執行結果

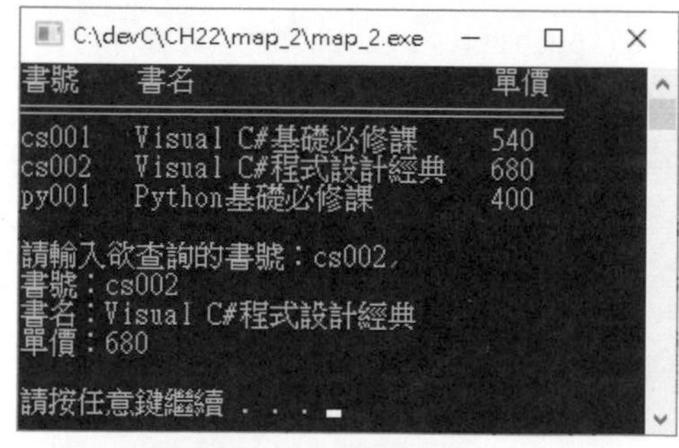

▲依書號找到書籍資料

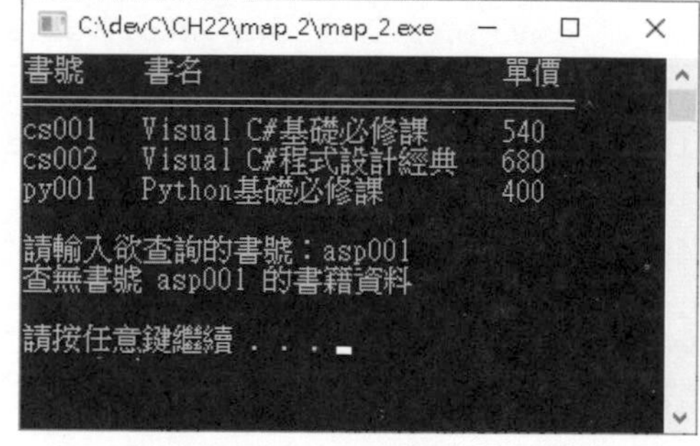

▲依書號找不到書籍資料

程式碼 FileName：map_2.cpp

```
#include <cstdlib>
#include <iostream>
#include <string>
#include <map>
using namespace std;
```

```

//定義 Book 書籍類別，此類別有 Id、Name、Price 屬性
//Book 類別的建構式可以設定 Id、Name、Price 屬性的初值
class Book {
 public:
   string Id, Name;
   int Price;
   Book(string _id, string _name, int _price ) {
       Id=_id;
       Name=_name;
       Price=_price;
   }
};

int main(int argc, char** argv) {
   typedef map<string, Book, less<string> > my_map ;
   // map 容器 的鍵對應的值為 Book 類別物件
   my_map container;
   container.insert
  (my_map::value_type("py001",Book("py001","Python 基礎必修課", 400)));
   container.insert
  (my_map::value_type("cs001", Book("cs001","Visual C#基礎必修課", 540)));
   container.insert
  (my_map::value_type("cs002",Book("cs002","Visual C#程式設計經典", 680)));
   // 將 map 容器內所有的鍵與值顯示出來
   // 值為 Book 類別物件，依序顯示該物件的 Name 與 Price 屬性
   my_map::iterator ptr;
   cout << "書號\t 書名\t\t\t 單價\n";
   cout << "=====================================\n";
   for (ptr=container.begin (); ptr!=container.end(); ptr++) {
       cout << ptr->first << "\t" << ptr->second.Name << "\t"
            << ptr->second.Price<< "\n";
   }
   cout << "\n";
   // 將查詢的書號指定給 bkid 字串
   string bkid;
   cout << "請輸入欲查詢的書號：" ;
   cin >> bkid;

   //使用 map 容器的 find()方法依鍵進行查詢
   ptr = container.find(bkid);
```

```
    if(ptr==container.end()) {
        cout << "查無書號 " << bkid << " 的書籍資料" << endl;
    }
    else{
        cout << "書號：" << ptr->second.Id << endl;
        cout << "書名：" << ptr->second.Name << endl;
        cout << "單價：" << ptr->second.Price << endl;
    }
    cout << endl;
    system("PAUSE");
    return 0;
}
```

22.5 函式物件

函式物件是一種由樣版類別所產生的物件，函式物件的功能可以用來做大小比較、邏輯運算、算術運算等。例如關聯容器 map、mutilmap、set、mutilset 中若使用 less<string>，即表示容器的鍵依字串型別由小到大進行遞增排序。欲使用函式物件，必須在程式最開頭含入 functional 標頭檔。

#include <functional>

下表為常用的函式物件，其功能用來做比較大小，<T>表示欲指定的排序資料型別。

函式物件	功能說明
equal_to<T>	接受兩個型別為 T 的引數(a, b)，若 a 和 b 兩個數相等傳回 true，否則傳回 false。
not_equal_to<T>	接受兩個型別為 T 的引數(a, b)，若 a 和 b 兩個數不相等傳回 true，否則傳回 false。
greater<T>	接受兩個型別為 T 的引數(a, b)，若 a>b 則傳回 true，否則傳回 false。用於遞減排序。
less<T>	接受兩個型別為 T 的引數(a, b)，若 a<b 則傳回 true，否則傳回 false。用於遞增排序。

greater_equal<T>	接受兩個型別為 T 的引數(a, b)，若 a>=b 則傳回 true，否則傳回 false。用於遞減排序。
less_equal<T>	接受兩個型別為 T 的引數(a, b)，若 a<=b 則傳回 true，否則傳回 false。用於遞增排序。

將前一個 map_1.cpp 範例，改使用 greater<string>，結果如下圖發現，map 容器的鍵值由大到小進行排序。修改後的範例請參閱 funObj.cpp。

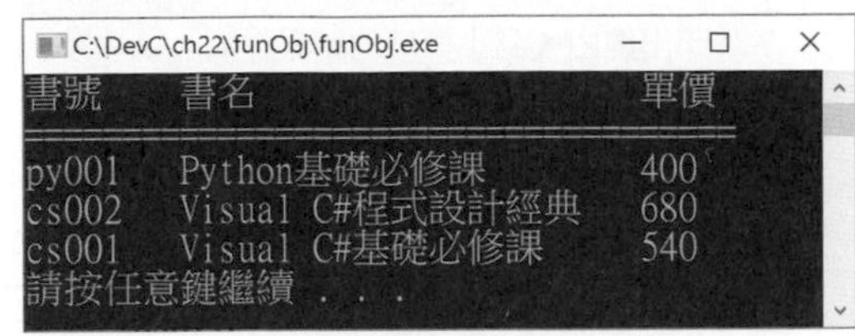

依鍵做遞減排序

程式碼 FileName：funObj.cpp

```
#include <cstdlib>
#include <iostream>
#include <functional>
#include <string>
#include <map>
using namespace std;

//定義 Book 書籍類別，此類別有 Id、Name、Price 屬性
//Book 類別的建構式可以設定 Id、Name、Price 屬性的初值
class Book {
 public:
   string Id, Name;
   int Price;
   Book(string _id, string _name, int _price) {
      Id=_id;
      Name=_name;
      Price=_price;
   }
};

int main(int argc, char** argv) {
   //使用 greater<string>函式物件，故本例鍵值由大到小排序
   typedef map<string, Book, greater<string> > my_map ;
   my_map container;
   container.insert
  (my_map::value_type("py001",Book("py001","Python 基礎必修課", 400)));
```

```
    container.insert
   (my_map::value_type("cs001",Book("cs001","Visual C#基礎必修課", 540)));
    container.insert
   (my_map::value_type("cs002",Book("cs002","Visual C#程式設計經典", 680)));
    // 將 map 容器內所有的鍵與值顯示出來
    // 值為 Book 類別物件，依序顯示該物件的 Name 與 Price 屬性
    // 印出鍵由大到小排序的結果
    my_map::iterator ptr;
    cout << "書號\t 書名\t\t\t 單價\n";
    cout << "=====================================\n";
    for(ptr=container.begin (); ptr!=container.end(); ptr++) {
        cout << ptr->first << "\t" << ptr->second.Name << "\t"
              << ptr->second.Price<< "\n";
    }
    system("PAUSE");
    return 0;
}
```

CHAPTER 23

標準樣版函式庫(二)－演算法的使用

23.1 演算法簡介

演算法(Algorithm)是 STL 中提供給開發人員使用的資料結構處理函式，這些函式的建立方式，皆是使用樣版函式的技術來完成，透過 STL 的演算法可以處理複雜的資料結構，如排序、搜尋、比對、複製、合併...等機制，以達到快速操作 STL 容器內所儲存的資料。

指位器是演算法操作容器內元素的媒介，不同的演算法會使用不同種類的指位器，也就是說演算法以隨機存取的方式存取容器內的元素。例如演算法中的 sort()函式可用來排序容器內的元素，使用 sort()函式的容器指位器必須支援隨機存取指位器，STL 的 vector 和 deque 支援隨機存取指位器，因此 sort()只能排序 vector 和 deque 容器內的元素。每一種容器都定義自己的指位器，下表列出各容器所支援指位器的功能。

指位器種類	輸出	輸入	向前	雙向	隨機存取
vector	*	*	*	*	*
deque	*	*	*	*	*
list	*	*	*	*	
set	*	*	*	*	
multiset	*	*	*	*	
map	*	*	*	*	
multimap	*	*	*	*	

若要使用 STL 的演算法，必須在程式最開頭先含入 algorithm 標頭檔。其寫法如下：

#include <algorithm>

23.2 編輯演算法

本節介紹編輯演算法如何對容器的某個範圍進行複製、填滿、替換、反轉...等操作。

一. copy() 演算法

若要將容器 A 的元素複製到容器 B 可以使用 copy()演算法，被複製容器 A 至少支援向前指位器，插入資料的容器 B 至少支援輸出指位器。語法如下：

語法

```
template<class InIt, class OutIt>
     OutIt copy(InIt first, InIt last , OutIt x)
```

說明

用來將 first~last 範圍內的元素拷貝到 x 容器，參數說明如下：

1. first：容器的起始指位器。
2. last：容器的終止指位器。
3. x：要複製的目的容器。

[例 1] 如下寫法將容器 v1 中的元素複製到容器 v2。

copy(v1.begin(), v1.end(), v2.begin());

[例 2] 如下寫法將容器 v1 中的元素複製到容器 v2 的第三個元素之後。

copy(v1.begin(), v1.end(), v2.begin()+3);

二. remove() 演算法

remove()演算法可用來移除容器中的某一個元素，使用 remove()的容器指位器至少支援向前指位器。其語法如下：

語法

```
template<class FwdIt, class T>
FwdIt remove(FwdIt first, FwdIt last , const T& val)
```

說明

可將 first~last 範圍內含有 val 元素移除，參數說明如下：

1. first：容器的起始指位器。
2. last：容器的終止指位器。
3. val：要移除的元素。

[例] 如下寫法是移除容器 v1 中資料為 1 的元素。remove()的運作是將欲移除之後的元素往前移動並覆蓋欲移除的元素，使用 remove()並不會縮短容器的長度，使用 remove 會傳回容器新尾端的指位器，因此必須再配合 erase()移除尾端的元素。其寫法如下：

```
ptr = remove(v1.begin(), v1.end(), 1);
v1.erase(ptr, v1.end());
```

接著使用下面圖示說明上述兩行程式的執行過程：

① 假設透過下面敘述在 v1 容器放置 6 個資料，結果容器內如右圖。

```
int ary[] = {1, 1, 2 ,2 ,2, 3};
vector<int> v1(ary, ary+6);
```

3
2
2
2
1
1

② 使用 remove()函式將 v1 容器內的資料 1 移除，其方式是將欲移除之後的元素往前移動並覆蓋欲移除的元素，最後會傳回容器新的尾端的指位器，如右圖。

```
vector<int>::iterator ptr;
ptr = remove(v1.begin(), v1.end(), 1);
```

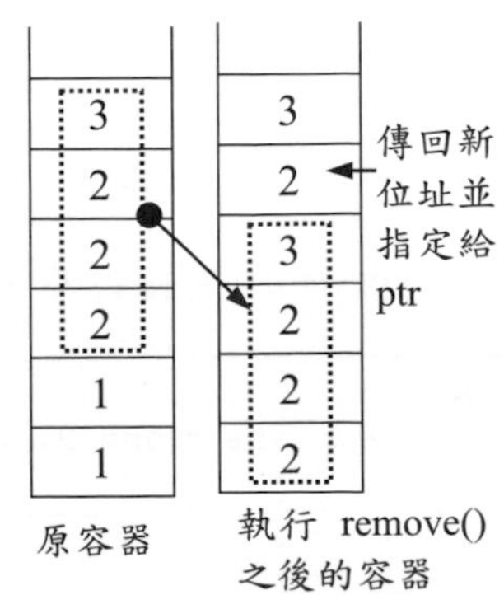

③ 使用 erase()函式將 v1 容器中 ptr 指位器之後的元素全部刪除。結果容器如右圖：

```
v1.erase(ptr, v1.end());
```

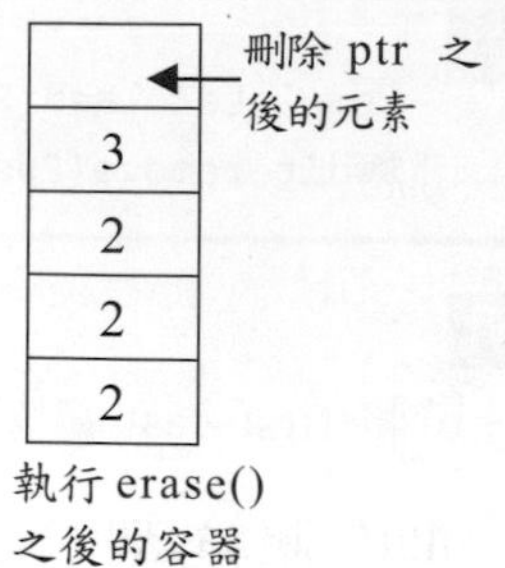

三. replace() 演算法

replace()用來將容器某個範圍內的資料置換成新的資料，使用此演算法的容器至少支援向前指位器。其語法如下：

語法

```
template<class FwdIt, class T>OutIt replace
    (FwdIt first, FwdIt last , const T& vold, const T& vnew)
```

說明

可將 first~last 範圍內含有 void 取代為 vnew，參數說明如下：

1. first：容器的起始指位器。
2. last：容器的終止指位器。
3. void：容器內的舊資料。
4. vnew：設定取代容器內的新資料。

[例 1] 如下寫法將容器 v1 中的元素資料 2 替換為 33。

replace(v1.begin(), v1.end(), 2, 33);

[例 2] 如下寫法將容器 v1 的前三個元素資料 2 替換為 33。

replace(v1.begin(), v.end()+3, 2, 33);

四. reverse() 演算法

reverse()用來將容器中某個範圍內的元素進行反轉的動作，其語法如下：

語法

```
template<class BidIt>void reverse(BidIt first, BidIt last)
```

說明

可將 first~last 範圍內的元素反轉，參數說明如下：

1. first：容器的起始指位器。
2. last：容器的終止指位器。

五. fill() 演算法

fill()可指定某個資料填滿容器中某個範圍，使用 fill()的容器的指位器至少支援向前指位器。

語法

```
template<class FwdIt, class T>
  void fill(InIt first, InIt last , const T& x)
```

說明

可將 first~last 範圍內的元素改以 x 填滿，參數說明如下：

1. first：容器的起始指位器。
2. last：容器的終止指位器。
3. x：設定要填滿的資料。

[例] 將 1 填滿 v1 容器。寫法如下：

fill(v1.begin(), v1.end(), 1);

範例 ：algorithm_1.cpp

下例示範使用 copy、remove、replace、fill 的演算法。

執行結果

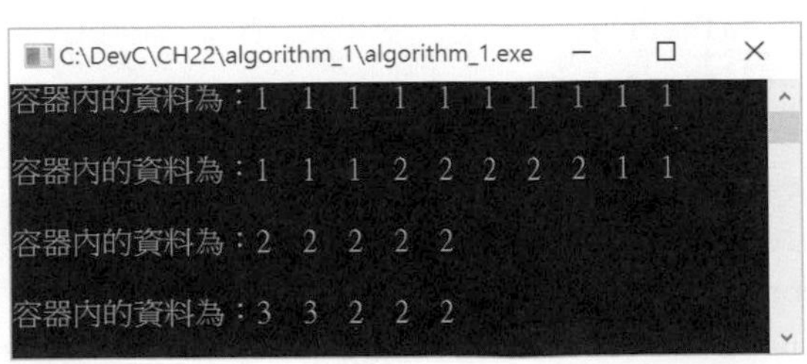

程式碼 FileName : algorithm_1.cpp

```
#include <cstdlib>
#include <iostream>
#include <algorithm>
#include <vector>
using namespace std;
//PrintOut 用來印出容器內的元素
void PrintOut(vector<int>& container) {
    if(container.empty()) {
        cout << "容器為空";
    }
    else {
        vector<int>::iterator ptr;
        cout << "容器內的資料為：";
        for(ptr=container.begin(); ptr!=container.end(); ptr++) {
            cout << *ptr << "  ";
        }
        cout << "\n\n";
    }
}

int main(int argc, char** argv) {
    vector<int> container1(10);
    //將 container1[0]~container1[9]指定為 1
    fill(container1.begin(), container1.end(), 1);
    PrintOut(container1);

    int ary[]={2,2,2,2,2};
    //將 container2[0]~container2[4]指定為 2
    vector<int> container2(ary, ary+5);
    //將 container2[0]~container2[4]拷貝到 container1[3]~container1[7]
    copy(container2.begin(), container2.end(), container1.begin()+3);
    PrintOut(container1);
    vector<int>::iterator ptr;
    //將 container1 容器內含 1 的元素移除
    ptr = remove(container1.begin(), container1.end(), 1);
    container1.erase(ptr, container1.end());
    PrintOut(container1);
    //將 container1[0]~container1[1]元素資料由原本的 2 改成 3
```

```
    replace(container1.begin(), container1.begin()+2, 2, 3);
    PrintOut(container1);
    system("PAUSE");
    return 0;
}
```

23.3 搜尋演算法

一. find() 演算法

透過 find()可以很方便的搜尋容器內是否有所要尋找的資料，演算法的容器指位器至少是輸入指位器，其寫法如下：

語法

```
template<class InIt, class T>
   InIt copy(InIt first, InIt last , const T& val)
```

說明

可由 first~last 範圍內的元素搜尋 val 資料，若有找到則傳回 val 資料的指位器，若找不到則傳回尾端的指位器。參數說明如下：

1. first：容器的起始指位器。
2. last：容器的終止指位器。
3. val：要搜尋的資料。

[例] 在 v1 容器搜尋整數 1 資料。

```
ptr = find(v1.begin(), v1.end(), 1); //在 v1 中搜尋 1，並傳回 1 所在的 ptr 指位器
if(ptr==v1.end()) {         //若 ptr 指到尾端表示沒有要找的資料
    cout << "容器內沒有您要找的資料\n";
}
else {                      //若 ptr 未指到尾端表示容器內有要尋找的資料
    cout << "容器內有 \n" << *ptr ;
}
```

二. search() 演算法

search()可以找尋容器 A 中是否含有容器 B 相同片段的元素，使用 search() 的 A、B 兩個容器的指位器至少支援向前指位器。其語法如下：

語法

```
template<class FwdIt1, class FwdIt2>FwdIt1 search
(FwdIt1 first1, FwdIt1 last1 , FwdIt2 first2, FwdIt2 last2)
```

說明

在 A 容器 first1~last1 範圍內是否含有 B 容器 first2~last2 的相同片段的元素。參數說明如下：

1. first1：容器 A 的起始指位器。
2. last1：容器 A 的終止指位器。
3. first2：容器 B 的起始指位器。
4. last2：容器 B 的終止指位器。

[例] 判斷 v1 容器是否含有 v2 容器之相同片段的元素，寫法：

```
ptr=search(v1.begin(), v1.end(), v2.begin(), v2.end());
if(ptr==v1.end()) {
    cout << "容器 v1 沒有容器 v2\n";
}

else {
    cout << "容器 v1 有容器 v2\n";
}
```

範例：algorithm_2.cpp

下例示範使用 fill()、search()的演算法。

執行結果

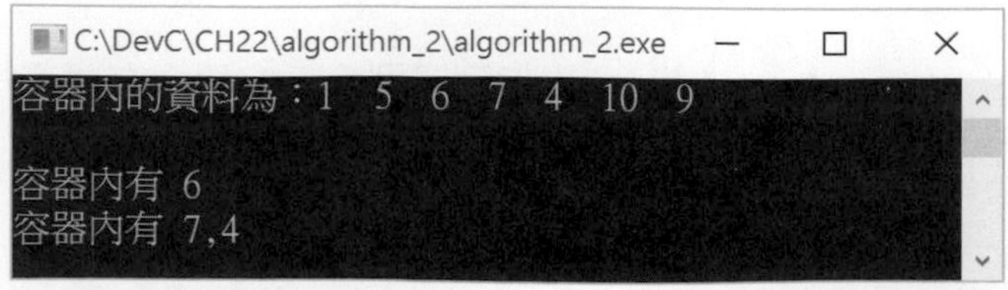

程式碼 FileName : algorithm_2.cpp

```
#include <cstdlib>
#include <iostream>
#include <algorithm>
#include <vector>
using namespace std;
//PrintOut 用來印出容器內的元素
void PrintOut(vector<int>& container) {
    if(container.empty()) {
        cout << "容器為空";
    }
    else {
        vector<int>::iterator ptr;
        cout << "容器內的資料為：";
        for(ptr=container.begin(); ptr!=container.end(); ptr++) {
            cout << *ptr << "  ";
        }
        cout << "\n\n";
    }
}

int main(int argc, char** argv) {
    int ary1[]={1,5,6,7,4,10,9};
    //將 ary1 陣列放入 container1 容器
    vector<int> container1(ary1, ary1+7);
    PrintOut(container1);           //印出 container1 容器

    vector<int>::iterator ptr;      //宣告指位器
    //判斷 container1 容器內是否有 6
    ptr = find(container1.begin(), container1.end(), 6);
    if(ptr==container1.end()) {
        cout << "容器內沒有 6\n" ;
    }
    else {
        cout << "容器內有 6\n"   ;
    }
    int ary2[]={7,4};
    //將 ary2 陣列放入 container2 容器
    vector<int> container2(ary2, ary2+2);
```

```
    //判斷 container1 容器內是否存在與 container2 容器相同的片段
    ptr=search(container1.begin(), container1.end(),
    container2.begin(), container2.end());
    if(ptr==container1.end()) {
        cout << "容器內沒有 7,4\n";
    }
    else {
        cout << "容器內有 7,4\n";
    }
    cout << "\n";
    system("PAUSE");
    return 0;
}
```

23.4 排序演算法

sort 是標準樣版函式庫(STL)最常使用的演算法，其功能可用來將容器內的元素進行排序，此演算法的容器指位器至少支援隨機指位器。

語法 1

```
template<class RanIt>void sort(RanIt first, RanIt last)
```

語法 2

```
template<class RanIt, class Pred>
void sort(RanIt first, RanIt last, Pred pr)
```

說明

可將 first~last 範圍內的元素進行排序。參數說明如下：

1. first：容器的起始指位器。
2. last：容器的終止指位器。
3. pr：指定排序方式的函式物件，若設為 less<資料型別>()表示遞增排序，若設為 greater<資料型別>() 表示遞減排序。

[例 1] 將放置字串的容器 v1 中的元素進行遞增(由小到大)排序。

sort(v1.begin(), v1.end());

sort(v1.begin(), v1.end(), less<string>());

[例 2] 將放置字串的容器 v1 中的元素進行遞減(由大到小)排序。

sort(v1.begin(), v1.end(), greater<string>());

範例 ：algorithm_3.cpp

在 vector 容器內放入陣列元素{1, 5, 6, 7, 4, 10, 9}，接著使用 sort()函式對 vector 容器內的元素進行遞增及遞減排序。

執行結果

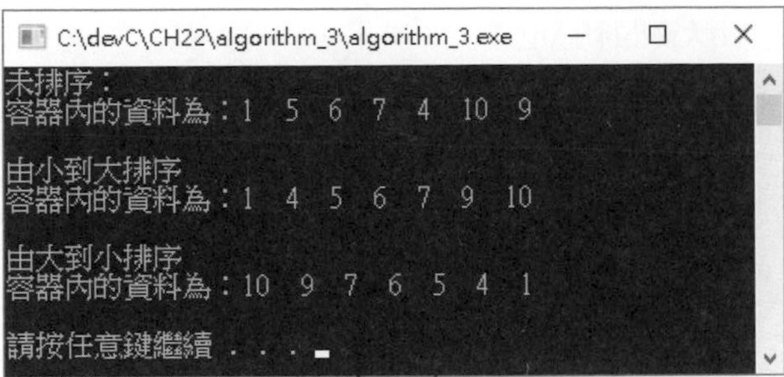

程式碼 FileName : algorithm_3.cpp

```
#include <cstdlib>
#include <iostream>
#include <functional>
#include <algorithm>
#include <vector>
using namespace std;
//PrintOut 用來印出容器內的元素
void PrintOut(vector<int>& container) {
    if(container.empty()) {
        cout << "容器為空";
    }
    else {
        vector<int>::iterator ptr;
        cout << "容器內的資料為：";
        for(ptr=container.begin();ptr!=container.end();ptr++) {
            cout << *ptr << "  ";
        }
        cout << "\n\n";
    }
```

```
}
int main(int argc, char** argv) {
    int ary1[]={1,5,6,7,4,10,9};
    //將 ary1 陣列放入 container1 容器
    vector<int> container1(ary1, ary1+7);
    cout << "未排序：\n";
    PrintOut(container1);
    cout << "由小到大排序\n";
    //以 less<int>整數做遞增排序
    sort(container1.begin(), container1.end(), less<int>());
    PrintOut(container1);
    cout << "由大到小排序\n";
    //以 greater<int>整數做遞減排序
    sort(container1.begin(), container1.end(), greater<int>());
    PrintOut(container1);
    system("PAUSE");
    return 0;
}
```

範例：lottery.cpp

根據前面所學使用 vector 容器、指位器以及 sort()函式設計可產生大樂透號碼的程式。

執行結果

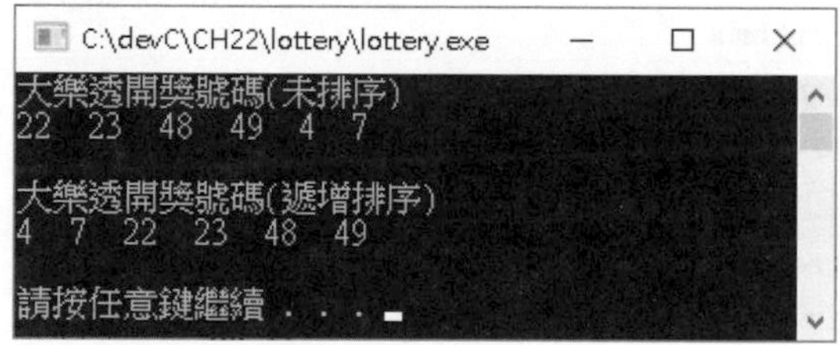

程式碼 FileName：lottery.cpp

```
#include <cstdlib>
#include <iostream>
#include <ctime>
#include <functional>
#include <algorithm>
#include <vector>
using namespace std;
//PrintOut 用來印出 vector 容器中的所有元素
void PrintOut(vector<int>& container) {
```

```
    if(container.empty()) {
        cout << "目前尚未開獎";
    }
    else {
        vector<int>::iterator ptr;
        for(ptr=container.begin(); ptr!=container.end(); ptr++) {
            cout << *ptr << "  ";
        }
        cout << "\n\n";
    }
}

int main(int argc, char** argv) {
    // 使用 vector 容器物件建立 num[0]~num[48]用來放置大樂透號碼 1~49
    vector<int> num(49);
    int i;
    for(i=0; i<num.size(); i++) {
        num[i]=(i+1);
    }
    // 使用 vector 容器物件建立 lotteryNum[0]~lotteryNum[5]用來放置六個得獎號碼
    vector<int> lotteryNum(6);
    srand((unsigned)time(NULL)); //用時間當亂數種子
    int k, index;
    // 由 num[0]~num[48]中亂數找六個元素放至 lotteryNum[0]~lotteryNum[5]
    for(k = 0; k<lotteryNum.size(); k++) {
        index = rand() % num.size(); //產生亂數 index
        lotteryNum[k]=num[index];      //將第 index 個的 num 放到 lotteryNum[k]
        num.erase(num.begin()+index);//移除 num[index]，被抽中的號碼不會再出現
    }
    cout<< "大樂透開獎號碼(未排序)" << endl;
    //印出 lotteryNum 容器內的元素
    PrintOut(lotteryNum);
    //使用 sort()函式將 lotteryNum 內的所有元素進行遞增排序
    sort(lotteryNum.begin(), lotteryNum.end(), less<int>());
    cout<< "大樂透開獎號碼(遞增排序)" << endl;
    //印出 lotteryNum 容器內的元素
    PrintOut(lotteryNum);
    system("PAUSE");
    return 0;
}
```

C & C++程式設計經典-第五版

作　　者：蔡文龍 / 何嘉益 / 張志成 / 張力元
歐志信 / 陳士傑
企劃編輯：江佳慧
文字編輯：江雅鈴
設計裝幀：張寶莉
發 行 人：廖文良

發 行 所：碁峰資訊股份有限公司
地　　址：台北市南港區三重路 66 號 7 樓之 6
電　　話：(02)2788-2408
傳　　真：(02)8192-4433
網　　站：www.gotop.com.tw
書　　號：AEL023500
版　　次：2021 年 10 月五版
2024 年 02 月五版四刷
建議售價：NT$580

國家圖書館出版品預行編目資料

C & C++程式設計經典 / 蔡文龍, 何嘉益, 張志成, 張力元, 歐志信, 陳士傑著. -- 五版. -- 臺北市：碁峰資訊, 2021.10
面；　公分
ISBN 978-986-502-953-1(平裝)
1.C(電腦程式語言)　2.C++(電腦程式語言)
312.32C　　110014863